"十三五"国家重点出版物出版规划项目

新时代中国核电发展战略及技术研究丛书

中国自主先进压水堆技术

"华龙一号"

（上册）

HPR1000：China's Advanced Pressurized Water Reactor NPP

（Volume 1）

邢 继 吴 琳 等 著

科 学 出 版 社

北 京

内 容 简 介

本书是以中国具有完整自主知识产权的“华龙一号”示范工程(福建福清核电厂5、6号机组)成果为基础，重点介绍了“华龙一号”的研发历程、安全理论、系统设计、厂房结构与布置、运行调试、安全分析及评价等。本书共分为上、下两册。上册介绍了“华龙一号”的总体方案和各功能系统，包括反应堆及其冷却剂系统、核辅助系统、专设安全系统、设计扩展工况应对措施、放射性废物处理系统、公用系统、辐射防护、核电厂消防、常规岛系统及设备、电气系统、仪表与控制系统、厂房布置及结构、运行技术；下册介绍能动与非能动相结合的安全理论、安全分析及评价、设计验证试验、安全评价活动、设备国产化及自主知识产权等。

本书既是对“华龙一号”技术的全面总结，也是对研发成果的高度概括，向读者呈现了“华龙一号”技术的整体和构成。本书可供核能专业研究者、研究生、本科生及核电行业设计、建造、运行、管理人员等阅读和参考。

图书在版编目(CIP)数据

中国自主先进压水堆技术“华龙一号”. 上册=HPR1000: China’s Advanced Pressurized Water Reactor NPP (Volume 1) / 邢继等著. —北京：科学出版社，2020.12

(新时代中国核电发展战略及技术研究丛书)

“十三五”国家重点出版物出版规划项目

ISBN 978-7-03-067051-9

Ⅰ. ①中… Ⅱ. ①邢… Ⅲ. ①压水型堆-研究-中国 Ⅳ. ①TL421

中国版本图书馆 CIP 数据核字(2020)第237925号

责任编辑：吴凡洁 韩丹岫 / 责任校对：王萌萌
责任印制：吴兆东 / 封面设计：蓝正设计

科学出版社出版
北京东黄城根北街16号
邮政编码：100717
http://www.sciencep.com

北京中科印刷有限公司印刷
科学出版社发行 各地新华书店经销

*

2020年12月第 一 版 开本：787×1092 1/16
2025年 1 月第四次印刷 印张：26
字数：616 000

定价：270.00元

(如有印装质量问题，我社负责调换)

丛书序

核能是安全、清洁、低碳、高能量密度的战略能源，核能作为我国现代能源体系的重要组成部分，在推动可持续发展、确保国家能源安全、提升中国在全球能源治理中的话语权等方面具有重要的作用与地位。核能对在新时代坚持高质量发展、实现科技创新引领、带动装备制造业发展、促进升级换代、打造中国经济“升级版”意义重大。

核科学技术是人类20世纪最伟大的科技成就之一，核能发电始于20世纪50年代，在半个多世纪中经历了不同阶段的发展。当今分布于32个国家的400余座核电反应堆提供了全世界约11%的电力。以核电为主要标志的核能的和平利用，在保障能源供应、促进经济发展、应对气候变化、造福国计民生等方面发挥了不可替代的作用。进入21世纪以来，核科学技术作为一门前沿学科，始终保持旺盛的生命力，在国际上深受重视和广泛关注，世界各国对其投入的研究经费更是有增无减，推出了大量的创新反应堆、核燃料循环和核能多用途等方案，在裂变和聚变领域不断取得突破。

虽然2011年发生的福岛核事故客观上延缓了各国发展核能的进程，但通过总结福岛核事故，各国在新型核电站的设计过程中进行了大量提高核电安全性的改进，做到了从设计上实际消除大规模放射性释放。此外，在大力发展可再生能源的同时，人们认识到，核电作为可调度能源，对不可调度的可再生能源是重要的支持和补充。核电是清洁能源，不排放温室气体，为应对气候变化，核电将成为推动中国兑现碳中和承诺的主力军。

目前全球范围内的核电建设正迎来新的高潮，特别是对于新兴国家和发展中国家，发展核电更具有重要意义。我国核电发展起步于20世纪80年代，通过30多年的发展，我国在运核电装机全球第三，在建核电装机全球第一；具有自主知识产权的第三代百万千瓦核电技术“华龙一号”，具有第四代特征的中国实验快堆和高温气冷堆实现满功率运行，现在不仅跻身世界核电大国行列，成功地实现了由“二代”向“三代”的技术跨越，而且形成了涵盖铀资源开发、核燃料供应、工程设计与研发、工程管理、设备制造、建设安装、运行维护和放射性废物处理处置等完整、先进的核电产业链和保障能力，为我国核电安全高效发展打下了坚实基础。无论是科技创新成果还是国际合作，无论是核工业体系建设还是产业发展，都有令世界瞩目的表现。

面对国家新时代发展布局，核能行业积极谋划，整合行业内院士专家，系统梳理了我国在核能科技创新、产业协同规模发展的成果，按照“以核电规模化发展为主线，核燃料循环可持续发展格局，重点展望新时代科技创新发展”的思路，与科学出版社合作，推出了“新时代中国核电发展战略及技术研究丛书”，丛书包括自主先进压水堆技术“华龙一号”和“国和一号”，具备四代核电特征的高温气冷堆技术，我国自主的核燃料循环科技和产业体系、核心设备和关键材料的科技发展情况。丛书首次系统介绍了自主核电型号和配套核燃料循环体系，特别突出了未来先进核燃料发展和关键设备、材料的应用，力图全面描绘出新时代核电科技发展趋势和情景。

本套丛书编委和作者都是活跃在核科技前沿领域的优秀学者和领军人才，在出版过程中，团队秉承科学理性、追求卓越的精神，希望能够体现核行业科技工作者面向新时代，对核能科技和产业体系高质量发展的思考，能够初步搭建汇集核能科技体系和成果的平台，推动核能作为我国战略产业，与社会更好地融合发展。

中国工程院院士

2020年12月

序

从 2015 年 5 月 7 日开工建设到 2020 年 11 月 27 日首次并网，“华龙一号”全球首堆——中核集团福清核电 5 号机组的建设一直吸引着全球核电界的目光。首次并网的成功，标志着我国已经成为继美、法、俄等国之后又一个具有独立自主知识产权的三代核电技术的国家。

根据拥有的运行和在建核电机组数量，我国早已毫无争议地成为了核电大国，但由于起步较晚，我国核电技术长久处于跟随者的地位。我国核电技术人员一直以掌握核心技术、建设核电强国为己任。中核集团组织科研设计团队，在十几年不间断的研发设计中，充分消化、吸收先进核电设计理念，并结合福岛核事故经验反馈及国际上先进压水堆核电技术的发展，创造性地提出“能动与非能动相结合”的安全设计理念，成功研发“华龙一号”，终于实现了我国几代核电人的夙愿。

“华龙一号”遵循纵深防御原则并通过采用冗余、多样、独立的可靠性手段，在多个防御层次上提升了核电厂的整体安全水平，满足国际上最高的核电安全标准及先进用户要求，性能指标、安全水平、市场竞争力均已达到国际先进水平。研发设计过程中采用的新技术和新方案，在实施的一系列由第三方独立开展的安全评价活动中，得到了国内外同行和权威机构的普遍认可。同时，“华龙一号”建立了完整的自主知识产权体系，为“华龙一号”工程项目的国内批量化、标准化建设及海外市场开发活动提供了坚实保障。

“华龙一号”商运发电前夕，研发团队在整理研发和设计资料的基础上撰写本书，全面介绍“华龙一号”的技术特点、安全理论、设计方案和研究成果等，以便大家对“华龙一号”有更深入的了解。本书在内容编排上由浅入深，由表及里。上册简述了研发历程和总体方案，使读者直观了解“华龙一号”的设计思路与理念，同时通过深入介绍反应堆及冷却剂系统、安全系统、辅助系统、结构与布置等，使读者知晓其设计细节。下册系统性地介绍“能动与非能动相结合”的安全理论、安全分析、设计扩展工况评价等，使读者明晰其设计内涵。

本书既能够作为核电从业者和监管机构的良好参考，也能为研究院所工作者提供理论支撑，亦可作为高等院校参考书目。该书的出版将有助于推动我国核电的技术发展，为我国能源安全和国民经济建设做出贡献。

值“华龙一号”商运之际，本书付梓出版，实为益事！有感而发，是以为序！

王寿君

中国核学会理事长

2020 年 11 月

前言

“华龙一号”是我国自主研发的具有完整自主知识产权的百万千瓦级第三代压水堆核电技术。“华龙一号”的研发成功实现了中国几代核电人的梦想，使中国的核电技术可以和欧美等国家的先进核电技术在国际市场上同台竞争，是中国核电发展史上具有里程碑意义的成果。本书是全面介绍“华龙一号”技术与理论的首部著作，作者是“华龙一号”研发设计的主要技术决策者。在撰写过程中，作者参阅了大量的设计资料，力求全面准确，注重理论系统性并反映工程实践。作者力图以“华龙一号”的“能动与非能动相结合”的安全理念为主线将设计方案各方面内容有机结合起来，使读者对“华龙一号”技术和设计理念有清晰和深入的了解，并可在此基础上从事有关的理论研究和设计实践。

本书的主要特点可以从以下三个方面予以说明。

1. 具有与先进核电技术发展相应的学术价值

世界先进的第三代核电技术，在燃料技术、热效率、安全系统配置及安全分析方法、运营管理等各方面都有了全方位进步。针对第三代压水堆核电技术，国际组织、各国核安全监管机构和研究机构发布了安全设计要求文件以及用户要求文件，尤其在后福岛时代，对新建核电的设计提出了更严格的要求。基于压水堆核电厂的背景，“华龙一号”为了满足最新的安全要求，充分利用我国批量化设计、建造、运行和调试的丰富经验，引入先进的设计特征和分析方法，并吸取福岛事故的经验反馈，形成了具有创新性和先进性的先进安全设计理念，本书将这些先进技术和学术理念同步呈现给读者。

2. 将“能动与非能动相结合”核安全理念作为贯穿始终的主线

能动与非能动相结合的设计理念，将具有经工程验证、高效成熟的能动安全系统和有效应对动力源丧失事故的非能动安全系统相结合，是“华龙一号”最具代表性的创新，同时满足多样性的原则。能动与非能动相结合的安全系统可以使应急堆芯冷却、堆芯余热导出、熔融物堆内滞留、安全壳热量排出和事故后放射性包容等安全功能得到保证。

3. 积极反映我国核能技术的成就

“华龙一号”的设计方案充分利用了国内三十多年的核电建造和运营经验，采用成熟的三环路设计、主要系统及相应的安全系统配置，并根据经验反馈进行改进和创新设计，对于首次采用的先进设计特征进行试验验证。通过“华龙一号”设计单位和国内制造企业的联合研发，反应堆、压力容器等多数核心装备都实现“中国造”，提高了国内装备制造业高端设备的整体研发和制造水平，大幅提升了“华龙一号”设备国产化率和设备的经济性指标，打破了国际垄断，确保了核心关键设备不受制于人，为落实中国核电“走出去”战略提供了有力支撑。

本书的写作框架和大纲由邢继提出。各章撰写人员如下：上册，第 1、2 章由邢继、袁霞撰写，第 3 章由吴琳、刘昌文、钟元章撰写，第 4 章由吴琳、李海颖、曾忠秀撰写，第 5、6 章由邢继、李军撰写，第 7 章由李军、任云撰写，第 8、11 章由堵树宏撰写，第 9 章由刘诗华撰写，第 10 章由毛亚蔚撰写，第 12 章由李军撰写，第 13 章由费云艳撰写，第 14 章由王彦君、王华金撰写，第 15 章由邢继、王宏杰撰写，第 16 章由李玉民撰写，第 17 章由袁霞撰写；下册，第 1 章由邢继、吴宇翔撰写，第 2 章由吴琳、冷贵君、吴清撰写，第 3 章由吴琳、孙金龙、卢毅力撰写，第 4 章由孙金龙、邓纯锐撰写，第 5 章由李京彦、余志伟、胡宗文撰写，第 6~8 章由邢继、范黎撰写。

在本书撰写过程中，中国核电工程有限公司和中国核动力研究设计院的同事为本书的一些数据和插图提供了不少帮助，在此表示感谢。

作者虽长期从事核电技术研究设计工作，但限于水平和知识面的局限性，难免有疏漏之处，敬请读者批评指正。

作　者

2020 年 5 月

目录

第 1 章

绪　　论

1.1　中国核电技术发展简述

中国第一座自主设计建造的核电厂为秦山核电厂(CP300)，采用的是中国核工业集团公司(以下简称“中核集团”)研发的 30 万 kW 压水堆核电堆型。该堆型核电厂的研发工作始于 20 世纪 70 年代，厂址选在浙江省海盐县秦山。国务院于 1981 年 10 月正式批准建设，1983 年 6 月破土动工，1985 年 3 月 20 日浇灌核岛底板第一罐混凝土，1991 年 12 月 15 日首次并网发电，1994 年 4 月 1 日投入商业运行，结束了中国大陆无核电的历史。CP300 于 1993 年开始陆续向巴基斯坦成功出口 4 台机组。

20 世纪 80～90 年代，中国核电发展基本是“两条腿走路”模式，在自主研发的同时引进国际上先进的核电技术。广东大亚湾核电厂 1987 年开工、1994 年商运，是从法国引进的 M310 型商用核电技术，共 2 台机组。在成功建设运行大亚湾核电的基础上，采用部分设计自主化、部分设备制造国产化的模式，又从法国引进了两台 M310 机组建设岭澳一期核电厂。岭澳一期核电厂 1997 年开工，2003 年投入商运。

继秦山核电厂后，遵循“以我为主，中外合作”的方针，中核集团自主设计建造了秦山第二核电厂(CP600)，秦山第二核电厂首期两台机组，后扩建两台机组，共四台机组，每台机组发电功率 650MW，1、2 号机组分别于 1996 年 6 月 2 日和 1997 年 4 月 1 日浇灌核岛底板第一罐混凝土，并分别于 2002 年 4 月 15 日和 2004 年 5 月 3 日投入商业运行。秦山第二核电厂是中国自主设计、自主建造、自主运行，自主管理的首座商用核电厂，实现了自主建设商用核电厂的重大跨越。秦山第二核电厂采用国际先进标准，二环路设计，每个环路 300MW，与国际接轨；吸取国内外核电建设的先进经验，在安全系统上增加了冗余度，提高了安全性；考虑到用户需求，在核电厂的设计中作了重大改进。例如，满足 15%的热工安全余量要求，适当地考虑严重事故的缓解措施，设置防止安全壳超压的湿式文丘里过滤排放系统，厂区增设附加应急柴油发电机等，以及在 3、4 号机组中设置防氢爆的非能动氢复合系统，防止高压熔堆的卸压排放系统等，核电厂安全水平达到了二代改进型的水平。秦山第二核电厂采用与百万千瓦级核电厂同样的先进核燃料组件，加上每个环路的设备都与百万千瓦级核电厂一致，实现了中国核电建设的标准化、国产化，为我国自主百万千瓦级核电厂的发展奠定了坚实的基础。随后的海南昌江核电厂(2×650MW)又进一步改进，实现了仪控系统的全数字化。[1]

在自主研发核电技术同时，引进、吸收、消化国际先进核电技术，实现百万千瓦级核电自主化也在同步进行。2005 年 9 月 5 日，岭澳二期项目获得国家发改委的正式核准；同年 12 月 15 日，工程开工建设，岭澳二期是我国“十五”期间唯一批准开工的核电项目。为推进我国核电自主化进程，根据国务院和国家核电自主化工作领导小组的指示精神，以及国家发改委的要求，岭澳二期工程成了我国推进在百万千瓦级大型核电厂上实现设计、制造、建设与运营“四个自主化”的依托项目。该项目以岭澳核电厂一期为参考电站，由中核集团设计院设计，采用“翻版加改进”的技术方案，综合权衡成熟性、先进性、安全性、经济性的要求，实施相当数量的技术改进而形成。与岭澳一期相比，岭澳二期实施了包括采用先进燃料组件、压力容器堆芯活性段采用整体锻件、采用数字化仪控和先进主控室、改进消防设计等 14 项大设计改进在内的 300 余项技术改进。2010 年 9 月 15 日，岭澳二期 1 号机组正式投入商业运行，2011 年 8 月 7 日，2 号机组正式投入商业运行。

经过自主建设秦山二期(CP600)，以及引进 M310 技术实现自主化的经验积累，我国形成了自主设计建造二代改进型核电机组的能力。在“十一五”至“十二五”期间，我国集中开工一批二代改进核电机组，包括广东岭澳二期、辽宁红沿河、福建宁德、福建福清、广东阳江、浙江方家山、广西防城港一期和江苏田湾三期等，共 28 台机组。

伴随着国际上核电的长期发展，核电技术逐渐形成了“代”的概念。在经历了第一代的原型堆、第二代的商业堆之后，第三代轻水堆核电厂在燃料技术、热效率以及安全系统等方面采用了现代化的技术[2]。公认的三代轻水堆标准主要源自两个文件：美国电力研究院发布的《先进轻水堆用户要求》(URD)和欧洲电力用户组织发布的《轻水堆核电厂欧洲用户要求》(EUR)。URD 和 EUR 对第三代核电厂(或先进核电厂)提出了全面的要求，包括安全设计、性能设计及经济性等方面。21 世纪以来，第三代核电厂如 AP1000 与 EPR 已经实现了首批工程应用。秦山第二核电厂 1、2 号机组建成投产后，中国就开始了研发第三代核电技术的工作。21 世纪初，我国引进了美国 AP1000 的技术，在三门、海阳共建设 4 台 AP1000 核电机组，单机组发电功率 1250MW。同期与法国合作在台山建设两台 EPR 核电厂，单机组发电功率 1750MW。在此期间，我国自主第三代核电技术“华龙一号”也完成了型号研发工作，单机组发电功率约 1200MW。

1.2　“华龙一号”研发历程

2011 年 3 月 11 日发生的福岛第一核电厂事故，引起了全世界对核电厂安全的广泛关注。国际原子能机构(IAEA)、各国政府核安全监管机构及相关企业与研究机构纷纷发布了关于福岛事故教训的专题研究报告，关注的重点包括外部事件防护、应急电源与最终热阱的可靠性、乏燃料水池的安全、多机组事故的应急响应以及应急设施的可居留性和可用性等。基于福岛事故的经验反馈，现有核电厂开展了安全检查或压力测试，并针对薄弱环节，制定和实施了必要的改进措施。同时对新建核电厂的安全需求也在研究和讨论之中，如西欧核安全监管协会(WENRA)起草的《新建核电厂设计安全》、IAEA 起草的《核电厂安全：设计》(SSR-2/1，Rev.1)、中国国家核安全局起草的《“十二五”期间新建核电厂安全要求》等。上述文件提出的新建核电厂安全要求主要涉及以下领域：强化纵深防御体系、提高多重失效导致超设计基准事故(BDBA)的应对能力、实际消除大量放射性释放以缓解场外应急、增强内外部灾害的防护能力等。另外剩余风险、电厂自治时间这样一些新的概念也被明确提出。

在第三代核电已经成为主流技术并且后福岛时代新建核电厂的安全标准更加严格的背景之下，中核集团开发了具有自主知识产权的先进压水堆“华龙一号(HPR1000)”。其设计充分利用基于我国压水堆核电批量化设计、建造和运行经验的成熟技术，并且创新研发了大量先进技术以满足最新核安全要求和体现福岛事故经验反馈[3]。然而，我国在实现创建百万千瓦级核电自主品牌这一目标上，却经历了漫长而曲折的探索之路。

20 世纪 90 年代，中核集团就启动了 CNP1000 型号的研发，2007 年又启动了 CP1000 型号研发，在 2011 年福岛核事故后，按照最先进的核安全标准，借鉴国际最新技术成果，开发了第三代压水堆 ACP1000 自主型号，并在此基础上最终形成了自主品牌技术“华龙一号(HPR1000)”。

1999 年 7 月，经过多年的研究开发准备，中核集团全面启动百万千瓦级压水堆核电厂(CNP1000 与 CNP1400)概念设计，并于 2001 年 3 月完成标准设计方案，2005 年 6 月完成初步设计和初步安全分析报告。

2007 年 4 月开始，结合国际上压水堆核电技术发展趋势与第三代核电技术要求，中核集团在前期自主型号研发工作的基础上，重新确定了研发目标，进一步确定了 177 堆芯、单堆布置、双层安全壳等 22 项重大技术改进，启动了新的型号方案研究、初步设计和初步安全分析报告(PSAR)编制工作，并将型号更名为 CP1000。2009 年底，完成了以福清 5、6 号机组为 CP1000 示范工程的初步设计。2009 年 11 月至 2010 年 4 月，为进一步论证总体设计方案和重大技术改进方案的适宜性，中核集团与国家核安全局核与辐射安全中心开展了 CP1000 重大技术改进、安全设计及验收准则联合研究。2010 年 4 月底，CP1000 技术方案完成实验验证、论证分析和联合研究工作，方案通过中国核能行业协会组织的国内同行专家审查。2011 年 3 月福岛核事故发生前，已完成福清 5、6 号机组(CP1000)的浇筑第一罐混凝土(FCD)前施工图设计，初步安全分析报告已提交国家核安全局并召开了第一轮审评对话会。福清 5、6 号机组原计划 2011 年 12 月开工建设，后因发生福岛核事故，该项目暂停，CP1000 技术方案已具备了第三代核电技术的主要特征。

2010 年 1 月，以实现完全满足第三代核电技术的安全要求为目标，中核集团在 CP1000 的基础上启动 ACP1000 重点科技专项研发，并于 2010 年 12 月完成《ACP1000/ACP600 方案设计》。2011 年 3 月福岛事故后，鉴于核电行业形势和安全监管要求的变化，中核集团决定加快 ACP1000 技术的研发进度，以便代替 CP1000 作为未来国内和国际市场的主推机型。根据福岛核事故经验反馈和最新法规标准要求，中核集团完成《ACP1000 概念方案及科研补充报告》。2011 年 8 月，中核集团完成 ACP1000 顶层方案设计，通过集团专家审查会审查并正式批复，福清 5、6 号机组转而作为 ACP1000 的国内首堆示范工程。2012 年 12 月，中核集团完成并提交福清 5、6 号机组 PSAR 报告，

2013年2月，完成福清5、6号机组初步设计，并开展施工图设计，启动主设备采购。

2013年4月25日，国家能源局主持召开了自主创新三代核电技术合作协调会，提出关于自主创新核电技术合作的目标、原则和遵循的标准，确定中核、中广核两集团在ACP1000和ACPR1000+的基础上，联合开发“华龙一号”技术（HPR1000）。“华龙一号”是177组燃料组件堆芯和三个安全系列相融合并优化、体现更先进安全理念、具有自主知识产权、适合我国电力发展需要的第三代百万千瓦级压水堆核电技术。会后，两集团签署了会议纪要，达成十项共识，并安排双方技术人员组成专家队伍开展技术融合的交流工作。2013年12月，中核集团按照统一后的“华龙一号”总体技术方案完成初步设计，并正式以福清5、6号机组作为“华龙一号”首堆示范工程完成初步安全分析报告编制，正式提交国家核安全局。2014年8月22日，“华龙一号”总体技术方案通过国家能源局和国家核安全局联合组织的专家评审。专家组一致认为，“华龙一号”成熟性、安全性和经济性满足第三代核电技术要求，融合取得了很好的成果，总体方案体现了自主技术特征，并为后续发展保留了空间。

2014年11月3日，国家能源局正式批复同意福清5、6号机组采用“华龙一号”技术方案。2015年5月7日和12月22日，中核集团“华龙一号”示范工程福清5、6号机组分别浇筑第一罐混凝土。开工后工程建设进展顺利，2019年4月28日“华龙一号”首堆福清5号机组冷态功能试验一次成功，2020年3月2日福清5号机组热态功能试验完成，2020年9月4日，在经过严格的安全审查后，“华龙一号”示范工程首堆福清5号机组获得国家核安全局颁发的核电运行许可证。2020年11月27日，福清核电5号机组首次并网成功。

在推进国内示范工程建设的同时，2015年8月20日，中核集团“华龙一号”海外首堆巴基斯坦卡拉奇核电厂2号机组浇筑第一罐混凝土。巴基斯坦卡拉奇时间2019年12月2日，通过巴基斯坦核安全局（PNRA）、巴基斯坦原子能委员会（PAEC）共同见证，“华龙一号”海外首堆卡拉奇K2机组冷态功能试验一次成功。2020年9月4日，K2机组热态试验圆满成功。

2019年10月18日，中核集团“华龙一号”后续项目漳州核电1号机组浇筑第一罐混凝土，开启了“华龙一号”批量化建设的新格局。

1.3 三代核电技术对比分析

第三代核反应堆技术在第二代反应堆运行经验的基础上，汲取了切尔诺贝利和三里岛核事故教训后，从20世纪90年代后期发展起来的反应堆堆型，以轻水堆为主，反应堆设计基于同样的原理，但在安全性方面得到加强，设置了完善的严重事故预防和缓解手段。国际上目前有代表性的第三代核电堆型主要包括美国的AP1000、俄罗斯的VVER-1200、法国的EPR、韩国的APR1400、日本的APWR和中国的“华龙一号”。

1.3.1　AP1000

美国从 20 世纪 80 年代开始研发非能动先进压水堆核电厂 AP600，并于 1998 年获得美国核管理委员会(NRC)的设计认证。1999 年 12 月，西屋公司在已开发的 AP600 的基础上，启动了 AP1000 的研究开发工作。2001 年，西屋公司合并 ABB-CE 公司后，基于 AP600 简化和非能动的设计理念，并在一些关键设备上参考了 System 80+的设计，向市场推出了 AP1000 非能动先进压水堆技术，核电厂示意图见图 1.1。

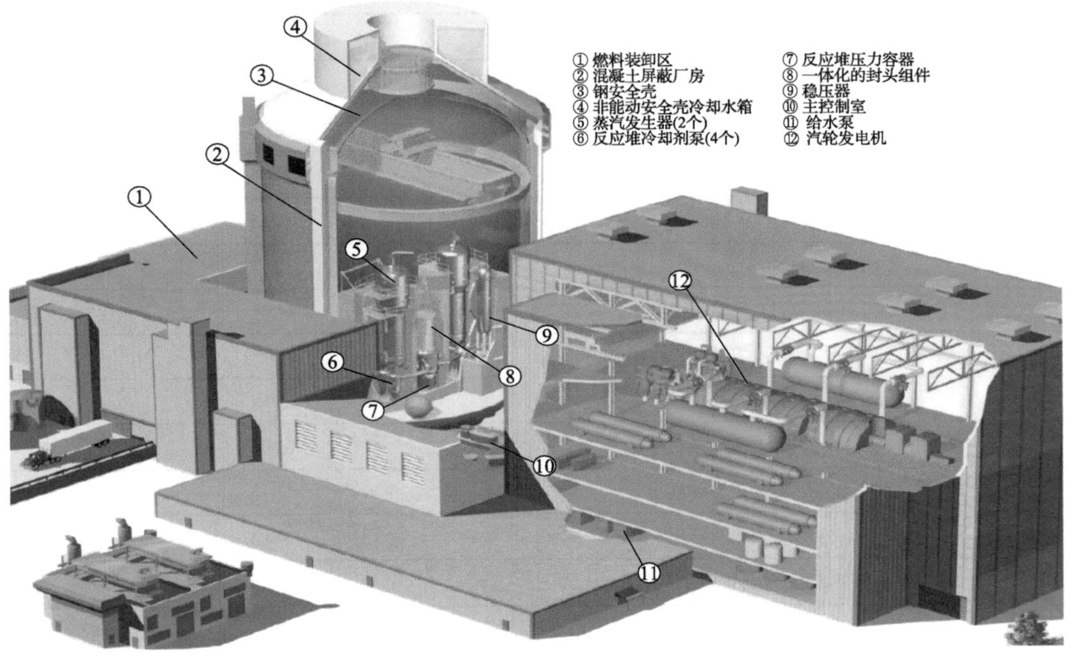

图 1.1　AP1000 核电厂[4]

Fig. 1.1　AP1000 nuclear power plant main

AP1000 为单堆布置的两环路机组，堆芯采用西屋的加长型堆芯设计，发电功率 1250MWe，设计寿命为 60 年。采用了增大的蒸汽发生器，稳压器的容积进一步增大；主泵采用屏蔽式电动泵，取消了主泵的轴封；取消了压力容器堆芯区的环焊缝，堆芯的测量仪表布置在上封头。主要技术参数见表 1.1。

表 1.1　AP1000 核电厂设计参数[5]

Table 1.1　AP1000 nuclear power plant main character

参数	数值
反应堆热功率/MWth	3400
净电功率/MWe	1100
电厂设计寿命/年	60
换料周期/月	18

续表

参数	数值
电厂可利用率/%	93
设计地震烈度	0.3g
堆芯损坏概率/(堆·a)$^{-1}$	5.09×10^{-7}
早期大量放射性释放的概率/(堆·a)$^{-1}$	5.94×10^{-8}
职业照射剂量/[人·Sv/(堆·a)]	<1
燃料组件数量	157
控制棒数量	69
堆芯活性段长度/m	4.27
平均卸料燃耗/(MWd/tU)	50000
平均功率密度/(kW/L)	109.7
平均线发热率/(kW/m)	18.77
流经堆芯的冷却剂流量/(kg/s)	14300
反应堆冷却剂系统运行压力/MPa	15.5
反应堆入口温度/℃	280.7
反应堆出口温度/℃	321.1
反应堆压力容器设计压力/MPa	17.13
反应堆压力容器设计温度/℃	343.3
安全壳设计压力/MPa	0.407
安全壳自由容积/m^3	58339

AP1000 主要的安全系统都采用了非能动的设计，主要包括非能动余热排出系统、非能动安全注入系统、自动卸压系统、非能动安全壳冷却系统、主控室非能动应急可居留系统等。与传统的压水堆核电厂相比，对许多系统的设计都进行了简化和降级。非能动安全系统的设计大幅度减少了需要的设备和部件。

AP1000 的安全壳为双层结构，外层为非封闭式钢板混凝土屏蔽厂房，内层为钢制耐压安全壳。采用了将堆芯熔融物保持在压力容器内的设计（IVR），在发生堆芯熔化事故后，将水注入到压力容器底部，使外壁和其保温层之间形成冷却流道，冷却堆芯的熔融物。针对高压堆熔事故，AP1000 在主回路上设置了 4 级可控的自动卸压系统（ADS），通过冗余多样的卸压措施，可靠地降低了一回路的压力，避免高压堆熔的发生；针对氢气燃烧和爆炸的危险，AP1000 在设计中使氢气从反应堆冷却剂系统逸出的通道远离安全内壁，避免氢气火焰对安全内壁的威胁，同时在安全壳内部布置了冗余、多样的氢气点火器和非能动的自动催化氢复合器。对于安全壳超压事故，AP1000 非能动安全壳冷却系统在发生事故后能够防止安全壳超压。

AP1000 仪控系统采数字化技术设计，通过多样化的安全级、非安全级仪控系统的信息提供、操作避免发生共模失效。主控室采用布置紧凑的计算机工作站控制技术，人机接口设计充分考虑了运行电厂的经验反馈。AP1000 的建造过程还采用了如下关键技术：核岛筏基大体积混凝土一次性整体浇筑技术、核岛钢制安全壳封头成套制造技术以及模块化施工技术等。[4-6]

2002 年 3 月 28 日，西屋公司向 NRC 提交了 AP1000 的最终设计批准以及标准设计认证(DC)的申请。西屋公司获得了 NRC 颁布的 AP1000“标准设计证书”。

2006 年，中国决定从西屋公司引进 AP1000 核电技术，并合作建造 4 台 AP1000 核电机组。AP1000 全球首批项目中国三门核电厂和海阳核电厂于 2009 年开工。2018 年 10 月 12 日三门 1 号机组投入商业运行。2018 年 11 月 5 日三门 2 号机组投入商业运行。2018 年 10 月 22 日海阳 1 号机组投入商业运行。2019 年 1 月 9 日海阳 2 号机组投入商业运行。

2012 年，NRC 批准了美国本土的首个 AP1000 项目沃格特勒(Vogtle)核电厂 3、4 号机组，这是 NRC 34 年来第一次批准了新建核电机组的申请。2 个月之后又批准了萨默尔(Summer)核电厂新建 2 台 AP1000 机组的申请。2013 年 3 月，两个电厂的 AP1000 机组已经开工建造。由于经费超支，2017 年 7 月萨默尔核电厂项目业主宣布停止 2 台 AP1000 机组建设。

1.3.2 VVER-1200

俄罗斯 VVER-1200 是四环路压水堆型单机布置核电厂。VVER-1200 型是在 VVER-1000 机型 150 堆·a 运行经验的基础上改进设计而成，其设计满足俄罗斯、欧洲与国际上其他国家对新建核电厂的要求。

VVER-1200 堆芯由 163 个改进型六角形燃料组件构成，采用卧式蒸汽发生器，无压力容器底部贯穿件，采用大体积稳压器。专设安全设施为四通道，仪控系统为先进的全数字化分布式计算机控制系统。四环路系统中每条环路由热管段、一台蒸汽发生器、一台主泵和冷管段组成，稳压器系统连接在其中一条环路上。

VVER-1200 设置了相应措施来应对严重事故，以缓解严重事故的后果。这些措施包括堆芯捕集器、事故排气系统、双层安全壳，并设计了安全壳非能动导热系统、安全壳消氢系统和安全壳环廊负压系统等。示意图见图 1.2。

VVER-1200 在传统能动系统的基础上采用了非能动设计。VVER-1200 的两种型号 V-392M 和 V491 设计基本相同，差异主要是：V-392M 广泛采用非能动技术，而 V491 则更加多地采用能动技术；V-392M 采用两个通道的能动安全系统，V491 采用 4 个通道的能动安全系统，提高冗余度，提高系统的安全性[7-9]。主要设计参数见表 1.2。

图 1.2 新沃罗涅日斯基二期核电厂

Fig. 1.2 Novovoronezh II nuclear power plant

表 1.2 VVER-1200 核电厂设计参数[7,8,10]

Table 1.2 VVER-1200 nuclear power plant main character

参数	VVER-1200（V491）	VVER-1200（V-392M）
电功率/MW	～1200	1170
热功率/MW	3200	3200
环路数	4	4
燃料元件数量	163	163
活性段高度/m	3.73	3.75
平均线功率密度/（W/cm）	167.8	168
平均卸料燃耗/（MWd/tU）	47500-60000	60000
反应堆入口温度/℃	298.2	298.2
反应堆出口温度/℃	328.9	328.9
反应堆冷却剂系统压力/MPa	16.2	16.2
反应堆压力容器设计压力/MPa	17.64	17.64
反应堆压力容器设计温度/℃	350	350
安全壳设计压力/MPa	0.5	0.5

俄首台 VVER-1200 核电机组新沃罗涅日斯基二期核电厂 1 号机组 2017 年 2 月 27 日正式投入商业运行。该机组为 VVER-1200（V-392M）型压水堆机组，2008 年 6 月开始建设。列宁格勒二期 1 号机组是一台 VVER-1200（V491）机组，2008 年 10 月正式启动建设，2018 年 2 月 6 日实现首次临界。

2015 年 4 月 14 日，土耳其举办了该国首座核电厂——阿库尤核电厂的破土动工仪式。该项目采用俄罗斯的 AES-2006 型 VVER-1200 设计建设 4 台核电机组。根据土俄两国在2010年签署的政府间协议，俄将使用“建设-拥有-运营”模式建设和运营这座核电厂，并为电厂的建设提供资金。

根据中俄和平利用核能领域战略合作协议，中国拟在田湾7、8号和徐大堡3、4号建设4台俄罗斯VVER-1200机组。

1.3.3 EPR

EPR是四环路大功率核电机组，热功率为4250～4900MW，电功率为1600MW级。EPR的堆芯由241个17×17形式的AFA 3GLE或HTPLE燃料组件组成。反应堆冷却剂泵采用立式、单级混流泵，由水力单元、轴封和电动机组成。EPR的蒸汽发生器采用了传统的自然循环式蒸汽发生器。EPR核电厂示意图见图1.3。主要设计参数见表1.3。

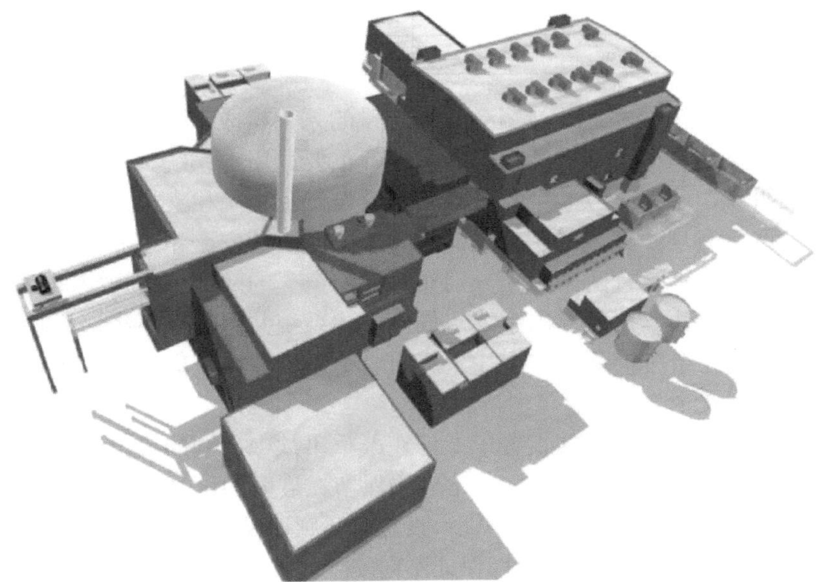

图1.3　EPR核电厂[12]

Fig. 1.3　EPR nuclear power plant

表1.3　EPR核电厂设计参数[11]

Table 1.3　EPR nuclear power plant main character

参数	数值
反应堆热功率/MW	4600
电功率/MW	1660
设计寿命/年	60
换料周期/月	12～24
机组可利用率/%	＞87
堆芯熔化概率/(堆·a)$^{-1}$	1.24×10^{-6}
大量放射性释放概率/(堆·a)$^{-1}$	9.6×10^{-8}
燃料组件数目	241

续表

参数	数值
堆芯活性段长度/cm	420
平均卸料燃耗/（MWd/tU）	＞48000
平均线功率密度/（W/cm）	163.4
堆芯热工裕量/%	≥15
反应堆入口温度/℃	295.7
反应堆出口温度/℃	330.1
反应堆冷却剂系统运行压力/MPa	15.5
反应堆冷却剂系统热工设计流量/（m^3/h）	27180×4
反应堆冷却剂系统设计压力/MPa	17.6
安全壳设计压力/MPa	0.53
安全壳自由容积/m^3	80000

EPR 重要的专设安全系统由 4 个 100%容量的系列组成，每个系列对应一个环路。专设安全系统的支持系统包括设备冷却水系统、重要厂用水系统、应急电源系统等，也是由 4 个系列组成，分别对应一个安全系列。专设安全系统和支持系统的 4 个系列分别布置在 4 个分区，实现了完全的实体隔离，一个分区内的安全系统和支持系统不会影响其他分区的功能，特别是有两个分区分别布置在安全壳的两侧，实现空间位置的隔离。在具体系统的配置方面，余热导出系统与低压安注系统共用一个系统，增加了低压安注和余热导出系统的冗余度；降低安全注入压力，中压安注系统取代了高压安注系统，并将换料水箱设置到安全壳内。

EPR 采用了双层安全壳，并设置了专门在严重事故中启动的安全壳喷淋系统；设计了完善的安全壳底板保护设施，将堆芯熔融物保留在展开的区域内；采用非能动的方式对熔融物进行冷却，保证安全壳的完整性；设置了环廊通风系统，在双层安全壳之间保持负压，收集内、外层安全壳的泄漏，以保证不向安全壳外直接泄漏；在设备间和穹顶共设置了 47 个氢气催化复合器，能够支持整体对流，使大气均匀化，降低局部氢浓度峰值。

EPR 的反应堆厂房、燃料厂房及部分的安全厂房可以承受大型商用飞机的撞击。EPR 采用了数字化仪控系统，在设计上充分考虑了 N4 核电机组的经验反馈，一方面通过采用数字化仪控系统降低成本，另一方面提高机组的安全性和可用率[11-13]。

广东台山核电 1 号机组采用 EPR 堆型，于 2009 年开工建设，2018 年 12 月 13 日完成 168h 示范运行，具备商业运行条件，成为全球首台具备商运条件的 EPR 第三代核电机组。广东台山核电 2 号机组于 2010 年开工建设，2019 年 9 月 7 日组完成 168h 示范运行，具备商业运行条件，是继台山核电 1 号机组后，全球第二台投入商运的 EPR 机组。

当前 EPR 在建项目还有芬兰奥尔基洛托 3 号机组和法国弗拉芒维尔 3 号机组。芬兰的奥尔基洛托 3 号机组是全球首台投入建设的 EPR 堆型，该机组的建设始于 2005 年，但由于建设过程面临诸多挑战，该机组的投运时间被多次推迟，最新计划为 2020 年下半年并网。法国弗拉芒维尔 3 号机组于 2007 年 12 月启动建设，2020 年 2 月 17 日完成热试。

1.3.4 APWR

APWR 是由三菱重工和西屋电气联合 5 家日本的电力公司开展的国际合作项目共同研发的，作为日本国际贸易和工业部(现经济、贸易和工业部)发展和标准化方案第三阶段的一部分。APWR 在已有运行经验的基础上，从安全性、可靠性、可操作性及电厂性能等方面均有了进一步发展，由于机组容量的增大，其经济性也有了显著提高。日本原子能公司的敦贺 3、4 号机组曾经计划作为 APWR 的首座电厂，但是目前仍未能实现开工。主要设计参数见表 1.4。

表 1.4　APWR 压水堆核电厂设计参数[14]

Table 1.4　APWR nuclear power plant main character

参数	数值
输出电功率/MW	1538
堆芯热功率/MW	4451
设计寿期/年	60
燃料棒数目	257
控制棒数量	69
燃料有效长度/m	3.7
平均线功率密度/(kW/m)	17.6
平均堆芯功率密度/(MW/L)	103
反应堆冷却剂系统运行压力/MPa	15.4(绝压)
堆芯入口温度/℃	289
堆芯出口温度/℃	325
流经堆芯冷却剂流量/(kg/h)	77.3×10^{6}

先进压水堆 APWR 的开发始于 20 世纪 80 年代，初始方案即为四环路核电厂，净功率为 1300MW。随着核电技术的发展及其他类型电厂尤其是超临界燃煤机组激烈竞争的需要，APWR 的功率从 1300MW 提升至 1420MW，最后又提升至 1538MW 以提高经济型，主要改进是采用了流量更大的反应堆冷却剂泵和提高了汽轮机的效率。

APWR 堆芯有 257 根燃料组件，每个燃料组件的排列形式为 17×17。沿用日本已有的四环路设计，采用了 MA25S(60Hz)型泵和 70F-1 型蒸汽发生器。

APWR 的专设安全系统包括应急堆芯冷却系统、安全壳喷淋系统、应急给水系统、余热排出系统。堆芯应急冷却系统和安全喷淋系统采用了 4 个冗余系列，每个系列的容量为 50%。先进安注箱代替了大破口失水事故中安注箱和低压安注系统的作用，提高了事故注水的可靠性。采用了安全壳内置换料水箱，消除了安注水源和喷淋水源切换带来的问题，提高了系统连续运行可靠性。

APWR 的安全壳是带钢衬里的混凝土结构。APWR 针对危害安全壳完整性的严重事故采取了缓解措施：强化了一回路卸压功能，通过安全壳空气循环系统和备用安全壳喷淋冷却安全壳；设置氢气控制系统；增大堆腔面积，增加堆腔混凝土厚度[14]。

1.3.5 APR1400

APR1400 是继成功建设 12 台 OPR1000 机组之后，韩国将批量化建造的下一代核电厂，也是韩国参与国际核电市场竞争的主力机型。首堆项目新古里 3、4 号机组于 2008 年开工，原计划于 2013 年和 2014 年投入商业运行，2016 年 1 月 15 日新古里 3 号首次并网。新蔚珍 1、2 号机组也正在建造过程当中。特别是 2009 年 12 月，APR1400 获得了阿联酋 4 台机组的“史上最大核电订单”。目前巴拉卡(Barakah)1、2 号机组已经于 2012 年 7 月开工建造，1 号机组已经于 2020 年 8 月 1 日投入运行。APR1400 示意图见图 1.4。主要设计参数见表 1.5。

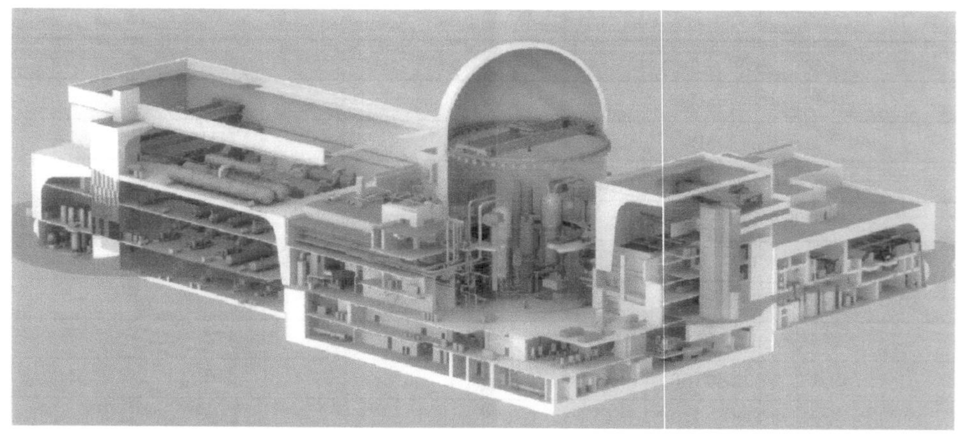

图 1.4　PR1400 核电厂[16]

Fig. 1.4　APR1400 nuclear power plant

表 1.5　APR1400 核电厂设计参数[15,16]

Table 1.5　APR1400 nuclear power plant main character

参数	数值
净电功率/MW	1340
反应堆热功率/MW	3983
设计寿期/年	60
换料周期/月	18
电厂可利用率/%	＞90
安全停堆地震(SSE)	0.3g
堆芯损伤频率/(堆・a)$^{-1}$	＜10^{-5}
大量放射性物质释放至环境的频率/(堆・a)$^{-1}$	＜10^{-6}
职业辐照剂量/[人・Sv/(堆・a)]	＜1
堆芯活性高度/m	3.81
平均线功率密度/(kW/m)	18.38

续表

参数	数值
平均堆芯功率密度/(MW/m^3)	100.9
燃料组件数量	241
控制棒组件数量	93
批平均卸料燃耗/(MWd/tU)	55000
反应堆冷却剂流量/(kg/s)	20991
反应堆冷却剂系统运行压力/MPa	15.5
堆芯冷却剂进口温度/℃	290.6
堆芯冷却剂出口温度/℃	323.9
反应堆压力容器设计压力/MPa	17.2(绝压)
反应堆压力容器设计温度/℃	343.3
安全壳设计压力/MPa	0.515

APR1400 是双环路压水堆，冷却剂系统的基本配置与 OPR1000 相同，只是主设备的尺寸增大，以满足接近 4000MW 的反应堆额定热功率。每个环路包括一个蒸汽发生器、两台主泵、一条热管段及两条冷管段，其中一个回路连接一个稳压器。

APR1400 的反应堆堆芯包括 241 根燃料组件。堆芯设计的换料周期延长至 18 个月，最大卸料燃耗 60000MWd/tU。APR1400 能够使用最多 1/3 堆芯的 MOX 燃料，并且具有日负荷跟踪能力。16×16 的先进燃料组件被命名为 PLUS7。

APR1400 的安全系统包括安注系统、安全卸压、排放系统、安全壳喷淋系统和辅助给水系统。安注系统的主要特征是通过简化和冗余实现更高的可靠性和更好的性能。安注系统设置了 4 个独立的安注系列，都采用压力容器直接注入(DVI)方式，注入管线之间没有连接。每个系列包括一个能动的安注泵和非能动的安注箱。安注箱中设置了射流装置，取代了低压安注的功能。采用内置换料水箱，降低外部事件的影响，也消除了再循环的水源切换。因此高压安注、低压安注和再循环模式被合并为一种安注模式，简化了系统的操作。安全壳喷淋系统与辅助给水系统的可靠性也得到了提高。安全壳喷淋系统与停堆冷却系统相互连接，两个系统的泵可以互相备用。辅助给水系统采用 2×100%电动泵、2×100%汽动泵，由位于辅助厂房的两个独立的安全相关辅助给水箱提供水源。

APR1400 采用带钢衬里的预应力混凝土安全壳，增大了自由容积，增强了抗压强度。为加强严重事故的预防和缓解能力，APR1400 设置了消氢系统、堆腔淹没系统、实现熔融物堆内滞留的反应堆压力容器外部冷却系统、安全卸压和排放系统、应急安全壳喷淋后备系统等[15,16]。

第 2 章

总体技术方案

“华龙一号”是中核集团开发的，具备能动与非能动相结合安全特征的先进核电技术。它是基于现有压水堆核电厂成熟技术的渐进式设计，能够满足国际上对第三代核电的技术要求。“华龙一号”具有包括 177 堆芯、CF3 先进燃料组件、能动与非能动安全系统、全面的设计扩展工况预防与缓解措施、强化的外部事件防护能力和改进的应急响应能力在内的诸多先进设计特征，在设计上更加全面平衡地贯彻了核安全纵深防御设计原则、设计可靠性原则和设计多样化原则，创新性地采用“能动与非能动相结合的安全设计理念”，以能够有效应对动力源丧失事故的非能动安全系统作为成熟高效的能动安全系统的补充，提供了多样化的安全措施，大幅提升了安全水平。

“华龙一号”设计方案以国际上广泛采用，具有丰富运行经验的成熟三环路压水堆技术为基础，借鉴了第三代核电技术的先进设计理念，总结了我国三十多年核电设计、建造、调试、运行的经验，以及近年来核电技术发展的最新研究成果，充分汲取了国际上历次核事故(特别是福岛事故)经验反馈，在安全性上满足我国最新核安全法规和国际上最新的核安全标准要求，总体性能满足第三代核电技术的总体指标。“华龙一号”所采用的创新技术在研发和建造阶段经过了充分验证，技术研发与装备制造紧密结合，在实现核电技术自主创新的同时，大幅提升了我国核电装备自主化能力与水平，在设计与建造技术上具有完全自主的知识产权，满足全面参与国际核电市场竞争的要求。

2.1 主要技术特征

“华龙一号”采用三环路压水堆技术方案，以轻水作冷却剂和慢化剂，冷却剂在堆芯中被核燃料裂变释放的能量加热后，通过一回路将冷却剂循环至蒸汽发生器，把热量传递到二回路并产生蒸汽，蒸汽驱动汽轮机旋转做功，带动发电机发电。

“华龙一号”是渐进式的第三代核电技术，在成熟技术基础上通过新技术的应用和设计改进，形成了能动与非能动相结合的、更为完善的设计扩展工况预防与缓解系统设计，整体安全水平得到明显提高。“华龙一号”在安全设计上全面贯彻了纵深防御的理念，更加强调独立性和多样化，应用“风险指引”的方法，注重整体安全水平，聚焦加强安全薄弱环节，不片面强化某一层次的防御措施。在纵深防御不同层次上，对应不同工况，采用不同的安全设施，并针对设计扩展工况设置专门的应对措施，且在不同纵深防御层次也分别采用了独立的控制系统、电源系统及最终热阱等，以保证核电厂的安全性。在“华龙一号”设计中以防止放射性物质不可接受的释放为目标，对每一个预计运行事件和设计基准事故均开展了事故分析；同时，结合“华龙一号”的设计特点，综合考虑IAEA和国际上第三代核电的要求，确定了一系列的设计扩展工况，开展了确定论与概率论安全分析。针对没有堆熔的设计扩展工况(DEC-A)，“华龙一号”设计了应对措施，防止其升级为堆芯熔化事故；对于堆芯熔化的设计扩展工况(DEC-B)，“华龙一号”专设的严重事故措施能够有效缓解事故后果，避免放射性物质向环境大量释放。“华龙一号”应用了“能动与非能动相结合”的安全设计理念，在防止放射性释放的由核燃料包壳、一回路压力边界和安全壳构成的三道物理安全屏障上，均采用了能动与非能动相结合的多样化安全措施，有效避免了共因故障的发生，大幅度提升了核电厂的安全性。经过全范围概率论安全分析，结果表明“华龙一号”堆芯损坏频率和大量放射性释放频率均远低于国家核安全局对新建核电厂的安全要求，满足国际上对三代核电厂的最新安全要求，以及IAEA提出的实际消除可能导致早期或大量放射性释放的可能性。

总体来说，“华龙一号”采用了先进的安全设计理念，充分吸收了国内外核电技术发展的宝贵经验，自主创新了一大批先进技术成果，整体安全水平达到国际第三代核电要求，实现了安全性和经济性的平衡。通过自主科研攻关，掌握了核心技术，建立了完整的自主知识产权体系，具备了参与国际市场竞争的能力，为落实国家核电发展规划、实现自主核电的批量化建设奠定了坚实的基础。

“华龙一号”具备以下主要设计特征。

1. 177 堆芯

堆芯采用具有自主知识产权的177组先进燃料组件，在提高堆芯额定功率的同时降低平均线功率密度，既提高了核电厂的发电能力又增加了核电运行的安全裕量。

2. 单堆布置

采用单堆布置方案，优化核岛厂房布置方案，更好地实现实体隔离，有效降低火灾、水淹等灾害带来的安全系统共模失效问题，便于电厂建造、运行和维护，提高核电厂址方案选择的灵活性。

3. 大自由容积双层安全壳

内壳采用大自由容积的预应力混凝土壳，设置了能动与非能动相结合的热量排出系统，能够承受各种事故工况下的温度和压力，外壳加强了应对外部事件的能力，并能抵御商用大飞机撞击，保护内壳及其内部结构，提高事故下安全壳作为最后一道屏障的安全性。

4. 60 年电厂设计寿期

双层安全壳、反应堆压力容器，以及蒸汽发生器、稳压器和主管道等一回路主要承压设备与重要部件设计寿命均延长为60年，同时考虑完善了电厂老化管理措施，通过必要的维修和更换，使电厂设计寿期达到60年。

5. 18个月换料周期

采用我国自主研发的CF3型先进燃料组件后，可实现18个月换料，提高电厂的可利用率和经济性。

6. 能动与非能动相结合的安全设计理念

在现有核电厂成熟的能动安全技术基础上，借鉴先进的非能动技术，采用能动与非能动相结合的安全措施，以能动和非能动的方式实现应急堆芯冷却、堆芯余热导出、熔融物堆内滞留和安全壳热量排出等功能，非能动系统作为能动系统的备用措施，为纵深防御各层次提供多样化的安全手段。

7. 基于概率安全分析和经验反馈优化的安全系统

采用冗余性、独立性与多样化相结合的设计，在布置上实现冗余安全系统完全的实体隔离。充分吸取在役电厂的运行经验反馈，采用概率安全分析技术识别安全上的薄弱环节，指引设计改进，避免出现“木桶效应”。优化了安全系统设计：降低安注压头；上充与安注功能分离，使得安全系统与正常运行系统之间保持独立性；采用内置换料水箱，取消再循环切换操作；优化安注箱、应急给水箱、安全壳喷淋系统及最终热阱的容量。

8. 操纵员不干预时间的延长

通过优化系统设计、增设控制信号、增大设备容量和开展相关的事故分析，事故后操纵员不干预时间延长到30min，简化系统操作，减少由于人员干预而可能产生的误操作。

9. 设计扩展工况的分析及应对

对包括多重失效在内的核电厂设计扩展工况（DEC）进行系统性梳理和分析，对于风险较大的DEC设置专门的应对措施，防止事故发展为堆芯熔化的严重事故。专门用于应对DEC的补充安全设施包括应对全场断电（SBO）事故的非能动安全壳热量导出系统和SBO电源，应对未能紧急停堆的预期瞬态（ATWS）的应急硼注入系统。

10. 完善的严重事故预防和缓解措施

对于可能威胁安全壳完整性的严重事故现象（如高压堆熔、氢气爆燃、安全壳底板融穿和安全壳长期超压）设置更加完善的预防和缓解措施，包括一回路快速卸压系统、非能动消氢系统、堆腔注水冷却系统、非能动安全壳热量导出系统和安全壳过滤排放系统。保证严重事故环境条件下主控室的可居留性及相关设备的可用性。此外，吸取福岛事故经验反馈，设置移动设备提供应急电源和水源，改进乏燃料贮存水池的冷却和监测手段等，实现从设计上实际消除大规模放射性释放，仅需在时间和范围上更为有限的采取场外应急措施。

11. 外部事件防护能力的提高

针对所有可能导致放射性释放风险的外部事件，包括外部人为事件和外部自然事件，采用适当的措施和充足的裕量以保护电厂抵御来自特定超设计基准外部事件（如洪水和地震）的袭击。

12. 抗震设计标准的提高

提高抗震设计标准，“华龙一号”标准设计的水平和竖直方向的地震输入采用 0.3g 地面峰值加速度，进一步增强电厂的固有安全能力，并考虑包络不同厂址地质条件，提高机组的厂址适应性。

13. 抗商用大飞机撞击设计

基于系统全面的安全防护分析，通过设置防大飞机屏蔽壳（APC 壳）和实体隔离等方式，实现核电厂对大型商用飞机撞击的防护，确保在该类事故下实现安全停堆，避免出现放射性大量释放。

14. 72h 电厂自持时间

通过非能动系统水箱贮存水量和专用电池容量的设计，保证非能动系统能够持续运行 72h，结合移动泵和移动柴油发电机等非永久设施，使得严重事故后核电厂在 72h 内无需厂外支援。

15. 应急能力的增强

吸取了福岛事故的经验反馈，进一步增强核电厂的应急响应能力，包括提高严重事故条件下应急指挥中心和运行支持中心的可居留性和可用性，提高环境辐射监测能力，并具有针对多机组发生严重事故的应急措施。

16. 废物最小化

采用先进的放射性废物处理工艺，气载和液态流出物排放符合《核动力厂环境辐射防护规定》（GB 6249—2011）和《核电厂放射性液态流出物排放技术要求》（GB 14587—2011）的规定，单台机组的废物包年产生量预期值不超过 50m^3/a，实现废物最小化的目标。

17. 进一步提高经济性与先进性的措施

为满足对于第三代核电机组的技术指标要求，进一步采用了提高经济性和先进性的设计措施：应用破前漏（LBB）技术；设置疲劳监测系统；采用先进堆芯测量系统；采用了先进的数字化仪控系统和主控室设计；优化了辐射防护设计，职业照射集体剂量小于 0.6 人·Sv/（堆·a）。

“华龙一号”主要设计参数列于表 2.1 中。

表 2.1 “华龙一号”主要设计参数

Table 2.1 Main design parameters of HPR1000

参数	数值
堆芯热功率/MWt	3050
毛电功率/MWe	～1170
净电功率/MWe	～1090
净效率/%	～36
运行模式	基荷和负荷跟踪
电厂设计寿期/年	60
电厂可利用率目标/%	≥90
换料周期/月	18
安全停堆地震(SSE)	0.3g
堆芯损坏概(CDF)/(堆·a)$^{-1}$	＜10^{-6}
大量放射性释放概率(LRF)/(堆·a)$^{-1}$	＜10^{-7}
职业照射剂量/[人·Sv/(堆·a)]	＜0.6
操纵员不干预时间/h	0.5
电厂自治时间/h	72

2.2 采用的法规和标准

“华龙一号”的设计和建造遵循国家核安全局颁发的最新核安全法规和导则要求，参照 IAEA 最新安全标准的要求；执行与国际现行的通用标准规范相当的我国最新核电标准和规范(包括国家标准和行业标准)，同时将适用的国际/国外标准作为补充和参考。“华龙一号”设计和建造所遵循的法规标准能够确保核电厂构筑物、系统和设备的安全性满足国际上最先进的核电安全要求，从而能够从设计上保证核电厂的先进性、安全性和经济性。

“华龙一号”法规标准的应用原则如下：

(1) 中国政府颁布的现行有效的有关核电厂安全和环境保护的法律、法规、条例和标准，要求强制执行的，“华龙一号”都遵照执行。

(2) “华龙一号”所适用的中国法规、导则、国家标准和行业标准，均执行已经正式发布的最新版本。

(3)“华龙一号”构筑物、系统和设备的设计建造主要遵循中国国家标准和行业标准。

(4) 对于中国标准规范不能覆盖的领域，采用或者参照国际上通用标准规范的适用部分。

(5) 遵照执行福岛事故后国家核安全局发布的最新技术要求文件。

(6) 针对“华龙一号”新堆型的特征，遵照核安全法规的总体要求，制定适当的企业标准，或者国家标准、行业标准、国际标准的应用说明或补充技术文件，用于指导具体工作。

“华龙一号”所采用的法规标准体系划分为5个层次，自上而下分别是法律、国务院条例、部门规章、导则和技术标准。与中国核电法规标准体系的层次一致。

1. 法律

“华龙一号”遵循《中华人民共和国核安全法》和《中华人民共和国放射性污染防治法》。此外还遵循与环境保护和安全生产有关的其他国家法律，如《中华人民共和国环境保护法》、《中华人民共和国环境影响评价法》和《中华人民共和国安全生产法》等。

2. 国务院条例

“华龙一号”遵循核领域的五部国务院条例：《中华人民共和国民用核设施安全监督管理条例》、《中华人民共和国核电厂核事故应急管理条例》、《中华人民共和国核材料管制条例》、《中华人民共和国民用核安全设备监督管理条例》、《放射性废物安全管理条例》。此外还需遵循其他领域的国务院条例，如《特种设备安全监察条例》、《建设项目环境保护管理条例》等。

3. 部门规章

国家核安全局颁布的部门规章包括国务院条例的实施细则(及其附件)和核安全规定。福岛核事故之后，国家核安全局还发布了新的安全要求文件，即《福岛核事故后核电厂改进行动通用技术要求(试行)》。“华龙一号”遵循以上这些部门规章。

4. 导则

现有的核安全导则超过60个，很多基于或者等效于相应的IAEA安全导则。对于中国现行有效的核安全导则，“华龙一号”均遵照执行。

5. 技术标准

“华龙一号”构筑物、系统和设备的设计和建造主要遵循中国国家标准(GB 标准)和行业标准，满足中国核安全法规确定的安全目标。部分国家标准是强制性的，特别是与核安全和环境保护相关的标准。除了压水堆核电标准体系中包括的能源行业标准(NB标准)，“华龙一号”也参考如机械、化工、土建等其他行业的标准。作为对中国技术标准的补充，其他国家和国际组织发布的标准规范也在“华龙一号”的设计和建造中被使用或作为参考，比如IEC标准、IEEE标准、RCC标准和ISO标准等。

“华龙一号”在技术标准的选取上开展了大量研究论证工作，重点关注了标准选择的适宜性和相关标准之间的协调性，并优先考虑采用中国技术标准。“华龙一号”设计建造所采用的标准在初步安全分析报告审评阶段，得到国家核安全局认可。

此外，为推动建立完善我国核电标准体系，国家能源局、国家标准化管理委员会和国家核安全局联合批准了“华龙一号”国家重大工程标准化示范项目，该项目目标是依托“华龙一号”示范工程，利用 4 年左右的时间，进一步完善优化现有压水堆核电标准体系，健全一套自主的、涵盖通用基础、前期工作、核电设计、设备制造、建造、调试、运行和退役等全生命周期的压水堆核电标准体系，形成一批与国际水平相当的核电国家标准、行业标准，该标准体系完全覆盖“华龙一号”国内建设和出口所需的标准，可有效提升我国核电技术和装备水平，支撑我国核电技术和装备走出去，提升在国际上的话语权、主动权和影响力，打造中国先进核电标准品牌，提升我国核电标准化整体水平。该项目对进一步完善自主核电技术标准体系发挥了重要作用。

第 3 章

反　应　堆

3.1　概　　述

反应堆是核电厂的最核心设备，利用堆芯核燃料发生中子反应产生的热加热冷却剂(水)而形成高温高压水，为核电厂提供动力源。

“华龙一号”反应堆是在过去应用成熟反应堆的基础上，通过进一步的研发改进而成，其主要部件(如反应堆压力容器、控制棒驱动机构的耐压部件等)具有 60 年的设计寿命。反应堆满足 0.3g 的抗震设计要求，具有完全自主知识产权(自主设计、自主制造)。

“华龙一号”反应堆由反应堆压力容器及其支承和保温层、燃料组件及相关组件、堆内构件、控制棒驱动机构、一体化堆顶结构、堆芯测量系统等组成，主体结构见图 3.1。反应堆总高约 20m，直径达 5m，充满水后总重量约 940t。

“华龙一号”反应堆堆芯由 177 组燃料组件、61 组控制棒组件、78 组可燃毒物组件、2 组一次中子源组件和 2 组二次中子源组件组成。其主冷却剂系统由三条环路组成，其单堆额定热功率为 3050MWt，名义电功率大于 1100MWe。反应堆冷却剂由主泵驱动，经主管道冷段从反应堆压力容器入口接管进入，沿反应堆压力容器与吊篮之间的环腔，向下流至反应堆压力容器下封头；经二次支承及流量分配组件的初步分配进入堆芯支承板，再经堆芯支承板的二次分配进入堆芯；带走堆芯燃料产生的热量，经上堆芯板，从反应堆压力容器出口接管流出，最后经主管道热段进入蒸汽发生器的一次侧；将热量传递给二回路水后，又由主泵驱动进入反应堆压力容器，形成完整的回路。

“华龙一号”反应堆主要设备结构及功能如下：

(1)反应堆压力容器是反应堆的压力边界，由顶盖组件、容器组件和紧固密封件三部分组成，用作支承和包容反应堆堆芯，起固定和支承控制棒驱动机构、堆内构件的作用，并与堆内构件一起为冷却剂提供流道。

(2)燃料组件采用我国自主研发的 CF3 燃料组件，整个反应堆布置 177 组，组成的堆芯近似于圆柱状，位于反应堆中下部。燃料组件和慢化剂、冷却剂等一起构成堆芯(又称活性区)，实现链式裂变反应，是反应堆的心脏。

(3)堆内构件位于反应堆压力容器内，由上部堆内构件、下部堆内构件、压紧弹簧和 U 形嵌入件等组成，用于装载堆芯部件，并为其提供定位和压紧；为控制棒组件提供保护和可靠的导向；和反应堆压力容器一起为冷却剂提供流道；合理分配流量，控制旁流，减少冷却剂无效漏流；屏蔽中子和 γ 射线，减少反应堆压力容器的辐照损伤和热应力；为堆芯测量系统提供支承和导向；为反应堆压力容器辐照监督管提供安装位置。

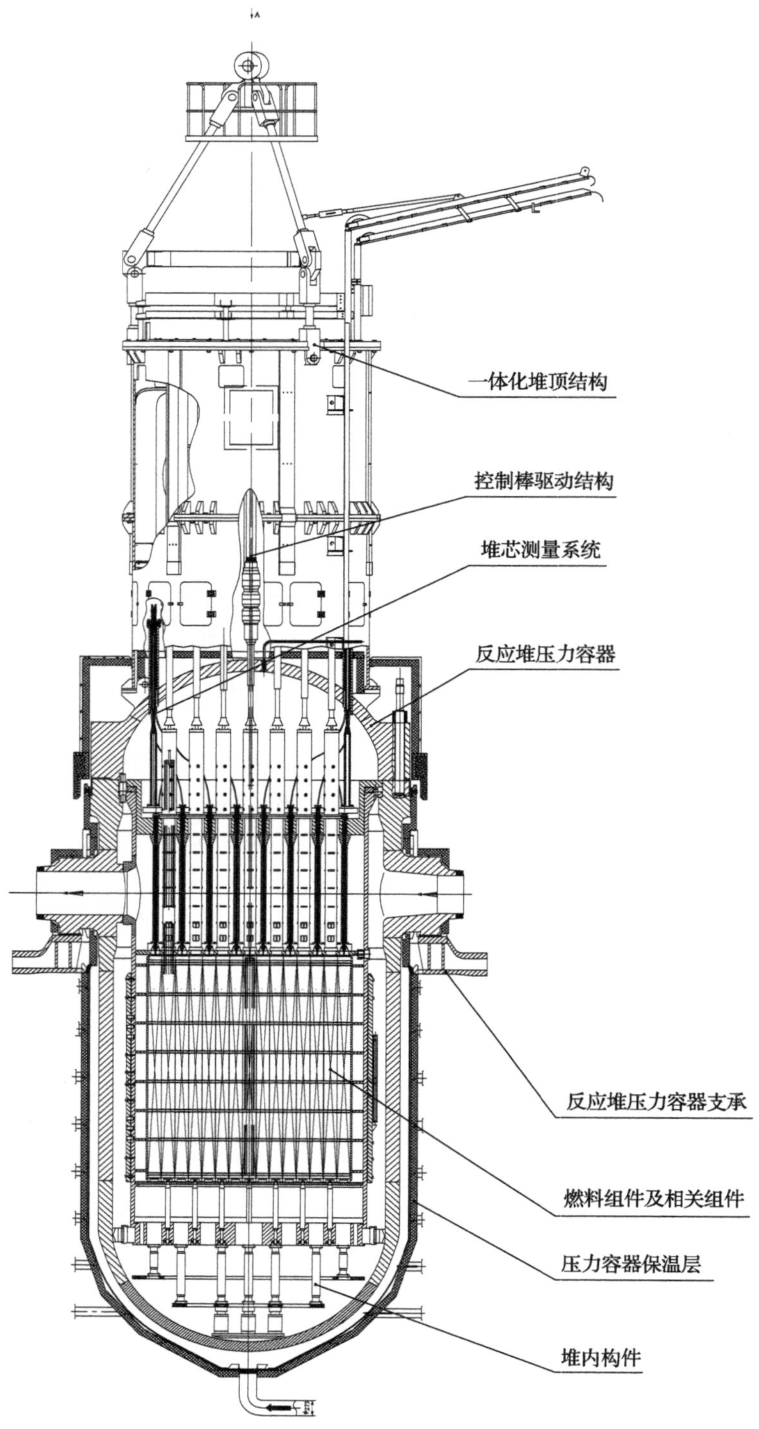

图 3.1　反应堆结构总图

Fig. 3.1　Reactor structure drawing

(4) 控制棒驱动机构安装在反应堆压力容器顶盖上，由驱动杆组件、钩爪组件、密封壳组件、驱动杆行程套管组件、线圈组件、棒位探测器组件及隔热套组件组成，它根据反应堆控制和保护系统发出的指令运行，实现反应堆的启动、调节功率、保持功率、正常停堆和事故停堆等功能。

(5) 反应堆压力容器保温层包覆在反应堆压力容器外，由顶盖保温层和容器保温层组成，其能减少反应堆的热损失，改善运行环境；同时在堆芯熔化的严重事故工况下，作为堆腔注水冷却系统的重要组成部分，维持结构完整并与反应堆压力容器外表面共同形成一个特定的环腔，堆腔冷却水从位于保温层底部的注水管道进入该环腔，冷却反应堆压力容器，避免反应堆压力容器被熔穿。

(6) 一体化堆顶结构位于反应堆压力容器顶盖的上方，主要由围筒组件、冷却围板、冷却风管、控制棒驱动机构抗震组件、防飞射物屏蔽板、电缆托架及电缆桥组件、顶盖吊具、整体式螺栓拉伸机导轨等零部件组成，能在地震工况下限制控制棒驱动机构的横向变形，保证其功能完整性；借助冷却空气带走控制棒驱动机构线圈的发热，以保证控制棒驱动机构正常工作；将堆顶所有的电缆引到设定的土建接口处；在安装、换料和检修时与主环吊连接，将整个堆顶结构吊到(离)反应堆压力容器。

(7) 堆芯测量系统从反应堆压力容器顶盖引入，直达堆芯，由 44 根探测器组件和 4 根水位探测器组成，探测器组件用于测量堆芯出口温度和燃料组件活性区的中子注量率，水位探测器用于测量反应堆内的冷却剂水位，探测器组件和水位探测器都从反应堆压力容器顶盖插入，由堆内测量导向结构进行导向，其密封则由堆芯测量密封结构来实现。

(8) 反应堆压力容器支承位于反应堆堆坑内，支承反应堆压力容器，承受反应堆本体及其相关设备和介质的重量，以及所支承的设备在各类工况下产生的载荷，并将这些载荷传递给反应堆堆坑混凝土基座。

(9) 控制棒驱动线是反应堆运行过程中反应性控制及核安全保护的执行单元，也是反应堆内唯一具有相对运动的设备单元，主要由控制棒驱动机构、控制棒组件、控制棒导向筒及燃料组件等组成。控制棒驱动线通过驱动控制棒提升、下插、保持及落棒，实现反应堆启动、功率调节、功率维持，以及正常和事故工况下的安全停堆。

“华龙一号”反应堆与早期核电厂反应堆相比具有的先进性如下：

(1) 首创采用了 177 堆芯(177 组 12ft① CF3 燃料组件)，提高了堆芯功率和安全裕度。

(2) 采用了大水隙、堆芯活性区无焊缝的反应堆压力容器，对反应堆压力容器材料的有害元素进行了严格的控制，具有 60 年的寿命。

(3) 采用堆芯探测器组件从反应堆压力容器顶盖引入的方式，取消了反应堆压力容器底部贯穿件，结构上实现了能动与非能动相结合的堆腔冷却系统，降低了堆芯熔化严重事故下被熔穿的可能性。

(4) 采用一体化堆顶结构，现场组装模块化、简单化、开扣盖操作时间短、辐射屏蔽效果增强，集防飞射物屏蔽于一体。

---

① 1ft=0.3048m。

(5)采用 ML-B 型磁力提升驱动机构，取消上、下部密封焊缝，提高了结构完整性，降低了现场焊接安装难度。采用双齿钩爪技术，提高了驱动机构寿命，钩爪组件不检修步数大于 610 万步(试验考验达 1500 万步)。

(6)反应堆压力容器保温层为金属反射式，同时配合堆腔注水系统设置有专用流道，使得在严重事故下冷却水充分冷却反应堆压力容器下封头，缓解下封头被熔穿的可能性。

(7)反应堆压力容器支承为具有通风冷却结构的整体式刚性支承，能抗击地震等载荷，保持反应堆结构完整性。

(8)反应堆堆内构件通过结构、流体力学优化设计，证明了流体均匀分布通过堆芯燃料组件，并经过流致振动分析及模型试验和现场实测，证明在寿期内流致振动对堆内构件不会产生破坏性影响。

“华龙一号”反应堆是自主改进研发的第三代先进反应堆，仅在反应堆专项方面，已获得了 50 多项授权发明专利和实用新型专利。列举如下：

(1)一种 177 堆芯的控制棒分布结构。

(2)用于核燃料组件的具有防勾挂以及交混作用的定位格架。

(3)基于核燃料组件中具有流动交混协调作用的结构格架。

(4)反应堆燃料组件上管座。

(5)一种带滤板的核燃料组件下管座。

(6)一种核反应堆下腔室板状流量分配装置。

(7)压水型核反应堆堆内构件。

(8)一种适用于压水堆的一体化堆顶结构。

(9)整体拆装密封件及探测器用密封结构及反应堆密封容器。

(10)步进式磁力提升型反应堆控制棒驱动机构。

(11)反应堆压力容器长寿期辐照监督方法。

(12)一种核级设备及管道用金属反射型保温层。

(13)一种含弯曲轨道运输的重型设备转运系统。

(14)一种探测器拆除装置缩容组件及缩容方法。

(15)小直径管形结构用可锁紧式快装密封装置。

(16)反应堆压力容器悬臂式支承装置。

3.2 燃料组件及其相关组件

3.2.1 燃料组件

“华龙一号”反应堆采用中国自主研发、具有完全自主知识产权的先进 CF3 燃料组件。CF3 燃料组件设计燃耗为 55000MWd/tU，且满足 0.3g 的抗震要求。

CF3 燃料组件是由燃料骨架及以正方形阵列(17×17)排列的 264 根燃料棒组成。燃料骨架主要由 24 根导向管、1 根仪表管与 11 层格架(8 层定位格架及 3 层跨间搅混格架)焊接而成，同时 24 根导向管与上管座、下管座通过相应的连接件形成连接。燃料骨架的定位格架将燃料棒夹持，使其保持相互间的横向间隙以及与上、下管座间的轴向间隙。导向管用于容纳控制棒及其他堆芯相关组件棒的插入。仪表管位于组件中心，用于容纳堆芯测量仪表的插入。

CF3燃料组件中的燃料棒由先进的N36锆合金包壳管及装在其中的低富集度烧结圆柱形 UO_2 芯块及螺旋弹簧组成，并在管的端部装上端塞，进行密封焊接。封焊前整个燃料棒内以氦预充压，以减少包壳的应力和应变。根据堆芯燃料管理的需要，CF3 燃料棒中可装载一体化含钆可燃毒物(UO_2-Gd_2O_3芯块)进行反应性控制和功率展平。

燃料组件骨架中的定位格架由 Zr 合金条带配插并在交叉点焊接而成。条带上有刚性凸起和因科镍弹簧，用于夹持燃料棒。条带上部还设有搅混翼，用于改善组件的热工性能。燃料组件骨架中的导向管为控制棒、中子源棒、可燃毒物棒和阻流塞棒提供通道。导向管部件由 Zr 合金导向管/内套管及导向管端塞组成，导向管和内套管的外径和内径在全长上保持不变，在导向管内部适当的轴向位置插入一定长度的内套管，通过胀接形成带有缓冲段的胀接后导向管，最后焊接导向管端塞形成导向管部件。在控制棒快速下落降至行程末端时，缓冲段可为控制棒提供水力缓冲。燃料组件骨架中的仪表管位于组件中心，为堆内测量仪器提供通道。它由 Zr 合金制成，直径不变。

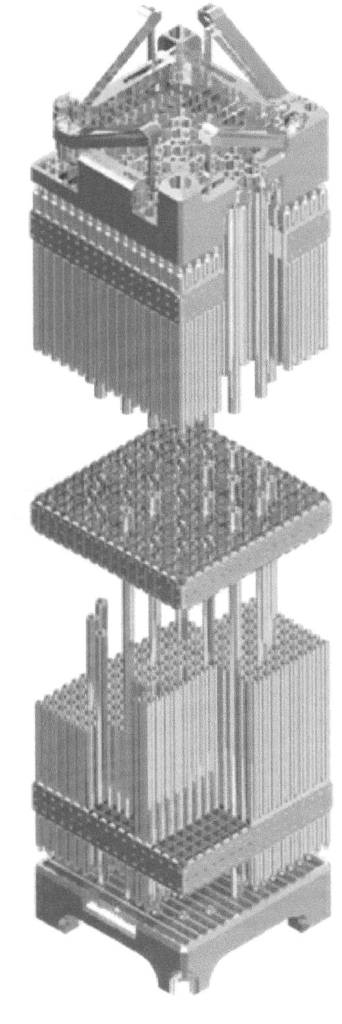

图 3.2 燃料组件外形图

Fig. 3.2 Fuel assembly outline

燃料组件的上管座是燃料组件的上部结构件，由带流水孔的连接板、顶板及围板组成。其中的空腔用于容纳并保护控制棒组件等。燃料组件下管座为燃料组件的下部结构件，其中心区域为由叶片、筋条互相插配形成的空间曲面冷却剂通道，对流入燃料组件的冷却剂进行流量分配，同时对可能造成燃料棒破损的异物进行过滤。燃料组件外形如图 3.2 所示。

3.2.2 可燃毒物组件

为了保证反应堆具有负的慢化剂温度系数以及便于“华龙一号”反应堆水化学控制，需要在反应堆内布置一定数量的固体可燃毒物棒对初始反应性进行控制并对堆芯的功率分布进行展平。根据需要，首堆堆芯可能会装载分离式可燃毒物对反应堆初始堆芯过剩反应性提供补充控制，后续循环中不再装载分离式可燃毒物。为了满足后续循环的长周期低泄漏装载的需要，“华龙一号” 反应堆在堆芯内装载一体化含钆可燃毒物进行反应性控制和堆芯功率展平控制。

“华龙一号”反应堆的分离式可燃毒物组件由压紧部件和悬挂在其下的可燃毒物棒和阻流塞棒组成。可燃毒物棒是将硼硅玻璃管封装在不锈钢包壳内构成的。硼硅玻璃管内设有一薄壁不锈钢衬管。可燃毒物棒的结构如图 3.3 所示。

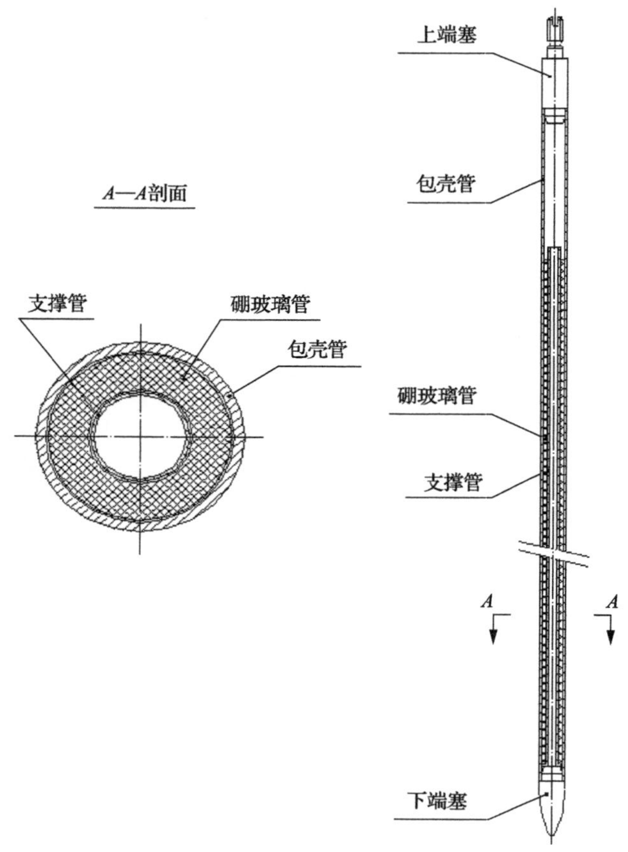

图 3.3　分离式可燃毒物棒结构图

Fig. 3.3　Separating-type structure of burnable poison

3.2.3　控制棒组件

控制棒组件是实现反应性快速变化控制的重要手段，也是实现反应堆启动、停堆、调节功率和保护反应堆的核心装置。

“华龙一号”反应堆的控制棒组件由星形架和连接在其上的 24 根控制棒组成。根据所含控制棒的吸收能力和吸收体的种类不同，控制棒组件分为黑体控制棒组件和灰体控制棒组件。黑体控制棒组件由 24 根含 Ag-In-Cd 的控制棒组成，相对于灰体控制棒组件，有更强的热中子吸收能力。灰体控制棒组件由 12 根含 Ag-In-Cd 的控制棒和 12 根含不锈钢的控制棒组成，其热中子吸收能力相对较低。

“华龙一号”反应堆控制棒组件的星形架由中心筒、翼板及圆柱形指状管等钎焊连接成一体。16 个翼板各带一个或两个指状管，指状管中攻内螺纹用来连接控制棒，控制棒组件的结构如图 3.4 所示。

“华龙一号”反应堆的控制棒是将 Ag-In-Cd 吸收体(或不锈钢棒)及压紧弹簧装入包壳管内充氦气后密封焊接而成。为改善包壳耐磨性，对包壳外表面及下端塞进行渗氮处理。

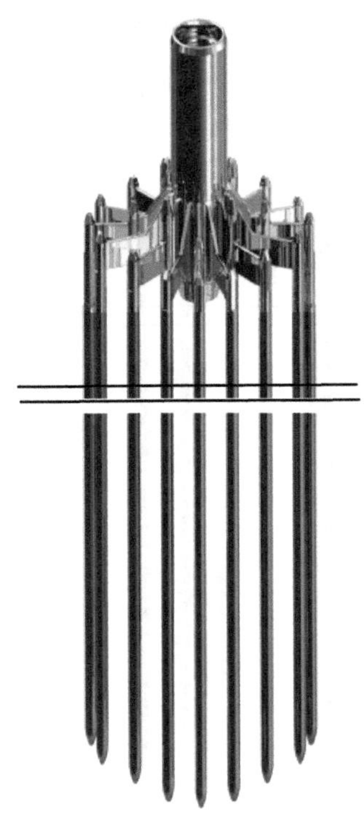

图 3.4 控制棒组件结构图
Fig. 3.4 Control rod assembly

3.2.4 中子源组件

在装料和反应堆启动时，中子源组件可以将堆芯的中子通量提高至一定水平，使核测仪器能以较好的统计特性测出启动时中子通量的迅速变化，以保证反应堆的安全装料和启动。

“华龙一号”反应堆中的中子源组件由压紧系统及连接在其上的 24 根相关组件棒组成(图 3.5)。一次中子源组件通常含有 1 根一次中子源棒、1 根二次中子源棒、若干根阻流塞棒和/或可燃毒物棒。二次中子源组件中含有 4 根二次中子源棒和 20 根阻流塞棒。一次中子源棒内装有锎-252 中子源，其上、下端装有 Al_2O_3 垫块。二次中子源棒内装有 Sb-Be 芯块。

“华龙一号”反应堆初始堆芯中含两组一次中子源组件及两组二次中子源组件，一次中子源主要用于反应堆的首次装料和启动，二次中子源用于后续循环的换料后启动。

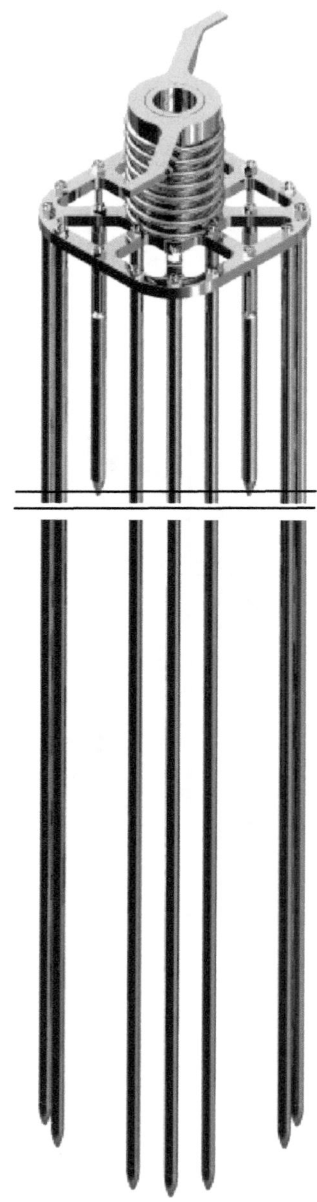

图 3.5　一二次中子源组件图
Fig. 3.5　Primary/secondary neutron source assembly

3.2.5　阻流塞组件

反应堆阻流塞组件的功能是限制堆芯冷却剂旁流量，使冷却剂流经堆芯并实现有效的冷却。阻流塞组件由压紧系统及悬挂其上的 24 根阻流塞棒组成。阻流塞组件的结构如图 3.6 所示。

图 3.6 阻流塞组件图

Fig. 3.6 Thimble plug assembly

3.3 堆 内 构 件

3.3.1 功能

反应堆堆内构件是指反应堆压力容器内除燃料组件及其相关组件、堆芯测量探测器、辐照监督管、隔热套组件以外的所有堆芯支承结构件(CS 件)和堆内结构件(IS 件)。

堆内构件的主要功能如下：

(1) 为燃料组件及相关组件提供可靠的支承和约束以及精确的定位。

(2) 为控制棒组件提供保护和可靠的导向。在事故工况下，堆内构件的变形不应影响控制棒组件插入堆芯，以保证安全停堆。

(3) 与压力容器一起为冷却剂提供流道；合理分配流量，减少冷却剂无效漏流。在事故工况下，堆内构件的变形应不显著影响堆芯冷却剂的几何通道。

(4) 屏蔽中子和 γ 射线，减少压力容器的辐照损伤和热应力。

(5) 为堆芯测量探测器组件和水位探测器提供支承和导向。

(6) 为压力容器辐照监督管提供安装位置。

(7) 补偿压力容器和堆内相关设备部件的制造、安装公差及热胀差。

(8) 在发生假想堆芯支承结构失效事故时，能为堆芯提供二次支承，减小对压力容器底封头的冲击。

(9) 堆内测量机械结构是指为先进堆芯测量系统的探测器组件和水位探测器提供导向、支承和密封功能的结构件，从功能上分为堆内测量密封结构和堆内测量导向结构。堆内测量导向结构是指安装在上部堆内构件上，为探测器组件和水位探测器提供导向和支承功能的结构件；堆内测量密封结构是指安装在压力容器顶盖上，为探测器组件和水位探测器提供密封功能的结构件。

3.3.2 规范与分级

“华龙一号”堆内构件的安全等级为安全相关级(LS 级)、抗震类别为 1I 类、质量保证分级为 QA1 级。堆内构件设计按照规范 RCC-M［《压水堆核岛机械设备设计和建造规则》(2007 版)］的 G3000 进行。

堆内测量导向结构的安全等级为 LS 级，设计和制造规范为 RCC-M G 篇，抗震类别为 1I 类，质量保证分级为 QA1 级；堆内测量密封结构的安全等级为 1 级，设计和制造规范级为 RCC-M B 篇，抗震类别为 1I 类，质量保证分级为 QA1 级。

3.3.3 设计参数

“华龙一号”堆内构件主要结构参数如下：

(1) 吊篮筒体内径：ϕ3630mm。

(2) 吊篮筒体壁厚：60mm。

(3) 上堆芯板厚度：76.2mm。

(4) 下堆芯板厚度：45mm。

堆内测量密封结构主要结构参数如下：

(1) 最大外径：ϕ220mm。

(2) 机械密封接头密封处内径：ϕ10mm。

(3) 石墨环压缩前厚度：25mm。

(4) 石墨环最大压缩量：6mm。

(5) 外石墨环外径：ϕ123mm。

(6) 内石墨环内径：ϕ89.6mm。

堆内测量导向结构主要结构参数如下：

(1) 格架板直径×壁厚：ϕ3420mm×110mm。

(2) 格架板通孔尺寸：278mm×278mm。

(3) 堆芯测量支承柱数量：12 根。

(4) 导向管数量：48 根。

(5) 导向管最小弯曲半径：600mm。

(6) 导向管最小弯曲角度：130°。

3.3.4 结构描述

"华龙一号"堆内构件由下部堆内构件、上部堆内构件、压紧弹簧和U形嵌入件等组成。下部堆内构件通过吊篮法兰吊挂在压力容器法兰支承台阶上，通过4个对中销和4个径向支承键实现与压力容器的对中和定位。4个对中销相隔90°安装于吊篮法兰上，4个径向支承键相隔90°安装于吊篮筒体的下端。4个径向支承键与压力容器下部相应的4个键槽相配，可限制吊篮组件的周向转动和横向位移，热膨胀造成的径向和轴向伸展将不受约束。

压紧弹簧安装于吊篮法兰上的凹槽内。上部堆内构件支承于压紧弹簧上，压力容器顶盖压住上部堆内构件法兰从而压住燃料组件和整个堆内构件。

上部堆内构件结构见图3.7。上部堆内构件通过4个焊接于吊篮筒壁上的导向销及4个对中销实现与下部堆内构件的对中和定位。4个导向销与上部堆内构件下端的4个销槽配合，可限制上部堆内构件下端的横向振动和扭转振动。"华龙一号"堆内构件及压力容器的对中设计保证了燃料组件的精确定位和控制棒驱动线的准确对中。上部堆内构件为燃料组件提供压紧力，为控制棒导向筒组件和堆芯测量导向结构提供支承和定位。"华龙一号"上部堆内构件的设计满足了正常运行中燃料组件的压紧，并能确保事故工况下控制棒组件顺利落棒，压制堆芯的反应性。

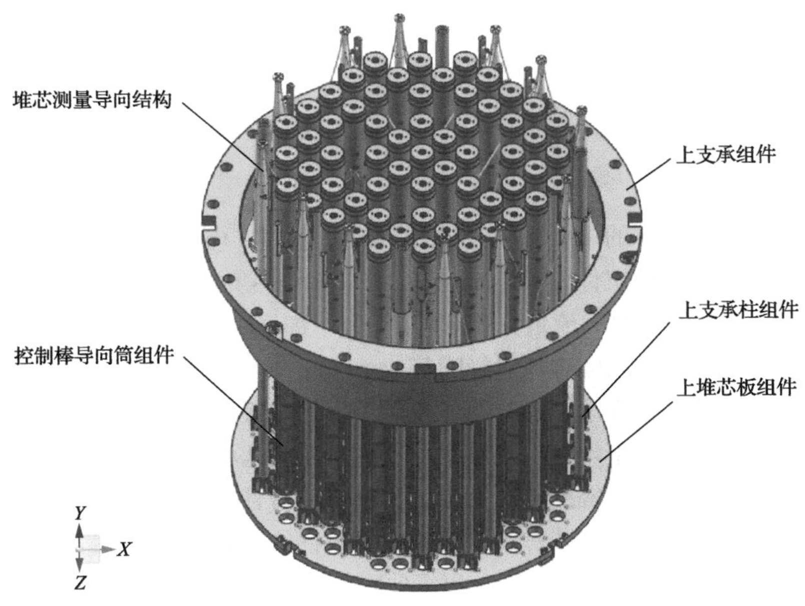

图3.7 上部堆内构件

Fig. 3.7 Upper internals

上部堆内构件包括上支承组件、61套控制棒导向筒组件、堆芯测量导向结构(图3.8)、上堆芯板组件、44套上支承柱组件、4套水位测量支承柱组件。控制棒导向筒组件为控制棒组件提供导向、保护及支承。上支承组件为控制棒导向筒组件和堆芯测量导向结构提供支承，并传递压力容器顶盖对燃料组件的压紧力。上支承柱组件将上堆芯板与上支承组件连接，传递压力容器顶盖的压紧力。上堆芯板直接压紧燃料组件及其相关组件，并将上支承柱组件连成一个整体。

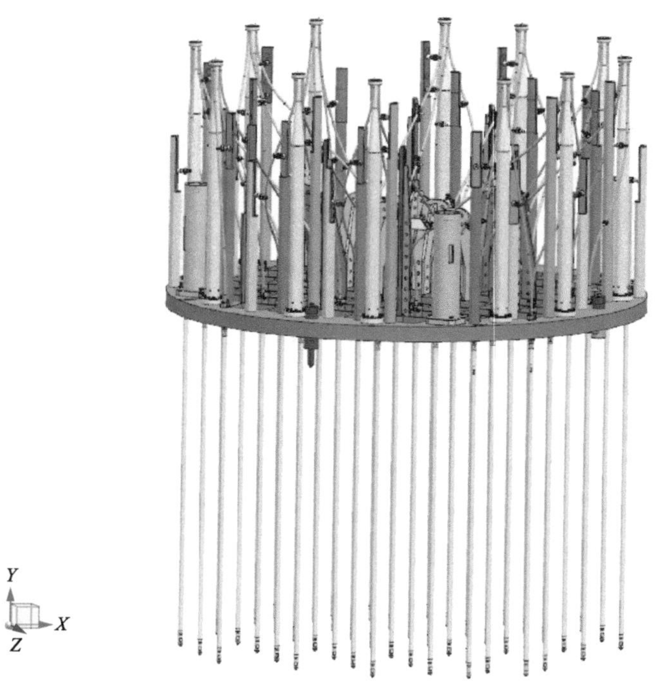

图 3.8　堆芯测量导向结构

Fig. 3.8　Guide structure for in-core instrument

下部堆内构件是堆芯的主要承载结构(图 3.9)。下部堆内构件包括吊篮组件、下堆芯板组件、88 套堆芯支承柱组件、围板-成形板组件、4 块热屏蔽板、3 套辐照样品架组件、二次支承及能量吸收器组件、流量分配组件、3 个下部堆内构件起吊旋入件、3 套辐照样品孔塞组件、4 个对中销、24 根流量管嘴等。

吊篮组件为堆芯提供支承。燃料组件安装于下堆芯板上，由燃料组件定位销定位。下堆芯板由堆芯支承柱和下堆芯板支承环支承。堆芯支承柱安装于堆芯支承板上。堆芯支承板焊接于吊篮筒下端。辐照样品架组件为辐照监督管提供支承、定位和保护。热屏蔽板为压力容器提供中子辐照防护。能量吸收器组件能吸收假想堆芯跌落冲击能，确保压力容器下封头的冲击完整性。流量分配组件确保了流体流入堆芯的均匀性。围板-成型板组件为堆芯提供冷却流道，并与吊兰筒壁一道形成堆芯周围结构的冷却流道。

为了避免堆内构件在流致振动激励下发生整体横向振动，堆内构件必须得到充分压紧。堆内构件的压紧由压紧弹簧来实现。“华龙一号”压紧弹簧为一圆环形结构(图 3.10)，横截面为 Z 形，属于大刚度小压缩量的异形弹簧结构。“华龙一号”压紧弹簧的设计确保了反应堆寿期内整个堆内构件都能得到充分的压紧。

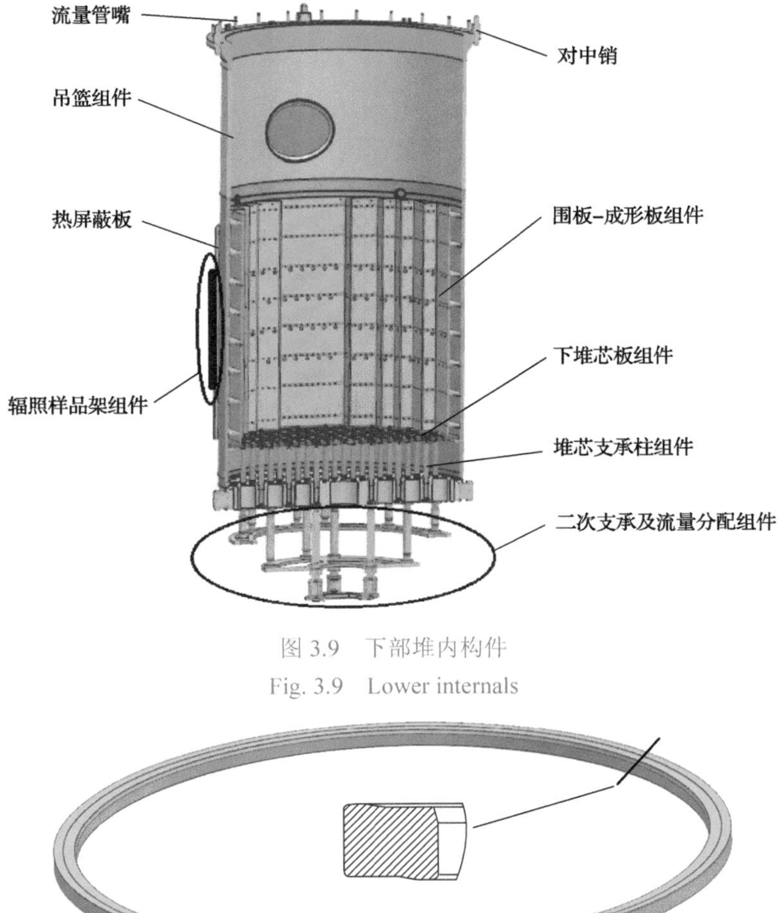

图 3.9 下部堆内构件
Fig. 3.9 Lower internals

图 3.10 压紧弹簧
Fig. 3.10 Hold-down spring

为了确保堆内构件与压力容器的对中定位精度，径向支承键与压力容器径向支承块间的配合间隙通过 U 形嵌入件(图 3.11)进行调整。

堆内测量机械结构由 12 套堆内测量密封结构和 1 套堆内测量导向结构组成，如图 3.12 所示。探测器组件和水位探测器通过堆芯测量管座引入堆内，密封结构安装在堆芯测量管座上，通过石墨密封组件、M24 双头螺柱及螺母和密封堵头等结构对探测器组件和水位探测器进行密封，并将探测器组件引导至堆内测量导向结构内；密封结构通过底法兰和连接螺栓与导向结构的上支承法兰配合。探测器组件通过导向结构的导向管的引导进入位于上支承柱组件内的双层仪表管组件内，后通过双层仪表管组件的引导进入燃料组件内；水位探测器组件通过导向结构的导向管的引导进入位于水位测量支承柱组件内的水位仪表管组件内，直至定位在水位测量支承柱组件内，导向结构仅为水位探测器提供支承和导向，水位探测器的液气分离功能由堆内构件的水位测量支承柱组件实现。

3.3.5 主要材料

“华龙一号”堆内构件主体材料选择抗晶间腐蚀能力强的奥氏体不锈钢，部分材料选择高韧性马氏体不锈钢及高温性能好的镍基合金。主体材料包括：Z3CN18-10(控氮)锻件、Z2CN19-10(控氮)板材、Z2CN19-10(控氮)锻件、Z6CND17-12 棒材、Z12CN13锻件、NC15FeTNbA。

3.3.6 主要技术特征及优点

(1) 为了提高抗地震能力，“华龙一号”堆内构件设计地震加速度由二代改进型的 0.2g 提高到 0.3g，安全性大幅度提高。

(2) 为了减小反应堆压力容器发生失水事故的概率，“华龙一号”取消了压力容器下封头贯穿件，中子-温度探测器组件和水位探测器以集束的方式由反应堆压力容器顶部进入至堆内测量位置，增加了堆内测量导向结构，为堆芯中子通量探测器及温度探测器提供保护和导向。

(3) “华龙一号”堆内构件设计大大降低了堆内无效漏流，合理分配了堆内构件的冷却旁流，确保了正常运行工况和事故工况下堆芯冷却；改进优化了流道，降低了反应堆运行压降。

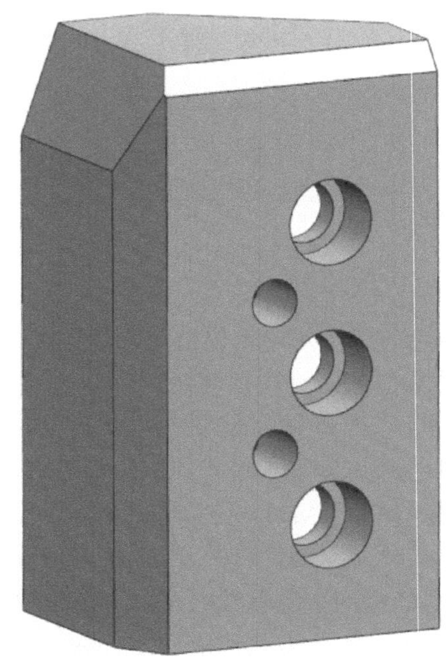

图 3.11 U 形嵌入件

Fig. 3.11 U-type inserts

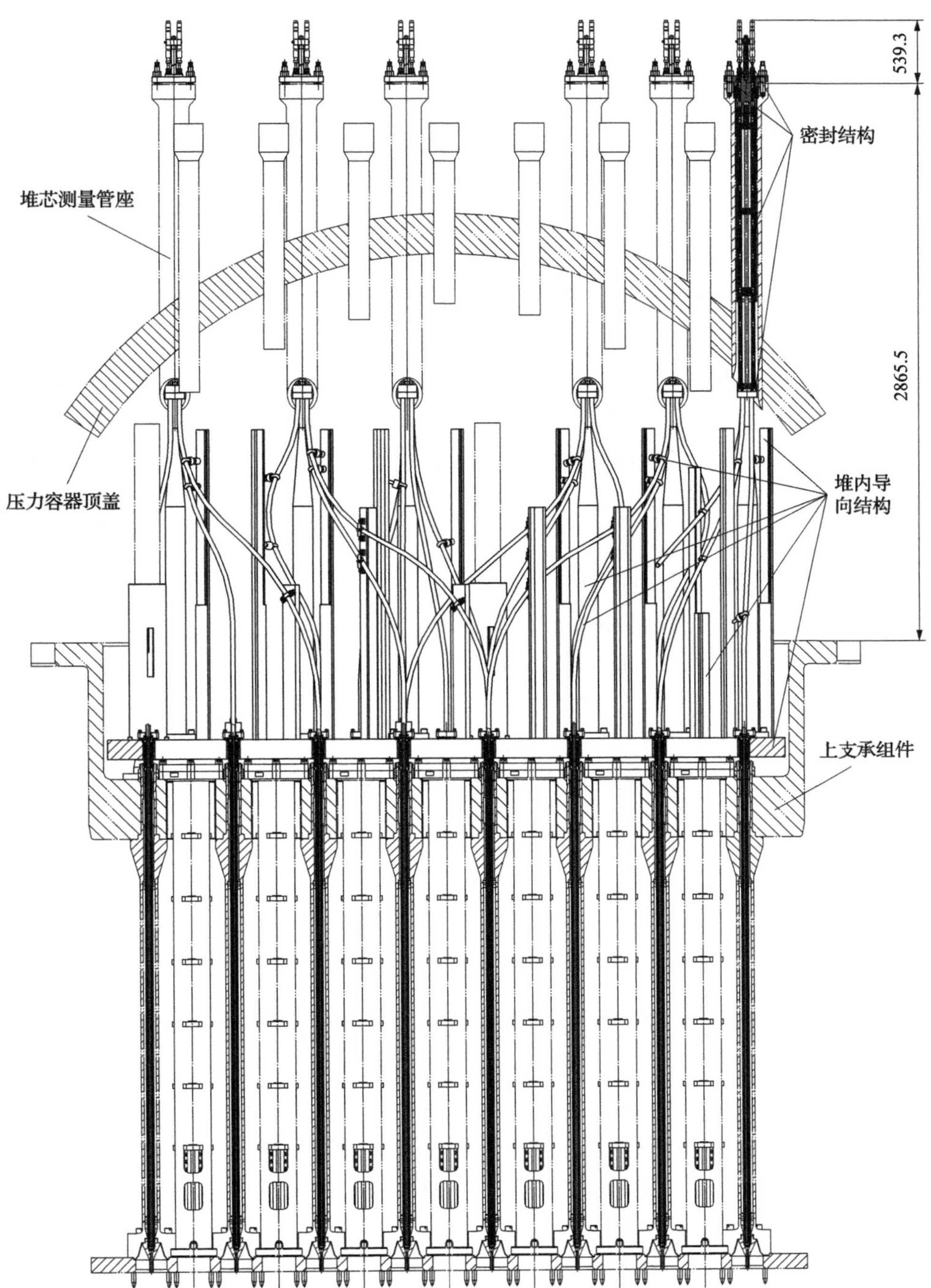

图 3.12 堆内测量机械结构示意图(单位：mm)

Fig. 3.12 In-core instrument mechanical structure

(4) 为探测器组件的快速更换提供了可能，且不占据燃料更换的主线时间。

(5) 堆内测量机械结构的密封形式采用新型且通过鉴定的结构形式，实现了快速拆装。

3.3.7 制造、检验和试验

“华龙一号”堆内构件的制造按照 RCC-M F 篇进行，焊接按照 S 篇进行，而检验按照 MC 篇进行。

为了提高堆内构件的可靠性，“华龙一号”堆内构件按照 RG 1.20 原型堆内构件的要求进行了流致振动综合评价，开展了流致振动理论分析计算，进行了 1∶5 模型试验及现场实堆测验。流致振动综合评价的结果表明，“华龙一号”堆内构件完全能满足寿期内堆内构件的安全及功能可靠性要求。

堆内测量机械结构的机加工应按零部件设计图纸要求和 RCC-M F 篇有关规定进行。堆内测量机械结构需要冷、热成形的零部件应按 RCC-M B 篇、G 篇中的有关规定执行。堆内测量机械结构的制造与检验遵守 RCC-M 的 S 篇和 MC 篇。堆内测量机械结构所涉及焊缝的检验所采用的无损检验标准和方法应符合 RCC-M S7700 1、2、3 级焊缝的无损检验的规定。

堆内测量机械结构需进行的性能试验如下：

(1) 针对每个吊装筒的吊装试验（导向结构）。

(2) 针对每个测量通道的抽拔试验（导向结构）。

(3) 导向结构整体的吊装试验（导向结构）。

(4) 12 组导向段组件在导向结构上的预装（密封结构）。

(5) 密封结构安全 1 级零部件的水压试验（密封结构）。

3.4 控制棒驱动机构

3.4.1 功能

控制棒驱动机构（简称驱动机构）是反应堆控制和保护系统的伺服机构。它安装在反应堆压力容器顶盖上，能够根据反应堆控制和保护系统的指令，驱动控制棒组件在堆芯内上、下运动，保持控制棒组件在指令高度或断电落棒，完成反应堆启动、调节功率、安全停堆和事故停堆的功能。它的耐压壳是反应堆一回路系统压力边界的组成部分。在“华龙一号”堆型中，驱动机构采用我国自主研制的 ML-B 型驱动机构。

3.4.2 规范与分级

驱动机构整机安全等级为安全相关级，抗震类别为 1I 类，质保等级为 QA1 级。驱动机构耐压壳为反应堆一回路压力边界，安全 1 级部件，抗震类别为 1I 类，规范等级为 RCC-M 1 级，质保等级为 QA1 级。

3.4.3 设计参数

ML-B 型驱动机构的主要设计参数如下：

(1) 设计压力：17.23MPa(绝压)。

(2) 设计温度：343℃。

(3) 步长：15.875mm。

(4) 最小运行速度：1143mm/min(72 步/min)。

(5) 等效静载荷：1602N(包括驱动杆组件、控制棒组件在空气中的重量以及运动中的水阻力和机械阻力)。

(6) 机电延迟时间：≤150ms(从线圈断电后开始，到驱动杆组件开始自由下落时的最大时间间隔)。

(7) 行程：3618mm。

(8) 耐压壳设计寿命：60 年。

(9) 钩爪组件不检修的最少累计步数：6.1×10^6 步。

3.4.4 结构描述

ML-B 型驱动机构结构见图 3.13，它由驱动杆组件、钩爪组件、耐压壳、线圈组件、棒位探测器组件及隔热套组件组成。

驱动杆组件从钩爪组件套管轴内孔穿过，在驱动杆行程套管内上、下运动。它由驱动杆、可拆接头、拆卸杆等零件组成。驱动杆的外圆车有环形槽，以便与钩爪啮合；在环形槽的底部车有长 40mm 的环形宽槽，对驱动杆的提升上限进行机械限位。驱动杆组件通过可拆接头与控制棒组件连接，其连接和脱开操作，可以在驱动杆组件顶部通过专用工具来实现。

钩爪组件安装在密封壳组件内，上端固定，下端径向定位，轴向无约束，以保证其在高温下能自由膨胀。它由套管轴、装配在套管轴上的两个钩爪次组件及其他零件组成。在电磁力的作用下，两个钩爪次组件与提升衔铁按照给定的时序相互配合带动驱动杆组件上下运动。为提高钩爪的耐磨性，单个钩爪设计有两个齿(即采用双齿钩爪)，同时与驱动杆的两个环形槽啮合；在钩爪的齿和轴孔部分堆焊有耐磨性能极高的钴基合金。

耐压壳是反应堆冷却剂系统压力边界的组成部分，它由驱动杆行程套管组件和密封壳组件组成。驱动杆行程套管组件的下端与密封壳组件的上端采用螺纹连接，并通过小 Ω 密封环焊接密封。其上端设计有吊装接头，用于起吊驱动杆行程套管并为整体抗震板的安装导向。密封壳组件通过贯穿件与压力容器顶盖焊接在一起。密封壳组件内安装钩爪组件，并为钩爪组件和线圈组件提供机械支撑，同时也是反应堆冷却剂系统压力边界的组成部分。它由密封壳、导磁环等零件组成。

线圈组件套在密封壳组件的外部，它是由 3 个电磁线圈、4 个线圈磁轭、引出线导管及接线盒等零件组成。电磁线圈和线圈磁轭通过密封壳组件上的磁通环，与钩爪组件上对应的磁极和衔铁一起，构成 3 个“电磁铁”。其作用如下：

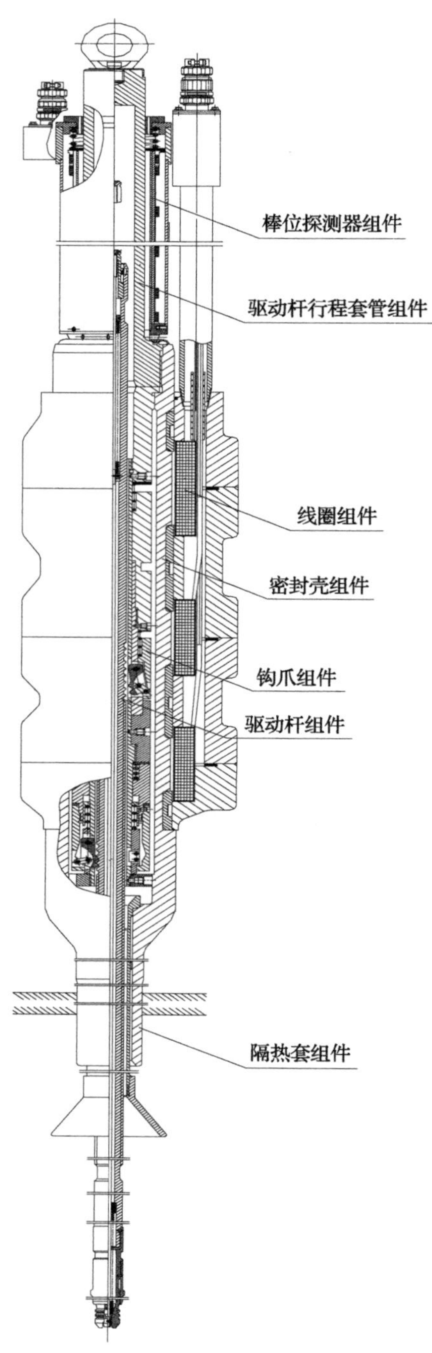

图 3.13　控制棒驱动机构总图

Fig. 3.13　CRDM drawing

(1)提升线圈通电，使提升衔铁吸合，带动移动钩爪提升一个步长；提升线圈断电，提升衔铁在弹簧力和重力作用下打开，带动移动钩爪下降一个步长。

(2) 移动线圈通电使移动衔铁吸合，带动移动钩爪摆入驱动杆环形槽中；移动线圈断电，移动衔铁在弹簧力和重力作用下打开，带动移动钩爪摆出驱动杆环形槽。

(3) 保持线圈通电，使保持衔铁吸合，带动保持钩爪摆入驱动杆环形槽中；保持线圈断电，保持衔铁在弹簧力和重力作用下打开，带动保持钩爪摆出驱动杆环形槽。

电磁线圈通过电连接器和电缆与棒控系统连接。当棒控系统按照给定的程序对电磁线圈通电和断电时，就能够使钩爪组件带动驱动杆组件及与其相连接的控制棒组件上下运动、保持或落棒。线圈采用有线圈骨架的充砂结构，利于线圈热量的传递，可以降低线圈运行温度。线圈磁轭套在线圈的外面，它用铁素体球墨铸铁制造，导磁性能好，便于成形，减震性能好，其作用是构成磁通路并为线圈提供机械支撑和保护及散热；为降低线圈的工作温度，驱动机构需要进行强制通风冷却，风向由下向上。

棒位探测器组件安装在驱动杆行程套管组件外面，由棒位探测线圈及内、外筒体等零件组成。内、外筒体为棒位探测线圈提供支撑和保护。棒位探测器组件用于探测控制棒组件在堆芯内的实际位置。在全行程落棒时，还可以用于测量控制棒组件的落棒时间。棒位探测器组件通过电连接器(插头、插座)和电缆与棒位指示系统连接，棒位指示系统对棒位探测器组件的电信号进行处理后，可以直接显示控制棒组件在堆芯内的实际位置。

隔热套组件由隔热套和导向罩等零件组成。它安装在密封壳内钩爪组件的下部，其作用是：减少反应堆热量向驱动机构传递；减小密封壳下部管壁的内外温差；在压力容器顶盖扣盖时，为驱动杆组件进入钩爪组件导向。

3.4.5 主要材料

驱动机构所用的各种材料符合 RCC-M 或其他有关反应堆用材料标准，并且应能承受反应堆冷却剂腐蚀、高温、机械和辐照等方面作用，磁路中材料具有相应的磁性能，主要金属材料有 Z2CN19-10N、X12Cr13、Z5CN18-10、NC30Fe 等。电气部件用绝缘材料主要采用玻璃纤维增强聚醚醚酮、聚二苯醚、有机硅浸渍漆等材料，材料许用温度应比工作温度高 20℃，电气部件的绝缘性能符合 RCC-E 的有关标准。

3.4.6 主要技术特征及优点

ML-B 磁力提升型驱动机构是以二代核电厂用 ML-A 型驱动机构(设计寿命为 40 年)的成熟技术为基础并针对“华龙一号”设计要求研发的新型驱动机构。

ML-B 型驱动机构压力边界采用一体化密封壳和一体化驱动杆行程套管结构，取消了上部 Ω 焊缝和下部 Ω 焊缝，避免了上部与下部 Ω 焊缝发生泄漏的风险，提高了驱动机构运行可靠性，并且压力边界满足 60 年设计寿命要求；采用钴基合金堆焊双齿钩爪，提高了驱动机构的运行寿命，满足 60 年运行要求。ML-B 型驱动机构样机已通过 1500 万步热态寿命试验考验和 0.3g(水平和轴向加速度均为 0.3g) 抗震试验考验，其性能及技术指标位于世界领先水平。

ML-B 型驱动机构在技术上具有运行寿命长、抗震能力强、运行可靠性高等技术特点，在知识产权上已获得国家发明专利保护，具有完整的知识产权，在设计及制造上已实现驱动机构 100%国产化生产，无知识产权和出口受限风险，已成功应用于福清 5、6 号机组，巴基斯坦 K2、K3 项目，并将应用于漳州 1、2 号机组，海南昌江 3、4 号机组等“华龙一号”堆型。

3.4.7 制造、检验和试验

RCC-M 1 级部件制造与检验要求应按 RCC-M B4000 中的有关规定执行。终加工的可见表面应按照 RCC-M MC4000 中的规定，进行 100%的液体渗透检验。密封壳上段的 Z2CN19-10(控氮)与贯穿件的 NC30Fe 的对接焊符合 RCC-M S7000 中 1 级焊缝焊接的规定。双齿钩爪钴基合金堆焊按照 RCC-M S8000 中的规定执行。

ML-B 型驱动机构是一种已定型产品，完成了相应的型式试验，包括热态寿命试验和抗震试验。试验中，进行了驱动机构连续运行和落棒试验，对驱动机构承受磨损和冲击的运动部件的耐久度进行考核，同时对运行性能、机电延迟时间等参数进行测试，所有试验参数均满足设计要求。在驱动机构线抗震试验专用试验台架上进行，抗震试验中采用的控制棒导向筒组件、控制棒组件、燃料组件等与反应堆实际产品一致，试验载荷应包络反应堆运行时的各类地震载荷。抗震试验中，对驱动机构在运行安全地震动工况下具备运行功能、落棒功能进行测试，对驱动机构在极限安全地震动工况下承压边界结构完整、落棒功能进行测试，所有试验参数均满足设计要求。

ML-B 型驱动机构产品在装运前都进行了出厂试验，以验证驱动机构是否满足设计和运行要求。试验项目包括：

(1) 水压试验。所有驱动机构的耐压壳组件在出厂前均进行水压试验。

(2) 步长及负荷传递间隙检查。所有驱动机构在出厂前均进行步长及负荷传递间隙检查，步长：15.875mm±0.075mm；负荷传递间隙：1.20～1.57mm。

(3) 静水冷态试验。所有驱动机构在出厂前均进行静水冷态试验，检查机构的运行特性、步进速度及机电延迟时间。检查标准为步进速度：1143mm/min(72 步/min)；机电延迟时间：≤150ms；机构运行时的电流和振动信号波形与机构正常运行时的波形一致；驱动机构棒位探测系统运行正常、棒位指示无误。

(4) 静水热态试验。在每个反应堆机组的驱动机构产品中取 2 台机构做静水热态试验，检查机构在热态条件下的运行特性、步进速度及释放时间，要求与静水冷态试验一致。

3.5 反应堆压力容器及其相关设备

3.5.1 功能

反应堆压力容器(RPV)是反应堆压力边界的重要组成部分，其内部安装有反应堆堆芯、堆内构件、堆内支承件，以及控制和安全运行所需的控制和测量元件或组件。

RPV 作为包容反应堆堆芯的容器，起着固定和支撑堆内构件的作用；作为反应堆冷却剂系统的一部分，起着承受一回路冷却剂压力的压力边界作用。RPV 外形如图 3.14 所示。

图 3.14 反应堆压力容器外形图

Fig. 3.14 Reactor pressure vessel outline

RPV 支承是整个核电厂反应堆及一回路系统的关键支承设备之一。RPV 支承承受反应堆本体及相关设备和介质的载荷，以及所支承设备在各类工况下产生的载荷，并将这些载荷传递给堆坑混凝土基座。RPV 支承不能维修，亦不可更换，属于电站永久性设备之一。因此，在整个电站寿期内，RPV 支承应保持其完整性。

"华龙一号"反应堆堆顶结构采用一体化堆顶结构，位于反应堆压力容器本体的上方，是反应堆的重要设备之一，其主要功能是：

(1) 在地震情况下限制控制棒驱动机构的过度变形以维持其正常功能，保证其在事故工况下的功能完整性。

(2) 形成冷却通道，借助冷却空气带走控制棒驱动机构线圈的发热，以保证控制棒驱动机构正常工作。

(3) 将反应堆堆顶的所有电缆引到规定的土建接口处。

(4) 在安装、换料和检修时与压力容器顶盖吊具连接，将整个堆顶结构吊到(离)反应堆压力容器。

(5) 防止控制棒驱动机构驱动杆及驱动杆行程套管的弹射对反应堆厂房内的工作人员和其他设备产生破坏。

3.5.2 规范与分级

RPV 和 RPV 支承设计和制造遵循 RCC-M《压水堆核岛机械设备设计和建造规则》(2007 年版)。RPV 安全等级为 1 级、规范等级为 1 级、抗震类别为 1 I 类、质量保证分级为 QA1 级。RPV 支承的安全等级为 LS 级，抗震类别为抗震 1 I 类，规范等级为 Vol.H(Class S1)，质量保证等级为 QA1 级。

一体化堆顶结构中提供抗震支承的组件(包括围筒组件和控制棒驱动机构抗震组件)、电缆托架及电缆桥组件等属于抗震 1I 类，设计按照 RCC-M H 篇支承件的相关要求进行；一体化堆顶结构中顶盖吊具的设计需满足 GB/T 3811—2008 对重载荷起吊设备的要求，吊具起吊时的载荷和应力需依据 GB/T 3811—2008 的评定准则进行评定。

3.5.3 设计参数

反应堆压力容器的主要参数：

(1) 设计寿命：60 年。

(2) 类型：三环路。

(3) 运行压力：15.5MPa(绝压)。

(4) 设计压力：17.23MPa(绝压)。

(5) 设计温度：343℃。

(6) 堆芯筒体名义壁厚：220mm。

(7) 包括管嘴的容器直径(运输时的最大直径)：ϕ6800mm。

(8) 总高度，包括上封头和下封头外表面的间距：～12567mm。

(9) 总质量：～390t。

反应堆压力容器支承的主要参数：

(1) 被支承设备及流体的质量(静载)：～1000t。

(2) 反应堆压力容器支承部位：接管底部。

(3) 反应堆压力容器支承最大径向尺寸：7574mm(未装通风接口及止挡块)/8004mm(装上通风接口及止挡块)。

(4) 反应堆压力容器支承最大高度：986mm(未装通风接口及止挡块)/1256mm(装上通风接口及止挡块)。

(5) 反应堆压力容器支承的重量：～33t。

(6) 反应堆压力容器支承的通风接口数量：6 个。

一体化堆顶结构的轴向高度约为 13000mm，径向最大尺寸约为 5090mm，总重约 190t(以上参数均含压力容器顶盖及其上部全部机械结构件和电缆及相关附件等)。

3.5.4 结构描述

RPV 由三部分组成：顶盖组件、容器组件和紧固密封件，其总高(上封头外表面最高点至下封头外表面最低点)约为 12567mm，堆芯筒体内径为 4340mm，总重约 418t。RPV 结构示意图见图 3.15。

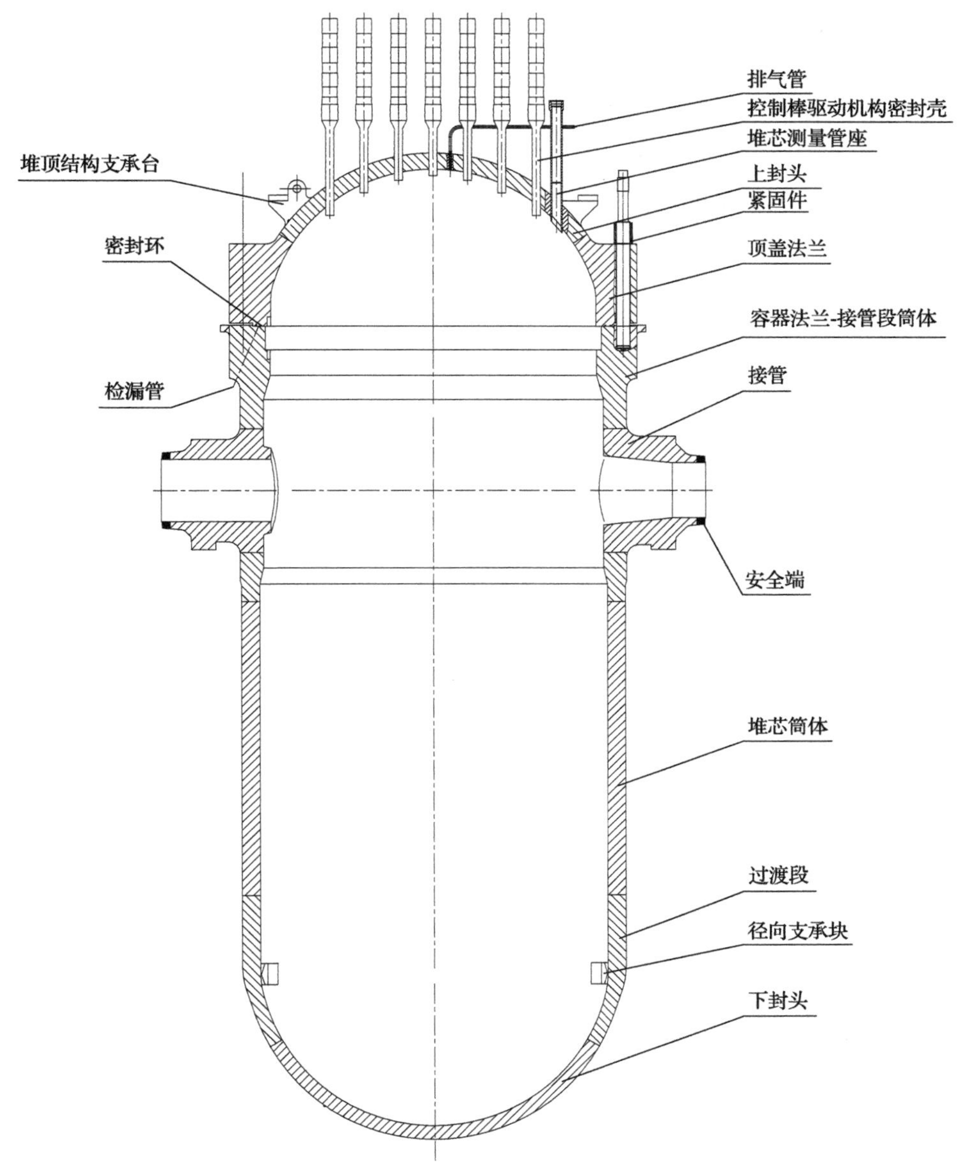

图 3.15 反应堆压力容器结构示意图

Fig. 3.15 Reactor pressure vessel structure

RPV 顶盖组件由顶盖法兰和上封头组成，其上安装有堆芯测量管座和控制棒驱动机构一体化密封壳。容器组件由低合金锻件焊接而成，主要包括容器法兰-接管段筒体、堆芯筒体、下封头过渡段及下封头。紧固密封件包括主螺栓、主螺母、垫圈、C 形密封环及其附件。

容器组件和顶盖组件之间采用 60 根主螺栓连接。顶盖法兰下部设置两个密封沟槽，其内分别安装内外密封环以确保顶盖法兰和容器法兰之间的密封。检漏管安装在内外密封环之间以检测密封状况。

为了方便容器组件、顶盖组件和堆内构件的对中，顶盖法兰和容器法兰内侧对称地加工了四个键槽。容器法兰-接管段筒体上还设置了 3 个进口接管和 3 个出口接管，每个接管底部均加工有整体支承垫。下封头过渡段内侧对称焊接有 4 个径向支承块，以限制堆内构件的周向转动和横向位移。

上封头外表面外围等间距地焊接有 12 个支承台，以支承一体化堆顶。其中 3 个支承台上焊接有吊耳，方便顶盖组件的吊装。另外，顶盖上还焊接有 61 根控制棒驱动机构一体化密封壳、12 根堆芯测量管座和 1 根排气管。

RPV 支承为环形板壳式支承结构，RPV 的 6 个接管支垫分别安放于支承环的 6 个支座凹槽内，并通过安装调整件进行调整和限位。RPV 支承允许 RPV 的径向热膨胀，但限制了 RPV 的平动和转动。RPV 支承设置独立的通风冷却结构，与冷却风系统相连进行强制通风冷却，以使 RPV 支承处的混凝土保持在使用温度限值内。

一体化堆顶结构位于压力容器顶盖的上方，主要由围筒组件、冷却围板、冷却风管、控制棒驱动机构抗震组件、防飞射物屏蔽板、电缆托架及电缆桥组件、顶盖吊具、整体式螺栓拉伸机导轨等零部件组成，详见图 3.16。

(1) 控制棒驱动机构抗震结构。主要由围筒组件和控制棒驱动机构抗震组件组成。围筒组件主要由围筒及其上的支承件组成，围筒由两段筒体组成，筒体与筒体之间、围筒与压力容器顶盖支承台之间均是通过螺栓连接固定。上部围筒中部设有一个带有连接法兰的出风口，反应堆运行时与外部风冷系统的风管连接。围筒上法兰与顶盖吊具连接，从而将顶盖吊具固定到上部围筒上方。

(2) 围板与冷却风管。在下部围筒内部对应控制棒驱动机构线圈组件位置，设有控制棒驱动机构冷却围板。冷却风管位于上部围筒内侧，通过螺栓固定在围筒内壁上。围筒、冷却围板、冷却风管和外部通风设备共同形成了堆顶控制棒驱动机构冷却系统通道。模拟机构是一个外形尺寸类似控制棒驱动机构的长方形筒体，共有 8 组，安装在压力容器顶盖上没有布置控制棒驱动机构管座的 8 个空位上，以确保控制棒驱动机构工作线圈四周的间隙均匀一致。

(3) 电缆托架及电缆桥组件。一体化堆顶结构上的电缆主要包括控制棒驱动机构电力和其他测量电缆等，这些电缆均是通过电缆托架及电缆桥组件进行支承、引导和固定的。电缆托架分为上下两层，固定于抗震环板上；在下层电缆托架的下方设有堆芯测量(RII)电缆通道。电缆桥位于围筒的上方，支承在抗震环板上，位于堆顶结构和土建平台之间，将堆顶电缆引导到土建平台上；同时电缆桥可以作为从土建平台进入堆顶结构上方的通道。在土建平台上设有电缆连接板。

(4) 顶盖吊具。顶盖吊具是一体化堆顶结构安装和反应堆进行换料或维修等操作时整体吊运一体化堆顶结构的专用工具。顶盖吊具位于堆顶结构的上方，由下吊杆和上部吊具结构组成。

(5) 其他结构。在抗震板组件上方设有防飞射物屏蔽板，用来防止控制棒驱动机构弹棒事故工况下控制棒驱动机构行程套管组件和驱动杆的弹射对反应堆厂房内的工作人员和其他设备产生破坏。在围筒外侧设有两根整体式螺栓拉伸机导轨，通过螺栓固定在围筒外侧。在围筒组件外侧安装有电缆导向和固定槽，用来固定和引导从围筒内侧引出的堆内测量电缆。

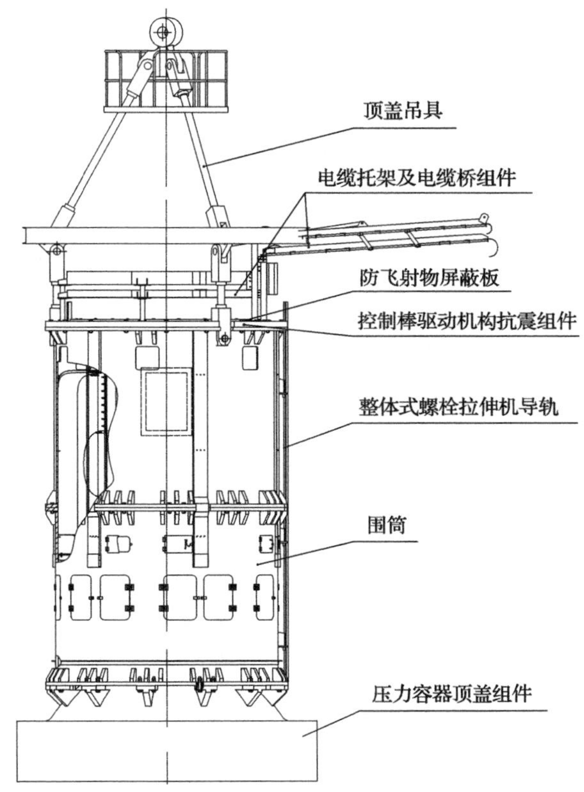

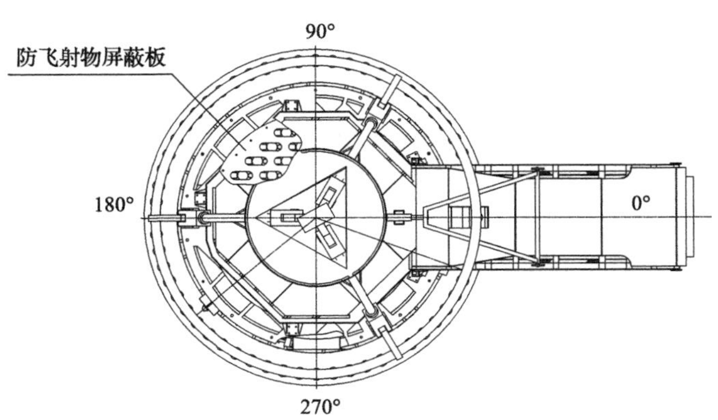

图 3.16 一体化堆顶结构总图

Fig. 3.16 Integrated head structure drawing

3.5.5 主要材料

反应堆压力容器顶盖组件和筒体组件均由低合金锻件通过低合金钢焊材焊接而成。RPV 主体材料为低合金钢(16MND5)。其他主要材料有不锈钢[Z2CN19-10(控氮)、Z2CN18-12(控氮)、Z2CND17-12]、镍基材料(NC30Fe)、主螺栓螺母材料(40NCDV7.03、40NCD7.03)、内表面堆焊材料(309L+308L)。

低合金锻件和焊缝的强度、断裂韧性及抗辐照脆化满足规范要求。为了确保 60 年寿命内 RPV 材料具有足够的断裂韧性裕度，设计上通过严格控制低合金锻件和焊缝的辐照脆化敏感元素来降低材料的初始无塑性转变温度。

堆芯筒体初始无延性转变温度(RT_{NDT})的设计值不大于–23.3℃，堆芯区域的焊缝初始 RT_{NDT} 的设计值不大于–28.9℃，堆芯筒体除外的其他 RPV 锻件初始 RT_{NDT} 的设计值≤–20℃。堆芯筒体及堆芯区域焊缝寿期末 RT_{NDT} 将根据中子注量进行预测。

反应堆压力容器支承的主要结构材料为 16MND5(508-III)锻件和 15MnNi 板材。

一体化堆顶结构中各零部件的材料类型主要包括板材、型材和管材等，材料主要有 Q345C、Q235C、06Cr19Ni10、42CrMo 等。焊接材料主要包括 E5018、E4315、E309L、E308L 等。除特殊要求外，所有非不锈钢材料的非配合表面均应涂漆。

3.5.6 主要技术特征及优点

“华龙一号”RPV、RPV 支承和一体化堆顶结构进行了一系列的设计改进和优化，满足第三代核电安全和功能要求，主要技术特征及优点如下：

(1)从材料、结构、辐照监督、力学分析等方面优化，实现了 RPV 60 年长寿期设计。通过严格控制辐照敏感元素含量、降低堆芯区母材和焊缝的初始 RT_{NDT} 温度、增加吊篮外表面与筒体内表面间的水隙厚度、取消堆芯活性区环焊缝、采用长寿期辐照监督方法等设计优化，将 RPV 设计寿命提高到 60 年。通过力学分析，验证 RPV 60 年寿期内的安全性。

(2)结构上取消了下封头贯穿件，堆芯通量测量通道布置在顶盖上，降低了严重事故工况下封头失效的概率，提高了 RPV 安全性。

(3)“华龙一号”增设了应对堆芯熔化的严重事故的堆腔注水冷却系统，RPV 筒体下部外壁面结构进行了适应性的结构设计改进，确保堆腔注水的顺利实施。由于增加了堆腔淹没系统，使得堆腔接口尺寸变化，RPV 支承上法兰相对于下法兰向内悬空，创新使用了悬臂梁型 RPV 支承结构形式。这样既保证了 RPV 接管支垫接口要求，又满足了堆腔淹没系统的孔道需要，实现了整个寿期内反应堆的支承安全功能。

(4)RPV 支承采用计算流体力学(CFD)方法进行通风传热仿真，确保通风满足 RPV 支承的冷却需求。

(5)“华龙一号”反应堆采用全新的一体化堆顶结构设计技术，采用设备一体化和功能集成化设计理念，简化了结构，减少了反应堆开扣盖拆装操作，从而有利于节省换料时间，提高反应堆的经济性和安全性。通过结构设计改进，RPV 顶盖上增设了 12 个堆顶结构支承台，满足一体化堆顶的安装要求。不设抗震拉杆，将顶盖吊具和防飞射物屏蔽集成到堆顶结构上，减少了反应堆开扣盖时的操作内容；围筒作为主体结构，堆顶结构的整体刚度较好；围筒将控制棒驱动机构围住，能够减少围筒外部的辐射剂量，提高堆顶操作人员的安全性；将冷却围板和风管组件安装至围筒上，与二代改进型堆型的通风罩组件相比，刚度和强度增加，提高了稳定性。

3.5.7 制造、检验和试验

RPV 的制造包括锻造、机加工、焊接、热处理和无损检验等。目前，“华龙一号”

RPV 已完全实现国产化。RPV 制造完成后应按照 RCC-M B5000 的要求进行水压试验。RPV 水压试验的压力为 24.6MPa(绝压)，试验温度不低于 RT_{NDT}+30℃。按 RSEM 标准的规定对 RPV 进行役前检查及在役检查。需进行役前及全面在役检查的具体位置、检验方法均满足 RSEM 标准附录 3.1 的规定。

RPV 支承结构材料的采购与验收应满足法规标准及材料规格书的要求， RPV 支承的焊接、机加工、无损检测、尺寸检查、表面处理与涂漆应满足法规标准及技术条件的要求。

一体化堆顶结构设计图纸上的尺寸、公差等要求为产品的最终要求，产品制造完成后，其零部件的尺寸、公差及表面粗糙度等应符合设计图纸的要求。设备零部件在最终制造完成后进行尺寸检验，其结果必须满足设计图纸中的要求，并做出记录提交购买方。在制造和装配过程中，卖方应保证产品的清洁，清洁度等级按照 RCC-M F6220 中的 C 级执行。顶盖吊具应按 GB/T 3811—2008 的要求进行 1.4 倍的静载试验和 1.2 倍的动载试验。

3.6 堆芯核设计

3.6.1 设计任务

堆芯核设计的主要任务和目的是确定首循环堆芯和换料堆芯燃料组件的数量、富集度和分区装载方式，确定可燃毒物和棒束控制组件的类型和布置，以满足核电厂的能量需求，提高核燃料的经济性，并保证核电厂运行的安全性。

3.6.2 设计基准

1. 燃料燃耗

堆芯的燃料装载必须提供足够的剩余反应性，以保证堆芯寿期达到规定的循环长度，使平衡循环末的平均卸料燃耗不低于设计值，最大组件卸料燃耗不超过相应设计限值。

2. 负反应性反馈

由于燃料温度系数始终为负值，因此在热态零功率以上运行时，保证慢化剂温度系数必须为负值即可保证堆芯的负反馈效应。

3. 功率分布控制

堆芯内最大核功率峰值因子和焓升因子不得超过相应的设计限值，以保证在热工-水力设计中不发生偏离泡核沸腾和芯块的熔化，确保燃料元件的机械完整性。

4. 最大可控反应性引入速率

必须限制由棒束控制组件的提升或可溶硼稀释引起的最大反应性引入速率。在控制棒组事故提升情况下，最大的反应性变化速率是燃料棒的峰值释热率不得超过超功率工况下的最大允许值，以及偏离泡核沸腾比大于超功率工况下的最低允许值。

5. 停堆裕量

反应堆无论在功率运行状态或停堆状态下都要求有适当的停堆裕量或堆芯的次临界度。在涉及反应堆事故停堆的所有分析中(包括紧急停堆)，都要假定一束价值最高的控制棒处于全提出堆芯的位置(卡棒准则)。

6. 稳定性

反应堆在基本负荷模式运行，堆芯对于功率振荡应具有固有的稳定性。在功率输出不变的情况下，如果堆芯发生空间功率振荡，应能可靠而又容易地测出并加以抑制。

3.6.3 堆芯描述

反应堆堆芯由177组燃料组件组成，活性区堆芯高度365.8cm，当量直径为322.8cm，堆芯高径比为1.13。燃料棒由堆积在锆合金包壳管内的二氧化铀芯块组成，该包壳管用端塞塞住并经密封焊好以便将燃料封装起来。控制棒导向管和仪表管的材料也为锆合金。

为了展平堆芯功率分布，第一循环堆芯燃料按照U-235富集度分三区装载。富集度为1.8%、2.4%、3.1%的燃料组件数分别为61、68、48。较低富集度的两种组件按不完全棋盘格式排列在堆芯内区，最高富集度的组件装在堆芯外区。图3.17给出了首循环堆

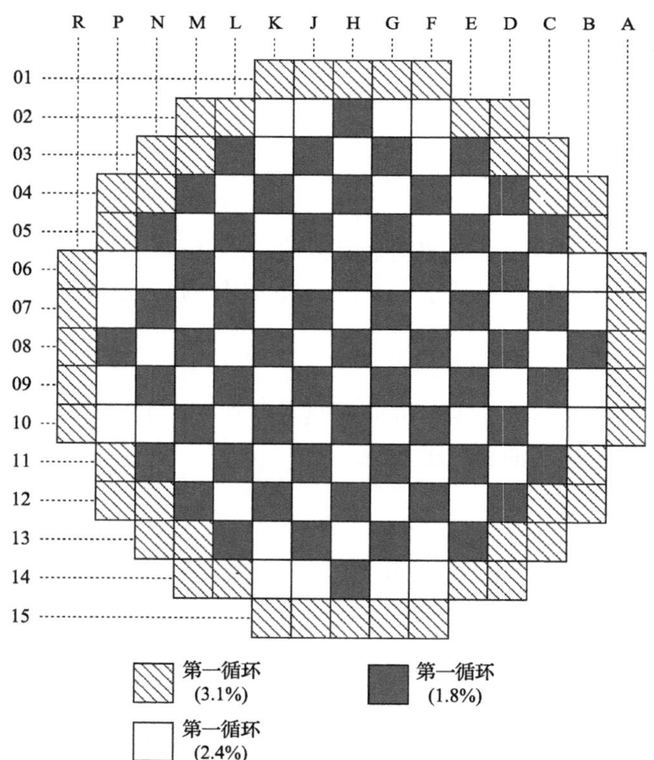

图3.17 首循环堆芯装载布置示意图

Fig. 3.17 Layout of fuel loading for first cycle

芯装载示意图。从第二循环开始，堆芯采用低泄漏(IN-OUT)装载方式，每次装入 68 个新燃料组件，同时卸出 68 个燃耗较深或富集度较低的燃料组件，固体可燃毒物采用载钆燃料棒(UO_2-Gd_2O_3)；第二循环为提高燃料组件富集度的过渡循环，装入堆芯的新燃料组件富集度为 3.9%；从第三循环开始，装入堆芯的新燃料组件富集度为 4.45%。反应堆经过两次换料，到第五循环达到 18 个月平衡换料。

堆芯共布置 61 束控制棒组件。控制棒组件按功能分为两类，即控制棒组和停堆棒组。控制棒组由功率补偿棒(G1、G2、N1 和 N2)和温度调节棒(R)构成。功率补偿棒用于补偿负荷跟踪时的反应性变化，温度调节棒用于调节堆芯平均温度，补偿反应性的细微变化和控制轴向功率偏差。停堆棒组 SA、SB、SC 的功能是确保反应堆停堆所必需的负反应性。控制棒束在堆芯的位置及分组见图 3.18。

反应堆使用堆芯在线测量系统，采用固定式堆内自给能探测器连续测量堆芯功率分布，实现堆芯内线功率密度(LPD)和偏离泡核沸腾比(DNBR)的在线监测。

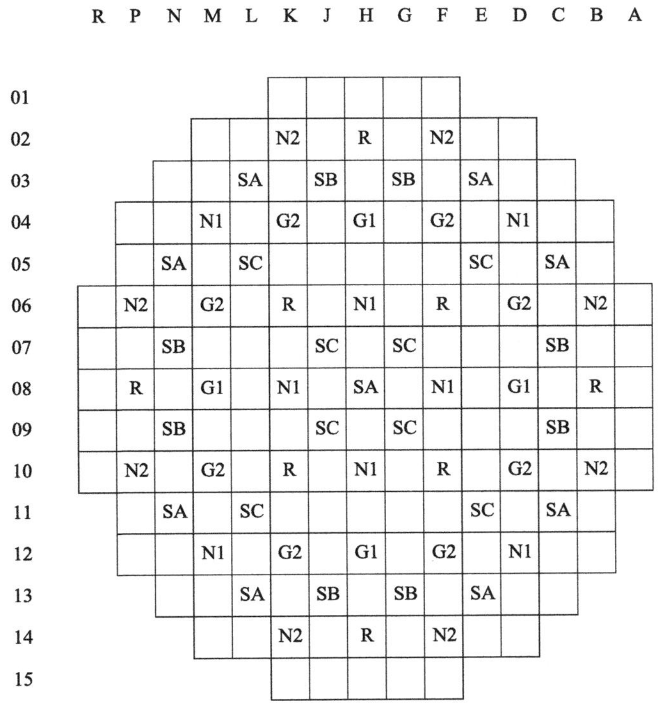

	R	P	N	M	L	K	J	H	G	F	E	D	C	B	A
01															
02						N2		R		N2					
03					SA		SB		SB		SA				
04				N1		G2		G1		G2		N1			
05			SA		SC						SC		SA		
06		N2		G2		R		N1		R		G2		N2	
07			SB				SC		SC				SB		
08		R		G1		N1		SA		N1		G1		R	
09			SB				SC		SC				SB		
10		N2		G2		R		N1		R		G2		N2	
11			SA		SC						SC		SA		
12				N1		G2		G1		G2		N1			
13					SA		SB		SB		SA				
14						N2		R		N2					
15															

G1 4	G2 8	N1 8	N2 8
R 8	SA 9	SB 8	SC 8

图 3.18 堆芯控制棒布置

Fig. 3.18 Layout of control rod positioning

3.6.4 燃料燃耗

各个循环堆芯的寿期达到了规定的循环长度，平衡循环达到 18 个月换料目标。所有循环的燃料组件最大卸料燃耗不超过 52000 MWd/tU，满足燃耗设计基准。

3.6.5 功率分布控制

满功率时堆芯水平面上功率分布是燃料和可燃毒物装载方式、有无控制棒及燃料燃耗分布的函数。因此，在燃料循环的任一时刻，堆芯平面可用无棒或有棒的平面来表征。在正常运行期间，径向功率分布相对变化较小，容易控制在允许的范围内。

轴向功率分布在很大程度上取决于操纵员的控制，如操纵员通过手动操作控制棒，或者通过化学和容积控制系统(RCV)的操作使控制棒自动移动实现控制。造成轴向功率分布变化的核效应有：慢化剂密度、共振吸收的多普勒效应、空间氙和燃耗效应。自动控制总功率输出的变化以及控制棒的移动对研究任一时刻轴向功率分布都很重要。

3.6.6 反应性负反馈

反应堆堆芯的动态特性决定了堆芯对改变电厂工况或操纵员在正常运行期间所采取的调整措施以及异常或事故瞬态的响应。这些动态参数反映在反应性系数上。反应性系数反映了中子增殖性能由于改变电厂工况(主要是功率、慢化剂或燃料温度，其次是压力或空泡份额的变化，尽管后者相对而言不重要)所引起的变化。由于反应性系数在燃耗寿期内是变化的，为了确定整个寿期内电厂的响应特性，要在瞬态分析中采用不同范围的反应性系数值。

对燃料温度系数而言，中子通量分布在燃料芯块内是非均匀的，使芯块表面温度有较大的权重，因此燃料有效温度低于燃料按体积平均的温度。多普勒系数作为寿期的函数随着钚-240 含量的增加变得更负，但由于燃料温度随燃耗而变化，总的效应是负得少了。

各个循环绝对值最小的慢化剂温度系数(寿期初、热态零功率、控制棒全提出)为-2.87×10^{-5}/℃，均满足设计限值要求。

3.6.7 停堆裕量

核电厂设置了两套独立的反应性控制系统，即控制棒系统和可溶硼系统。控制棒系统用于补偿从满负荷到零负荷范围内功率变化引起燃料和水温度变化的反应性效应。此外，在工况Ⅰ下，控制棒系统提供最小的停堆裕量，当一束最高价值控制棒被卡在堆芯外时，仍能使堆芯迅速达到次临界状态，以防止超过燃料损坏限值(极小的燃料棒损毁)。各个循环最小停堆裕量超过 2.7×10^{-2}，满足事故分析限值要求。

3.6.8 稳定性

由于反应堆功率系数为负值，压水反应堆堆芯对于总功率的振荡具有内在的稳定性。控制和保护系统对堆芯提供保护，以防止总功率不稳定。

堆外探测器系统可用来指示氙致空间功率振荡，操纵员可以观察堆外探测器的读数，也有来自保护系统的读数。控制棒完全可以控制受控氙振荡。设备故障会引起径向功率分布的非对称扰动。保护系统设计已采取了相应的保护措施来防止这种不对称扰动。

3.7 热工水力设计

反应堆热工水力设计是提供一组与堆芯功率分布一致的热传输参数，使之满足设计准则并能充分地导出堆芯热量。因此，热工水力设计的任务包括确定反应堆热工水力特性参数等。

3.7.1 设计基准和设计限值

由反应堆冷却剂系统或安注系统（当应用时）带走的热量能确保满足下述性能和安全准则的要求：

(1) 在正常运行和运行瞬态（Ⅰ类工况）或由中等频率事故引起的任何瞬态（Ⅱ类工况）中，预计不出现燃料破损（定义为裂变产物穿透屏障即燃料棒包壳）。然而，不能排除很少量燃料棒的破损，但这种破损不应超出电站放射性废物净化系统的处理能力，并符合电站的设计基准。

(2) 对Ⅲ类工况仅有小份额的燃料棒破损（见上述定义），虽然可能发生燃料棒破损时反应堆不能立即恢复运行，但能使反应堆返回安全状态。

(3) 在发生Ⅳ类工况所引起的瞬态时，反应堆能返回安全状态，堆芯能保持次临界和可接受的传热几何形状。

为了满足上述准则，建立了下述反应堆热工水力设计基准和设计限值。

1. 偏离泡核沸腾

在正常运行、运行瞬态及中等频率事故工况（即Ⅰ类工况和Ⅱ类工况）下，堆芯极限燃料棒表面，在95%的置信水平上，至少有95%的概率不发生偏离泡核沸腾（DNB）现象。

采取确定论或统计法确定DNBR设计限值。采用确定论法得到的DNBR限值为1.15，把亏损加到DNBR关系式限值中来考虑燃料棒弯曲对堆芯的负面影响，可得出确定论的DNBR设计限值；统计法对核电厂运行参数（一回路冷却剂温度、反应堆功率、稳压器压力和反应堆冷却剂系统流量）的不确定性、关系式不确定性及计算程序的不确定性进行了统计综合，得到的DNBR限值为1.25，再考虑燃料棒弯曲带来的亏损，可得出统计法的DNBR设计限值。因为统计法在确定DNBR设计限值时，考虑了各参数的不确定性，所以，应用统计法的事故分析中将采用这些参数的名义值。

2. 燃料温度

在Ⅰ类工况和Ⅱ类工况下，堆芯具有峰值线功率密度的燃料棒的中心温度，在95%的置信水平上，至少有95%的概率低于规定燃耗下的燃料熔点，不发生燃料熔化。预防燃料熔化可消除熔化了的二氧化铀(UO_2)对棒包壳的不利影响，以保持棒的几何形状。

未辐照的 UO_2 的熔点为 2804℃。每燃耗 10000MWd/tU，UO_2 熔点下降 32℃。

3. 堆芯流量

设计必须保证正常运行时堆芯燃料组件和需要冷却的其他构件能得到充分的冷却，保证在事故工况下有足够多的冷却剂排出堆芯余热。

堆芯热工水力设计应采用热工设计流量(最小流量)。反应堆总旁通流量应小于设计限值。它包括堆芯控制棒导向管冷却流量、上封头冷却流量、围板与吊篮间泄漏，以及压力容器出口管嘴泄漏等。

至少要有 93.5%的热工水力设计流量通过堆芯的燃料棒区，并有效地冷却燃料棒，即取热工设计流量的 6.5%作为堆芯总旁流量的设计限值。该旁流量限值必须通过反应堆水力学设计加以保证。

4. 堆芯水力学稳定性

在Ⅰ类工况和Ⅱ类工况下，必须保证堆芯不发生水力学流动不稳定。

3.7.2 燃料组件热工水力设计

1. 偏离泡核沸腾

DNB 是一种水力学和热力学的综合现象。当燃料棒以很高的热流密度加热流动中的冷却剂时，将使棒包壳表面的温度超过冷却剂的饱和温度，形成泡核沸腾。当热流密度高到某一值时，局部流动状况恶化，棒表面被汽膜所覆盖，传热恶化而使棒表面温度急剧上升，产生 DNB。

DNB 的设计基准是在 95%置信水平上不发生 DNB 的概率为 95%。采用子通道程序和临界热流密度(CHF)关系式对燃料组件的 CHF 进行预测。CHF 关系式是基于临界热流密度试验数据开发的。CHF 关系式的 DNBR 限值是根据 Owen 方法确定，DNBR 限值为 1.15。

防止 DNB，就能保证燃料包壳和反应堆冷却剂之间的充分传热，因此也就防止了由于缺少冷却而发生包壳损坏。燃料棒表面最高温度不作为一个设计基准。因为在泡核沸腾区运行时，燃料棒表面最高温度与冷却剂温度只差几度。由核控制和保护系统所提供的整定值，使得与Ⅱ类工况有关的包括超功率在内的瞬态都满足这个设计限值。

此外，“华龙一号”反应堆采用燃料棒 LPD 和 DNBR 在线监测系统，以自给能中子探测器(SPND)的电流信号为输入，将电流信号转化为测点燃料组件功率，然后通过拓展计算得出全堆功率分布，再通过精细功率重构获得堆芯精细功率分布，进而可算出堆芯 LPD 分布和 DNBR 分布，最后通过与报警限值比较实现监测、诊断、报警等功能。

该系统能准确直观地描述堆芯的运行状况供操纵员使用，从而更有效地防止燃料棒线功率密度超限和发生 DNB，确保燃料的完整性。与传统的检测和保护系统相比，该系统直接监测与燃料芯块和包壳屏障相关的实际安全参数，而不是通过中间物理参数来间接监测，因而能更准确地描述堆芯的运行状况，具有较小的不确定性，能提供更大的运行灵活性。

2. 子通道之间的交混效应

在燃料棒束中，无论是由四个相邻燃料棒组成的典型通道还是由控制棒导向管与相邻燃料棒组成的导向管通道，这些子通道都是与相邻通道连通的。由于通道间的压差，在通道间存在横向流，也就存在着能量、质量和动量的交混。通道之间的交混效应使热通道焓升降低。

3. 工程因子

总的热流密度热通道因子和总的焓升热通道因子定义为堆芯中这些量的最大值与平均值之比。总的热流密度热通道因子考虑的是某一点(热点)局部的热流密度最大值，而总的焓升热通道因子则是沿某一通道(热通道)的最大积分值。

工程热通道因子用来考虑燃料棒和燃料组件的材料和几何尺寸制造偏差。下面定义两种类型的工程热通道因子 F_Q^E 和 $F_{\Delta H}^{E1}$。

(1)热流密度工程热通道因子 F_Q^E 用于计算最大热流密度。F_Q^E 用统计法综合燃料棒芯块直径、密度、富集度及偏心度等的制造公差来确定。在两个标准偏差下，F_Q^E 的设计值为 1.033，它满足两个 95%的要求。

(2)焓升工程热通道因子 $F_{\Delta H}^{E1}$ 用于计算热通道的焓升。$F_{\Delta H}^{E1}$ 用统计法综合燃料芯块密度和富集度的制造公差来确定。在两个标准偏差下，$F_{\Delta H}^{E1}$ 的设计值为 1.021，它满足两个 95%的要求。

4. 燃料棒弯曲对 DNBR 的影响

任何堆型或核电厂的事故分析中关于 DNBR 的计算，都考虑了棒弯曲现象的影响。在计算与分析过程中，利用 DNBR 的结果裕量来弥补棒弯曲所产生的影响是可行的。这就需要在计算 DNBR 时，对电厂运行参数(比如焓升核热管因子 $F_{\Delta H}^N$ 或堆芯冷却剂流量)设定一定的裕度，并利用这些参数进行计算，从而获得有一定裕度的 DNBR 计算结果。

在设计分析中应用的棒弯曲 DNBR 亏损因子来源于以下两个主要研究结果。这两个模型相结合可给出作为燃料燃耗函数的 DNBR 亏损规律。

(1)一个经验模型是定义 DNBR 亏损因子为栅格变形的函数，栅格变形量用棒间隙相对闭合率表征，即 $\frac{\Delta C}{C_0}=\frac{C_0-C}{C_0}$，这里 C_0 是名义棒间隙，C 是实际棒间隙。这个模型是以三种相对闭合率(50%、85%和 100%)下的 DNB 数据为基础的。

(2)另一个经验模型是针对 17×17 燃料组件，将其几何变形表征为燃耗的函数，这个模型是以通过检查辐照过的燃料棒所获得的数据为基础得到的。

3.7.3 反应堆水力学设计

反应堆水力学设计是为了确定反应堆冷却剂系统设计所必须的堆芯和压力容器压降值；确定堆内各部分旁流量值，并使其满足设计限值要求；验证堆芯热工水力分析中的假设(如堆芯入口流量分布)。

1. 反应堆压力容器和堆芯压降

反应堆压降是由于流体对壁面的摩擦或流道几何形状变化引起的。堆芯和压力容器压降是确定反应堆冷却剂系统流量的主要因素。为计算该压降值，假定流动是不可压缩的单相流体的湍流流动。因为堆芯平均空泡份额可以忽略不计，故不考虑两相流动情况。

反应堆冷却剂流量设计中考虑了三种流量值：①“热工设计”流量：该流量是堆芯热工水力设计中确定热工水力特性时采用的最小预期流量，其数值为 3×22840m^3/h；②“最佳估算”流量：该流量是反应堆运行状态下的最佳期望值，用于确定反应堆压降及旁流量，其数值为 3×23790m^3/h；③“机械设计”流量：该流量是堆内构件和燃料组件机械设计所采用的最大预期流量，其数值为 3×24740m^3/h。计算得到反应堆压力容器进出口压降为 0.315MPa。

2. 旁流

冷却剂进入反应堆后对于冷却燃料棒无效的那部分流量为旁流。旁流分为五部分：

(1) 压力容器上封头冷却流量。通过调整位于上支承板和吊篮法兰上的喷管孔径大小来确定该流量的大小。这股流体再经过导向筒与驱动组件之间的间隙进入上腔室。

(2) 出口接管漏流。从进口接管来的冷却剂经过吊篮出口与压力容器出口之间的间隙直接漏到压力容器出口。

(3) 堆芯围板和吊篮间的旁流。该流量在围板与吊篮之间的环形空间向上流动，以冷却其接触的部件，但对堆芯冷却是无效的。

(4) 外围空隙旁流。它是围板与堆芯外围燃料组件间空隙中的旁流。

(5) 导向管旁流。这是流进导向管、仪表管的用以冷却控制棒、可燃毒物棒或中子源棒的旁流。对燃料棒冷却是无效的。

计算表明，总旁流最大值为 5.43%，出现在首循环，低于设计限值 6.5%。

3. 堆芯冷却剂流量和焓分布

堆芯冷却剂流量分布和焓分布需依据以下假设分析确定：额定工况，轴向功率分布取具有典型峰值($F_Z^N=1.55$)的截尾余弦，核焓升因子 $F_{\Delta H}^N=1.60$，中心热组件入口流量为堆芯组件平均值的 0.95 倍。

3.7.4 水力学稳定性分析

在核电厂的运行期间，若出现水力学不稳定情况将导致临界热流密度降低和堆内构件的强烈振动，危及反应堆的安全。在热工水力分析中，通常考虑以下两种类型的水力学流动不稳定性。

1. 静态不稳定性

静态不稳定性主要是指 Ledinegg 型不稳定性。它的特征是流动系统中的流量从一个稳态突然跳到另一个稳态。这种不稳定性的判断准则是：当系统压降对流量变化斜率 $(\delta\Delta P/\delta\Delta G)_L$ 大于或等于主泵的扬程对流量变化斜率 $(\delta\Delta P/\delta\Delta G)_P$ 时就不会发生。

反应堆冷却剂系统的压降流量特性曲线在Ⅰ、Ⅱ类工况运行时，其斜率是正的，即 $(\delta\Delta P/\delta\Delta G)_L>0$，而所选用主泵的扬程流量特性曲线的斜率为负，即 $(\delta\Delta P/\delta\Delta G)_P<0$，满足上述准则。因此，在Ⅰ、Ⅱ类工况运行时不会产生静态不稳定。

2. 动态不稳定性

动态不稳定性的典型代表是密度波型不稳定性。其机理是：在加热通道中，入口流量的扰动会引起焓的波动；这会使单相区域的长度和压降发生变化，于是影响两相区域的含汽量或空泡份额，进而影响通道的流量。两相区域长度和含汽量的波动又引起两相压降发生波动。然而，因为堆芯总压降是由其外部的流体特性决定的，所以两相压降的扰动又反馈到单相区域。这种波动可能是衰减的，也可能是自持的。

Ishii 提出一个简便的方法估算闭式平行通道系统是否会发生密度波型流动不稳定性。用这个模型对堆芯进行分析表明，有很大的裕量不致发生密度波不稳定。

“华龙一号”是开式通道反应堆，将 Ishii 方法用于堆芯设计是保守的。因为开式通道反应堆的横向流动阻力很小，热通道与其相邻通道之间的能量和质量传递非常容易。在相同几何形状和边界条件下，开式通道反应堆比闭式通道反应堆更稳定。因此，对“华龙一号”反应堆而言，在Ⅰ、Ⅱ类工况下不会产生动态流动不稳定。

3.7.5 结论

反应堆堆芯热工水力特性参数列于表 3.1 中。“华龙一号”反应堆热工水力设计满足设计准则和预期的总体设计要求。

表 3.1 反应堆热工水力特性参数

Table 3.1 Characteristic parameters of reactor coolant

参数	数值
堆芯额定热功率/MW	3050
环路数/条	3
堆芯燃料组件数	177
系统压力/MPa	15.5
热工设计流量(每条环路)/(m^3/h)	22840
最佳估计流量(每条环路)/(m^3/h)	23790
机械设计流量(每条环路)/(m^3/h)	24740
压力容器入口温度/℃	291.5

续表

参数	数值
压力容器出口温度/℃	328.5
反应堆平均温度/℃	310.0
平均线功率密度/(W/cm)	173.8
堆芯平均流速/(m/s)	4.39
堆芯平均空泡份额/%	<0.01
堆芯传热面积/m^2	5100.9
堆芯流通面积/m^2	4.334
额定工况下最小 DNBR(确定论方法)	2.17

3.8 反应堆源项与屏蔽设计

反应堆源项与屏蔽设计提供由反应堆产生的放射性源项的分析结果，根据堆芯裂变辐射源、衰变辐射源开展屏蔽设计，实现对辐射源的有效屏蔽，使反应堆周围的辐射水平满足相关要求。

3.8.1 反应堆源项设计

1. 反应堆源项分析

反应堆源项分析的主要内容及其功能如下：

(1)堆芯裂变辐射源项。堆芯裂变过程中产生的中子和γ，该源项是正常运行期间的反应堆屏蔽设计的主要辐射源。

(2)燃料组件裂变产物源项。堆芯裂变过程中产生的裂变产物及其衰变γ，该源项是燃料操作过程中辐射屏蔽设计的主要辐射源，同时也用于事故条件燃料损坏后的放射性后果评价。

(3)冷却剂活化源项和氚源项。冷却剂活化源项主要有冷却剂中各种核素在经过堆芯时与中子活化产生，活化源项主要包括 ^{16}N、^{17}N 和 ^{14}C。当冷却剂流经反应堆堆芯时，其中的 ^{16}O 和 ^{17}O 因受到堆芯及其相邻区域高能快中子的照射而分别生成激活核 ^{16}N 和 ^{17}N；^{14}C 主要是由中子与冷却剂中的 ^{17}O 和 ^{14}N 分别由核反应(n, α)和(n, p)产生；反应堆冷却剂中氚的产生，主要归因于反应堆冷却剂中用于控制反应性的硼和用于控制反应堆冷却剂 pH 的锂，同时还包括燃料和二次中子源中产生的氚通过包壳的扩散。^{16}N、^{17}N 由于在冷却剂中的比活度大，出射射线能量高，是冷却剂屏蔽需要考虑的主要辐射源。^{14}C 和氚在衰变过程中产生 β 射线，所以在屏蔽设计中不需要考虑，但它们具有较长的半衰期，是环境排放放射性后果需要考虑的重要核素。

(4)冷却剂裂变产物源项和活化腐蚀产物源项。当燃料包壳发生破损或者燃料包壳存在沾污铀，这些铀裂变产生的裂变产物会进入冷却剂，形成冷却剂裂变产物源项，主要包括氪、氙、碘、铯及一些难溶性核素(如锶等)。反应堆一回路冷却剂中的腐蚀产物源项来自两方面：一方面是堆内部件，另一方面是一回路管道和设备。前者，在发生腐蚀并释放到冷却剂中之前已经受到中子照射而具有放射性；后者的腐蚀产物在流经堆内并受到堆芯及其相邻区域的中子照射之后才具有放射性。主要的腐蚀产物核素为 ^{51}Cr、^{54}Mn、^{59}Fe、^{58}Co 和 ^{60}Co 以及 ^{110m}Ag 和 ^{124}Sb。冷却剂裂变产物源项和活化腐蚀产物源项是冷却剂屏蔽需要考虑的辐射源，特别在停堆期间，这些源项是大修过程中工作人员辐射剂量的主要来源。另外，在反应堆运行过程中，这些源项会扩散到反应堆其他系统，成为其他系统源项及反应堆排放源项的主要来源。

(5) 反应堆材料活化源项。反应堆堆芯燃料组件相关组件、堆内构件、压力容器等材料在接受辐照时会产生活化源项。当操作这些部件或在这些部件周围工作时，需要根据这些材料活化源项考虑相应的屏蔽措施。

(6) 堆舱大气活化源项。反应堆周边大气在接受辐照时也会产生放射性产物，其中最重要的放射性产物是 ^{41}Ar，它是较为重要的环境排放源项。

2. 反应堆源项控制措施

“华龙一号”反应堆降低放射性源项的主要方法和措施包括：

(1) 通过选用良好燃料包壳材料、设计方案、制造工艺，减少燃料组件发生破损的概率。

(2) 对燃料组件包壳沾污铀进行控制、检测，以确保燃料组件沾污铀的量受到控制。

(3) 减少燃料组件及相关组件中的不锈钢用量，如燃料组件条带材料选用锆合金等。

(4) 一回路冷却剂浸润材料表面进行抛光，设备堆焊层表面要求打磨或抛光，提高与冷却剂接触的设备表面的光洁度，减小活化腐蚀产物在接触面的累积。

(5) 一回路冷却剂浸润材料表面的钝化处理。核电厂堆内构件吊篮筒体、上支承柱、仪表套管、热屏蔽板等在制造过程中进行钝化处理，且吊篮筒体在酸洗钝化处理之前进行喷砂处理。在核电厂热试时，还开展了整个一回路系统的钝化运行。

(6) 严格限制一回路冷却剂系统内部硬质 Stellite 合金的使用。

(7) 对反应堆及一回路冷却剂材料的钴含量的控制。严格控制堆内构件、压力容器、管道内表面、蒸汽发生器等部件中不锈钢和因科镍合金中的钴含量。

(8) 控制含银垫圈材料的使用范围。

(9) 使用净化系统(包括使用过滤器、离子交换器、扫气装置)对冷却剂系统中放射性物质进行处理，以使放射性废物最小化。

(10) 一回路冷却剂系统水化学特性控制。

(11) 在一回路中添加氢氧化锂以中和硼酸，并将 pH 调至最佳值(弱碱性，在 300℃时为 7.2)，并保持 pH 的长期稳定，以减少对材料的腐蚀，同时减少由于一回路流体中的腐蚀产物在堆芯内流动被活化而增加剂量率。

(12) 控制冷却剂中的氧、氟化物、氯化物、硫酸盐等的含量，通过减少材料的腐蚀来降低机组的辐照剂量；同时，控制硅、钙、镁、铝等杂质的含量，通过减少杂质在燃料元件表面上的沉积来降低机组的辐照剂量。

(13)氢气浓度调节，通过调节冷却剂中的氢气浓度，缓解辐射分解产生的氢对腐蚀的影响。

(14)在水化学控制中使用贫化锂，以减少冷却剂中氚的产生量。

(15)停堆期间，在必要的情况下开展一回路系统的氧化运行。氧化运行工艺可以剥离部分沉积在一回路系统表面的放射性核素，使其重新进入一回路冷却剂中，通过净化系统去除，从而减少一回路系统浸润表面的放射性沉积源项。

(16)采取屏蔽优化措施，减少一次屏蔽外表面的热中子注量，缓解一次屏蔽外区域的设备活化。如使用压力容器保温层屏蔽组件和堆腔底部构件减少辐射漏束向上的泄漏；严格控制一次屏蔽贯穿孔道的位置，尽可能远离堆芯活性段位置。

3.8.2 反应堆屏蔽设计

1. 设计目标

反应堆本体屏蔽设计应确保反应堆周围辐射水平满足相关要求，主要设计目标如下：

(1)降低不同位置材料的辐射水平，确保相关材料的辐射满足设计要求，重要的材料包括堆内构件、压力容器、混凝土、堆外核测仪表、驱动机构电气设备等。

(2)降低热中子对于停堆后人员可能进入部位的设备活化产生的辐射影响，反应堆正常运行工况下热中子注量率应小于 $1\times10^5 n/(cm^2\cdot s)$。

(3)降低功率运行期间反应堆周边各区域有效剂量率，并满足辐射分区要求，尤其应重点关注辐射漏束影响的区域，如堆水池顶部操作平台、堆坑小室、一次屏蔽混凝土墙贯穿孔道外侧等区域。

(4)降低停堆期间反应堆周边各区域有效剂量率，满足辐射分区要求。

2. 设计内容

反应堆本体屏蔽设计应考虑：

(1)屏蔽设计需充分考虑反应堆自身的重要结构，如围板、冷却剂、吊篮、热屏蔽、压力容器等。

(2)屏蔽设计需校核一次屏蔽混凝土墙的厚度，在设计过程中，还应考虑一次屏蔽混凝土上的各种贯穿孔的辐射屏蔽，在“华龙一号”反应堆中，一次屏蔽上的贯穿孔道包含堆外核测仪表孔道、堆腔注水系统孔道等。

(3)屏蔽设计需考虑沿压力容器和一次屏蔽混凝土之间的辐射漏束，设置相应的屏蔽体。在“华龙一号”中，设置堆腔底部构架、保温层屏蔽组件限制向上的漏束；设置堆坑通道迷宫、屏蔽敷设墙、屏蔽门等限制向下的漏束。

(4)所设置的屏蔽结构还需取得土建专业、反应堆结构专业、通风专业、核测专业、事故分析专业的认可。

(5)反应堆屏蔽设计主要使用粒子输运方法进行评价。

3. 设计结果和结论

“华龙一号”在反应堆本体屏蔽设计中开展了优化设计工作。

(1) 反应堆周边材料在使用寿命内(对于不可移动结构，如压力容器等，取60年)的辐射水平满足设计要求。

(2) 功率运行工况下，反应堆一次屏蔽外表面所有位置的热中子注量率均小于 $1\times10^5 n/(cm^2\cdot s)$。

(3) 反应堆周边各区域有效剂量率满足辐射分区要求。

3.9 力 学 分 析

反应堆系统的力学分析是为了证明反应堆系统中所有结构在整个核电厂寿期内的安全性，也即结构完整性和完成其功能的能力。评价依据为设备设计规格书和 RCC-M 规范的相关要求，主要分为三个阶段：①动力分析模型建立；②动力响应分析；③应力评价与强度计算。

3.9.1 动力分析模型建立

1. 反应堆系统动力分析模型

由于反应堆系统部件众多，结构复杂，且存在着结构间隙，结构间非线性连接刚度、摩擦、阻尼和流固耦合等多种非线性因素。从工程设计的观点来看，应寻求系统动力分析的精确性和经济性的平衡点。利用反应堆结构水平与垂向自由度间的耦合效应较低的特点，将其简化为两个独立的(水平和垂直)非线性平面模型：水平模型表示系统在通过容器中轴线的平面内的平移和转动特性，垂直模型表示系统在垂直方向的动态特性。难点一方面在于采用合适的方法正确处理反应堆压力容器与吊篮法兰之间、反应堆压力容器与上支承板法兰之间、反应堆压力容器出口接管与吊篮出口接管之间、反应堆压力容器径向支承键和下支承板等部位间的间隙和非线性接触刚度等部位的连接关系；另一方面在于采用合适的理论与方法模拟反应堆压力容器筒体内壁与吊篮筒体外壁、吊篮筒体内壁与上支承板裙筒外壁间的流固耦合效应。

反应堆系统动力分析水平模型如图 3.19 所示。

2. 燃料组件动力分析模型

根据分析对象的侧重不同，燃料组件动力分析模型有简化模型与详细模型两种。与反应堆系统动力分析模型类似，由于燃料组件水平与垂向自由度耦合效应较低，简化模型与详细模型又进一步分为水平与垂向两类。

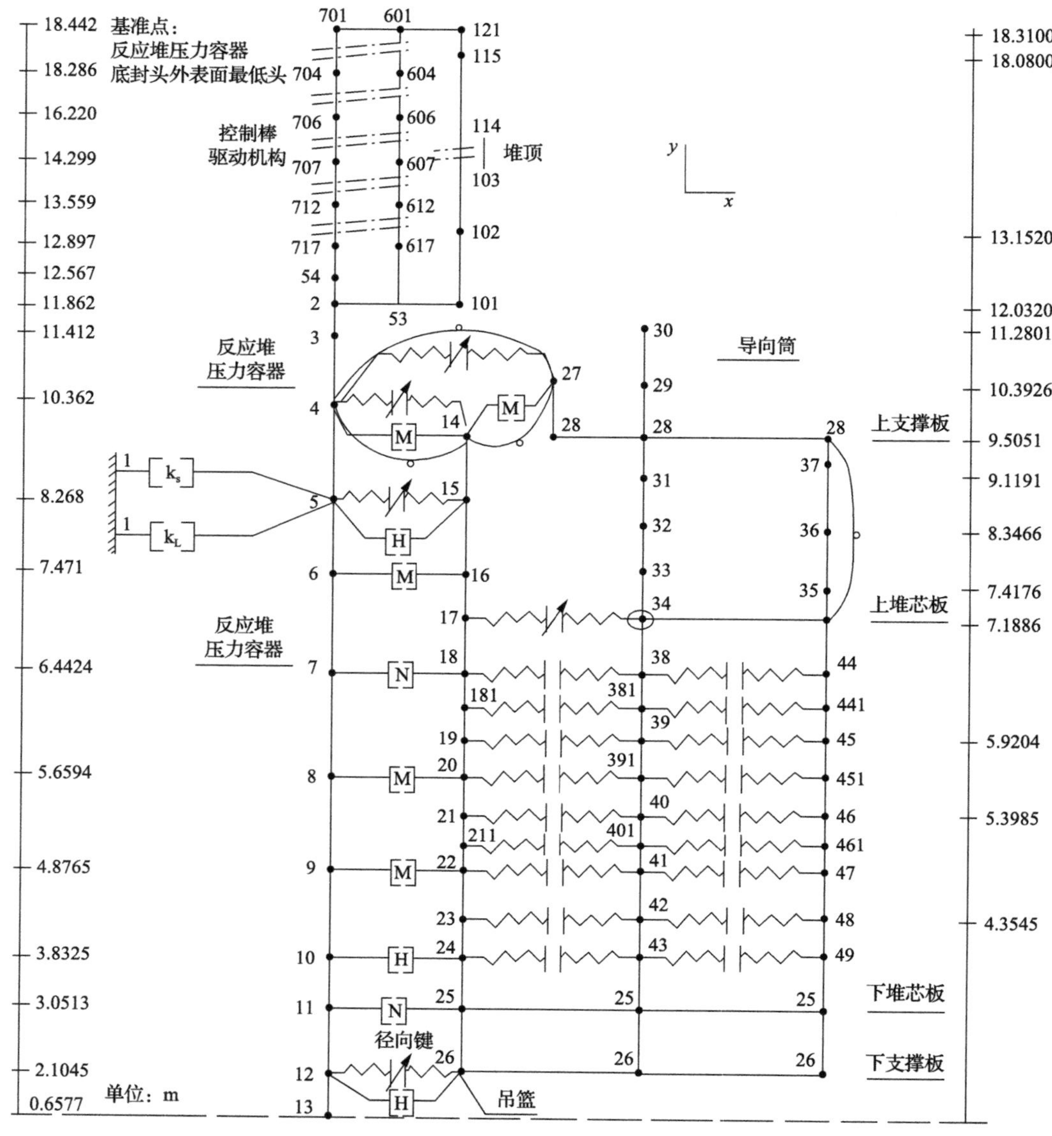

图 3.19　反应堆系统水平分析模型图

Fig. 3.19　Horizontal analysis model of reactor system

燃料组件水平与垂向动力分析模型中的各种参数来源于组件的碰撞、跌落、振动等试验结果，确保采用燃料组件动力分析模型计算得到的各阶自振频率和振型结果与燃料组件振动试验的结果相符。

在反应堆系统动力分析模型中，采用简化模型(梁单元、弹簧单元与集中质量单元)对燃料组件进行模拟，这种简化模拟方式是为了平衡在反应堆系统模型中直接采用燃料组件详细模型带来计算量大、计算难以收敛等问题，为了尽可能将除燃料组件外的其他堆内构件动力响应模拟准确，只能牺牲燃料组件的计算精度，因此利用反应堆系统动力分析模型分析获得的燃料组件载荷分配均不能直接用于下游的应力分析与评价。

燃料组件是反应堆系统的核心部件，各部件之间及组件间的相互力学影响因素复杂、力学评价裕量较小且对计算结果精度要求较高，需要开展精确的动力响应分析，燃料组件简化模型显然不能满足分析要求。在这种目标与分析需求下，采用平动弹簧单元、集中质量单元与滑移单元建立了燃料组件(水平+垂向)详细模型。燃料组件详细水平模型称为组件排模型，主要考虑在各种水平方向外部激励下燃料组件间及组件与堆芯围筒间的碰撞效应。根据相关的经验，如日本进行的燃料组件抗震试验结果反馈，整个反应堆内燃料组件之间最大的冲击都是发生在堆芯布置图的 0°或者 90°方向。因此，水平模型考虑了燃料组件数最多的一排，包括 15 组燃料组件。燃料组件垂向详细模型用于模拟其在轴向载荷作用下的动态响应，在该方向上，燃料组件之间的耦合效应可以忽略，因此可以只考虑一组燃料组件。燃料组件动力水平分析模型如图 3.20 所示。

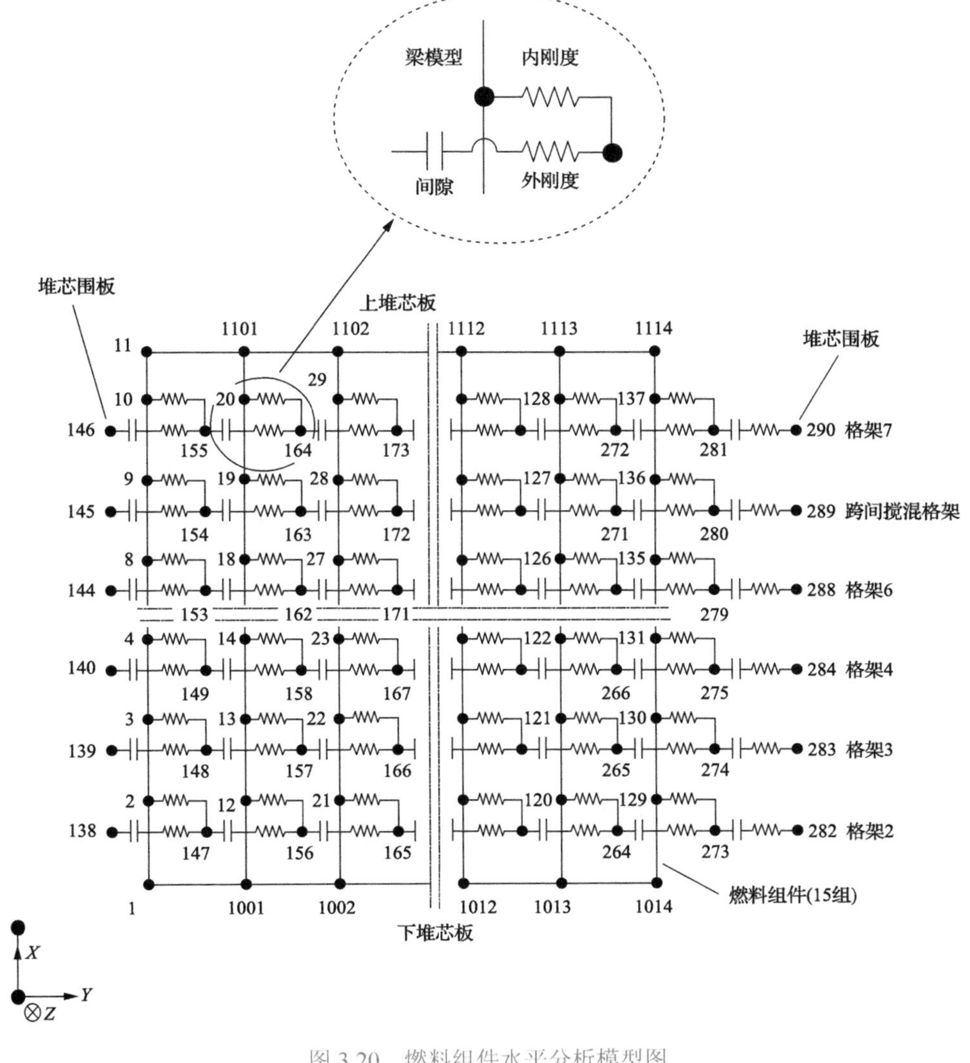

图 3.20 燃料组件水平分析模型图

Fig. 3.20 Horizontal analysis model of fuel assembly

3.9.2 动力响应分析

1. 反应堆系统的动力响应分析

针对反应堆系统开展了地震(SL-1、SL-2)、失水事故(LOCA)、泵致脉动压力响应分析，均采用反应堆系统动力分析模型进行计算。

地震分析的计算输入为反应堆压力容器支承位置的标准楼层反应谱转化成的人工拟合加速度时程；LOCA 分析的计算输入为作用在堆内构件各部位的水力载荷时程，反应堆中的水力载荷强烈依赖于管道假想破口的位置和类型，总体上，管道断裂的越快，作用在部件上的载荷就越大；泵致脉动响应分析计算输入为主泵运转产生的压力波作用到反应堆系统内部构件上产生的脉动压力，该压力由主泵出口位置的脉动压力值与主泵出口位置到堆内构件不同部位的脉动压力传递系数(缩放系数)两个参数共同确定。

地震与 LOCA 分析采用非线性直接积分法，泵致脉动压力分析采用谐响应分析法，通过计算得到了反应堆压力容器、反应堆内部构件(除燃料组件外)的单元载荷极值与部件间的接触载荷极值，构件的变形极值，用于后续的结构与部件的应力分析、强度校核以及功能能力评价。

2. 燃料组件非线性动力响应分析

燃料组件动力响应分析包括地震(SL-1、SL-2)与 LOCA 分析，分析模型为燃料组件详细动力分析模型，计算方法为非线性直接积分法，分析输入为两种工况下反应堆系统动力响应分析获得的上、下堆芯板及燃料组件围筒上的运动参数(时间-位移曲线)。

通过计算得到燃料组件地震和 LOCA 作用下导向管应力与格架撞击力结果，用于燃料组件的应力应变分析与强度校核。

3.9.3 应力评价与强度计算

结构安全性是反应堆压力容器、堆内构件、控制棒驱动机构、燃料组件等部件设计的基本要求。反应堆压力容器、堆内构件、控制棒驱动机构、燃料组件等部件的设计需要应用分析、试验等手段进行验证校核，以避免各种失效模式的发生，确保设计满足安全性要求。为此，反应堆压力容器、堆内构件、控制棒驱动机构、燃料组件等部件的设计规范、标准引入了失效模式的概念，针对各种失效模式建立相应的评价准则，使分析设计工作更加规范、高效。

力学分析的工况与应力准则、失效模式的对应关系如表 3.2 所示。将上述失效模式、应力准则应用于核电厂，建立核电厂事件、载荷组合与工况、应力准则的对应关系，如表 3.3 所示。

表 3.2 工况对应的应力准则、失效模式

Table 3.1 Criteria and failure mode of each condition

工况	RCC-M 应力准则	预防的失效模式
第一类	O 级准则	防止过度变形、塑性失稳、弹性失稳或弹塑性失稳
第二类	A 级准则	防止渐进性变形和疲劳(渐进性开裂)
第三类	C 级准则	与 O 级相同，但安全裕量较小
第四类	D 级准则	防止部件弹性或弹塑性失稳(相当于压力边界完整性丧失)，但不排除过度变形的危险
试验	试验准则	防止部件弹性或弹塑性失稳

注：对于第二、三、四类工况，承压部件还应能抵抗快速断裂失效。

表 3.3 核电厂事件、载荷组合与工况、应力准则的对应关系

Table 3.3 Events/load combination and criteria

序号	事件	载荷组合	工况	应力准则
1	设计条件	设计载荷+运行基准地震载荷	第一类	O
2	正常运行	持续载荷(压力、温度、自重、接管载荷)	第二类	A
3	系统运行瞬态+运行基准地震	持续载荷+系统运行瞬态载荷+运行基准地震载荷	第二类	A
4	设计基准管道破裂	持续载荷+设计基准管道破坏载荷	第三类	C
5	主蒸汽/给水管道破裂	持续载荷+主蒸汽/给水管道破裂载荷	第四类	D
6	设计基准管道破裂或主蒸汽/给水管道破裂+安全停堆地震	持续载荷+设计基准管道破裂+主蒸汽/给水管道破裂+安全停堆地震载荷	第四类	D
7	失水事故	持续载荷+失水事故载荷	第四类	D
8	失水事故+安全停堆地震	持续载荷+失水事故载荷+安全停堆地震载荷	第四类	D
9	试验条件	试验压力	试验	试验

目前力学分析的主要方法是弹性分析和弹塑性分析方法。根据核电厂的上述事件(包括超设计基准事故)，考虑最严重的载荷组合，采用商用有限元程序进行分析，采用相应的应力准则进行评价。此外，在役检查要求对在役压力容器进行安全评价，并确定裂纹容限。为此，在压力容器设计阶段需进行断裂力学分析，有效防止含裂纹(缺陷)结构发生断裂失效的风险。

上述力学分析流程经过 50 多年的核电厂设计的检验，是一套成熟、规范、保守的分析方法。

第 4 章

反应堆冷却剂系统

反应堆冷却剂系统是核电厂最核心的部分，在运行过程中，反应堆冷却剂系统利用主泵将堆芯内产生的热量通过蒸汽发生器传递给二回路。反应堆冷却剂系统的承压边界作为防止放射性产物泄漏的第二道边界，按照最严格的规范和标准进行系统和设备的设计和制造。反应堆冷却剂系统的设备和管道均安装在反应堆厂房内，且绝大多数设备都布置在用钢筋混凝土筑成的墙或楼板隔成的屏蔽隔室内，可以防止飞射物的损害，也可以作为防放射性辐射的生物屏蔽。

相对于第二代或二代改进型核电厂，“华龙一号”反应堆冷却剂系统设置了完善的严重事故预防与缓解措施，如设置严重事故快速卸压、堆顶排气等。下面详细介绍反应堆冷却剂系统的系统功能和构成，主要设备的功能、结构、参数，系统运行，以及反应堆冷却剂系统的力学分析评价。

4.1　反应堆冷却剂系统设计

4.1.1　系统概述

反应堆冷却剂系统(RCS)由三条并联到反应堆压力容器上的环路构成。每条环路包括一台蒸汽发生器、一台轴密封式反应堆冷却剂泵及互相连接的反应堆冷却剂管道和控制仪表等。此外，三条并联环路与一个共用的压力安全系统相连，包括一台稳压器、一台卸压箱以及用于压力控制、超压保护和严重事故下快速卸压的阀门、仪表和相应的连接管道等。

4.1.2　系统功能

RCS 的基本功能主要包括：①反应堆热量的传递，将热量从反应堆堆芯传送到蒸汽发生器，然后由蒸汽发生器传递给二回路系统；②中子慢化剂，系统内的反应堆冷却剂作为中子慢化剂，使中子速率降低到热中子的范围；③反应性控制，反应堆冷却剂作为硼酸的溶剂，在反应性控制中用于补偿氙瞬态效应和燃耗；④反应堆冷却剂压力控制，为了防止出现不利于传热的 DNB，由稳压器控制反应堆冷却剂压力。

RCS 系统还承担着安全功能，在发生燃料包壳破损事故时，RCS 系统是防止放射性产物泄漏的第二道边界。

4.1.3 系统说明

1. 传热环路

RCS 系统在运行时，通过反应堆冷却剂泵使加压水通过反应堆压力容器和冷却剂环路循环。作为冷却剂、慢化剂和硼酸溶剂的水，在通过堆芯时被加热，反应堆冷却剂系统流程简图如图 4.1 所示。然后流入蒸汽发生器，将热量传递给二回路系统，返回到反应堆冷却剂泵重复循环。位于反应堆压力容器出口和蒸汽发生器入口之间的管道称为热段，蒸汽发生器出口和反应堆冷却剂泵入口之间的管道称为过渡段，其余部分称为冷段。系统特性参数与额定工况温度分别见表 4.1 与表 4.2。

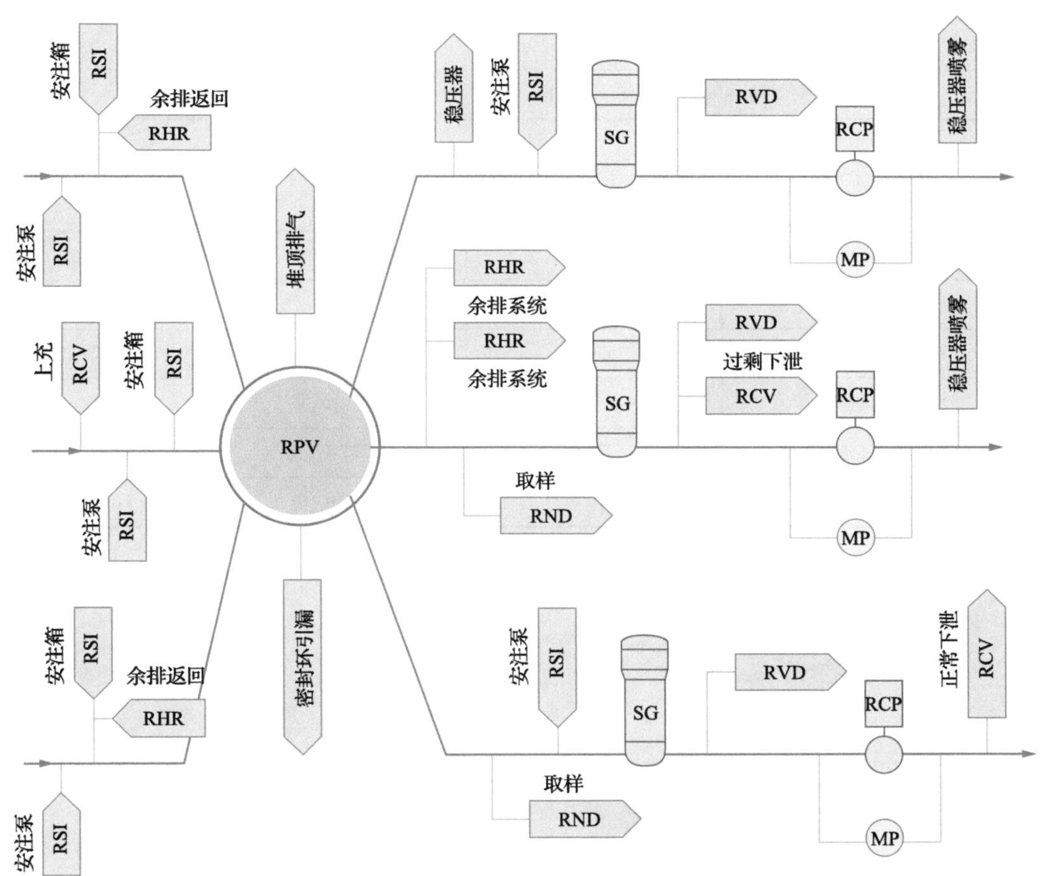

图 4.1 反应堆冷却剂系统流程简图

Fig. 4.1 Reactor coolant simplified flow diagram

每条冷却剂环路冷段和热段的温度在主管道冷热段上直接测量。环路热段窄量程电阻温度计(RTD)位于蒸汽发生器附近，在反应堆冷却剂热段管道横截面上以 90°间隔布置。

环路冷段窄量程 RTD 位于反应堆冷却剂泵的下游，在反应堆冷却剂管道冷段横截面上以 60°的夹角在管道中平面以上的位置对称布置。其中热段温度计插入带有流道的套管中，以消减反应堆堆芯出口温度分布不均的效应，如图 4.2 所示。

表 4.1 系统特性参数

Table 4.1 System characteristic parameter

参数	数值
堆芯额定热功率/MWth	3050
稳压器运行压力/MPa	15.5(绝压)
满功率时总水容积(包括稳压器)/m^3	～319.6
热工设计流量(每条环路和冷段温度下)/(m^3/h)	22840
最佳估算流量(名义流量)(每条环路和冷段温度下)/(m^3/h)	23790
机械设计流量(每条环路和冷段温度下)/(m^3/h)	24740

表 4.2 额定工况温度 （单位：℃）

Table 4.2 Rated operating temperature

工况温度	热工设计值	最佳估算值	机械设计值
堆芯入口温度	291.5	292.2	292.8
堆芯出口温度	330.8	330.1	329.3
堆芯平均温度	311.15	311.15	311.05
压力容器出口温度	328.5	327.8	327.2
压力容器平均温度	310.0	310.0	310.0

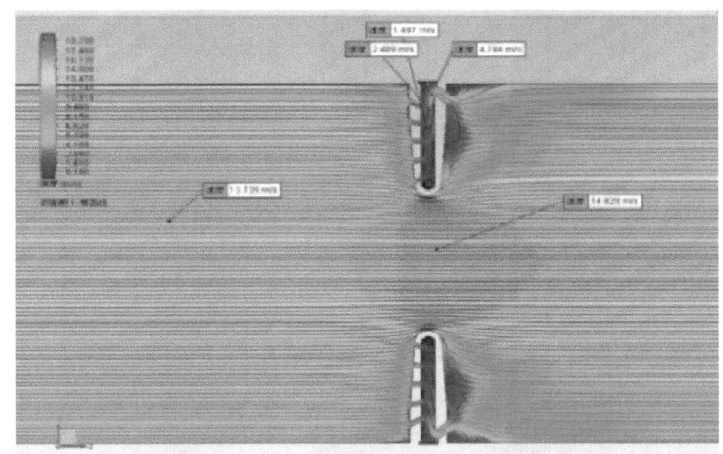

图 4.2 主管道热段温度计套管结构及流场分析

Fig. 4.2 Thermometer structure of reactor coolant hot leg and flow field analysis

2. 压力控制

反应堆冷却剂系统还包括稳压器及其为反应堆冷却剂压力控制和超压保护所需的辅助设备。稳压器通过波动管线接到一号环路热段。稳压器波动管布置考虑了削弱热分层现象的设计方案，即在主管道热段与波动管连接处增加竖直管道，如图 4.3 所示。

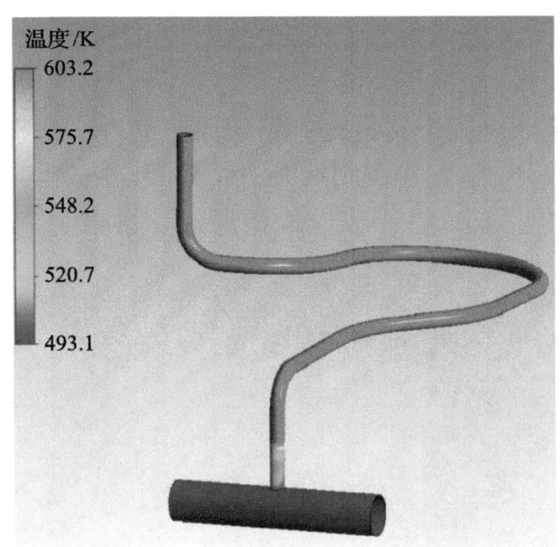

图 4.3 稳压器波动管防止热分层现象设计

Fig. 4.3 Surgeline layout design for preventing thermal stratification

图 4.4 为稳压器及压力控制、超压保护系统流程简图，压力控制通过电加热器和喷雾阀的动作实现。喷雾系统由两条冷段供水，并通过喷雾管接到稳压器的顶封头，通过喷雾阀提供一小股连续流量。电加热器安装在稳压器的底封头处。

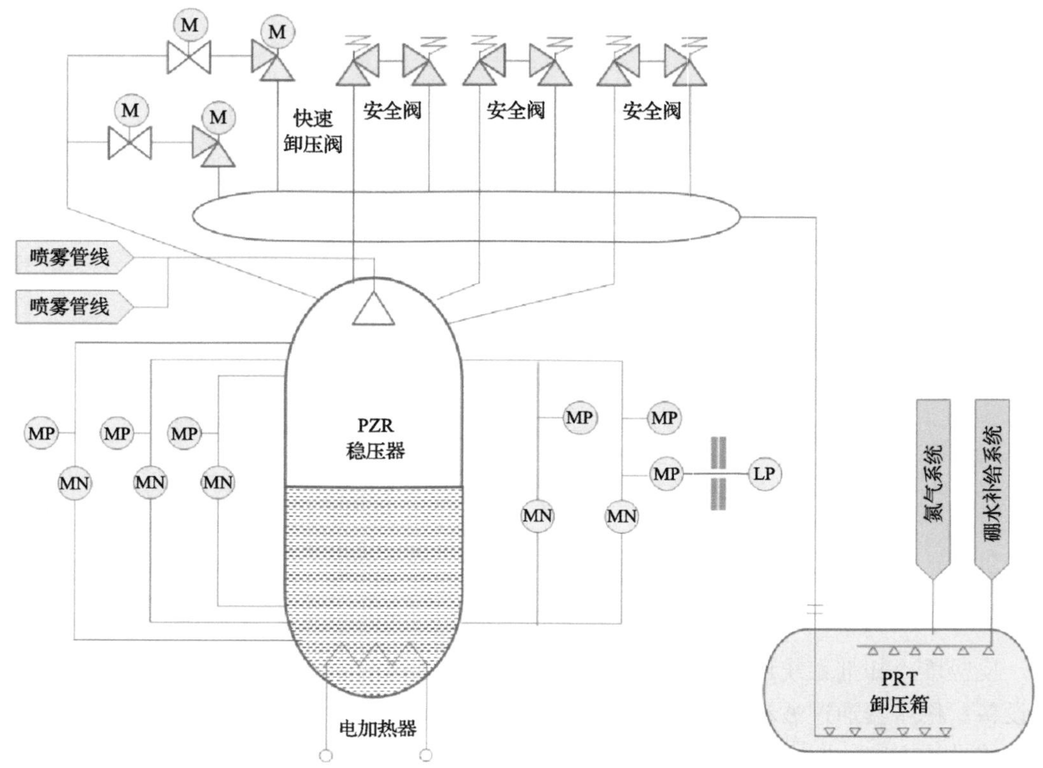

图 4.4　稳压器及压力控制、超压保护系统流程简图

Fig. 4.4　Simplified flow diagram of pressurizer

反应堆冷却剂系统由 3 个安全阀组提供超压保护。“华龙一号”稳压器先导式安全阀采用先进的热态一体化设计,起先导控制功能的先导阀与主阀集成布置并采用实体隔离。稳压器安全阀外形结构见图 4.5。3 个安全阀组通过 3 条带 U 形结构的管道与稳压器顶

图 4.5　稳压器先导式安全阀

Fig. 4.5　Pressurizer pilot operated safety and relief valves

封头上的接管连接。这些 U 形管道在每个安全阀组的上游可以构成水封，防止氢气的泄漏。每个阀组由两台串联安装的先导式安全阀组成：上游的阀门具有安全功能，如果上游的第一个阀门关闭失效，下游的第二个阀门即执行隔离功能。

稳压器快速卸压系统由两个系列组成，每个系列包括一台电动闸阀和一台电动截止阀(图 4.6)。正常运行时阀门关闭，严重事故发生时由操纵员在控制室或远程停堆站手动开启快速卸压阀为反应堆冷却剂系统卸压。

安全阀排放管接到稳压器卸压箱。卸压箱还收集某些阀门阀杆的引漏和位于安全壳内的 RHR/RCV 释放阀的排放，以及作为事故下稳压器快速卸压阀和反应堆压力容器高位排气系统中事故排气子系统的排放通道。卸压箱通常装有水和以氮气为主的气空间。它设有供补给水的内部喷淋和通过设备冷却水的冷却盘管。

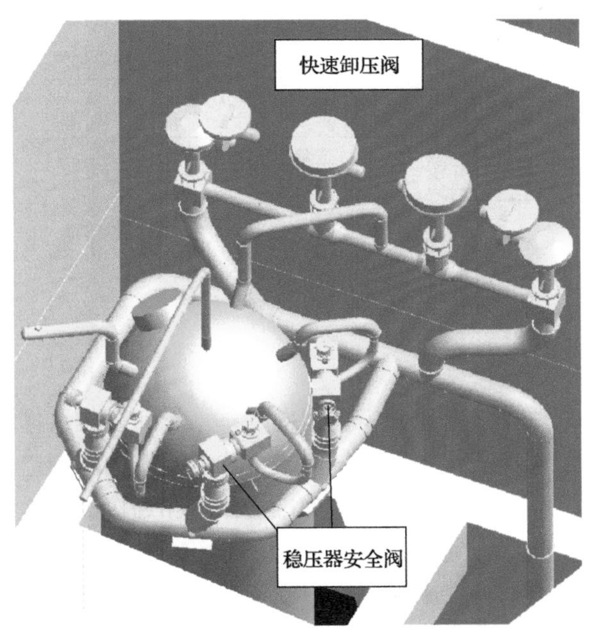

图 4.6 稳压器安全阀、快速卸压阀布置

Fig. 4.6 Layout of pressurizer pilot operated safety / relief valves and delicated depressurization valves

3. 主泵轴封辅助系统

主泵轴封注入水由化学容积控制系统提供，轴封注入水经高压冷却器后进入主泵轴封，高压泄漏的轴封水返回至化学和容积控制系统，低压泄漏引入核岛疏水排气系统。高、低压泄漏管线上分别设置远传控制的电动隔离阀。

另外设置一路应急自循环轴封注入管线，来自主泵叶轮出口的反应堆冷却剂，由于主泵叶轮出口的冷却剂压力高于主泵轴封入口，可以形成自循环回路。应急轴封注入投入运行时，高温高压的反应堆冷却剂经过高压冷却器冷却，温度降至主泵轴封所接受的温度后，进入主泵轴封组件。应急轴封注入水可供主泵轴封冷却 24h，在此期间核电厂的专设安全系统可以将反应堆带入安全停堆状态。因此该设计可以提高核电厂运行的安全性。主泵轴封系统简图见图 4.7。

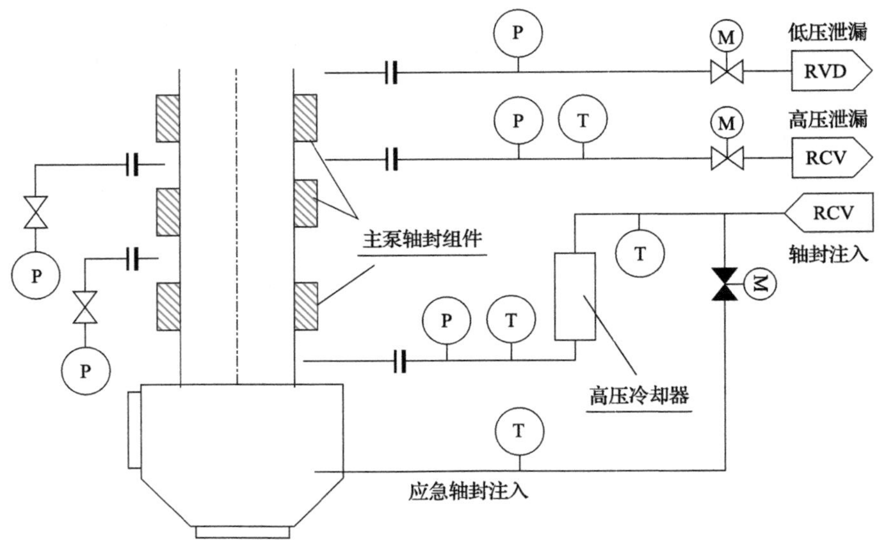

图 4.7　主泵轴封辅助系统

Fig. 4.7　Auxiliary system of shaft seal of reactor coolant pump

4. 堆顶排气系统

反应堆压力容器高位排气系统分为正常排气子系统和事故后排气子系统两部分。正常排气子系统包括一个手动截止阀、排气用连接法兰及有关的管道。事故排气子系统由两个冗余的并联系列组成，包括 4 个常关的电磁阀及相连接的管道、仪表等。堆顶排气系统流程简图见图 4.8。

在停堆维修和换料前后，使用反应堆压力容器顶部的正常排气；事故工况下，提供安全级的方式由主控制室手动操作迅速排出压力容器上封头可能出现的蒸汽或不可凝气体，从而防止这些不可凝气体对反应堆堆芯传热的影响，保证反应堆冷却剂系统中只有唯一的汽水界面。

4.1.4　系统运行

1. 正常运行

反应堆冷却剂系统的正常运行对应于电站的功率运行；该系统的稳态运行对应于电站的基本负荷运行；正常瞬态对应于负荷跟踪过程中的功率变化。

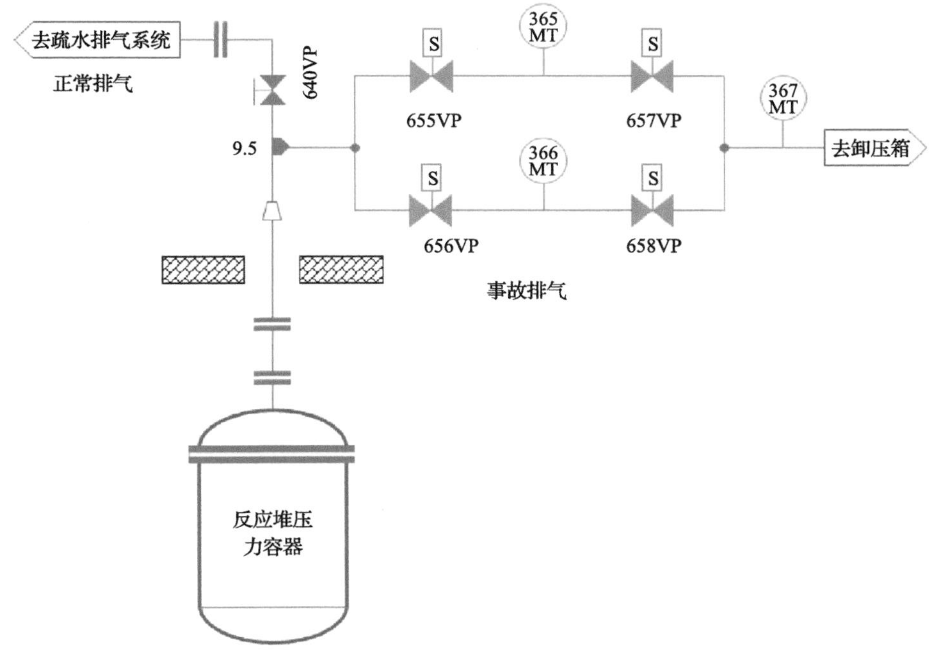

图 4.8 堆顶排气系统

Fig. 4.8 Exhaust air system of reactor pressure vessel

2. 稳态

1) 系统特征

该系统由下列状态表征：压力维持在 15.5MPa(绝压)；根据负荷的不同，平均温度在 291.7～310.0℃；根据负荷的不同，稳压器水位在 23.2%～61.2%；停堆棒组完全抽出，温度调节棒处于调节带内，功率补偿棒处于刻度曲线位置。

2) 系统运行

3 台反应堆冷却剂泵运转并传送必需的冷却剂流量，从而将堆芯所产生的热量通过 3 台蒸汽发生器传递到二回路系统。

由稳压器的运行(加热或喷雾)来控制反应堆冷却剂压力。喷雾阀装有下部挡块，以便保持连续的喷雾流量从而减少喷雾管的热应力，并有助于在稳压器中维持冷却剂的水化学特性和温度的均匀。电加热器将水保持在饱和温度以便维持恒定的系统压力。

反应堆冷却剂温度利用装在主管道上的温度计进行直接测量。这些温度值取决于反应堆的功率水平。对每个环路计算出反应堆冷却剂温差 ΔT(热段温度减去冷段温度)和冷却剂平均温度 T_{avg}(热段和冷段温度的平均值)，这些信号用于反应堆控制和保护。

3. 瞬态

1) 系统特征

反应堆功率的变化造成反应堆冷却剂温度的变化从而引起反应堆冷却剂收缩或膨胀。

稳压器是为调节负荷瞬变所引起的这些变化而设计的。

2) 系统运行

电厂负荷降低引起反应堆冷却剂平均温度暂时升高，并伴随冷却剂容积增加。这种容积的膨胀引起稳压器中水位增高，并引起压力升高直到喷雾阀开启。反应堆冷却剂喷入蒸汽空间，并冷凝一部分蒸汽，这种骤冷作用降低了稳压器的压力。

电厂负荷增加引起反应堆冷却剂平均温度暂时降低，并伴随冷却剂容积收缩。于是冷却剂从稳压器流入环路，从而降低了稳压器水位和压力。稳压器中的水急剧蒸发以限制压力降低。启动电加热器，加热稳压器中剩余的水，从而限制压力进一步降低。

4. 特殊瞬态

特殊稳态对应于反应堆不同的标准运行工况(图 4.9)。主要包括以下运行状态：热备用，热停堆，余热排出系统关闭情况下的正常中间停堆，余热排出系统投运情况下的双相中间停堆，余热排出系统投运情况下的单相中间停堆，正常冷停堆，维修冷停堆，换料冷停堆。

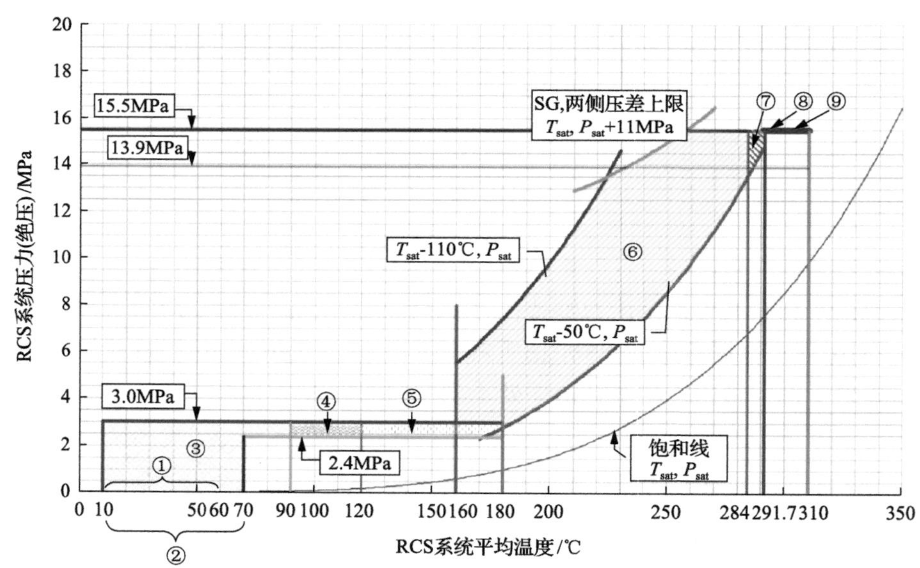

图 4.9 反应堆标准运行工况

Fig. 4.9 Reactor standard conditions: Pressure and temperature

①-换料冷停堆；②-维修冷停堆；③-正常冷停堆；④-单相中间停堆(RRA 投入)；⑤-双相中间停堆(RRA 投入)；⑥-正常中间停堆(RRA 隔离)；⑦-热停堆；⑧-热备用；⑨-功率运行

5. 启动和正常停运

1) 启动

电厂启动定义为反应堆从冷停堆到热备用的运行。这种热备用的工况是通过使用反应堆冷却剂泵加热先达到热停堆工况，随后进入临界而达到的。

(1) 预备运行。

如果反应堆处于换料或维修冷停堆工况，在电厂启动前需要排干反应堆堆腔，并对反应堆冷却剂系统充水、排气、加压。

(2) 反应堆冷却剂加热到 180℃。

在这个阶段，余热排出系统投入运行。在反应堆冷却剂泵启动以前，通过低压下泄阀将反应堆冷却剂压力调到大约 2.6MPa(绝压)并且在加热时维持不变。当形成稳压器蒸汽空间时，反应堆冷却剂压力靠稳压器手动控制。启动反应堆冷却剂泵以加热反应堆冷却剂环路，投入稳压器加热器以加热稳压器。喷雾阀全开以保证在环路和稳压器中冷却剂有均匀的温度和化学特性。反应堆冷却剂环路加热速率限制为 28℃/h，用余热排出系统来控制加热速率。

在反应堆冷却剂温度达到 120℃以前(通常在 80℃)，加入化学添加物，特别要加联氨以消除系统中的氧，加氢氧化锂调节 pH 到预定值。当反应堆冷却剂温度达到 180℃，RCV 系统的下泄流量变得足够大时，余热排出系统与反应堆冷却剂系统隔离。

(3) 反应堆冷却剂加热至 180℃以上。

由反应堆冷却剂泵进行加热。达到热停堆以前，反应堆保持次临界。在此过程中，由稳压器加热器和喷雾控制稳压器的加热速率，以维持反应堆冷却剂环路和稳压器之间的温差为 50～110℃。冷却剂加热速率限制为 28℃/h，由蒸汽排放控制加热速率。通过上充流控制保持稳压器水位在其设定值。

在加热过程中，由稳压器电加热器和喷雾阀手动控制反应堆冷却剂压力，由 RCV 系统通过下泄和上充通道对反应堆冷却剂进行净化。

(4) 从热停堆到热备用的转换。

这两种标准工况的差异仅在于反应堆临界程度不同。若在升温期间的末期反应堆处于次临界，则通过硼稀释使反应堆进入临界以便达到相应于零功率的硼浓度。在稀释过程中，必须手动控制稳压器电加热器和喷雾以确保冷却剂环路和稳压器之间硼浓度的均匀性。

2) 正常停堆

正常停堆是指为维修或换料使反应堆从功率运行过渡到冷停堆所需要的全部操作。主要包括：从功率运行到热备用的转换，从热备用到热停堆的转换，从热停堆到冷停堆的转换，从冷停堆到维修冷停堆或换料冷停堆的转换。在这个瞬态过程中，由 RCV 系统控制系统水化学特性。

(1) 从功率运行到热备用的转换。

在负荷降低之前，通过氮气吹扫将氢浓度降低到 5mL(STP)/kg。在这个瞬态过程中，冷却剂压力由稳压器自动控制并保持恒定。稳压器水位和反应堆冷却剂平均温度逐步下降到零负荷设计值。

在热备用工况时，反应堆处于低于或等于 2%满功率的临界状态，3 台反应堆冷却剂泵运行。

(2) 从热备用到热停堆的转换。

在负荷降低之前，通过氮气吹扫将氢浓度降低到 5mL(STP)/kg。为使反应堆达到次临界，必须提高反应堆冷却剂中的硼浓度，在加硼过程中，手动控制稳压器电加热器和喷雾阀，保证反应堆和稳压器中冷却剂的硼浓度保持均匀。

在这个瞬态过程中，反应堆冷却剂压力保持恒定；由于蒸汽向主冷凝器排放，反应堆冷却剂温度保持恒定；稳压器水位由化学和容积控制系统保持恒定。热停堆时，至少有两台反应堆冷却剂泵保持运行。

(3) 从热停堆到冷停堆的转换。

这种转换包括冷却到 180℃和冷却到 180℃以下两个阶段。

a) 冷却到 180℃。

冷却：在这个阶段中，至少一台反应堆冷却剂泵保持运行以便将堆芯剩余衰变热传送到二回路系统。将稳压器恒定输出电加热器组断电，通过将蒸汽排到主冷凝器或者排放到大气，以 28℃/h 的最大速率进行冷却。为了冷却稳压器，与运行的反应堆冷却剂泵相关联的喷雾阀打开，至少要保持连续的喷雾流量，以防止对管道的热冲击和保持稳压器及冷却剂环路中的水化学均匀。稳压器冷却速率控制在 56℃/h。稳压器和冷却剂环路之间的温差限制到 50～110℃。反应堆冷却剂收缩(由于温度降低)由补水系统(RBM)通过化学和容积控制系统自动进行补偿。稳压器水位仍保持自动控制。

减压：从冷却一开始，反应堆冷却剂的压力控制就改为手动操作。在系统降压期间，应该监测反应堆冷却剂压力的变化，使压力和温度值维持在规定的范围之内。下泄流量通过使用适当数量的下泄孔板和低压下泄阀维持在正常值。每台反应堆冷却剂泵密封注入水流量通过调节主密封注水控制阀维持在它的正常值。当反应堆冷却剂压力和温度分别达到 3.0MPa (绝压) 和 180℃时，用余热排出系统来完成进一步冷却。

b) 冷却到 180℃以下。

冷却：在此阶段的冷却由余热排出系统完成。流经余热排出系统热交换器的冷却剂流量用手动调节，以限制冷却速率到 28℃/h。当反应堆冷却剂温度达到 70℃，运行的反应堆冷却剂泵必须停止，并继续冷却到 60℃。

压力控制：在该冷却期间，系统的压力保持恒定。在稳压器汽空间消失前，由稳压器喷雾阀和比例加热器手动控制压力，稳压器水位处于自动控制。当余热排出系统与化学和容积控制系统接通时，可消除稳压器蒸汽空间，稳压器水位切换到手动控制，增加上充流量直到汽空间完全消失。

(4) 从冷停堆到维修或换料冷停堆的转换。

余热排出系统(RHR)用来冷却反应堆冷却剂系统达到维修或换料冷停堆工况。反应堆冷却剂压力通过调节低压下泄阀而降低。当反应堆冷却剂压力达到 0.3MPa(绝压)时，在 RCV 系统容控箱内建立较高的压力，上充泵停运，由容控箱的重力给水保持反应堆冷却剂泵密封水注入。通过接通化学和容积控制系统和余热排出系统，由余热排出系统泵输送反应堆冷却剂以进行净化。乏燃料水池冷却系统(RFT)用作余热排出系统的备用系统。

在系统排水前，稳压器上封头和反应堆压力容器封头用柔性软管通过氮气分配系统(RND)管线与压缩空气系统(WAI)接通，在水排到维修水位后，压力容器顶盖可松掉螺栓并吊走。为了换料，用乏燃料水池冷却系统和低压安注泵向堆腔注满水。

4.2　反应堆冷却剂系统主要设备

4.2.1　反应堆压力容器

RPV 是反应堆冷却剂压力边界的重要组成部分，是防止放射性物质泄漏的第二道屏障，其支承和包容堆芯，并和堆内构件一起引导反应堆冷却剂流经堆芯，使堆芯始终处于被冷却状态。RPV 为堆内构件、换料密封支承环和主管道提供支承和定位，为控制棒驱动机构、堆芯测量仪表和堆顶结构提供支承和对中。RPV 由三部分组成：顶盖组件、容器组件和紧固密封件，其总高约为 12567mm，堆芯筒体内径为 4340mm，总重约 418t。RPV 结构见图 3.15。

RPV 的设计按照 RCC-M 1 级设备的要求进行，其设计和制造遵循 RCC-M《压水堆核岛机械设备设计和建造规则》(2007 年版)。RPV 的役前检查应按 RSE-M《压水堆核岛机械设备在役检查规则》(2010 年版)进行。

RPV 主要设计参数及主体材料如表 4.3、表 4.4 所示。

表 4.3　RPV 主要设计参数

Table 4.3　RPV main design parameter

主要参数	数值
设计寿命	60 年
类型	三环路
运行压力	15.5MPa (绝对压力)
设计压力	17.23MPa (绝对压力)
设计温度	343℃

表 4.4　主体材料

Table 4.4　Main materials

主体材料	牌号
RPV 主锻件	16MND5
堆焊层	308L, 309L
主螺栓	40NCDV7.03
接管安全端	Z2CND18-12 (控氮)
密封环	HN200

4.2.2　主泵

反应堆冷却剂泵(简称主泵)是压水堆核电厂的关键设备，是反应堆冷却剂系统压力边界的一部分，它是反应堆冷却剂系统中唯一的高速旋转机械设备，用于驱动反应堆冷却剂在反应堆冷却剂系统内循环流动，连续不断地把堆芯中产生的热量带出，即使在泵惰转期间也能够供给堆芯足够的惰转流量。

“华龙一号”示范工程核电项目采用奥地利安德里茨（ANDRITZ）-哈尔滨电气动力装备有限公司（HPC）主泵。中国核动力研究设计院（NPIC）作为反应堆冷却剂系统设计方，编制了“华龙一号”示范工程主泵设备技术规格书，并作为采购方的技术支持方为其提供技术服务。

1. 设计目标

“华龙一号”主泵的设计目标是满足“华龙一号”核电厂反应堆和反应堆冷却剂系统的要求。

2. 设计要求

为了保证充分的热量传递，反应堆冷却剂泵要确保提供足够的堆芯冷却循环流量，以维持在运行参数范围之内 DNBR 大于最小允许值。泵的必需净正吸入压头始终小于系统设计和运行中能够达到的有效净正吸入压头。

由飞轮、泵转子和电动机转子一起，为泵提供足够的转动惯量，以便在泵惰转期间供给足够的流量。在假定泵供电丧失以后，此惰转强迫循环流量和随后的自然循环流量给堆芯提供充分的冷却。

反应堆冷却剂泵电动机进行转速达到 125%同步转速的超速试验时，不会发生机械损坏。反应堆冷却剂泵转子和飞轮从设计上避免了产生飞射物，可以确保泵在任何预计事故工况下不会产生飞射物。

反应堆冷却剂泵应能承受事故工况而不发生损坏，包括密封注入水丧失、高压冷却器设冷水丧失及上述两者同时丧失，但时间不超过 1min。

其他技术要求包括，轴封应设计成能承受反应堆冷却剂系统启动前的水压试验及定期水压试验，轴封设计的工作寿命不少于 26000h，水润滑轴承设计工作寿命不少于 52000h，电机轴承设计工作寿命不少于 100400h。

电机上应装有机械式防反转装置，此装置的设计和制造应能防止泵的反向转动，特别是当一台或两台反应堆冷却剂泵停运时。同时还应满足反应堆冷却剂泵设备规格书中的其他要求。

3. 技术方案

在“华龙一号”示范工程项目上，哈电-安德里茨沿用了与方家山相同的泵组结构，是基于其四轴承主泵改进的三轴承主泵。这种三轴承结构主泵延续了原四轴承主泵的轴密封系统及高性能的水力模型，将泵轴和电机轴改为刚性连接，原来泵上部的双向推力轴承加径向导轴承组合，既作为泵的上部轴承也是电机的下部轴承，主推力轴承布置在电机下部机架内，在电机的机架内内置了一体式自循环润滑油系统。

1）关于设计规范

“华龙一号”示范工程项目的设计规范为 RCC-M（2007 版），主泵设备技术规格书也是按照 RCC-M 规范体系来编制的，但安德里兹主泵所采用的设计规范为 ASME（2007

版)，而且一些部件材料的牌号标准为欧标。主泵在按照 ASME(2007 版)规范体系进行设计和制造的基础上，与 RCC-M 进行等效性论证。例如，泵设计要求和应力计算准则等应同时满足 RCC-M 规范要求，在制造上，泵主要部件的材料可以选用 ASME 和欧标牌号材料，但在制造要求上要不低于化学成分相似或者同类的 RCC-M 规范材料。“华龙一号”示范工程主泵主要按下述规范、标准进行设计：ASME《锅炉及压力容器规范》(2007 版)、RCC-M《压水堆核电厂核岛机械设备设计和建造规则》(2007 版)、RCC-E《压水堆核电厂核岛电气设备设计和建造规则》(1993 版)、Reactor Coolant Pump Flywheel integrity (RG 1.14—1975)、Pump Flywheel Integrity (PWR) (NUREG-0800 5.4.1.1 R3—2010)。

2) 设备分级

主泵设备分级参见表 4.5。

表 4.5　主泵设备分级
Table 4.5　Reactor coolant pump classification

零件	安全等级	规范等级	质量等级	抗震等级	适用法规、规范、标准
泵壳、泵盖、密封室、高压冷却器盘管、主螺栓、应急循环密封注入水管	SC-1	RCC-M 1 级	QA1	1I	HAD102/03 GB-T-17569
飞轮、电机轴、电机转子、联轴器、泵轴、叶轮		RCC-M 2 级	QA1	1I	
泵和电机轴承、电机支座和机架				1I	
电机绕组、空气冷却器部件、电阻温度探测器	NC			1I	

3) 主泵结构简述

主泵采用空气冷却的三相感应式电动机驱动的立式、单级、轴密封式轴流泵机组。该机组由电动机、轴密封组件和水力部件等组成。反应堆冷却剂由装在泵轴底部的叶轮抽送。冷却剂从泵壳底部吸入，向上经过叶轮和导叶的加压后从泵壳侧面的出口接管排出。

反应堆冷却剂沿泵轴的泄漏由串联布置的三级轴密封系统控制。RCV 系统供应的密封注入水通过高压冷却器和旋液分离器后进入轴密封，以防止反应堆冷却剂沿泵轴向上泄漏，并冷却轴密封和泵轴承。在 RCV 系统供应的轴封注入水失效但设冷水正常的情况下，通过应急轴封水循环注入管线，取自叶轮出口后的高温高压反应堆冷却剂在被高压冷却器冷却后，作为应急轴封水被注入轴密封，以阻止热的反应堆冷却剂沿泵轴向上泄漏，使轴封和泵轴承的温度保持在允许的范围内。

主泵机组轴包括电机轴段、可移动轴段和泵轴段。因为有可移动轴段，所以能在不拆除电机的情况下拆卸轴密封。

主泵的水力部件主要由泵壳、叶轮、导叶体等部件组成。叶轮为轴流式，叶轮与泵轴的连接是弹性连接，力矩由径向圆柱销来传递。

主泵机组总图和轴密封系统见图 4.10 和图 4.11。轴密封系统由串联布置的三级流体动压密封和停机密封组成。这三级密封结构相同。在正常运行工况下，每一级密封各自承受系统压力的 1/3，设计上每级密封都能承受全部的系统压力。在第三级密封的上面设置有停机密封，该停机密封仅在反应堆冷却剂泵停机后才能关闭而起密封作用，反应堆冷却剂泵正常运行时停机密封处于开启状态。

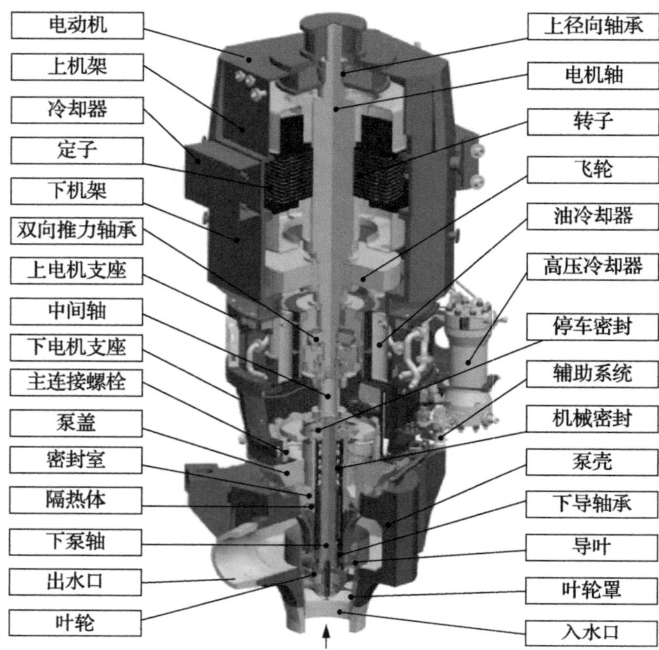

图 4.10　主泵机组总图

Fig. 4.10　Reactor coolant pump general drawing

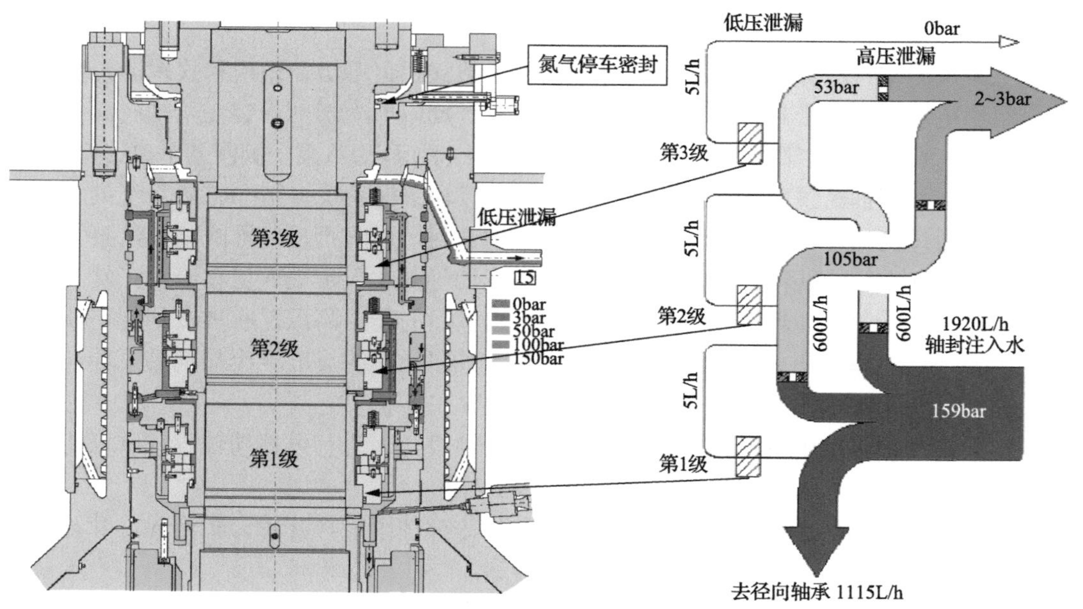

图 4.11　轴密封系统

Fig. 4.11　Shaft seal system

轴封水在第一级密封前腔室附近进入。在密封室内，注入水流分成下面几个支流：

(1)注入水的一部分在对第一级密封冷却后，顺着泵轴润滑和冷却下部径向轴承。这部分注入水经过下部轴承之后在叶轮后面(即叶轮和导叶之间)汇入反应堆主冷却剂。

(2)注入水的第二部分通过一条节流管路后压力降低，进入第二级的密封腔冷却第二级密封，然后再次通过一条节流管路后压力降低，在离开反应堆冷却剂泵后，成为高压泄漏的一部分。

(3)注入水的第三部分通过一条节流管路后压力降低，冷却第三级密封，之后再次通过一条节流管路后压力降低，在离开反应堆冷却剂泵后也成为高压泄漏的一部分。

除了这 3 条主要支流外，每级密封自身的泄漏是非常小的。第一级密封的泄漏水与冷却第二级密封的注入水汇合。同样，第二级密封的泄漏水与冷却第三级密封的注入水汇合。第三级密封的泄漏水单独离开密封室，称为低压泄漏。

停车密封是由来自电厂氮气供应系统的氮气来驱动。通过控制氮气供应管线上的电动阀和电磁阀的状态来关闭或打开停车密封。关闭停车密封需要压力为 0.6MPa 的氮气。停车密封必须在泵的转速为零后才能关闭，否则停车密封和泵轴就会被损坏。

反应堆冷却剂泵机组轴承包括电机上部径向轴承、泵上部径向轴承、双向推力轴承和泵下部径向轴承。电机上部径向轴承和泵上部径向轴承为动压、油润滑式轴承，泵上部径向轴承也即是电机下部径向轴承。推力轴承设计为斜瓦式双向推力轴承，用于承受由系统压力、转动部件的重量及叶轮的水推力而产生的轴向推力。底部径向轴承为动压、水润滑式滑动轴承。

润滑油循环系统主要由两个泄漏油泵、油管、导油装置、电机上部油槽、推力轴承油槽、底部油槽、辅叶轮油泵、滑油机械密封及四个内置油冷却器等部件组成。油循环系统的主要部件均放置在电机支座和机架内。在泵上部径向轴承和油密封之间有一个辅助叶轮，该叶轮安装在主泵转子上。当主泵转子旋转，辅叶轮就推动润滑油循环。即使在主泵停机过程中，输送的润滑油量和压力仍能保证充分的润滑。通过并联的油冷却器，润滑油被冷却，然后直接流向导油装置，再由导油装置通过开设的油孔将润滑油送至泵上部径向轴承和推力轴承的上、下推力盘，随后通过油孔又流至冷却元件处。

顶油泵布置在电机支座上，在主泵启动阶段投入运行，用于最低限度降低主泵启动阻力矩，以保护推力瓦。在停机过程中顶油泵也投入运行，但这不是必须的，因为在选择轴承载荷时就考虑了允许在系统压力下无顶油泵时主泵仍可停运下来。

主泵驱动用电动机是立式、鼠笼、单速三相感应式。电动机由空气冷却，而空气由两台热交换器采用 WCC 系统的水冷却。电动机中装有防反转装置，该装置在一台主泵瞬间停运而其他泵正常运转时能防止停运的泵反向旋转。飞轮安装在电动机的内部，位于电机定子和电机下部径向轴承之间。飞轮用于增加主泵转子的转动惯量，使主泵机组在丧失电源时有足够的惰转流量，保证驱动主泵向堆芯提供冷却剂。

通过采用法兰连接的供排油专用工具，在轴承箱油位测量装置附近对主泵进行供排油操作。

主泵供排油期间，应最大限度保持反应堆厂房清洁，同时降低操纵员所受的辐射剂量。

4) 主要材料

主泵主要部件材料参见表 4.6。

表 4.6　主泵主要部件材料

Table 4.6　Main component materials of reactor coolant pump

部件	材料
泵壳、泵盖	ASME SA-508M Grade3 class-1+E308L/E309L
下泵轴、叶轮、导叶	EN10250 1.4313
飞轮	JB/T1267-2002 25Cr2Ni4MoV
密封室、高压冷却器	ASME SA-705M Type630 Condition H1150
电机轴	RCC-M M2132 25NCD8-05

5) 主要技术参数

主泵技术参数见表 4.7。

表 4.7　主泵技术参数

Table 4.7　Reactor coolant pump technical parameters

参数	数值
设计压力（绝压）/MPa	17.23
设计温度/℃	343
泵机组总高度/m	8.95
密封水注入/(m^3/h)	1.92
高压泄漏流量/(m^3/h)	0.8
冷却水流量/(m^3/h)	117
最高连续冷却水进口温度/℃	35
泵	
流量（最佳估算）/(m^3/h)	23790
扬程/m	95.5(±1.5%)
入口温度/℃	293
泵排出管嘴（内径）/m	0.698
泵吸入管嘴（内径）/m	0.787
转速/(r/min)	1485
水容积（近似）/m^3	2.4
质量（干）/kg	67500
电动机	
型式	防滴，鼠笼感应，水/空气冷却
额定功率/kW	7500
电压/V	6600
相数	3

续表

参数	数值
频率/Hz	50
绝缘等级	F级，热塑料环氧树脂绝缘
质量(近似)(没有水和油)/kg	51000
电流/A	4696
热反应堆冷却剂工作电流/A	680
冷反应堆冷却剂工作电流/A	799
反应堆冷却剂泵组转动惯量/(kg·m^2)	3800

4. 主泵和系统相互适应性设计改进

哈电-安德里茨主泵应用在来源于 M310 技术配置的核电机组中，在设计规范体系、总体结构、质量、轴密封系统、水力部件、辅助系统、材料等方面均存在差异，存在主泵与系统的适用性问题。这需要主泵在主泵力学模型、安全分析、辅助系统、仪控系统、土建布置等方面进行适用性改进，也需要系统设计上在这些方面进行相应的适应性改进。在福清、方家山项目上，主泵和系统之间均进行了大量的迭代改进，在与系统匹配问题上，“华龙一号”示范工程采取了与福清方家山项目相同的设计，并在此基础上进行了 SBO 轴封完整性、联锁设计、供电配置等方面的改进优化。

主泵失去了上充系统提供的压制主冷却剂向上流动的轴封注入水，水润滑导轴承和隔热体等部件的流阻及隔热体和密封室内存留的冷水会减缓主冷却器向上流动，在一段时间后，高温高压的一回路冷却剂也会进入轴密封系统。尽管密封室、注入管线和泄漏管线均按照压力边界设计，每一级密封均可承受全压，但高压泄漏和低压泄漏管线上隔离阀动作需要电源，在 SBO 工况下由于失去电源而无法动作，这使进入轴密封的主冷却剂无法封闭，最终还是会通过高压泄漏和低压泄漏管线泄漏至低压的下泄系统和 RVD 系统，主冷却剂的泄漏流量可达约 1m^3/h，三台泵就会有 3m^3/h，很快就会造成一回路严重失水。若在 SBO 工况下能将轴封泄漏管线隔离，可以把主冷却剂封闭在密封室内，是可以做到不泄漏或仅有微小的泄漏。经过试验验证，在泄漏管线的隔离阀关闭后，120h 内测量到的轴封总泄漏量仅为 21.3L/h。为应对全厂断电工况，静压密封和动压轴密封及其辅助系统设计进行了改进，将高、低压密封泄漏管线上和氮气供应管线上(停车密封)的电动阀门均改进为 SBO 供电，即在失去所有交流电源后，由 SBO 电源来驱动阀门关闭。

5. 制造和试验

1) 主泵锻件评定

主泵主要部件均为锻件，根据 RCC-M M140，主泵泵壳、泵轴、电机轴、中间传动轴和飞轮在工厂内首次制造前应进行锻件工艺评定。在福清、方家山项目上，泵壳锻件已进行过锻件工艺评定，但由于“华龙一号”示范工程在泵壳设计方案上的调整，及满足防止快速断裂要求而提高的力学性能，再加上泵壳锻件制造厂的工艺调整，主泵泵壳锻件工艺须重新进行评定(图 4.12)。

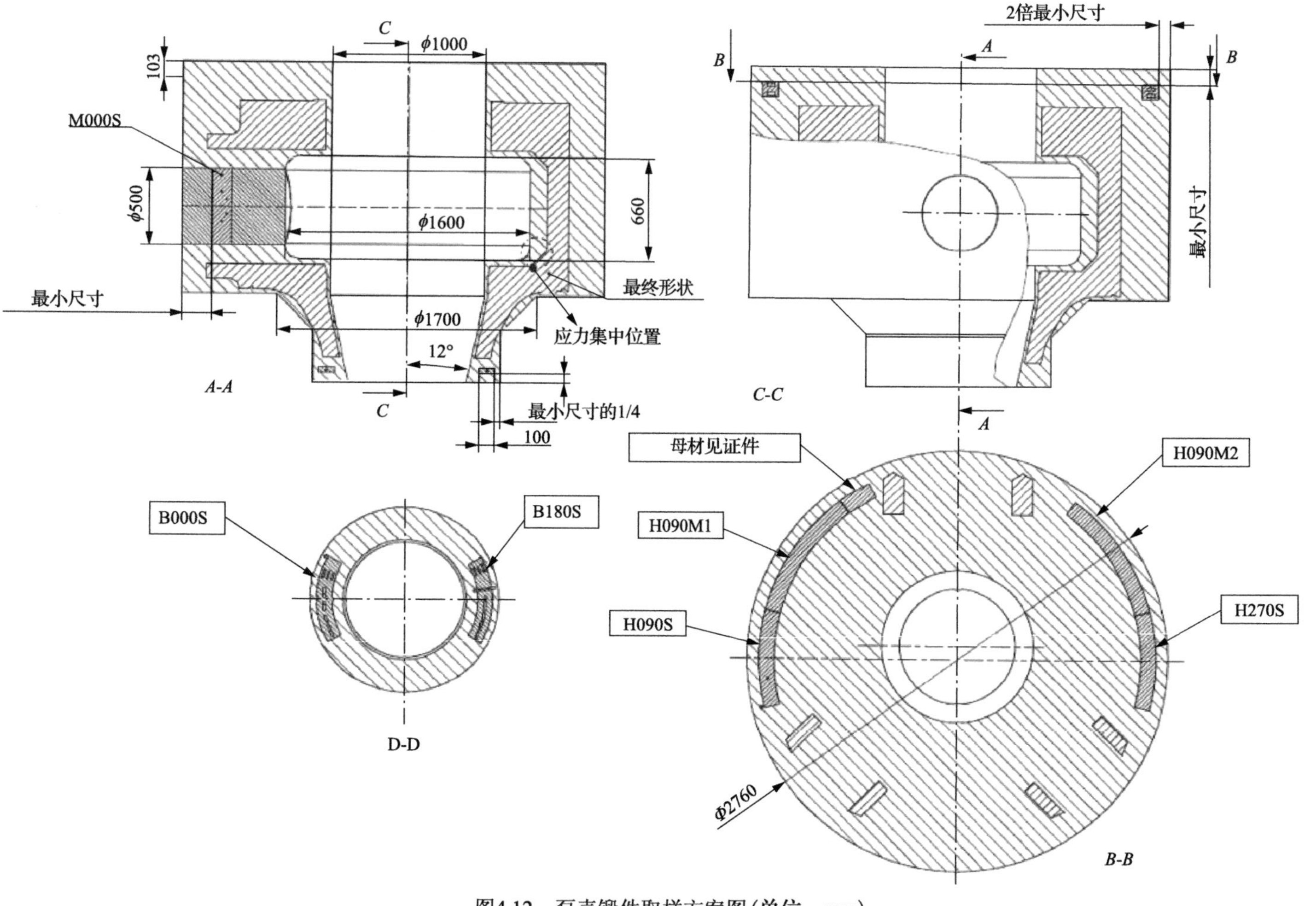

图4.12　泵壳锻件取样方案图(单位：mm)
Fig. 4.12　Sampling drawing of forged pump casing

在主泵制造、安装过程中出现了许多不符合项，比如泵壳缺陷、电机支座焊接缺陷、泵轴渡铬层 PT 缺陷、电机端环磕伤及主螺栓无损检验超标等，从设计角度需根据规范、标准和相关计算分析对这些问题及时给出处理意见。

2) 主泵出厂前试验

(1) 试验技术方案。

主泵在出厂前必须要进行试验验证，试验的目的主要如下：①验证主泵机组的性能(包括主泵水力性能、主泵机械密封性能、轴承性能等)；②验证主泵是否满足主泵规格书中的具体要求；③验证主泵机组报警定值等；④验证安装、拆卸、对中工艺，及专用工具的使用性能。

(2) 试验过程中的问题。

根据主泵规格书要求，主泵机组在顶油泵不可用的情况下应能惰转而不损坏，在主泵小流量试验和全流量试验中，主泵电机推力轴承不满足主泵规格书技术要求，当主泵转速较低时，推力轴承轴瓦间油膜不足无法承受轴向载荷，轴瓦由于直接接触会损坏。该问题在福清、方家山项目上已出现过，在“华龙一号”上仍没有有效解决。根据早期项目上进行的相关分析计算，在低速下轴承流体动压不足无法有效平衡轴向力是导致轴承接触磨损的原因，而在现有轴承整体结构下，仅仅通过改变轴瓦的设计来解决此问题是较为困难的。目前，仍采用了与福清、方家山相同的改进措施，即为顶油泵设置应急电源，在主泵惰转时投运顶油泵，后续将进一步通过更换新的轴瓦设计来解决该问题。

4.2.3　蒸汽发生器

“华龙一号”机组采用了自主研发的 ZH-65 型蒸汽发生器(图 4.13)。ZH-65 型蒸汽发生器是国内首型具有完全自主知识产权的第三代核电蒸汽发生器。

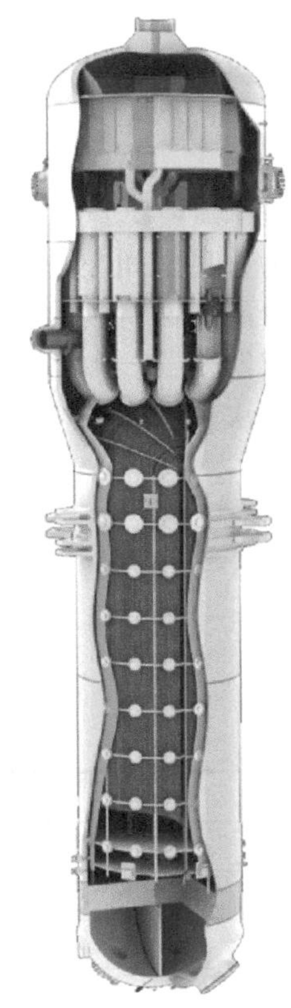

图 4.13　ZH-65 型蒸汽发生器
Fig. 4.13　ZH-65 Steam generator (SG)

1. 设备功能与总体描述

1) 设备功能

蒸汽发生器将反应堆冷却剂从堆芯带出的热量传递给二次侧工作介质(水)，产生流量、压力和湿度符合要求的饱和水蒸汽，驱动汽轮机发电；以管板和 U 形管管壁为屏障，隔离一、二次侧的工作介质，防止带放射性的一次侧工作介质进入二次侧、污染二回路系统；在正常停堆冷却和某些事故工况下，导出堆芯的衰变余热，保护反应堆安全。

2) 设备结构

ZH-65 型蒸汽发生器为立式自然循环型蒸汽发生器，由两大部分组成。蒸汽发生器下部为换热部分，由一次侧的水室和管束以及二次侧的管束套筒、管束支承、下部承压壳体等组成。上部为汽水分离部分，由安装在承压壳体内的汽水分离器和干燥器组成。

3）设备运行

正常运行时，在蒸汽发生器一次侧，反应堆冷却剂由一次侧入口接管进入下封头入口腔室，然后进入U形传热管换热后返回下封头出口腔室，最后经一次侧出口接管流出蒸汽发生器。

在蒸汽发生器二次侧，二次侧的给水由位于二次侧上部筒体的给水接管和给水环进入蒸汽发生器，给水和再循环水混合后，依靠自然循环作用沿管束套筒和二次侧筒体间的环形下降通道向下流动，并在管板二次侧表面附近的管束套筒开口处转向进入传热管束区；给水和再循环水在管束区内被加热，产生的汽水混合物沿管束上升并从管束套筒顶部进入旋叶式汽水分离器。汽水混合物由旋叶式汽水分离器分离后进入重力分离空间，在重力分离空间中经重力沉降作用分离后，进入干燥器进行再次分离。经上述汽水分离装置分离后，得到湿度满足设计要求的蒸汽并由位于蒸汽发生器顶部的蒸汽出口接管流出蒸汽发生器。由汽水分离装置分离出的水作为再循环水与给水混合，进入下降通道并参与再次换热。

2. 结构设计

1）设计要求

蒸汽发生器主要设计参数见表4.8。

表 4.8 蒸汽发生器主要设计参数

Table 4.8 SG main design parameter

参数	数值
SG额定热负荷（每台）/MWt	1020
一次侧设计压力/MPa	17.23（绝压）
一次侧运行压力/MPa	15.5（绝压）
一次侧设计温度/℃	343
二次侧设计压力/MPa	8.6（绝压）
二次侧设计温度/℃	316
设计堵管率/%	10
设计寿命/年	60
SL-2地面最大加速度	0.3*g*

2）设备分级

SG的核安全等级、质量保证等级、抗震类别和规范等级的规定见表4.9。

表 4.9 蒸汽发生器部件分级

Table 4.9 Component classification of SG

部位	安全级别	RCC-M规范等级	质量保证保等级	抗震类别
一次侧承压边界	1级	1级	QA1	1I
二次侧承压边界	2级	1级	QA1	1I

3) 设计规范

蒸汽发生器参考规范为 RCC-M《压水堆核电厂核岛机械部件设计制造规则》(2007 版) 和 RSEM《压水堆核电厂在役检查规则》(2010 版)。

4) 总体设计介绍

ZH-65 型蒸汽发生器的结构见图 4.14，包括以下主要部件：下封头、管板、管束、二次侧下部壳体(下部筒体、锥筒体)、管束套筒、管束支承(管子支承板、防振条等)、泥渣收集器、汽水分离器、干燥器、给水环、辅助给水组件和二次侧上部壳体(包括上部筒体、上封头等)等。ZH-65 型蒸汽发生器主要结构设计参数见表 4.10。

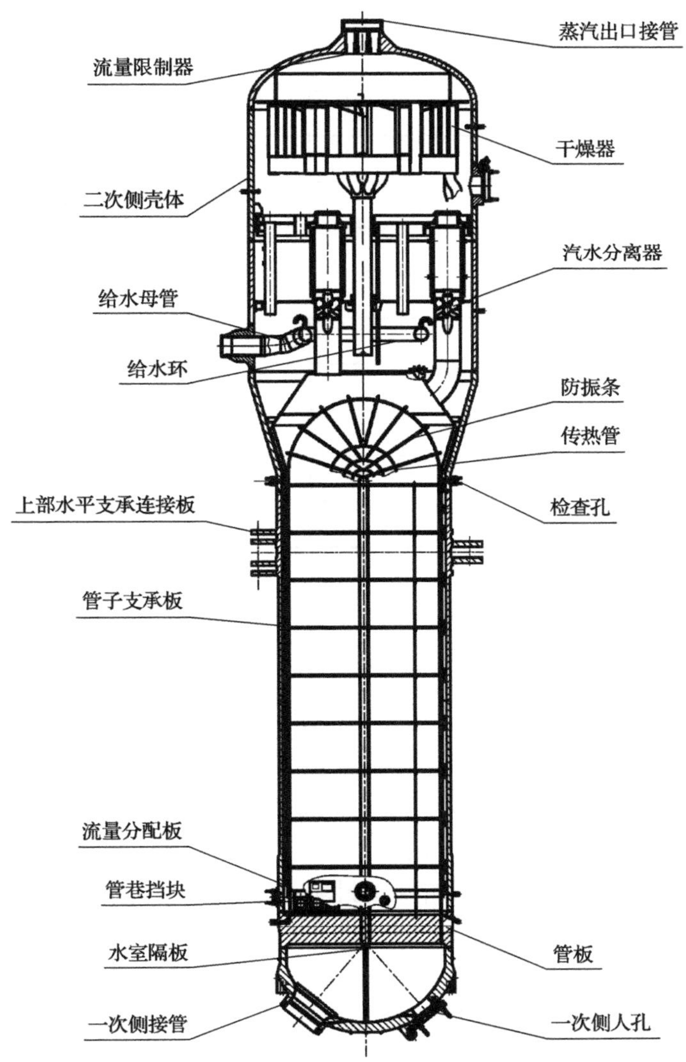

图 4.14 ZH-65 型蒸汽发生器的结构示意图

Fig. 4.14 Structure sketch of ZH-65 SG

表 4.10 ZH-65 型蒸汽发生器主要结构参数
Table 4.10 Main structure parameters of ZH-65 SG

参数	数值
总高度/mm	～21050
上筒体内直径/mm	ϕ4380
上筒体壁厚/mm	105
下筒体内直径/mm	ϕ3295
下筒体壁厚/mm	78
管板厚(不含堆焊)/mm	600
下封头内半径(至母材)/mm	1670
下封头壁厚/mm	225
设备干重/t	365
总传热面积/m^2	6494
U 形管材料	NC30Fe
U 形管数目	5835
U 形管规格	ϕ17.48mm×1.02mm(第 1、2 排为ϕ17.48mm×1.04mm)
U 形管排列方式	正三角形
U 形管最小/最大弯管半径/mm	86.55/1520
汽水分离器数目	16
干燥器的型式	单层星形排列

5）一次侧部件

(1) 下封头。

下封头母材的材料为 18MND5 低合金钢锻件，下封头锻件整体锻造成型出一次侧进、出口接管嘴。一次侧进、出口接管嘴端部焊接连接了 Z2CND18.12（控氮）不锈钢安全端，便于蒸汽发生器与反应堆冷却剂管道的焊接。

封头内半径为 SR1670mm（堆焊前），由隔板将其分成进、出口两个腔室，内表面堆焊超低碳不锈钢。封头外表面有四个凸台，构成蒸汽发生器的下部垂直支撑平面。下封头的进/出口腔室分别设有进/出口接管和密封环座。下封头的进/出口腔室分别设有人孔，规格为ϕ406mm。

(2) 管板。

管板母材的材料为 18MND5 低合金钢锻件，管板直径为ϕ3463mm（一次侧）/ϕ3496mm（二次侧），厚度为 600mm（不含堆焊层），在管板一次侧堆焊镍基合金（Inconel 690）。管板一、二次侧分别设有凸缘，以便管板与二次侧筒体和下封头焊接。管板上布置了二次侧排污和疏水接管。

(3) 传热管。

传热管束是蒸汽发生器的核心部件之一，决定了蒸汽发生器的换热能力和蒸汽压力，同时管束区域的流动压降对蒸汽发生器的循环倍率有一定影响。ZH-65 型蒸汽发生器管束采用正三角形排列，传热管规格为ϕ17.48mm×1.02mm。特殊的，为保证最小弯曲半径传热管弯管区壁厚满足要求，最小弯曲半径、次小弯曲半径的两排传热管规格为ϕ17.48mm×1.04mm。

ZH-65 型蒸汽发生器传热管共有 5835 根，总换热面积约 6494m^2。传热管最小、最大弯管半径分别为 82.55mm、1520mm。

传热管的抗腐蚀能力也是设计考虑的重点问题之一，ZH-65 型蒸汽发生器传热管材质为经 TT 热处理的 Inconel690 合金(NC30Fe，RCC-M M4105)。Inconel690 合金传热管材料在国内外核电厂中已经广泛使用。目前已积累的实验室数据及设计和运行经验表明：蒸汽发生器管材 Inconel690 在寿期内由于均匀腐蚀所造成的金属损耗(管壁减薄)与管子壁厚相比较可以忽略，Inconel690 在恶劣的运行水质条件下有很好的耐均匀腐蚀和点蚀的能力，在工程条件下的正常应力值范围内、在高温水中不会产生晶间应力腐蚀。Inconel690 管子与采用全挥发水化学处理的二次侧工作环境是相容的。

传热管与管板的连接采用定位胀加密封焊加全深度液压胀管，降低了传热管在管板二次侧附近的缝隙腐蚀破损风险。

6) 二次侧部件设计

(1) 二次侧承压壳体。

二次侧承压壳体包括下筒体上、下筒体下、锥筒体、上筒体上、上筒体下和上封头，材料均为 18MND5 低合金钢锻件。

“下筒体上”、“下筒体下”内径均为ϕ3295mm，“下筒体下”在靠近管板的区域加大了壁厚，“下筒体上”在靠近锥筒体的区域加大了壁厚。“下筒体下”开设有手孔和检查孔。“上筒体上”、“上筒体下”内径均为ϕ4380mm，材料为 18MND5 低合金钢锻件。“上筒体下”布置有给水接管，“上筒体上”布置有二次侧人孔(2 个)。锥筒体两端分别与“上筒体下”、“下筒体上”连接，在锥筒体下部的折边段上，布置了两个检查孔。上封头为标准椭圆封头(长短轴之比为 2)，带有整体锻造蒸汽出口接管，蒸汽出口接管上焊有安全端(材质为 P295GH)以便于设备与主蒸汽管道连接。上封头大端带有直段与上筒体相连。

在二次侧承压壳体上还布置各种仪表接管，包括宽、窄量程水位测量，压力测量接管和取样接管。

(2) 流量分配板。

在管板上方设置了一块流量分配板，其中心开有一个大孔，迫使二次侧大部分流体由中心通过，用以提高在管板上方的流体横向流速，使腐蚀产物等杂质不易淤积在管板上。流量分配板厚 19mm，材料为马氏体不锈钢。

(3) 排污管组件。

在管板上方的管巷内设置了排污管组件，该组件包括管巷挡块和排污管系两部分。

U 形管的最小弯曲半径为 82.55mm，造成了在管板上方、流量分配板下方的中心区存在宽度约 165mm 的管巷，二次侧流体容易大量地经管巷流过管束造成短路流动。ZH-65 型蒸汽发生器在流量分配板下方的管巷内设置了管巷挡块，限制了上述短路流动。管巷挡块还用于支承排污管系。

管板上方管巷中设有两根 1.5in 排污管，沿排污管的轴向开有疏密不同、孔径不同的孔。排污管系可有效地把各种可能沉淀在管板上、特别是位于管板中心部位的杂质排出，这样可较好地避免因在管板上方形成淤泥堆积而造成管子腐蚀破损。蒸汽发生器的设计排污能力不低于额定蒸汽产量的 1.2%。

(4) 管子支承板。

为了对传热管提供径向支承，避免因腐蚀、振动等造成的管子破损，在管束直段基本均匀地布置了 9 块厚度为 30mm 的马氏体不锈钢管子支承板，支承板的纵向间隔用定距螺杆保持。支承板上拉制有三叶梅花管孔。

ZH-65 型蒸汽发生器采用了一种新的管子支承板三叶梅花形管孔设计。这种新的三叶梅花形管孔结构可在为管束提供有效支承的同时，增大支承板处流动通道面积与管束区流动通道面积的比值，使管子支承板管孔具有较小的局部阻力系数，降低流动阻力。设计验证试验的结果表明，ZH-65 型蒸汽发生器管子支承板的设计是较为先进的。

(5) 防振条组件。

在蒸汽发生器的设计中，因机械或流体诱导激振而可能造成传热管损坏的问题也是设计重点考虑的问题之一。

ZH-65 型蒸汽发生器在传热管束的 U 形弯头区设置有防振条组件，通过合理布置防振条的位置，控制防振条与传热管的间隙，避免管子发生流致振动损坏。ZH-65 型蒸汽发生器的防振条材料采用 06Cr13 不锈钢，共布置 4 组 V 形防振条设计，其中最下面一组防振条插至小弯管半径的传热管处。

设计验证试验的结果表明，ZH-65 型蒸汽发生器防振条组件设计合理，不会发生流致振动造成传热管损坏的问题。

(6) 给水组件。

给水通过给水接管进入给水环，再通过焊在给水环上的非对称布置的 J 形管进入蒸汽发生器。通过非对称布置的 J 形管和在下筒体和管束套筒的环形通道设置纵向隔板，使约 3/4 的给水进入热侧，1/4 的给水进入冷侧。

倒 J 形管形式的给水环结构，可以有效地避免蒸汽发生器给水环水锤事故的发生。

(7) 维修孔系。

在蒸汽发生器一次侧设置了 2 个人孔；二次侧设置了 2 个人孔、4 个手孔和 4 个检查孔。通过这些开孔，可对蒸汽发生器的一次侧和二次侧进行在役检查。在下封头上设置了 2 个 ϕ406mm 的一次侧人孔。通过这 2 个人孔，能进入一次侧进、出口水室，对传热管和在役检查大纲规定的其他一次侧零部件进行在役检查和实施堵管等修理操作。在管板以上的二次侧筒体上设置了 4 个 ϕ152mm 的手孔和 2 个 ϕ50.5mm 的检查孔。通过这些开孔，可对管束进行观察和用高压水枪冲洗可能沉积在管板上的淤泥等。在二次侧上部筒体上，位于汽水分离器与干燥器之间设置了两个 ϕ406mm 的二次侧人孔，在蒸汽发生器内支承汽水分离器的两块甲板上开有人孔通道，并设置了梯架。在最顶层的管子支承板标高位置(锥形段以下的筒体直段上)，对应管巷方向，设置了 2 个ϕ50.5mm 的检查孔。通过这些开孔，可对最顶层管子支承板处的传热管结垢情况等进行检查。为防止流体从套筒开孔处短路，在套筒手孔和检查孔开孔处设置专用堵块。

(8)汽水分离器。

ZH-65 型蒸汽发生器含有 16 个旋叶式汽水分离器，汽水分离器上升筒内直径为 501mm，每个汽水分离器有 4 个旋叶。管束区的蒸汽-水混合物上升到管束套筒顶部后，进入到汽水分离器中。在汽水分离器中，由于旋叶产生的离心力作用，将较重的水分离到汽水分离器壁面附近，并最终由汽水分离器的切向输水口和环形下降通道疏排掉。除掉大部分水分的蒸汽则从汽水分离器顶部中心位置流出汽水分离器。

(9)干燥器。

ZH-65 型蒸汽发生器的干燥器采用星形排列，由 12 个干燥单元组成。干燥单元中安装有若干波形板。ZH-65 型蒸汽发生器的干燥器采用自主研发的双钩形波形板。设计验证试验的结果表明，ZH-65 型蒸汽发生器所采用的双钩形波形板性能优异，可使蒸汽发生器的出口蒸汽湿度远低于设计要求值。

干燥器排出的水由疏水管疏到下降通道入口。整个干燥器通过干燥气吊筒与上封头连接。

(10)流量限制器。

为了在发生假想事故时限制向外排放的蒸汽流量，在每台蒸汽发生器的蒸汽出口管嘴内装有流量限制器(由 7 个文丘里管组成)。一旦发生事故时，流量限制器可限制通过其喉部的最大流速以限制流量，从而提供了以下几重保护：防止安全壳内的压力迅速升高；将反应堆冷却剂热量排出的速率控制在可接受的限值内；降低了作用在主蒸汽管道上的冲击力；把蒸汽发生器内部构件，尤其是传热管和传热管与管板连接处的应力控制在可接受的限值内。

流量限制器由 7 个完全相同的锻制的镍基合金文丘里管组成，喉部总流通面积为 0.13m^2。文丘里管插入上封头蒸汽出口接管嘴的孔内，并与上封头蒸汽出口接管处的镍基堆焊层焊接固定。

(11)上部水平支承连接板。

为了降低事故工况下蒸汽发生器及相连结构的载荷，蒸汽发生器上部水平支承采用“零间隙”的支承结构。蒸汽发生器上部水平支承连接板布置在蒸汽发生器重心附近，由 6 组连接板组成。其中 4 组连接板布置在蒸汽发生器热膨胀方向轴线上，分两对上下均匀布置，中心位于蒸汽发生器重心附近。蒸汽发生器现场安装时，这 4 组连接板通过球轴承与 4 台阻尼器相连。与上述连接板呈一定角度，布置了另两组连接板。这两组连接板设置在蒸汽发生器重心附近，蒸汽发生器现场安装时，这两组连接板通过球轴承与两根刚性拉杆相连。

7)蒸汽发生器支承设计

为了降低事故工况下蒸汽发生器及相连结构的载荷，ZH-65 型蒸汽发生器上部水平支承采用“零间隙”的支承结构。如图 4.15 所示，ZH-65 型蒸汽发生器的支承包括垂直支承部件、下部水平支承部件和上部水平支承部件。

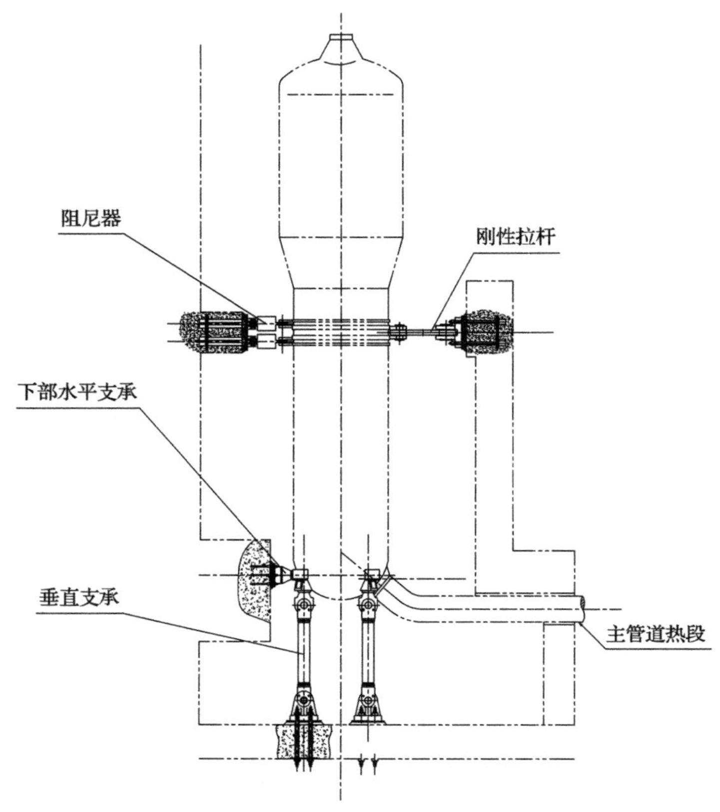

图 4.15　蒸汽发生器支承示意图
Fig. 4.15　SG suport sketch

(1) 垂直支承。

每台蒸汽发生器由 4 条带关节轴承的支承腿支承。每条支承腿上部用 8 个螺栓固定在蒸汽发生器下封头的支承凸台上，下部用 4 根预应力锚固拉杆固定在混凝土基础上。每条支承腿上部和下部的连接采用关节轴承进行连接，允许蒸汽发生器在系统升温和降温过程中作不受约束的横向运动。支承腿的设计允许在蒸汽发生器安装之前对支承腿上座支承面水平度和支承腿垂直度进行调整。

(2) 下部水平支承。

6 个支承挡架布置在与蒸汽发生器下封头底座连接的支承腿的上部。其中 4 个侧挡架设在蒸汽发生器的两侧(各有 2 个)，以保证导引蒸汽发生器沿着主管道热段轴线方向运动。另 2 个前挡架布置在蒸汽发生器后方以限制蒸汽发生器的过大位移。

支承挡架是焊接结构，并被锚固在隔间的墙上。为了减小混凝土土建结构上的事故载荷，在调整垫片和支承挡架之间放置了可压缩金属缓冲垫。

(3) 上部水平支承

蒸汽发生器上部水平支承(图 4.16)布置在蒸汽发生器重心附近，由 4 台阻尼器和 2 根刚性拉杆构成。刚性拉杆和阻尼器的一端与预埋在混凝土墙中的锚固螺栓相连，另一端与焊接在蒸汽发生器筒体上的水平支承板相连。

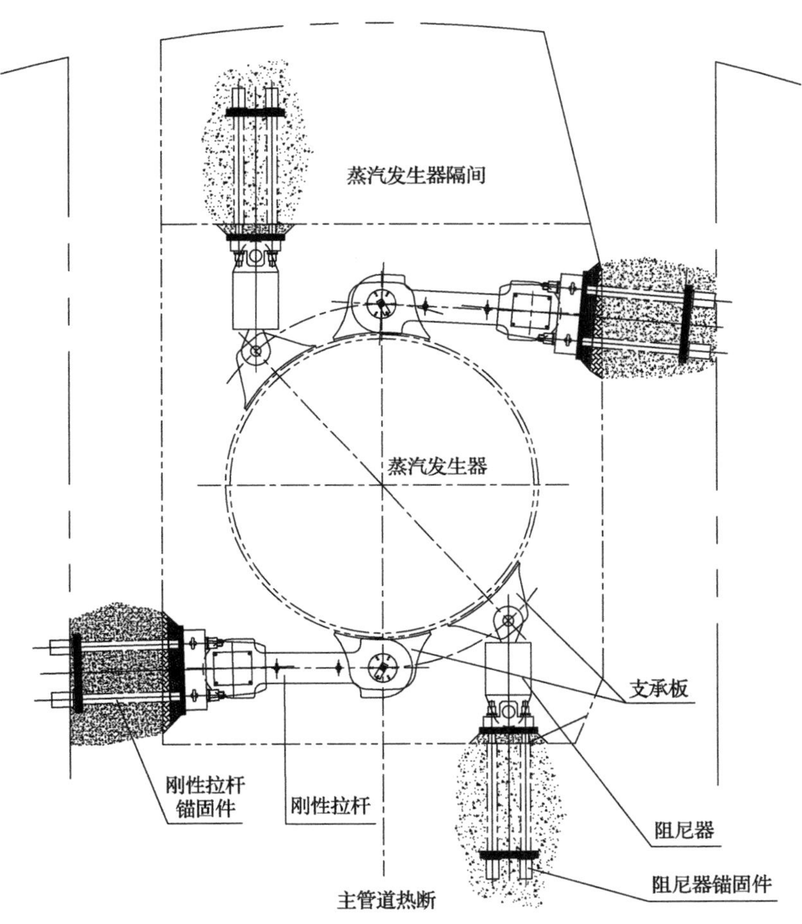

图 4.16 ZH-65 型蒸汽发生器上部水平支承

Fig. 4.16 Upper horizontal support sketch

刚性拉杆轴线与主管道热段中心线基本垂直，可限制蒸汽发生器垂直于主管道热段方向的位移，但允许蒸汽发生器沿主管道热段方向的位移。阻尼器轴线与主管道热段平行，可限制蒸汽发生器由于地震或管道断裂引起的突发性位移，但允许由于回路热膨胀产生的缓慢位移。刚性拉杆和阻尼器两端均设有关节轴承，可适应蒸汽发生器在竖直方向上的热膨胀。

8) 蒸汽发生器保温层设计

ZH-65 型蒸汽发生器采用自主研发的不锈钢金属保温层。蒸汽发生器等设备保温层的总体设计充分考虑设备在役检查、检修需要和设备隔间的拆装空间。蒸汽发生器保温层主体结构由下封头保温层、筒体保温层、上封头保温层和保温层支架组成，保温层总体结构见图 4.17 和图 4.18。

图 4.17　ZH-65 型蒸汽发生器保温层框架
Fig. 4.17　ZH-65 SG thermal insulation frame structure

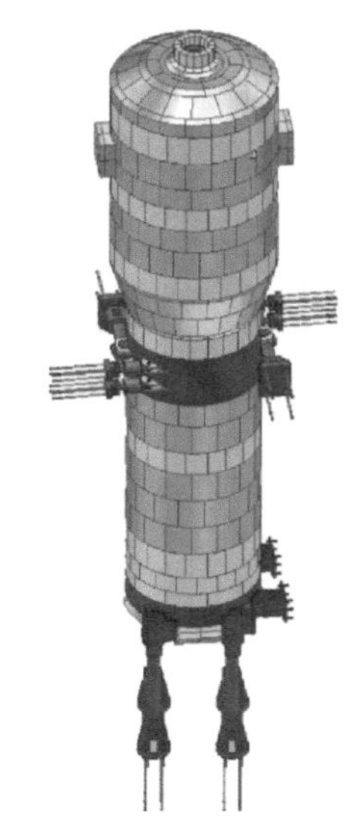

图 4.18　ZH-65 型蒸汽发生器保温层总体外形
Fig. 4.18　ZH-65 SG thermal insulation general outline

ZH-65 型蒸汽发生器保温支架设计成框架式结构。在上封头支架设置有调节螺栓，使保温支架与保温层上部的重量主要支撑在蒸汽发生器上封头上。管板区保温支架设置了 8 个托架，抵在管板外表面的斜面上，增强了结构的稳定性。下封头保温支架通过螺栓连接于蒸汽发生器下封头底部的螺母上，并设置了角钢环，提高了结构的抗震能力。保温支架竖向吊筋与支承环及加强环的交叉位置，均设置了垫块，使支架与蒸汽发生器外壁箍紧，提高了保温支架的抗震能力。支撑环(加强环)之间的连接接头设置了碟形弹簧，以防止由于支架与蒸汽发生器的热膨胀差产生过大的热应力。在竖向上，为适应热态下的膨胀量，竖向吊筋在上部筒体与下部筒体区域的连接接头均开有长圆孔。

蒸汽发生器保温块安装在保温支架的支承环上，在役期间不需要检查的部位采用不可拆式保温块，需要检修的部位采用可拆式保温块，不可拆式保温块之间通过铆钉连接，可拆式保温块之间通过快开锁扣连接。

金属保温块主要由内壳板、外壳板、框架结构、边侧板和内部金属反射箔组成，其结构示意图见图 4.19。内、外壳板表面采用双面抛光处理，以抑制辐射传热。框架结构主要由不锈钢角钢和弧形支撑板组成，是保温块的主要承载构件。金属反射箔是金属保温块的主要绝热元件，设计采用不锈钢金属箔压制成形，反射箔起抑制辐射传热的作用，其间的空气腔抑制了对流传热。

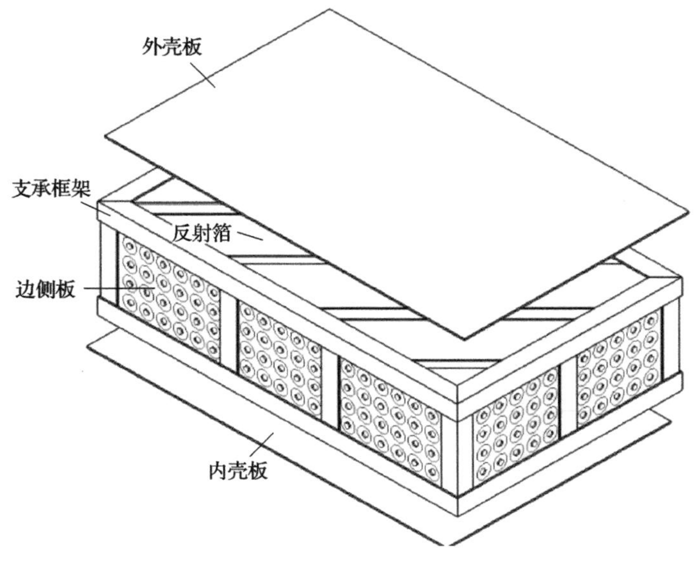

图 4.19 金属保温块结构示意图
Fig. 4.19 Metallic thermal insulation sketch

3. 材料

ZH-65 型蒸汽发生器设计采用 RCC-M 2007 版标准，使用的材料分为主要材料和内件用材料两大类。主要材料包括所有承压边界用材料及与一回路冷却剂接触的材料，这部分材料属于 RCC-M 标准管辖或部分管辖。主要材料采用 RCC-M 牌号，总体技术要求按 RCCM 2007 版 M 分册执行。这些材料的牌号及标准编号见表 4.11。

用于蒸汽发生器内部构件的材料，称为内件用材料，这些材料用于非承压边界。ZH-65 型蒸汽发生器内件用材料采用国内牌号(NB 牌号或 GB 牌号)。ZH-65 型蒸汽发生器内件用材料牌号及对应的标准编号见表 4.12。

表 4.11 ZH-65 型蒸汽发生器主要材料
Table 4.11 ZH-65 SG main materials

部件名称	牌号	标准号
遵守 RCC-M 的部件		
传热管	NC30Fe	RCC-M M4105
管板	18MND5	RCC-M M2115
上封头	18MND5	RCC-M M2134
下封头	18MND5	RCC-M M 2143
锥筒体、上筒体上、上筒体下、下筒体上、下筒体下	18MND5	RCC-M M2133
一次侧接管安全端	Z2 CND18.12(控氮)	RCC-M M3301
二次侧接管安全端	P295GH	RCC-M M1122(1 级)

续表

部件名称	牌号	标准号
仪表接管、疏水接管	P295GH	RCC-M M1122(1 级)
给水接管、人孔座、密封盖板	18MND5	RCC-M M2119
密封垫压板	Z2CN19-10(控氮)	RCC-M M3307(3 级)
人孔、手孔、检查孔螺柱	42CDV4	RCC-M M5110、M5140
人孔、手孔、检查孔螺母	C45E/C45R	RCC-M M5120、M5140
部分遵守 RCC-M 的部件		
下封头隔板	NC30Fe	RCC-M M4107(1 级)
流量分配板和管子支承板	Z10C13	RCC-M M3203
一次侧接管密封环座	Z2CN18-10	RCC-M M3301(3 级)

表 4.12　ZH-65 型蒸汽发生器内部构件材料

Table 4.12　ZH-65 SG internal component materials

部件名称	牌号	标准号
干燥器框架	Q265HR	NB/T 20005.7
干燥器波形板	022Cr17Ni12Mo2	NB/T 20007.5
汽水分离器	Q265HR	NB/T 20005.7
汽水分离器/干燥器疏水管	16Mn	NB/T 20005.9
给水环	022Cr17Ni12Mo2	NB/T 20007.8
管束套筒	Q265HR	NB/T 20005.7
排污管	16Mn	NB/T 20005.9
排污管立板/平板	Q265HR	NB/T 20005.7
一次侧人孔的密封板及螺钉	026Cr19Ni10N	NB/T 20007.5

4. 蒸汽发生器运行

1)二次侧排污

热备用/热停堆、升功率、正常运行工况下，3 台 ZH-65 型蒸汽发生器的总排污流量应满足表 4.13 的规定，单台蒸汽发生器最大排污流量为 24.5t/h。在热停堆、热备用以及正常运行工况下，可在给定范围内根据排污水的水质调整排污流量，以保证排污水满足二回路水化学技术要求。

表 4.13　不同工况下总排污流量

Table 4.13　Blowdown under different conditions

工况	热备用/热停堆	升功率	正常运行
排污流量/(t/h)	10～37	73.5	10～73.5

2) 二次侧水位控制

正常运行工况，蒸汽发生器二次侧的名义水位按图 4.20 及表 4.14 的要求控制。正常运行时，蒸汽发生器水位保持在：名义水位±180mm 的范围内。

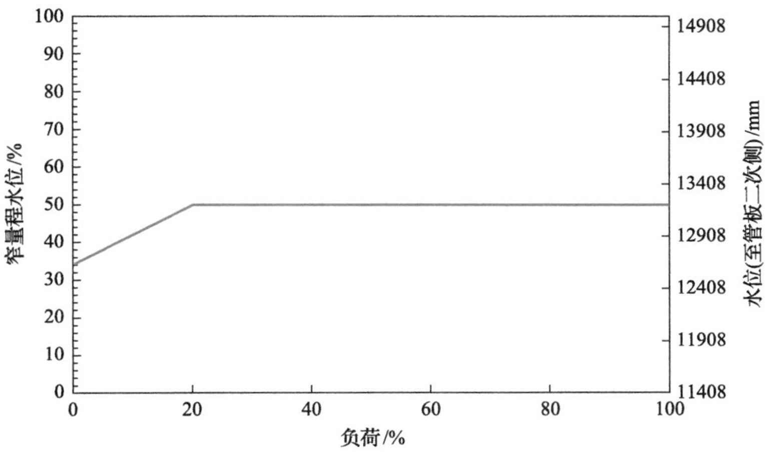

图 4.20 蒸汽发生器二次侧名义水位

Fig. 4.20 Nominal water level of SG secondary side

表 4.14 蒸汽发生器二次侧名义水位

Table 4.14 Nominal water level of SG secondary side

负荷/%	水位(至管板二次侧表面)/mm	窄量程水位/%
0	12632	34
20	13208	50
40	13208	50
60	13208	50
80	13208	50
100	13208	50

3) 稳态热工水力性能

ZH-65 型蒸汽发生器稳态热工水力性能参数见表 4.15。

表 4.15 ZH-65 型蒸汽发生器稳态热工水力性能(单台)

Table 4.15 Thermohydraulic character of SG under steady state condition (per SG)

名称		数值
蒸汽发生器额定热负荷(每台)/MWt		1020
一次侧运行压力(绝压)/MPa		15.5(绝压)
反应堆冷却剂流量	热工设计流量/(m^3/h)	22840
	最佳估算流量/(m^3/h)	23790
	机械设计流量/(m^3/h)	24740
额定热负荷给水温度/℃		226

续表

名称	数值
额定热负荷反应堆冷却剂平均温度/℃	310
蒸汽出口压力(额定负荷，限流器后)(绝压)/MPa	6.80(热工设计流量，0%堵管)(绝压)
蒸汽产量(额定负荷，零排污)/(kg/s)	566.3(热工设计流量，0%堵管)
二次侧水装量(热工设计流量，额定负荷)/(t/m^3)	~49
	~64
二次侧汽装量(热工设计流量，额定负荷)/(t/m^3)	~4
	~106
蒸汽湿度(限流器后，质量分数)/%	≤0.25

5. 蒸汽发生器外部接口

ZH-65 型蒸汽发生器设有一次侧进、出口接管和二次侧给水接管、蒸汽接管外等主要接口，分别为一次侧、二次侧流体提供进出通道。此外，管板位置还设计有排污接管、疏水接管；在二次侧承压壳体上设计有宽/窄量程水位测量接管，压力测量接管和取样接管，这些接管分别与相应的辅助系统或测量系统相连接(正常运行时压力测量接管和非连接疏水接管封堵备用)。ZH-65 型蒸汽发生器外部接口详见表 4.16。

表 4.16 ZH-65 型蒸汽发生器外部接口
Table 4.16 External interface of ZH-65 SG

名称	数量	接口尺寸(内径)/mm	方位	高度*/mm	连接方式
一次侧进口接管	1	789.8	233°30′	–584	对接焊
一次侧出口接管	1	789.8	126°30′	–584	对接焊
给水接管	1	401.4	93°30′	13411	对接焊
蒸汽出口接管	1	742.8	顶部中心	20149	对接焊
下部宽量程测量仪表接管	1	34	240°	2043	承插焊
上部宽量程测量仪表接管	1	34	230°	17957	承插焊
下部窄量程测量仪表接管	4	34	114° 174° 293° 353°	13024	承插焊
上部窄量程测量仪表接管	4	34	114° 174° 293° 353°	16624	承插焊
取样接管	1	34	270°	14120	承插焊
排污接管	2	34	0° 180°	1474	承插焊
疏水接管	1	34	282°	1516	承插焊
非连接疏水接管	1	34	102°	1516	
压力测量接管	1	34	270°	16624	

＊管口中心相对于垂直支承面的高度。

4.2.4　主管道

1. 概述

主管道是反应堆冷却剂系统的主要承压设备之一。主管道连接反应堆压力容器(RPV)、蒸汽发生器(SG)和反应堆冷却剂泵(主泵)，为反应堆冷却剂提供循环通道。反应堆冷却剂将堆芯产生的热量通过主管道运输到蒸汽发生器，由蒸汽发生器 U 形传热管将热量传给二回路产生蒸汽，冷却后的反应堆冷却剂由主泵返回堆芯，从而形成一个封闭的环路。主管道提供反应堆冷却剂及其他放射性物质向安全壳释放的屏障。同时主管道为核辅系统接口及其他特殊用途接口提供连接接管。

2. 规范与等级

主管道是安全等级 1 级、规范等级 1 级、抗震 1 Ⅰ类。按 RCC-M 规范 1 级部件的要求进行设计。

3. 设计参数

主管道主要参数如表 4.17 所示。

表 4.17　主管道主要设计参数

Table 4.17　Primary piping main design parameter

参数	数值
设计压力(绝压)/MPa	17.23
设计温度/℃	343
热段管道名义内径/mm	787.4
热段管道名义壁厚/mm	76
冷段管道名义内径/mm	698.5
冷段管道名义壁厚/mm	69
过渡段管道名义内径/mm	787.4
过渡段管道名义壁厚/mm	76
主管道(一体化锻造主管道及接管嘴)材料	RCC-M M3321 中规定的材料
锻造小接管嘴	RCC-M M3301 中规定的材料

4. 结构描述

主管道主要包括：

(1) 每条环路上反应堆压力容器与蒸汽发生器之间的热段：一个名义直径为 787.4mm 的直管，且该直段带有一个整体锻造的 50°弯头，位于蒸汽发生器入口处。

(2) 每条环路上蒸汽发生器与反应堆冷却剂泵之间的过渡段：一个 40°弯头，名义直径为 787.4mm，位于蒸汽发生器出口处；一个 90°弯头带一定长度的垂直直管段，名义直径为 787.4mm；一个 90°弯头带一定长度的水平直管段，名义直径为 787.4mm，位于主泵吸入口侧。

(3) 每条环路上反应堆冷却剂泵与反应堆压力容器之间的冷段；一个名义直径为 698.5mm 的直管，且该直管带有一个整体锻造的 28°22′弯头，28°22′弯头位于反应堆压力容器入口处。

主管道和大于 4″的接管嘴采用整体锻造，小于等于 4″的接管嘴和热套管采用单件锻造后再与主管道直管或弯管焊接。主管道结构示意图见图 4.21。

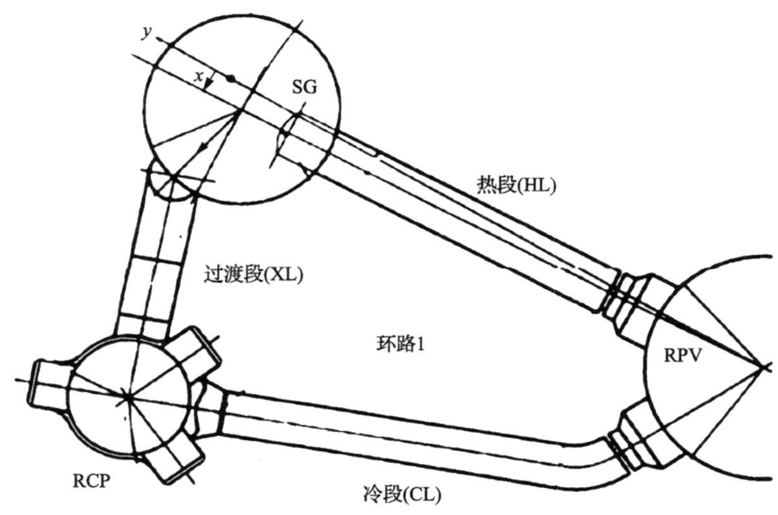

图 4.21　主管道结构示意图

Fig. 4.21　Primary piping sketch drawing

5. 检验

主管道按照 RCC-M 相应的要求对每根管子和管件进行 100%全厚度的体积检查。所有不可接受的缺陷按 RCC-M 要求加以消除。按照 RCC-M 的要求对每根加工完的管子和管件的内(可接近时)、外整个表面进行液体渗透检验。验收准则符合 RCC-M 的相应要求。

主管道应按照 RCC-M B5000 的要求进行水压试验。主管道水压试验的压力为 26.1MPa(绝对压力)，试验温度为室温(0℃以上)。

按 RSEM 标准的规定需对主管道进行役前检查及在役检查，进行役前及全面在役检查的具体位置、检验方法均满足 RSEM 标准附录 3.1 的规定。

4.2.5　稳压器

稳压器用于调节因负荷瞬态变化引起反应堆冷却剂系统的压力波动，提高系统的运行稳定性。在压力正波动时，喷雾系统冷凝容器内的蒸汽，防止稳压器压力达到先导式安全阀的整定值；在压力负波动时，水的闪蒸和电加热元件自动启动产生蒸汽，使压力维持在反应堆紧急停堆整定值以上。

"华龙一号"核电机组稳压器主要设计参数见表 4.18，结构简图见图 4.22。"华龙一号"核电机组稳压器由中核集团自主设计，具有完全自主的知识产权，总容积为 51m^3，具有较高的比容积，安全等级为 1 级、RCC-M 规范等级为 1 级、抗震类别为 1 Ⅰ类、清洁度要求为 A1 类、质量等级为 QA1 级。设备装有 84 根电加热元件，电加热元件为 RCC-E 1E 级 K1 类。

表 4.18　稳压器主要设计参数

Table 4.18　Pressurizer main design parameters

项目	数值
设计压力(绝压)/MPa	17.23
设计温度/℃	360
运行压力(绝压)/MPa	15.5
运行温度/℃	～345
额定功率下蒸汽容积/m^3	20.67
额定功率下水容积/m^3	31
淹没加热器要求的水容积/m^3	7.21
冷态下最小总容积/m^3	51
喷淋速率/(m^3/h)	151～200
辅助喷淋流量/(m^3/h)	～11

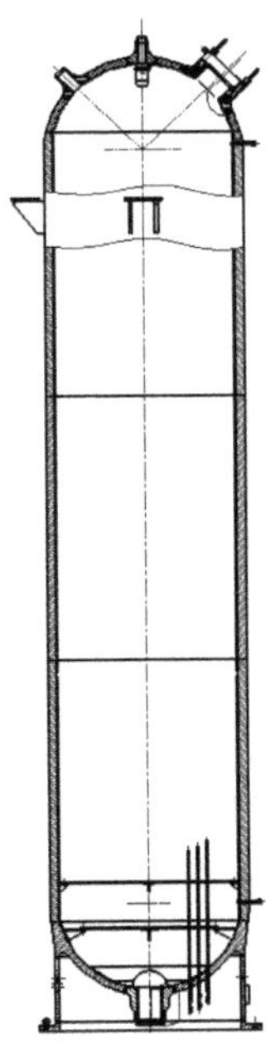

图 4.22　稳压器结构简图

Fig. 4.22　Pressurizer sketch

“华龙一号”核电机组稳压器是一个立式圆筒形容器，由筒体组件、上封头组件、下封头组件和支承裙组件等低合金钢部件组焊而成，主承压部件全部采用锻件材料。设备内部与反应堆冷却剂接触的表面堆焊奥氏体不锈钢堆焊层，外部与系统管道连接的均采用超低碳奥氏体不锈钢锻件。主要材料要求见表 4.19。

表 4.19　稳压器主要材料要求

Table 4.19　Pressurizer main materials

主要材料	规范要求
承压壳体(锻件)	RCC—M M 2133，1 级
上下封头	RCC—M M 2143，1 级
铁素体接管(锻件)	RCC—M M 2119，1 级
仪表接管(锻件)	RCC—M M 3301，1 级
接管安全端(锻件)	RCC—M M 3301，1 级
人孔主螺栓	RCC—M M 5110 和 M 5140，1 级
人孔主螺母	RCC—M M 5120 和 M 5140，1 级

“华龙一号”核电机组稳压器上封头组件设置有喷雾接管、阀门接管及人孔，下封头组件设有波动管接管。喷雾头接管、波动管接管、阀门接管均与安全端焊接连接，喷雾头接管和波动管接管内均设置有防热冲击套管，以减少由于稳压器内外流体温度差引起热冲击和热应力。波动管接管入口处的正上方，装设有流体分配罩，用以改善波动水流与稳压器内水的均匀混合，并且防止稳压器内的杂物通过波动管进入反应堆冷却剂回路。下封头底部以同心圆的排列方式立式安装直接浸没式的电加热元件，并在稳压器内设置有加热元件支撑板以支撑电加热元件、限制电加热元件的横向振动以及改善波动进水的混合状态。

“华龙一号”核电机组稳压器制造过程中焊接接头的待焊表面进行表面检测(磁粉检验或液态渗透检测)、部分焊缝(包括堆焊层)焊接过程中进行表面检测(磁粉检验或液态渗透检测)、焊缝(包括堆焊层)焊接完成后进行体积检测(射线照相检验和/或超声波检验)以及表面检测(磁粉检验或液态渗透检测)，上述检验均满足 RCC-M 无损检测方法及验收准则要求。上、下封头组件各接管安全端异种金属焊缝进行超声波检验，检验均满足 NB/T 20003.2 的检测方法及验收准则要求。

“华龙一号”核电机组稳压器按照 RCC-M 要求进行制造厂出厂水压试验，水压试验的压力为 24.6MPa，试验温度不低于 RT_{NDT}+30℃，不高于 60℃。

“华龙一号”核电机组按照 RSEM 标准的规定对稳压器进行役前检查及在役检查，检查位置、检验方法、验收准则等均满足 RSE-M 标准规定。

4.2.6　稳压器安全阀和快速卸压阀

1. 稳压器安全阀

稳压器安全阀的功能包括：一回路系统的卸压、一回路系统超压保护、低温超压保护和 Feed&Bleed 功能。

稳压器安全阀有两种工作模式：正常保护模式和低温超压保护模式，分别用于电厂正常工况及电厂升降温工况，由操纵员在控制室或者远程停堆站根据 RCS 系统温度报警信号手动切换。处于正常保护模式时，安全阀受先导箱液压系统控制，在压力超过开启压力设定值时自动起跳开启，进行蒸汽排放；当压力下降到关闭压力时，自动回座关闭。处于低温超压保护模式时，当发生压力瞬态事件，RCS 系统压力高于整定压力时则仪控系统对电磁线圈通电以强制开启保护阀，卸压后电磁阀断电以关闭保护阀。在正常保护模式下，该控制逻辑被闭锁。

稳压器安全阀组安装在稳压器上部，3 台安全阀组的 3 条排出管线汇集到一根环形管，再连到稳压器卸压箱。3 台安全阀组上游的管道形成 U 形水封，管道内冷凝水在水封内积聚，防止氢气通过安全阀泄漏。每台安全阀组上游水封管道上装有温度计(RCS090/091/092MT)，当阀门开启或泄漏而有蒸汽从排放管通过时，将在控制室内报警。

每台安全阀组由一台保护阀和一台串联的隔离阀组成。每台阀门设置了开启和关闭压力整定值。在正常运行时，保护阀处于关闭状态，而隔离阀处于开启状态。当 RCS 系统压力升高使保护阀开启之后，由于蒸汽排放，系统压力降低，保护阀应自动关闭。若保护阀因故障未能关闭，则隔离阀自动关闭，以防止 RCS 系统进一步卸压。每台保护阀和隔离阀都设有阀杆位置指示器，阀门的位置(开启或关闭)在控制室内显示。

3 台保护阀和隔离阀阀门位号及开启和关闭整定压力见表 4.20。从表 4.20 中可见，三台隔离阀的整定压力相同，当稳压器压力下降到 13.9MPa(绝压)时阀门自动关闭，压力升高到 14.6MPa(绝压)时阀门自动开启。低温超压保护开启和关闭整定压力见表 4.21。

表 4.20　安全阀开启和关闭整定压力值　　(单位：MPa(绝压))

Table 4.20　Opening and closing setpoint of safety valves

保护阀	开启	关闭	隔离阀	开启	关闭
RCS020VP	16.6	16.0	RCS017VP	14.6	13.9
RCS021VP	17.0	16.4	RCS018VP	14.6	13.9
RCS022VP	17.2	16.6	RCS019VP	14.6	13.9

表 4.21　低温超压保护开启和关闭整定压力　　(单位：MPa(绝压))

Table 4.21　Opening and closing setpoint of safety valves under low temperature overpressure

阀门位号	开启压力	关闭压力
RCS020VP	3.4	3.1
RCS021VP	3.4	3.1
RCS022VP	3.5	3.2

每台安全阀组在设计压力 17.23MPa(绝压)下的排量为 180～195t/h。第一台安全阀的释放容量可保证在电源全部丧失并且喷雾流量同时丧失的情况下，RCS 系统最大负荷时的压力不超过设计压力；其余两台安全阀的释放容量则是按照全部主蒸汽隔离阀关闭造成的负荷完全丧失这个最严重的超压工况设计的。如果任一组安全阀误开启，其释放

容量应不足以引起堆芯发生DNB。

安全阀组中保护阀与隔离阀结构类似，下面以保护阀为例说明安全阀的动作原理，其工作原理见图4.23。

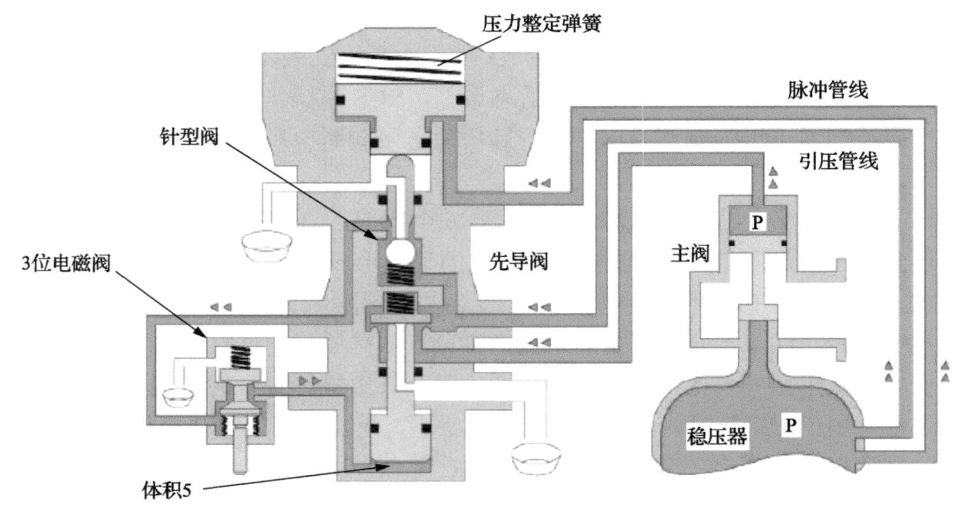

图4.23　稳压器安全阀工作原理图

Fig. 4.23　Pressurizer pilot safety valves operating principle

稳压器保护阀是自驱动先导式安全阀(SEBIM阀)，每台保护阀由两部分组成：主阀和先导阀，阀体为一体式锻造。

主阀是一个液压驱动阀，提供卸压功能，它包括：①一个插入喷嘴的下阀体，主阀阀瓣坐落在喷嘴上；②一个包含波纹管的上阀体，使阀瓣压到喷嘴上，阀头中的压力与主阀盘下面都受到稳压器的压力，但波纹管的面积比阀盘的面积大，所以主阀是关闭的。

保护阀和隔离阀分别带有一个先导阀控制主阀的启闭，其先导阀(DCM)采用“no-flow”的设计，先导阀内部受高温介质影响较小，可以减少由流体中含有杂质或硼酸结晶堵塞先导阀的流体流道而引起的阀门故障。且该先导阀直接连接在主阀上，大大降低了因主阀与先导阀之间的控制管线引起阀门故障的可能性。先导阀通过脉冲管和引压管与稳压器相连。

保护阀和隔离阀分别配有一个强制开启电磁阀，在事故工况下，可通过给电磁阀供电强制开启安全阀，以达到排放的目的。一回路在低温运行时，也可以通过为电磁阀供电强制开启安全阀，实现低温超压保护功能。该热态串阀可适用于蒸汽、水和汽水混合物介质。

2. 快速卸压阀

一回路快速卸压系统在严重事故下可防止压力容器在高压下失效，避免发生高压熔融物喷射进而造成安全壳直接加热的风险；防止在运行压力容器外冷却堆腔注水措施后，由于熔融池集热效应使得压力容器承压能力降低，压力容器内外压差过大导致压力容器失效的风险。

一回路快速卸压阀系统包括两个快速卸压系列(RCS023VP/025VP，RCS024VP/026VP)，如图 4.24 所示。每个系列由一台电动闸阀和一台电动截止阀串联组成，两列快速卸压阀互为备用。在机组正常运行及设计基准事故期间，快速卸压阀处于关闭状态，由稳压器安全阀实现反应堆冷却剂系统的超压保护。在严重事故工况下，快速卸压阀执行排放卸压功能，在主控室或远程停堆站由操纵员根据有关的严重事故管道导则要求手动开启阀门，完成反应堆冷却剂系统的快速卸压，从而避免高压熔堆的发生以及安全壳的直接加热。

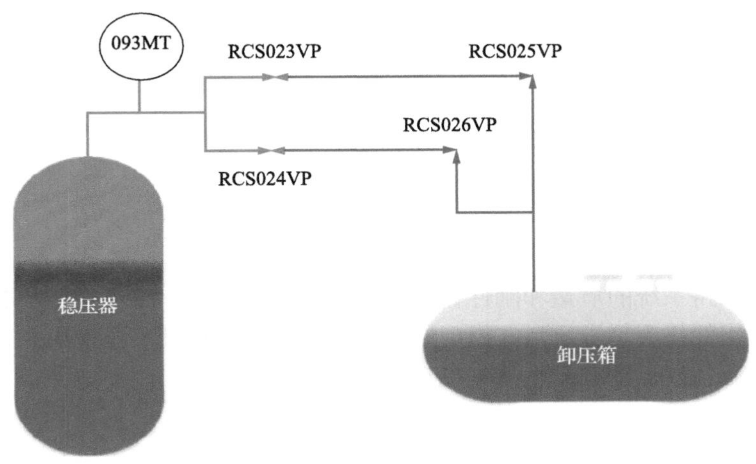

图 4.24　稳压器快速卸压系统流程图

Fig. 4.24　Pressurizer delicated depressurization flow diagram

快速卸压阀能够在其入口温度达到 600℃时顺利开启，阀门能够在排放介质温度达到 1200℃时保持开启状态。每个快速卸压阀系列的排放容量按照 3 组安全阀排放容量总和设计，在 17.23MPa(绝压)下最小饱和蒸汽排量为 525t/h。

4.3　反应堆冷却剂系统力学分析评价

为了保证反应堆冷却剂系统在各设计工况下的完整性和功能能力，需要对系统各主要部件进行力学分析评价。由于反应堆冷却剂系统由复杂的设备和管路组成，需要建立简化的分析模型进行载荷分配研究，再对各主要设备和管路进行详细的应力分析评价。

4.3.1　反应堆冷却剂系统静力和动力分析

反应堆冷却剂系统静力和动力分析流程如图 4.25 所示。

福清 5、6 号项目在建立一回路系统分析模型时，充分借鉴了国内二代核电及国外三代核电的做法，同时考虑 US NRC SRP 的要求，将主设备和主管道与辅助管道系统之间解耦，辅助管道系统的质量和刚性在计算模型中均不考虑，将蒸汽发生器与二回路系统

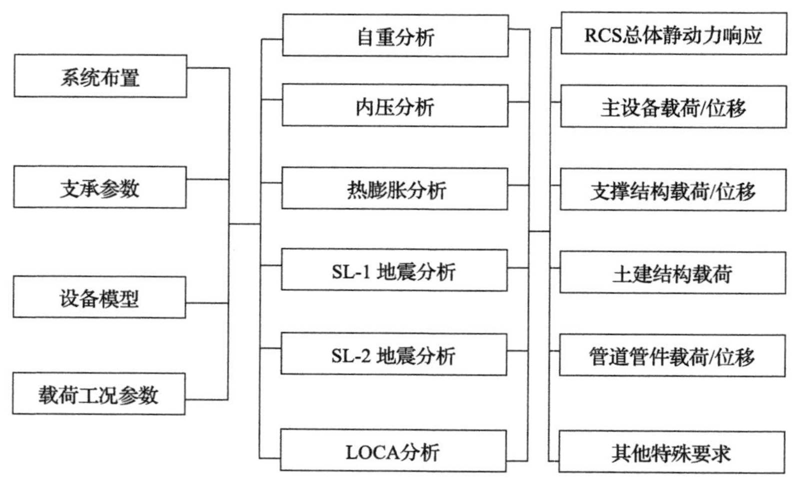

图 4.25 反应堆冷却剂系统静力和动力分析流程

Fig. 4.25 Reactor coolant system statics and dynamical analysis process

之间解耦，二回路系统的质量和刚性在计算模型中均不考虑，将主设备与其内部结构之间解耦，内部构件作为集中质量在模型中加以考虑，其刚性则不予考虑。在建立系统主设备模型时，做到保证计算模型能正确反应结构的动力特性，而又要使模型尽量简化以便于计算。

一回路系统模型包括反应堆压力容器、三条冷却剂环路、稳压器和稳压器波动管。沿反应堆冷却剂流向，每条环路包括主管道热段、蒸汽发生器、主管道过渡段、反应堆冷却剂泵和主管道冷段。每条环路旋转 120°就可以转换为另一条环路。这些环路只是与辅助支管的连接位置有差异。

在进行自重、内压和热膨胀载荷分配计算时，采用静力分析方法。在进行系统热膨胀载荷分配计算时，由于一回路冷却剂系统瞬态多达 30 多种，每种状态下的载荷分配都需要计算，即使采用了包络的分析计算方法，计算工作量都较大。

在进行地震和 LOCA 载荷分配时，采用非线性瞬态动力分析方法。分析模型详细考虑了支承拉压刚度不同、支承间隙、材料塑性及其他非线性连接刚度等非线性因素。

在进行地震分析时，需要将一回路系统模型与核岛厂房模型连接，使用核岛厂房筏基位置的加速度时程作为地震输入。筏基位置加速度时程是由土建结构设计专业考虑了核岛厂房与土壤的相互作用，输入自由场位置的地面地震加速度时程计算得到的。这里考虑了剪切波速 600～3000m/s 共八种厂址地质情况，对这八种厂址地质情况对应的地震加速度输入分别计算，对结果进行包络用于后续设备评价。因此，一回路系统地震分析结果能够广泛适用于各种厂址地质情况。

分析过程消除了同反应谱相关联的包络过程，给出了一回路更真实的地震运动过程。同时输入结构中的是一个 25s 的宽带强震运动过程，与强运动持续时间较短的实际地震相比，它输入系统中的能量更大、持续时间更长，因此载荷分配计算也是保守的。

对一回路系统上假设的每一个破口进行载荷分配计算。主管道和波动管采用了破前泄漏(LBB)技术，因此主管道和稳压器波动管上无假设破口，需要计算的假设破口包括热段余热排除接管、热段安全注射接管、冷段安全注射接管、冷段安全注射箱接管以及二回路系统主蒸汽接管和主给水接管。LOCA 载荷分配计算的输入是作用在流动方向变化和流动截面积变化处的一组随时间变化的水力载荷，主要输出结果包括供主设备结构分析的力和供子系统分析的位移。

4.3.2　反应堆冷却剂系统主设备力学分析评价

“华龙一号”系统主设备力学分析主要包括反应堆压力容器、堆内构件、燃料组件、蒸汽发生器、主泵、稳压器、一体化堆顶结构和主设备支承等。主设备力学分析流程图如图 4.26 所示。

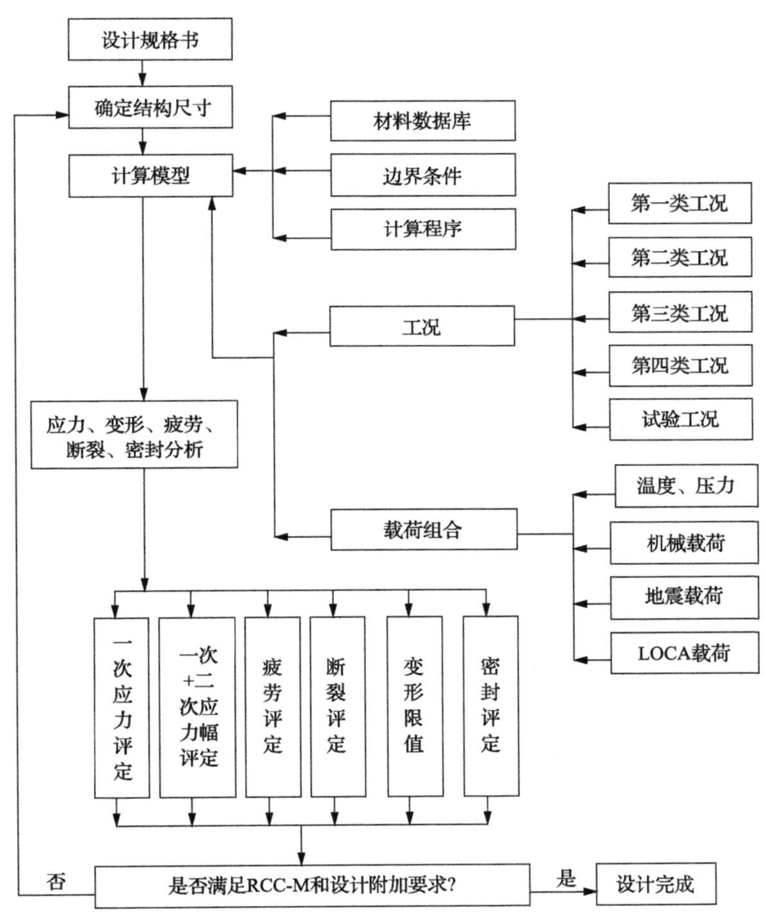

图 4.26　主设备力学分析流程

Fig. 4.26　Main equipments mechanical analysis process

主设备的力学分析评价依据各设备设计规格书和 RCC-M 规范的要求，主要内容包括应力、疲劳、热棘轮、快速断裂。除常规的应力、疲劳、断裂分析以外，“华龙一号”还开展了严重事故情况下的下封头蠕变分析，以证明反应堆压力容器下封头在严重事故情况下能够包容堆芯熔融物。

4.3.3 反应堆冷却剂系统主管道力学分析评价

“华龙一号”为我国自主设计的第三代压水堆，“华龙一号”反应堆冷却剂系统由并联到反应堆压力容器上的三个环路组成，每个环路有一台蒸汽发生器和一台主泵，它们通过主管道与反应堆压力容器形成一个环路。反应堆压力容器和蒸汽发生器之间的主管道称为热段，蒸汽发生器和主泵之间的主管道称为过渡段，主泵和反应堆压力容器之间的主管道称为冷段。反应堆冷却剂系统主管道作为“华龙一号”的大动脉采用了先进的设计技术，包括 60 年寿命设计、整体锻造、抗地震 0.3g 和 LBB 设计等技术。

从力学分析评价的角度，系统主管道的力学分析评价主要分为以下四个方面：应力分析、疲劳分析、断裂分析和 LBB 分析。分别对系统主管道的弯头、主管道与主设备的焊缝以及辅助管道接管嘴等薄弱结构进行力学分析评价，评价的规范为 RCC-M(2007 版)。

1. *应力及疲劳分析*

主管道压力边界承受三种类型的载荷：压力、压力-温度瞬态和机械载荷。机械载荷包括自重、热膨胀、地震(SL-1 和 SL-2)、小破口(三类工况)、LOCA(事故工况)。其中，由于主管道采用抗地震 0.3g 设计，此处的地震(SL-1 和 SL-2)载荷是指在地震运动下主管道各处产生的载荷；小破口载荷是指主管道上的核辅助管道接管 6″以下管道断裂产生的载荷；区别于第二代电站，由于主管道和波动管采用 LBB 技术，此处的 LOCA 载荷指的是 6″及以上管道(除主管道、波动管接管外)断裂产生的载荷。压力-温度瞬态为 60 年寿命条件下主管道所经历的所有瞬态。

在主管道分析中，可采用简化分析、详细分析法和混合分析法。通过分析，“华龙一号”主管道在 0.3g 地震条件下的应力满足要求，疲劳寿命满足 60 年的设计要求。

2. *断裂力学分析*

考虑到材料的性能和所研究区域中可能存在的缺陷，必须验证所考虑的各种工况中给定的载荷不会引起部件的快速断裂。这种验证可以采用 RCC-M 附录 ZG 中的分析方法。

根据 RCC-M ZG2320，对于不锈钢管道若满足冲击功、外部弯矩载荷的两个条件则可以免除抗快速断裂分析。通过分析，“华龙一号”主管道各分析部件均满足免除抗快速断裂分析的条件。

3. *LBB 分析*

根据 10CFR 第 50 章附录 A 的通用设计准则 4 的要求，对安全重要的结构、系统和部件必须被设计成能够承受正常运行、预期瞬态和假定事故工况的影响。然而，当分析证明流体系统管道破裂的概率极低时，管道破裂引起的动力效应和水淹的影响可以不考虑。

与管道破裂有关的动力效应包括：管道断裂反作用力载荷、喷射流和喷射冲击、隔间增压载荷、作用在其他部件上的管道破裂引起的瞬时压降载荷。破前泄漏的评估用来取消管道破裂动力效应，破前泄漏的评估包括材料选择、检查、泄漏探测和分析。

消除管道破裂动力效应的分析和准则称为 LBB 方法。该方法已经被工业界和 NRC 的理论研究和试验验证是有效的。

LBB 分析方法分为评估潜在的失效机理和界值曲线分析两个步骤。影响主管道完整性和 LBB 分析适用性的材料退化机理包括：侵蚀-腐蚀导致壁厚减薄、应力腐蚀开裂(SCC)、水锤、疲劳、热老化、热分层和其他机理。LBB 界值曲线用来评估管道系统的临界点，至少需要两个点建立界值曲线：一个点是评价低正常应力状态，另一点是评价高正常应力状态。如果一个管道系统的管道尺寸、材料、压力或温度发生变化，必须生成另外一个界值曲线。在生成界值曲线时需要满足 10 倍的泄漏检测能力裕量、2 倍裂纹长度裕量要求。

在界值曲线上绘制正常应力-最大应力点，与界值曲线比较，如果该点落在界值分析曲线上或在曲线下方，则满足 LBB 分析和裕量要求。如果该点落在界值分析曲线上方，则不满足 LBB 分析准则。“华龙一号”主管道所分析部位均满足 LBB 分析和裕量的要求。

第 5 章

核辅助系统

核辅助系统是核电厂核岛系统的重要组成部分。核电厂的基本功能是发电，为实现这一基本功能，在核电厂运行及换料停堆期间，需要一套系统来维持一回路的正常运行和完成停堆换料操作，维持反应堆堆芯及乏燃料贮存水池的正常衰变热导出及其他厂用设备发热量的导出，这部分系统一般称为核辅助系统。

核辅助系统主要在电厂正常运行和正常瞬态及停堆换料工况下发挥功能，为了避免出现系统本身故障导致电厂出现非预期的运行状态，核辅助系统需要通过设备冗余等保证系统的可靠性。另外，在一些事故工况下，核辅助系统也发挥一定的安全功能，因此，也需要考虑系统的抗震设计，以及为系统配置可靠电源等。

总体上看，"华龙一号"核辅助系统设计沿用了国内二代改进型机组的方案，这些系统的配置和运行方式成熟，都经过了充分的实践验证，但在提高系统的抗震能力、方便运行维护和优化系统布置设计等方面进行了改进。

核辅助系统主要包括化学和容积控制(RCV)系统、反应堆硼和水补给(RBM)系统、余热排出(RHR)系统、反应堆换料水池及乏燃料水池冷却和处理(RFT)系统、核取样系统、燃料操作与贮存系统等一回路辅助系统，以及设备冷却水(WCC)系统、重要厂用水(WES)系统等辅助冷却水系统。

5.1 一回路辅助系统

5.1.1 化学和容积控制系统

电厂正常运行期间，反应堆一回路冷却剂在主泵的驱动下将堆芯的热量通过蒸汽发生器传递到二回路。稳压器用来维持正常运行期间一回路的水装量平衡和压力平衡，但稳压器本身的调节能力是有限的，特别是在机组启停堆过程中，必须依靠外部辅助系统来维持主回路的冷却剂装量和压力平衡。另外，随着机组的运行，堆芯的裂变产物以及堆芯及主回路的腐蚀产物会逐渐增加，冷却剂中氧及其他气体含量也会增加，致使反应堆冷却剂的放射性水平增加，并造成设备及管道腐蚀，因此必须依靠辅助系统来去除反应堆冷却剂中的裂变产物和腐蚀产物，控制反应堆冷却剂放射性水平。

对于压水堆核电厂，以上任务由 RCV 系统来实现。从其要实现的功能来看，化学和容积控制系统是维持电厂正常运行必不可少的，因此，系统必须具备较高的可靠性。

“华龙一号”RCV 系统设计采用成熟的配置和运行方案。系统设置了两台独立功能的上充泵，一台处于运行装填状态，另一台处于备用状态，上充泵不执行事故工况下的应急堆芯冷却注水功能；系统采用固定下泄流量，通过上充管线上的调节阀来调整上充流量以匹配主回路装量和实现一回路压力平衡的运行方式。

1. 系统功能

RCV 系统的主要功能体现在三个方面。

1) 容积控制

容积控制即控制一回路的水装量，这一功能是通过系统的上充流量与下泄流量的匹配来实现的，目标是将稳压器水位维持在程控液位。

2) 化学控制

化学控制包括：与 RBM 系统一起，完成对反应堆冷却剂(RCS)系统的硼浓度控制，以补偿慢的反应性变化；通过使反应堆冷却剂通过除盐床去除反应堆冷却剂中的裂变产物和腐蚀产物，控制反应堆冷却剂放射性水平；通过向反应堆冷却剂中添加特定的化学药品来控制反应堆冷却剂的 pH、氧含量及其他溶解气体含量，以防止腐蚀、裂变气体积聚和爆炸。

3) 主泵密封水注入

对于使用轴封泵作为反应堆冷却剂泵的电厂，通过 RCV 系统提供反应堆冷却剂泵的密封水注入，并收集反应堆冷却剂泵密封的引漏水，以防止反应堆冷却剂通过主泵轴封泄漏到安全壳内。

除了上述主要功能外，RCV 系统还有一些辅助功能，包括在反应堆冷却期间，提供稳压器的辅助喷淋；提供 RCS 系统的充水、排水和水压试验；当稳压器满水时，控制反应堆冷却剂压力；为 RHR 系统投入做准备工作(连接到 RCS 系统之前控制硼浓度、加热和加压)。

该系统与安全相关的功能包括：在 RCS 系统发生极小破口情况下，RCV 系统能够维持 RCS 系统的水装量；与 RBM 系统共同作为反应性控制系统，在发生操作事故(如弹棒和卡棒)时，仍能使反应堆停堆并维持在热态次临界状态。

2. 系统描述

RCV 系统配置上主要包括下泄、过滤除盐、上充、主泵轴封水注入、过剩下泄几个部分。

下泄管线从三环路冷段引出，经过再生热交换器的壳侧被上充流冷却，通过下泄孔板进行减压后离开反应堆厂房，在核辅助厂房内再经过下泄热交换器的管侧进一步降温，达到低压下泄阀进行第二次降压后进入过滤除盐部分。

过滤除盐部分配置了一台阳床除盐器和两台混合床除盐器，反应堆冷却剂经过前置过滤器、混合床除盐器、后置过滤器后，将反应堆冷却剂中的裂变产物和腐蚀产物去除，并送入容积控制箱。

通常，上充泵从容积控制箱吸水，并以高于 RCS 系统的压力输送反应堆冷却剂。为保护离心式上充泵，系统设置了泵小流量管线，流经此管线的流体通过密封水热交换器返回到泵的吸入端集水管。

大部分上充流进入反应堆厂房，通过上充流量调节阀（该阀门控制上充流以满足稳压器水位要求），流过再生热交换器的管侧，在被加热到接近反应堆冷却剂温度后注入 RCS 系统二环路冷段。另外，上充管线上设有一条从再生热交换器出口到稳压器喷淋的管线，在反应堆冷却剂泵不能用时，该管线提供辅助喷淋能力。

上充流的另一部分流到反应堆冷却剂泵轴密封，以防止轴封温度达到反应堆冷却剂的温度。它在泵轴承和密封之间进入泵体，并在此分为两股。一股冷却剂流（称作泄漏流）润滑泵轴，通过高压、低压密封引漏离开泵体，接着通过密封水热交换器到上充泵吸入端集水管。另一股冷却剂流冷却泵的轴承，并通过密封进入 RCS 系统，作为下泄流的一部分通过正常或过剩下泄流道从 RCS 系统排出。

过剩下泄管线是在正常下泄通道不能运行的情况下，提供一条备用的下泄通道。反应堆冷却剂从二环路过渡段排出，流经过剩下泄热交换器的管侧并被冷却，然后进入反应堆冷却剂泵密封泄漏返回总管，并通过密封水热交换器到上充泵吸入端集水管。

RCV 系统流程示意图见图 5.1。

3. 主要设备

1）再生热交换器

再生热交换器用于回收下泄流的热量以预热上充流，所考虑的下泄流量是最大下泄流。下泄出口温度必须受到限制，以避免下泄孔板下游发生闪蒸，为此在热交换器管内必须保持有最小上充流量。

再生热交换器是一个双单元串联连接的热交换器。每个单元都是管壳式 U 形热交换器，有一个带分程隔板的水室封头。再生热交换器的主要性能参数如表 5.1。

2）下泄孔板

下泄孔板的作用是将反应堆冷却剂的压力降低到不超过下泄热交换器的设计压力。系统设置三个并联的相同尺寸的孔板。每个下泄孔板都按正常下泄流量设计，正常下泄流量是在 RCS 系统的正常压力下最大下泄流量的约 50%。在电厂正常运行期间，一个或最多两个下泄孔板投入运行。当 RCS 系统降压时，3 个下泄孔板需要全部投入运行。下泄孔板主要性能参数如表 5.2。

3）下泄热交换器

下泄热交换器用设备冷却水（WCC）系统将下泄流的温度降到适于除盐装置运行的温度，设计中考虑的下泄流量是最大下泄流量。下泄热交换器是一个带有焊接封头的 U 形管热交换器，主要性能参数如表 5.3。

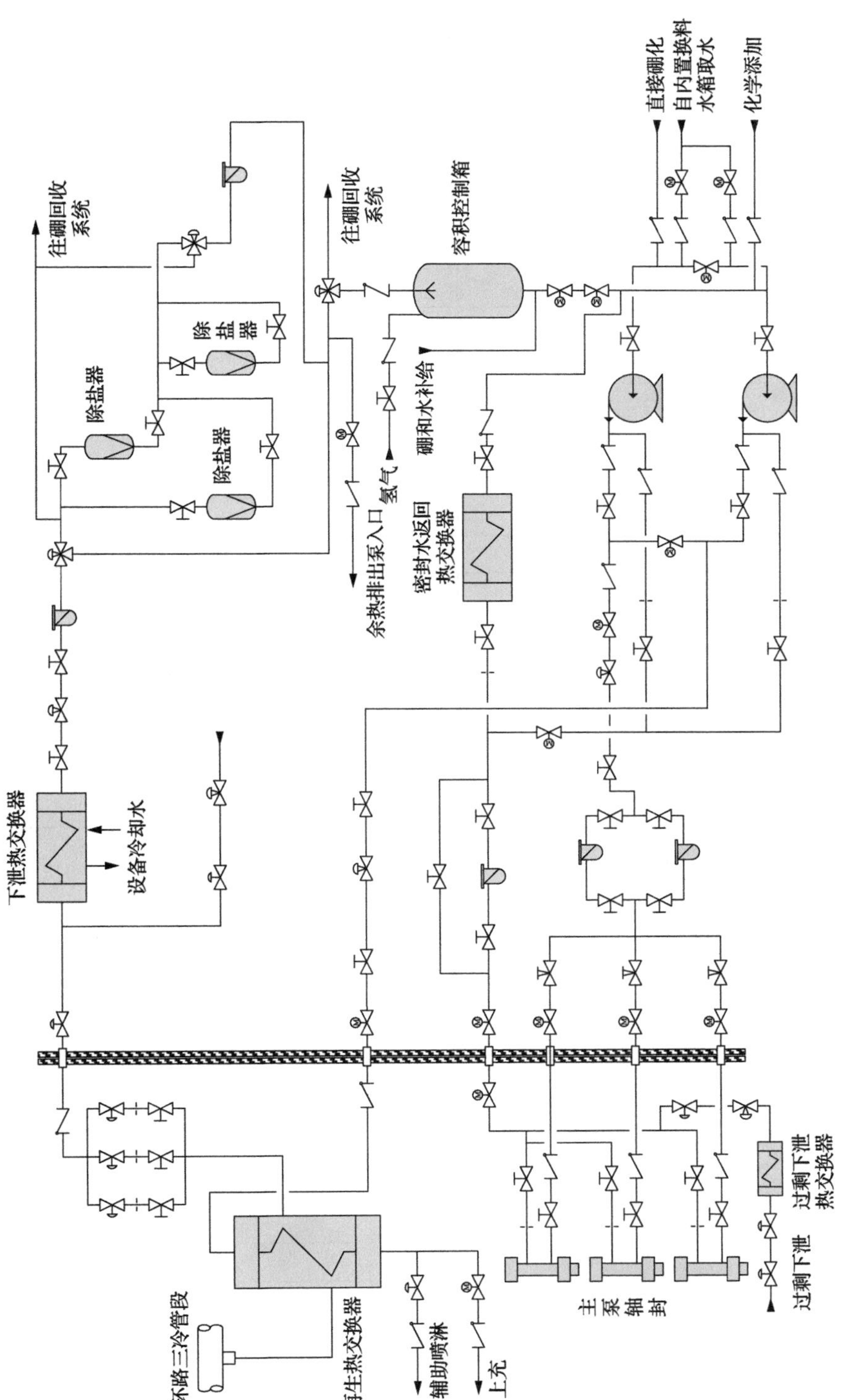

图 5.1 化学与容积控制系统流程图
Fig. 5.1 Chemical and volume control system flow diagram

表 5.1 再生热交换器主要性能参数

Table 5.1 Design parameter of regenerative heat exchanger

运行工况		正常下泄	最大下泄
设计压力(绝压)/MPa	管侧	19.5	
	壳侧	17.25	
设计温度/℃	管侧	343	
	壳侧	343	
工作压力(入口)(绝压)/MPa	管侧	16.7	16.7
	壳侧	16.6	16.6
流量/(t/h)	管侧	12.33	27.95
	壳侧	15.62	31.24
入口温度/℃	管侧	54	54
	壳侧	292	292
出口温度/℃	管侧	266	233
	壳侧	140	145
热负荷/kW		3050	6000
压降(最大)/MPa	管侧	19.5	0.12
	壳侧	17.25	0.25

表 5.2 下泄孔板主要性能参数

Table 5.2 Design parameter of letdown orifice

参数	数值
设计压力(绝压)/MPa	17.23
设计温度/℃	343
工作入口压力(绝压)/MPa	15.9
正常流量/(t/h)	15.62
正常入口温度/℃	140～193
正常工况下的压降/MPa	11.7

表 5.3 下泄热交换器主要性能参数

Table 5.3 Design parameter of letdown heat exchanger

运行工况		正常下泄	最大下泄
设计压力(绝压)/MPa	管侧	5.0	
	壳侧	1.3	
设计温度/℃	管侧	204	
	壳侧	93	
工作压力(入口)(绝压)/MPa	管侧	2.8	2.8
	壳侧	0.8	0.8
流量/(t/h)	管侧	15.62	31.24
	壳侧	32.33	156.08

续表

运行工况		正常下泄	最大下泄
入口温度/℃	管侧	140	145
	壳侧	35	35
出口温度/℃	管侧	46	46
	壳侧	78.5	55
热负荷/kW		1730	3620
压降(最大)/MPa	管侧	0.1	0.1
	壳侧	0.11	0.11

4) 混床除盐器

为了维持反应堆冷却剂的纯度，设置了两台相同的并联布置的混床除盐器。混床除盐器应用锂型阳树脂和氢氧型阴树脂，使大部分裂变产物(铯、镱、钼除外)的浓度至少降低 10 倍。每台混床除盐器均可接受最大下泄流量，并有足够的交换容量净化设计工况下的下泄冷却剂。正常运行时，一台除盐装置运行，另一台备用。

5) 阳床除盐器

阳床除盐器装有 H 型阳树脂，间断运行以控制 ^{7}Li 浓度。反应堆冷却剂中 ^{7}Li 浓度的增长来自 ^{10}B+(n, α)→^{7}Li 反应。在运行工况下，它有足够的交换能力，维持反应堆冷却剂中铯 137 浓度低于 3.7×10^{4}Bq/cm^{3}。阳床除盐器的设计要满足正常的下泄流量。

6) 反应堆冷却剂过滤器

除盐器上下游的反应堆冷却剂过滤器是为了收集大于 0.45μm 的颗粒(颗粒状腐蚀产物和树脂碎块)，捕集效率要大于 98%。反应堆冷却剂过滤器的设计要满足最大下泄流量。

7) 容积控制箱

当负荷发生瞬态时，容积控制箱可以接收稳压器不能接纳的那部分反应堆冷却剂的波动容积。停堆期间它还用于反应堆冷却剂脱气，并作为上充泵的高位水箱。此外容控箱还提供以下功能：

(1) 作为一种向反应堆冷却剂中加氢的途径，将维持冷却剂中的氧浓度降低到要求值。

(2) 在需要的情况下，向容控箱注入氮气来除去冷却剂中溶解的氢气。

(3) 在过渡到冷停堆时，氮气已经置换出氢气之后，利用空气吹扫排气。

(4) 使用一个能够轴向旋转的弯头在氮气与空气接管之间进行切换，在反应堆压力容器开盖的时候，空气吹扫能够降低因一回路腐蚀产物产生的放射性。

容积控制箱主要性能参数见表 5.4。

8) 上充泵

反应堆正常运行期间，上充泵提供上充功能和反应堆冷却剂泵密封水的注入。上充运行时，每台泵必须能供给最大上充流、正常密封水注入和最小流量管线的流量总和。

上充泵为卧式多级离心泵，设计总压头不低于反应堆冷却剂系统压力最大值加上流过上充管道的阀门、管道和其他设备的压降减去容积控制箱的压力。两台相同的上充泵并联布置，分别由两列母线供电。正常运行时，一台泵投入运行而另一台泵备用。

表 5.4　容积控制箱主要性能参数

Table 5.4　Design parameter of volume control tank

参数	数值
设计压力(内)(绝压)/MPa	0.62
设计压力(外)(绝压)/MPa	0.18
设计温度/℃	110
总容积(正常)/m^3	10.6
液态容积(正常)/m^3	4.1
正常温度/℃	46
正常压力(绝压)/MPa	0.17
最大充水流量/(t/h)	31.24
最大排水流量/(t/h)	31.24
最大流量下的压降(喷嘴)/MPa	0.05

“华龙一号”上充泵只执行上充功能，其设计工况点为高压头、低流量，该特点的泵在传统设计上的主要问题体现在泵的最佳效率点偏离额定工况点较远。针对这一问题，“华龙一号”专门进行了设备研发，在较大程度上解决了最佳效率点和额定工况点的偏离问题，使泵的性能得到提升，耗能减少。

上充泵主要性能参数见表 5.5。

表 5.5　上充泵主要性能参数

Table 5.5　Design parameter of charging pump

参数	数值
设计压力(绝压)/MPa	21.2
设计温度/℃	120
入口温度/℃	7～120
最大入口压力(绝压)/MPa	2.2
最小流量/(m^3/h)	13.6(连续) 5(1h)
零流量下总压头/mLC	1830_{-0}^{+30}
额定流量/(m^3/h)	34
额定流量下总压头/mLC	1767
最大流量/(m^3/h)	160
最大流量下总压头/mLC	≥500
最大流量下 $NPSH_R$/mLC	≤7.8
额定流量下轴吸收功率/kW	650

9)过剩下泄热交换器

当正常下泄不可用时，将使用过剩下泄通道。过剩下泄热交换器利用 WCC 系统将下泄流从冷段温度冷却到 55℃左右。设计流量等于额定密封注入流量进入 RCS 系统的那一部分，以维持反应堆冷却剂的总装量。

过剩下泄热交换器是一个 U 形热交换器，在封头和管板之间有焊接的密封凸缘。过剩下泄热交换器主要性能参数见表 5.6。

表 5.6　过剩下泄热交换器主要性能参数

Table 5.6　Design parameter of excess letdown heat exchanger

参数	数值
设计压力(内)(绝压)/MPa	0.62
设计压力(外)(绝压)/MPa	0.18
设计温度/℃	110
总容积(正常)/m^3	10.6
液态容积(正常)/m^3	4.1
正常温度/℃	46
正常压力(绝压)/MPa	0.17
最大充水流量/(t/h)	31.24
最大排水流量/(t/h)	31.24
最大流量下的压降(喷嘴)/MPa	0.05

10) 密封水热交换器

密封水热交换器利用 WCC 系统将反应堆冷却剂泵高压密封引漏水、从过剩下泄热交换器排出的反应堆冷却剂、上充泵最小流量冷却到容积控制箱正常温度，设计流量应大于上述流量的总和。

密封水热交换器是一个 U 形管壳式热交换器，管子焊到管板上，水室封头有分程隔板。密封水热交换器主要性能参数见表 5.7。

表 5.7　密封水热交换器主要性能参数

Table 5.7　Design parameter of reactor coolant pump seal water heat exchanger

运行		正常密封	密封故障
设计压力(绝压)/MPa	管侧	1.15	
	壳侧	1.4	
设计温度/℃	管侧	121	
	壳侧	90	
运行压力(绝压)/MPa	管侧	0.8	0.8
	壳侧	0.8	0.8
流量/(kg/h)	管侧	19030	30470
	壳侧	24880	24880
入口温度/℃	管侧	61.5	63
	壳侧	35	35
出口温度/℃	管侧	47	51.5
	壳侧	46	49
热负荷/kW		316	407
压降(最大)/MPa	管侧	0.01	0.015
	壳侧	0.09	0.09

11）密封水注入过滤器

在反应堆冷却剂泵密封水注入的共用管线上，并联设置了两台密封水注入过滤器。它们收集大于 5μm 的颗粒。每台过滤器按最大密封水流量设计。

12）密封水返回过滤器

密封水返回过滤器收集从反应堆冷却剂泵密封返回和过剩下泄通道来的大于 5μm 的颗粒。它的处理能力为过剩下泄流及所有反应堆冷却剂泵的高压密封泄漏的总和。

4. 系统运行

化学和容积控制系统是一个在电厂正常运行期间使用的系统。系统正常运行时，反应堆冷却剂从正常下泄通道排出，备用的过剩下泄通道和 RHR-RCV 低压下泄通道被隔离，一个下泄孔板和一台上充泵投入运行，只有一台混合床除盐器投入运行，反应堆冷却剂通过正常上充通道返回 RCS 系统，辅助喷淋被隔离。

5.1.2 反应堆硼和水补给系统

RBM 系统用于配合 RCV 系统实现主回路的装量平衡、硼浓度调节和化学加药。电厂在瞬态运行阶段(包括启停堆，功率调节等)以及随着燃料燃耗的加深，需要通过 RBM 系统将除盐除氧水、硼酸溶液，或两者配比后的溶液送到容积控制箱或直接送到上充泵入口，通过上充泵输送到一回路，以实现补水、补硼功能。实现一回路加药功能的加药箱也设置在 RBM 系统。

“华龙一号”RBM 系统设计采用了成熟的系统配置方案，系统容量针对“华龙一号”一回路的水装量做了相应的调整。

1. 系统功能

RBM 系统的主要功能如下：

(1)制备并贮存 7000～8000ppm 的硼酸溶液。

(2)经由 RCV 系统，调节 RCS 系统的硼浓度。

(3)提供除氧除盐水和硼酸溶液，补偿 RCS 系统的泄漏，补偿瞬态冷却引起的反应堆冷却剂体积的收缩。

(4)为 RCS 系统制备并注入联氨溶液(控制反应堆冷却剂的氧含量)和氢氧化锂溶液(控制反应堆冷却剂的 pH)。

系统的辅助功能包括：向稳压器卸压箱提供辅助喷淋水；为内置换料水箱(IRWST)和应急硼注入(REB)系统的硼酸注入箱提供初始注入水和补给水；向 RCV 系统的容积控制箱注水，以排出该箱中的气体。

2. 系统描述

RBM 系统的各项功能通过以下各分系统实现：除氧除盐水贮存和输送系统、硼酸溶液制备系统、化学添加系统和 4%硼酸溶液贮存和输送系统。RBM 系统流程图见图 5.2。

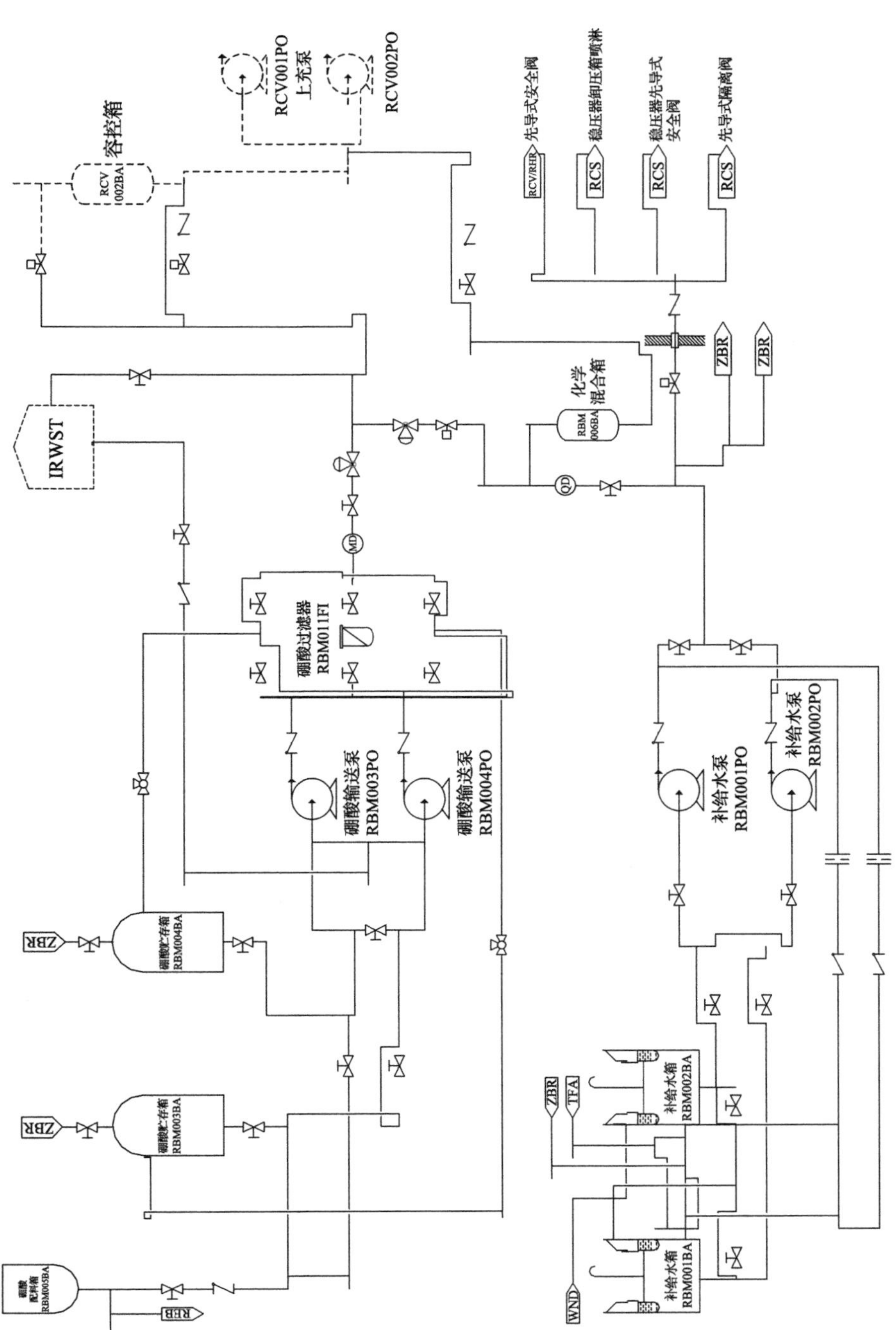

图 5.2 反应堆硼和水补给系统流程图

Fig. 5.2 Reactor boron and water makeup system flow diagram

1）除氧除盐水贮存和输送系统

系统设置两个补给水箱来贮存除盐除氧水，当一个箱正在充水或备用时，另一个箱可向机组供水。补给水箱的首次充水或快速补水均用来自核岛除盐水分配系统经辅助给水系统除氧器除氧后的水，充水流量 $60m^3/h$，正常补水则取自硼回收（ZBR）系统处理后的冷凝水，补水流量为 $31.4m^3/h$。

2）硼酸溶液制备系统

硼酸溶液制备系统用来配置 7000～8000ppm 的硼酸溶液。

3）化学添加系统

系统配有一个化学混合箱，用于配制控制反应堆冷却剂水中氧含量的联氨溶液和控制反应堆冷却剂 pH 的氢氧化锂溶液两种化学试剂。

4）4%硼酸溶液贮存和输送系统

RBM 系统 4%～4.4%硼酸溶液来自 ZBR 系统，或预先在硼酸配料箱中配好，在使用前平均贮存在两个硼酸贮存箱内。为防止硼酸贮存箱内溶液复氧或复二氧化碳，两个箱都采用氮气覆盖密封。机组设置两台硼酸输送泵用于输送 4%硼酸溶液，泵不要求连续运行。泵电机的应急电源由柴油发电机组供应。硼酸溶液通过泵出口的共用过滤器进行过滤。其他中间浓度的硼酸溶液可通过除盐除氧水同 4%硼酸溶液相混合得到。

3. 主要设备

1）补给水箱

两台补给水箱的总有效容积（$2\times410m^3$）足够保证在燃料循环末期（含硼 50ppm）机组从冷停堆状态启动至额定功率时所需的稀释量，也足够保证提供机组热停堆并随后在最大氙浓度重新启堆所需要的容量。为了保证提供过渡到冷停堆期间反应堆冷却剂液体收缩所要求的反应堆冷却剂补给水，补给水箱必须为带功率的机组至少容纳 $90m^3$（可用体积）的水。补给水箱由若干墙壁所包围，形成一个 $900m^3$ 容量的滞水结构，主要设计参数见表 5.8。

表 5.8　补给水箱主要设计参数

Table 5.8　Design parameter of demineralized water tanks

设计参数	数值
流体类型	除盐水
最大工作压力（表压）/MPa	0.005
最大工作温度/℃	50
可用容积/m^3	410
充水流量/（m^3/h）	60
排空流量/（m^3/h）	60
内部压力（表压）/MPa	最大+0.005
内部温度/℃	50
负压值/MPa	最小至 0.003

2）硼酸配料箱

硼酸配料箱用来配制硼酸溶液。硼酸配料箱装有电加热器用来加热除盐水，溶解硼酸晶体（H_3BO_3），并防止硼酸晶体析出。为了补偿 230L/h 的一回路泄漏，硼酸配料箱设计成能容纳 2 天所需的硼酸溶液补给量。

3）化学混合箱

注入 RCS 系统的化学试剂是在化学混合箱中制备的。化学混合箱是按照容纳足够量的 35%联氨溶液，以控制反应堆冷却剂含氢浓度为 10ppm，达到除氧目的而设计的。化学混合箱要容纳足够量的氢氧化锂溶液用作 pH 控制的化学试剂。

4）硼酸贮存箱

硼酸贮存箱容量的设计要满足反应堆在寿期末的换料停堆，每个硼酸贮存箱的有效总容积（可用体积）为 140m^3。在低报警液位时，每个贮存箱的硼酸贮存量能够保证反应堆达到冷停堆时保持在次临界状态，并且考虑氙衰变引起的反应性增加及假定最有价值控制棒组件完全提出堆芯的情况。硼酸贮存箱的主要设计参数见表 5.9。

表 5.9　硼酸贮存箱主要设计参数

Table 5.9　Design parameter of boric acid storage tanks

设计参数	内容
流体类型	4%硼酸溶液
气相	氮气
最大工作压力（表压）/MPa	0.07
最大工作温度/℃	40
可用容积/m^3	140
总容积/m^3	142
内部压力（表压）/MPa	≥0.1
内部温度/℃	≥40

5）补给水泵

系统设置两台补给水泵。每台补给水泵的额定流量满足反应堆需要并按预先设定投入运行。因为除盐水的需求是不连续的，所以泵预调为间断使用，在正常情况下作为备用。补给水泵主要设计参数见表 5.10。

6）硼酸输送泵

系统设置两台硼酸输送泵。在机组正常运行时，一台泵足以满足反应堆需要，并按预先设定的程序投入运行。在失去给水后从热停堆到冷停堆，一台泵提供约 24m^3/h 的硼酸流量（通过直接硼化管线），以达到冷停堆所需的堆芯硼浓度。两台硼酸输送泵由两个系列的应急柴油发电机提供备用电源。硼酸输送泵主要设计参数见表 5.11。

表 5.10 补给水泵主要设计参数

Table 5.10 Design parameter of demineralized water pumps

设计参数	内容
流体类型	除盐除氧水
最小吸入压力（表压）/MPa	0.005
最大吸入压力（表压）/MPa	0.11
最小/最大温度/℃	4.3/50
额定流量/(m^3/h)	36.1
相应扬程/m	155
NPSHa/m	8.67

表 5.11 硼酸输送泵主要设计参数

Table 5.11 Design parameter of boric acid pumps

参数	内容
流体类型	4%硼酸溶液
最小吸入压力（表压）/MPa	0.1
最大吸入压力（表压）/MPa	0.21
最小/最大温度/℃	22/40
额定流量/(m^3/h)	19.1
相应扬程/m	≥110
NPSHa/m	10

7）硼酸过滤器

注入 RCS 系统前，硼酸溶液需经硼酸过滤器过滤。硼酸过滤器位于硼酸输送泵的出口管上，设计提供最大流量 31.4m^3/h，过滤效率 98%，滞留颗粒≥5μm。

4. 系统运行

系统按照满足 RCS 系统正常运行期间硼化、稀释和补给不同运行模式的要求来设计，以 5 种不同的方式运行，分别为自动补给、缓慢稀释、快速稀释、硼化、手动补给。每种运行方式在运行前预先设定为自动运行状态。

1）自动补给

在反应堆正常稳态运行中使用自动补给方式，向 RCS 系统提供所需浓度的硼酸溶液以补偿 RCS 系统的少量泄漏。

操纵员预先设定好自动补给的硼浓度。除盐水的流量整定值也由操纵员在主控室设定或由工程师在工程师站进行预先设定，而硼酸的补给流量经控制室调节，使总的补给硼浓度与反应堆冷却剂的硼浓度相同。

2）手动补给

手动补给方式用于以下两种情况：①向容积控制箱中补水以排出箱中的氮气或氢气；

②内置换料水箱的首次充水和补水。操纵员在补给控制站设置需要的硼酸和除盐水的量。手动补给的浓度由操纵员通过调节硼酸和除盐水的流量预先设定。补给浓度和反应堆冷却剂的硼浓度比较，有一个报警显示补给浓度过低。

3) 缓慢稀释

该模式用于将预定量的除盐水送到容积控制箱。操纵员通过补水累积流量计设定要求的容积，流量控制器按控制室选择开关整定到“稀释”点，然后开始稀释。

4) 快速稀释

当要求比缓慢稀释更快提供稀释时，采用快速稀释。补给水同时喷淋入容积控制箱并输送到上充泵吸入侧。只有在 RHR 系统未接入，且至少一台反应堆冷却剂泵运行时，才进行快速稀释。

5) 硼化

该模式用来将预定量的 4%硼酸溶液加入反应堆冷却剂系统。操纵员将硼酸累积流量计整定到要求的硼酸体积，在控制室的模式选择开关上将流量控制器整定点调到“硼化”位置。按硼化指令启动一台硼酸输送泵，打开上充泵吸入侧的阀门，使用调节器自动控制器调节阀动作进行硼化。当达到预定体积或操纵员提前结束硼化操作时，硼酸输送泵停运，并自动关闭响应管线阀门。

5.1.3 余热排出系统

电厂状态从热停堆转到冷停堆一般分为两个阶段，当一回路参数比较高(压力大于 3MPa，温度大于 180℃)时，通过蒸汽发生器二次侧带热来降低主回路参数，当一回路参数降低后(压力小于 2.8MPa，温度低于 180℃)，通过蒸发器二次侧带热效果降低，此时需要通过正常 RHR 系统来控制一回路的降温降压，RHR 系统热交换器将一回路的热量直接传递给设备冷却水系统，再传递到最终热阱。

当电厂处于冷停堆状态时，RHR 系统用来维持堆芯温度。

当电厂从冷停堆状态恢复到热停堆状态时，在主回路参数达到压力 2.8MPa、温度 180℃之前，RHR 系统用于控制一回路的升温速率。

“华龙一号”RHR 系统总体配置上采用了成熟的系统配置方式，但是系统布置上进行了较大调整。二代改进性机组 RHR 系统整体布置在安全壳内，“华龙一号”将系统的主要设备(泵和换热器)布置在核辅助厂房。这样的布置方式避免系统主设备只能在停堆阶段、当安全壳处于打开状态时才能进行检修的问题，提高了系统的可靠性和换料停堆阶段的可运行性。

1. 系统功能

电厂停堆期间，在反应堆冷却的第二阶段(即经蒸汽发生器初步冷却和降压后)，系统用来导出堆芯余热和 RCS 系统的热量。具体包括以下方面：

(1) 降低反应堆冷却剂温度。通过排出反应堆冷却剂的热量，将反应堆冷却剂的温度从 180℃降至 60℃。

(2) 维持冷停堆温度。在达到冷停堆工况时，系统能将反应堆冷却剂温度维持在冷停堆工况，并可满足换料和维修操作所需要的持续时间。

(3) 循环反应堆冷却剂。在停堆和启堆期间，当主泵均未投入使用时，余热排出泵能使反应堆冷却剂通过 RCS 系统和堆芯进行循环。

当压力下降到正常下泄系统无法运行时，利用与 RCV 系统间的接管进行反应堆冷却剂的下泄。当 RCV-RHR 返回管线开通时，即使不使用 RCV 系统上充泵也能完成反应堆冷却剂的净化。

RHR 系统承担的安全功能包括：

(1) 在蒸汽发生器传热管破裂(SGTR)事故下，冷却反应堆。

(2) 在小破口事故下，如果 RCV 系统能维持稳压器水位，使用该系统来排出余热。

(3) 在冷停堆期间，通过 RHR 系统的卸压阀对 RCS 系统提供一定程度的超压保护，但该系统并不是一个专设安全系统。

2. 系统描述

RHR 系统流程图见图 5.3。RHR 系统从 RCS 系统环路 2 热段引出，借助两条安注箱注入管注入反应堆压力容器。RCS 系统环路 2 热段和余热排出泵之间并联设置两条管线，每条管线设置两个电动隔离阀。

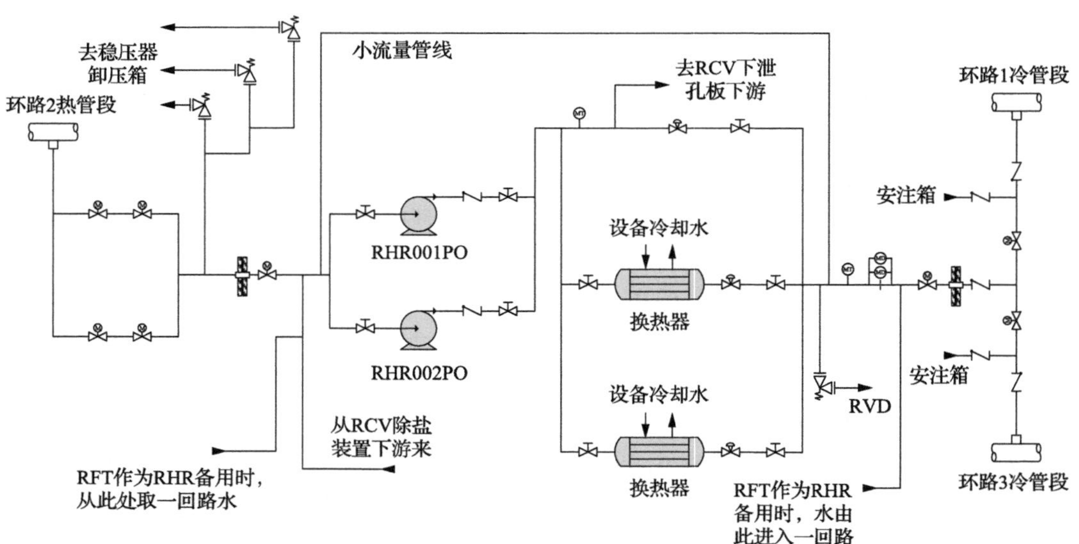

图 5.3　余热排出系统流程图

Fig. 5.3　Residual heat removal system flow diagram

两台余热排出泵并联布置，各设置一个入口隔离阀、一个出口止回阀和一个出口隔离阀。泵的出口管线经一段母管再并联布置到两台余热排出热交换器上，同时从母管上引出一条管线，管线上布置三组卸压阀(每组各两台阀门)，卸压阀的排放管接到稳压器卸压箱。热交换器的进出口分别设置两台隔离阀(进出口各一台)。

RHR 系统的排出管分别接到环路 1 和环路 3 冷段上的安注箱注入管线上，在接管处上游的安注箱注入管线上，分别设置一止回阀和一电动阀。为了保护余热排出泵，在热交换器下游的母管上设置一条最小流量回流管线。

RHR 系统与 RCV 系统的下泄管路相连，用于进行 RCS 系统的化学与容积控制，流体经上充管线返回。一旦上充泵不能运行，可通过余热排出泵代替其运行。在余热排出泵上游有一连接管线与 RFT 系统相连，使 RFT 系统处于备用状态。一旦 RHR 系统不能运行或在检修时，且反应堆顶盖开启的情况下，RFT 系统可代替 RHR 系统对堆芯进行冷却。

3. 主要设备

1) 热交换器

RHR 热交换器可以在反应堆停堆后 20h 内，通过两台泵和两台热交换器的运行使反应堆达到冷停堆状态(t=60℃)。RHR 系统设有两台并联的热交换器，以保证一台热交换器不能运行时仍具有部分导出热量的能力。热交换器主要设计参数见表 5.12。

表 5.12　热交换器主要设计参数

Table 5.12　Residual heat exchanger component data

项目	数值
设计压力(表压)/MPa	6.21(管侧)
	1.2(壳侧)
设计温度/℃	180(管侧)
	93(壳侧)
最高入口温度/℃	180(管侧)
	40(壳侧)
额定流量/(m^3/h)	910(管侧)
	1000(壳侧)
入口温度(设计值)/℃	60(管侧)
	35(壳侧)
出口温度(设计值)/℃	50(管侧)
	44(壳侧)
热负荷(设计值)/kW	10600
压降(额定流量下)/MPa	0.15(管侧)
	0.08(壳侧)

2) 余热排出泵

RHR 系统设有两台完全一样的泵，每台泵的容量为系统总流量的一半。计算泵总扬程时，假定一台反应堆冷却剂泵运行，并且返回到冷段的循环管路没有发生故障，并考虑经过 RCS 系统和 RHR 系统的压力损失。

余热排出泵主要设计参数见表 5.13。

表 5.13　余热排出泵主要设计参数

Table 5.13　Residual heat removal pump component data

项目	数值
设计压力(表压)/MPa	6.21
设计温度/℃	180
入口温度/℃	15～180
最小流量/(m^3/h)	120
最小流量下的扬程/m	95
额定流量(两台泵运行)/(m^3/h)	910
额定流量下的扬程/m	77
额定流量下的 NPSH/m	5.1

4. 系统运行

电厂正常运行时，RHR 系统与 RCS 系统隔离，只在启动、停堆期间才投入运行。

1)维持冷停堆状态的稳态运行

在机组处于正常冷停堆、维修冷停堆和换料冷停堆期间，系统的入口阀和出口阀均打开，两台余热排出泵及两台热交换器均投入运行。

2)从 180℃冷却到 60℃的正常瞬态运行

此瞬态发生在由热停堆向冷停堆过渡的过程中，瞬态开始时的初始状态压力为 2.8MPa(绝压)，温度为 180℃。首先，RHR 系统开始启动，调节主回路系统的温度和压力，系统准备投入运行。RHR 系统的状态与正常稳态运行的状态相同。在冷却过程中，要控制流过热交换器的流量，从而限制冷却速率为 28℃/h。当温度降到 70℃时，最后一台主泵必须停运，随后由 RHR 系统与稳压器辅助喷淋系统一起，将 RCS 系统继续冷却到 60℃。

在冷却阶段，系统压力保持恒定。在稳压器汽腔消失之前，通过稳压器手动控制压力。借助稳压器喷淋系统及增加 RCV 系统的上充流量，使稳压器汽腔消失。当稳压器充满水时，则由 RCV 系统的阀门来控制压力。在主泵停运后，将控制系统阀门的压力整定值调到冷停堆值，从而降低反应堆冷却剂的压力。

3)从 60℃到 180℃的正常瞬态运行

RHR 系统用于从冷停堆到热停堆的升温过程中时，在主泵启动之前，RCS 系统的压力通过 RCV 系统的阀门升到约 2.6MPa(绝压)。在 RHR 系统运行过程中，RCS 系统压力维持恒定。

用主泵和稳压器电加热器分别加热反应堆冷却剂回路及稳压器中的冷却剂，使其升温，升温速率通过 RHR 系统限制在 28℃/h。在 80℃时，开始建立化学特性，直至 120℃之前完成。必要时投入余热排出泵，使之停止升温。

当稳压器温度升高到 RCS 系统压力[2.6MPa(绝压)]下的饱和温度(226℃)时，稳压器内开始形成汽腔，进而稳压器水位控制转换到自动控制。反应堆冷却剂温度一旦达到

180℃时，RHR 系统即被隔离。

电厂正常运行时，余热排出系统不投入运行，其压力低于 2.8MPa(绝压)。

4) 特殊瞬态运行

特殊瞬态运行包括系统充水、系统排气和换料期间 RHR 系统的隔离。

5.1.4 反应堆换料水池及乏燃料水池冷却和处理系统

核电厂投运后，每个换料周期产生的乏燃料组件被引至乏燃料贮存池集中存放，由于乏燃料的持续放热，因此需要为乏燃料贮存池设置专门的冷却系统，导出乏燃料的衰变热。核电厂设置的 RFT 系统用于实现冷却乏燃料贮存池的功能，该系统还用来实现厂乏燃料水池的净化除盐，以及换料操作期间换料相关水池的充、排水操作。

在非换料工况下，乏池的热负荷较低，所需的系统冷却能力不高。为了提高机组可利用率，尽量缩短换料停堆时间，电厂采用全堆芯卸料的换料策略，因此在换料工况下，乏池的热负荷比正常贮存工况大很多，需要系统具备较大的冷却能力。RFT 系统的配置及容量设计需综合考虑非换料工况和换料工况的热负荷，科学合理地设置冷却列数量及每个冷却列的容量，以满足不同工况的需求。

“华龙一号”RFT 系统并联配置了 3 个冷却列，每个冷却列设置一台乏燃料水池冷却泵和一台板式热交换器。在非换料工况下，只需要运行一个系列，就能满足乏燃料水池冷却要求；在换料工况下，需同时启动两个冷却列以维持换料水池的温度满足换料操作需求，此时另外一个冷却列作为在运列的备用，保证了系统的可靠性。

维持乏燃料水池的冷却能力及水装量是安全相关功能，根据福岛核事故经验反馈，“华龙一号”机组加强了乏燃料水池的移动应急补水能力，通过设置固定的临时应急补水接口，可以在乏燃料水池失冷的极端工况下，借助移动补水泵、消防车等形式，为乏燃料水池提供应急补水。

1. 系统功能

RFT 系统的功能体现在如下几个方面。

1) 使乏燃料保持在次临界状态

乏燃料贮存池内的水为含硼水，最小硼浓度为 2300ppm，该硼浓度足以维持乏燃料处于次临界状态。

2) 保证工作人员的生物防护

在乏燃料水池内乏燃料贮存格架上部，以及换料期间安全壳内部反应堆换料水池里，需要维持一定厚度的水层，该水层起到生物防护的作用；另外，系统设置的过滤和除盐回路以及撇沫回路用于去除反应堆换料池水和乏燃料池水中存在的腐蚀产物、裂变产物和悬浮颗粒。

3) 乏燃料水池冷却

排出贮存在乏燃料水池中乏燃料组件释放出的余热。在换料工况下 RCS 系统回路开启以后(如蒸汽发生器或反应堆压力容器)，在 RHR 系统不能利用的情况下，作为 RHR 系统的备用。

4) 维持水位和充排水

在乏燃料水池内贮存燃料元件时，系统维持乏燃料水池的水位；对乏燃料容器装载井和燃料转运舱充水和排水；在每次反应堆换料期间为反应堆换料水池充水、排水；在水闸门关闭后，为堆内构件贮存池充水和排空；在 RHR 系统未接入 RCS 系统时，RFT 系统可以保持 RHR 系统压力充水。

2. 系统描述

系统流程示意图见图 5.4。每个机组的 RFT 系统包括下列各项。

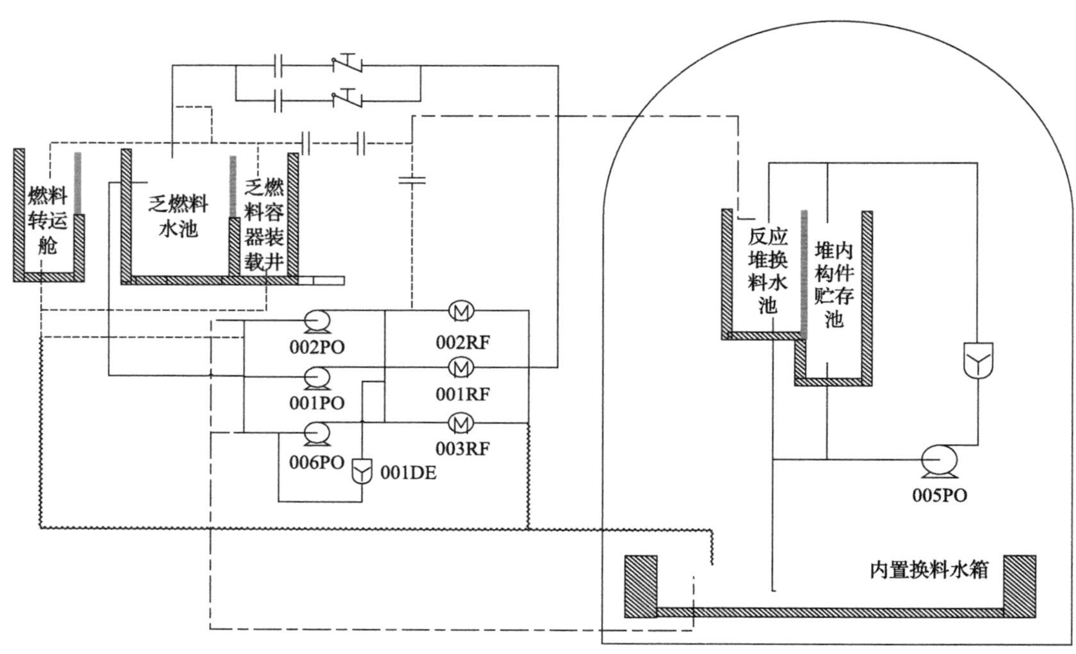

图 5.4　RFT 系统流程图

Fig. 5.4　RFT system flow diagram

1) 乏燃料水池的冷却和净化回路

冷却回路包括三个冷却列，每个冷却列配备有一台 100%容量的冷却水泵和一台 100%容量的热交换器。过滤除盐回路只有一个，该回路从泵的下游分流，回路上包括两台串联的过滤器和一台除盐器。

2) 水池表面过滤和撇沫装置

乏燃料水池和反应堆换料水池各配备一套过滤和撇沫装置。乏燃料水池表面过滤和撇沫装置配备一台撇沫泵和一台过滤器。反应堆换料水池撇沫回路配置一台泵，泵出口与换料水池排水过滤回路连接。

3. 主要设备

1) 热交换器

设计上采用了采用板式热交换器。乏燃料水池的冷却回路从水池+11.5m 标高处将水抽出，通过热交换器后，再将水从+15.00m 处排回水池。热交换器主要设计参数见表 5.14。

表 5.14 热交换器主要设计参数

Table 5.14 Heat exchanger component data

冷却水热交换器	冷侧	热侧
连接系统	WCC	RFT
额定流量/(m^3/h)	450	450
入口温度/℃	35	50
换热量/MW	5.635	5.635

2) 泵

系统除配置 3 台乏池冷却泵外，还设有乏燃料水池水表面杂质的撇沫泵、换料水池水表面杂质的撇沫泵和用于反应堆换料水池的过滤泵。RFT 系统泵类主要设计参数见表 5.15。

表 5.15 RFT 系统泵类主要设计参数

Table 5.15 RFT pump component data

参数	乏燃料水池		反应堆换料水池	
水泵名称	冷却回路用泵	撇沫回路用泵	撇沫回路用泵	过滤回路用泵
额定流量/(m^3/h)	510	5	6	100
额定流量下扬程/m	60	32	20	42
净正吸入压头/m	27.5	15	5	20
额定流量下最小 NPSH/m	8	2	2	6
主要材料	不锈钢	不锈钢	不锈钢	不锈钢

3) 过滤器

RFT 系统设有 5 台过滤器用于乏燃料水池和换料水池的过滤净化。过滤器主要设计参数见表 5.16。

表 5.16 过滤器主要设计参数

Table 5.16 Filters data

参数	乏燃料水池过滤器(后)	乏燃料水池过滤器(前)	反应堆换料水池过滤器	乏燃料水池撇沫过滤器
额定流量/(m^3/h)	60	60	50	5
最大工作压力/MPa	0.75	0.75	0.75	0.35
设计温度/℃	80	80	80	80
过滤精度/μm	5	25	5	5
过滤效率/%	98	98	98	98
截污容量/g	3750	3400	3750	400
材料	不锈钢	不锈钢	不锈钢	不锈钢

4. 系统运行

1) 非换料工况

在非换料工况下，系统的一个冷却列处于连续运行，过滤除盐回路也处于连续运行。乏池冷却泵从乏燃料水池标高＋11.5m 处将水抽出，通过热交换器进行冷却后，将水从+15.00m 处排回水池。如果系统运行期间，乏燃料池水温度超过 60℃，则隔离过滤器/除盐器回路，以免影响除盐器功能。乏燃料水池和反应堆换料水池的撇沫过滤回路由操作人员根据水表面杂质存在的情况间断启动。

2) 换料工况

换料工况下的系统运行包括如下几个部分：

(1) 换料水池的充排水操作。

由 RFT 的一台冷却水泵从内置换料水箱取水，向燃料转运舱、反应堆换料水池和对内构建贮存水池充水。

反应堆换料水池排水采用重力排水，直接排入内置换料水箱的方式，排水过程可根据池壁喷淋清洗的要求随时终止，并在池壁喷淋清洗之后恢复。反应堆换料水池排空后，必须将水池排水管上的隔离阀切换至开启。

(2) 换料期间的反应堆换料水池水过滤除盐。

用泵从水池底部取水并循环，流经过滤器后，由顶部返回水池。

(3) 反应堆换料水池壁的冲洗。

在反应堆换料水池的排水期间，池壁要用喷淋水冲洗。为冲洗池壁，要安装两个由喷嘴组成的喷淋环，一个位于反应堆换料水池顶部，另一个位于反应堆堆内构件上部。这种配置能够避免人为因素对去污的干扰，从而减少了积累剂量。

(4) RFT 作为 RHR 系统的备用。

反应堆一旦达到冷停堆，在反应堆冷却剂系统回路开启之后，RFT 系统的第二冷却系列处于为 RHR 的备用状态。

3) 乏池失冷事故工况

根据福岛核事故经验反馈，为乏燃料贮存水池配置了应急补水管线。在紧急工况下，乏燃料水池通过设置的应急补水管线，可以使用电厂自配的消防车或其他方式执行为乏池应急补水。补水管线的接口采用通用的消防接头，便于连接。另外，临时补水接口的位置选取上也进行了充分考虑，以方便操作。

5.1.5 核取样系统

电厂正常运行期间，主回路及各流体系统中介质的化学指标及放射性指标需要满足电厂化学和放射化学规范要求，以确保机组运行安全，避免放射性水平超标和系统设备腐蚀。对各系统介质进行取样化验是掌握化学和放射性指标的直接手段，为了实现对各系统的取样，核电厂设置核取样系统，该系统提供一套从反应堆冷却剂回路、其他核辅助系统、安全系统、蒸汽发生器二次侧回路、废液和废气处理系统等取得液体和气体样品的集中装置。另外，通过核取样系统也提供事故后对特定系统取样的能力。

"华龙一号"核取样系统采用了成熟的、经充分实践的系统配置和取样方式。

1. 系统功能

电厂正常运行期间，通过系统设置的集中取样装置，实现对高放射性液体、低放射性液体、正常非放射性液体和气体样品的取样。事故后，将来自主回路(2、3环路)和安全壳喷淋系统取出的样品送至取样间。

2. 系统描述

1)样品分类

系统样品分为高放射性液体、低放射性液体、正常非放射性液体和气体样品。

(1)高放射性液体主要包括反应堆冷却剂系统的液体样品(包括事故后状态)、硼回收(ZBR)系统除气塔上游的液体样品、液体废物处理(ZLT)系统前贮槽的液体样品、安全壳喷淋(CSP)系统液体样品(事故后状态)、余热排出(RHR)系统和化学容积控制(RCV)系统取的液体样品。

(2)低放射性液体包括ZBR系统除气塔下游、ZLT系统蒸馏液监测槽、安全注入(RSI)系统安注箱和RBM系统来的液体样品。

(3)正常非放射性液体包括蒸汽发生器(二次侧)的液体样品和蒸汽发生器排污(TTB)系统除盐器的液体样品。

(4)气体样品包括来自气体废物处理(ZGT)系统、ZBR系统、RCV系统等系统的样品。

上述样品均通过各系统连接至核取样间的取样管线送至核取样间，对于放射性液体和气体样品，均通过核取样间设置的手套箱或通风柜取得。

2)样品冷却和减压

用分析仪连续测量的每一种样品都要冷却和减压。来自主回路样品的温度必须被降低至35℃±1℃。为了实现冷却和减压，系统配置一级或两级冷却器，最终将样品温度降低到35℃。为了在维修时期更容易接近高温冷却器，冷却器布置在安全壳外尽可能靠近贯穿件的地方，以防止高温放射性液体在安全壳外远距离输送。高温冷却器由设备冷却水(WCC)系统提供的设冷水冷却。设冷水最高温度是35℃。低温冷却器用经过核岛冷冻水系统再次冷却到30℃以下的设备冷却水来冷却。

样品的减压手段包括能动降压(对易于采用自动调节的所有取样管线用减压阀自动降压)或非能动降压(对于从安全注入系统安注箱来的样品采用迷宫式节流装置降压，对于低压样品用单个控制阀降压)方式。

3)取样代表性

测量仪表和各种取样管线的连接用手动操作，用一个可移动的带有快速接头的软管来连接(在事故后取样管线上装有专用的管接头)。

为了便于监测取样流体特性的快速变化，采用下述方法：

（1）RCS 系统、RHR 系统和蒸汽发生器排污（TTB）系统的液体取样管线设计流量为 250L/h。

（2）ZBR 系统取样管线上设置有取样流体返回管线。这样可随时提供有代表性的样品。

（3）没有投入使用的取样管线其流量减少到 40L/h。但是从稳压器汽相来的管线不取样时要隔离，以避免由于汽化使液相中的硼浓度上升。

RNS 系统取样管道要足够大，以避免固体沉积物阻塞。为了取得有代表性的样品，特别是残渣的分析，尽量避免可能引起管线上沉积物累积的事故。因此，高温冷却器是单管式的。

4）样品回收

为了限制废液的产生，大部分样品流体要回收。

从 RCS 系统来的样品流体在正常运行期间回收到容积控制箱（RCV002BA）；在换料冷停堆期间，由于 RCS 系统和 RCV 系统容积控制箱的压力状况，分析后的样品流体不能回到 RCV 系统容积控制箱（容积控制箱也是预先设定的）。但是，为了保证连续分析而又不将样品流体排向 RVD 系统，则从 RHR 系统泵的下游取样，再将样品流体返回到 RHR 系统泵的上游。

从 ZBR 系统来的样品流体作如下回收：从除气塔上游来的样品流体返回到前贮槽；从除气塔下游来的样品流体返回到除气塔；从中间贮槽来的样品流体返回到同一贮槽；从蒸馏液监测槽来的样品流体返回到同一监测槽。从 TTB 来的样品流体返回到凝汽器。从 ZLT 来的样品流体送到工艺疏水坑，然后由 ZLT 系统再处理。

5）事故后取样的考虑

事故后取样接头布置在手套箱中。事故后取样管线上配备有针形堵头的快速连接头，用一个铅屏蔽桥将取样接头相互连接起来。铅屏蔽桥取样后或测量硼浓度后，可以用除盐水分配系统（WND）的除盐水来冲洗取样管线。在事故后情况下，取样前所有不使用的取样管线必须隔离，只有装配有事故后取样接头的管线维持运行。

3. 主要设备

1）手套箱

为了改善操作人员的防护条件，手套箱与 ZGT 系统相连（经过 RVD 系统的含氧废气系统）。每个手套箱都配备有一个负压调节器。在手套箱的上方，有流量、温度和压力指示器。

2）气体通风柜

为了保证气体的有效回收，不管其密度如何，用来自辅助厂房通风（VNA）系统的新鲜空气对通风柜进行连续吹扫，通风柜靠直接与 VNA 系统的碘通风管道相接来排风，该通风管道没有维持负压的风机（抽风机的启动会导致抽风管道超压的危险，并会破坏与同一抽风管道相连的其他房间的通风）。

两个气体取样容器用于实验室分析。取样容器可以连接到RVD系统进行吹扫，用软管实现这些容器和管线的连接。

通风柜备有一个取样前作吹扫容器用的氮气接头和来自WND系统的除盐水接头。

3）液体通风柜

液体通风柜与上述气体通风柜的设计是相同的。如果测量只需添加一种化学试剂，样品分析可在现场进行。如果样品必须送到实验室分析，也可装入小型取样容器送到实验室。

4. 系统运行

核电厂的取样是按照规范规定的取样频率来进行的。在所有运行状态，即功率运行、热备用、热停堆、正常冷停堆、换料冷停堆、蒸汽发生器检查和事故后状态下，核取样系统应全部或部分投入使用。

5.2 辅助冷却水系统

电厂运行期间，来自堆芯、乏燃料贮存水池的衰变热，以及各类运行设备产生的热量，都需要排至最终热阱。海水是"华龙一号"核电厂的最终热阱之一，也是最大的热阱。辅助冷却水系统用于实现将上述热量传送至海水。

来自核岛的部分冷却水用户的介质有放射性，为了避免放射性物质直接进入大海，造成环境影响，辅助冷却水系统设计采用设置中间循环回路的设计方式，划分为与冷却水用户直接相接的设备冷却水系统和直接与海水相接的重要厂用水系统。

5.2.1 设备冷却水系统

设备冷却水系统是一个闭式系统，作为一个中间回路，一端连接各用户，另一端连接重要常用水系统，实现将各用户的热量传递至海水。

"华龙一号"设备冷却水系统设计采用了成熟且经充分实践验证的系统配置方式，系统配置两个安全列，并设置一个可由任何安全列供水的公用列，用于为非安全相关用户服务。

设备冷却水系统在各个电厂状态下均需要运行，且在不同电厂运行状态下需要提供的流量差异较大，在配置和容量设计上如何既满足安全功能要求，又能尽量减少能源消耗，是系统设计的关键。"华龙一号"设备冷却水系统设计通过两个方面的工作，实现系统配置和容量的最优化：一是通过合理划分电厂工况，列出各工况下各用户的实际运行状态，找出最大工况下的容量需求作为系统的设计容量；二是充分结合二代改进型核电机组的设计经验反馈，合理考虑各用户所在管路的阻力偏差，从而整体上降低设备冷却水泵的设计扬程，避免选择过大的泵组。

1. 系统功能

WCC 系统的主要功能包括冷却核岛的各类热交换器；通过设备冷却水热交换器将热负荷传至最终热阱——海水；在核岛热交换器和海水之间形成屏障，防止放射性流体不可控地释放到海水中，避免每个核岛热交换器因采用海水冷却而引起腐蚀、污垢等问题。

系统的安全相关功能包括，在正常运行和事故工况下，把热量从重要的与安全有关的房间、系统和设备传给海水；当被冷却的热交换器可能受到污染时，防止放射性液体释放到海水。

2. 系统描述

系统流程示意图见图 5.5。设备冷却水系统包括两个独立的安全系列和一个公用环路，公用环路由两个设冷水系列中的任一系列供水。安全系列具有 100%的冗余度，设计中考虑单一故障准则及厂内厂外电源丧失的情况，两个系列分别由电源 A 列和 B 列供电，并由应急柴油发电机组作为备用电源。

系统的每个安全系列包括两台 100%容量的离心泵，两台板式热交换器(每台容量为总容量的 50%)及一台设冷水波动箱，波动箱布置在高位并连接至泵的吸入端。

每个安全系列冷却的设备有包括安全壳喷淋(CSP)系统热交换器、上充泵房应急通风(VCP)系统热交换器、电气厂房冷冻水系统的冷凝器、安全厂房冷冻水系统的冷凝器、反应堆换料水池和乏燃料水池冷却及处理系统热交换器、RHR 系统热交换器、一台氢浓度监测仪，以及部分系统电动泵的电机。

公用环路的冷却对象是指在事故工况下不需要提供冷却水的冷却器，它们可以通过任一安全系列供水，并可通过电动阀门与系统的安全系列隔离。

公用环路冷却下述设备包括核岛冷冻水(WNC)系统的冷凝器、蒸汽发生器排污(TTB)系统的非再生热交换器、反应堆冷却剂泵和稳压器卸压箱，RCV 系统过剩下泄热交换器、下泄热交换器和主泵密封水热交换器、RNS 系统热交换器、控制棒驱动机构通风系统(RRV)的热交换器、ZBR 系统的蒸发器和除气塔相关的热交换器、液体废物处理(ZLT)系统的蒸发器相关的热交换器、气体废物处理(ZGT)系统的压缩机冷却器、用于监测辅助蒸汽分配(WSD)系统凝结水活度的热交换器、运行服务厂房冷冻水(WAC)系统的热交换器。

系统设计时考虑了六种运行工况，海水最高温度为 T_7(失水事故时为 T_{max})，每一种运行工况都有一个相对应的设冷水供水温度，如表 5.17 所示。

表 5.17　设冷水系统的六种运行工况及相对应的设冷水供水温度

Table 5.17　Six operating conditions of component cooling system and corresponding water supply temperature

运行工况	堆启动	正常运行	冷停堆 4h 到 20h	冷停堆 20h 后	失水事故	次临界停堆
海水最高温度/℃	T_7	T_7	T_7	T_7	T_{max}	T_7
设冷水供水温度/℃	35	35	40	35	45	40

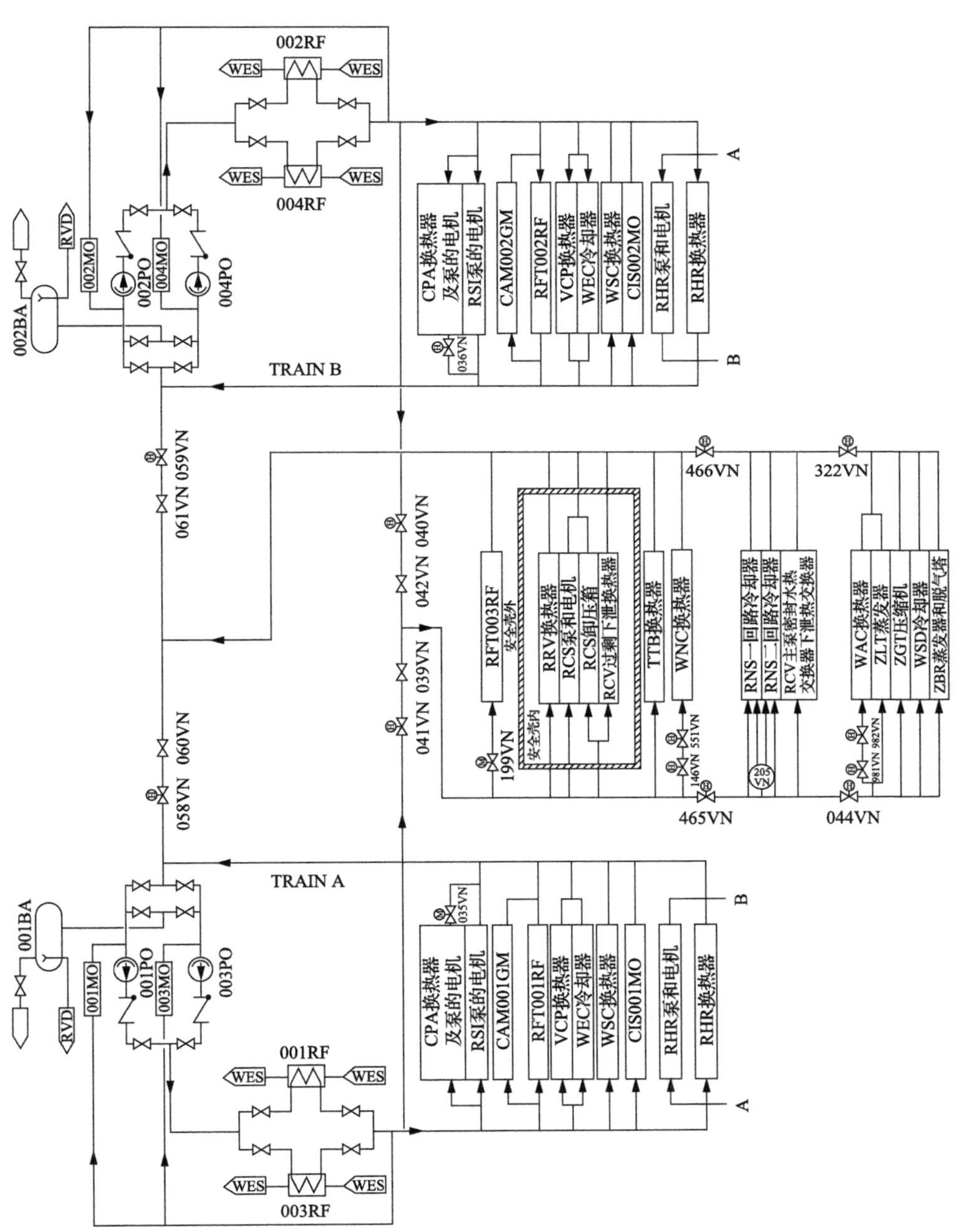

图 5.5　设备冷却水系统流程图

Fig. 5.5　Component cooling system flow diagram

3. 主要设备特性

1）设备冷却水泵

设备冷却水泵为卧式离心泵，泵电机分别加载 A、B 列应急柴油机，电机由自身提供的冷却水进行冷却。A、B 列设冷水泵设计满足 2×100%容量。泵的额定流量为 $3400m^3/h$，扬程为 60m。

2）热交换器

热交换器为板式热交换器，每个设备冷却水系列有两台板式热交换器，每台热交换器容量为 50%。

换热器的设计参数（正常工况）：换热负荷为 16.7MW；设备冷却水设计流量为 $1547m^3/h$；海水设计流量为 $1900m^3/h$；设备冷却水侧出口最高温度为 35℃；海水侧进口最高温度为 31.6℃。

3）波动箱

波动箱为 WCC 泵提供吸入压头，为闭式环路中设冷水的膨胀与收缩以及系统可能的泄漏提供容积补偿。波动箱可用容积为 $12m^3$；总容积为 $14.3m^3$。

4. 系统运行

1）正常运行

电厂功率运行期间，系统主要为 RFT 系统换热器、RCV 系统热交换器、主泵电机、部分废物处理系统以及冷冻水和通风系统提供冷却水。此时，一个系列的一台泵运行可以提供所需水量，另一台泵及另一个系列处于停运状态。

操纵员可定期采用手动方式将 A 列或 B 列设置为运行列。如果在运的一台泵故障停运，则与其并联的另一台泵会自动启动，如果并联的这台泵也不能启动，则另一系列的泵自动启动。

2）特殊稳态运行

在机组启动或停堆过程中及机组维持冷停堆状态时，需要多台泵或两个系列同时投入运行。

在反应堆启动过程中，由于 RCV 系统热交换器的用水量增加，以及蒸汽发生器排污系统换热器的投入等因素，一台泵的流量可能不足，此时通过启动在运列的第二台泵来保证用户需求。

在反应堆停堆过程中，由于 RHR 系统的投运以及 RFT 系统第二个冷却列的投运，需要 WCC 系统的两个安全列同时运行。一般情况下，一个系列的一台泵运行供 RHR 系统的一台热交换器和 RFT 系统一台换热器用水；另一个系列投运两台泵，供另一台 RHR 系统热交换器和 RFT 系统换热器以及公用环路上的所有用户使用。在停堆过程的不同阶段，根据堆芯衰变热水平的变化和主回路冷却速率的需求，WCC 系统两个运行列投入运行的泵的数量按照实际需求进行调整。

如果在停堆过程中仅有一个WCC系列可用，则可用列的两台泵给一台RHR热交换器和一台RFT系统的热交换器供水，并向各公共用户供水，该工况下设备冷却水有能力将反应堆冷却剂的温度保持在180℃以下。

3) 电厂事故工况下的运行

当电厂出现事故工况时，WCC系统自动动作，将系统状态配置到应对事故工况，主要的动作包括：

(1) 安全壳隔离A阶段信号和安全壳隔离B阶段信号将驱动WCC系统的安全壳隔离阀关闭，以确保事故工况下的安全壳隔离。

(2) 当安全壳喷淋信号出现时，处于备用状态的系列的一台泵自动启动，系统两列同时运行。其他动作包括：设备冷却水为安全壳喷淋系统换热器供水管线上的隔离阀自动开启；系统共用环路隔离阀自动关闭，并且确认另一系列的公用环路隔离阀已处于关闭状态。上述动作的目的是保证专设安全系统的可靠运行，并保证安全系列的供水。

(3) 当安全注入信号出现时，处于备用状态的系列的一台泵自动启动，系统两列同时运行。

5.2.2 重要厂用水系统

重要厂用水(WES)系统接收设备冷却水系统吸收来自核岛各用户的热量，并将热量排至大海。WES系统的介质为经过滤处理的海水，系统的关键设计因素包括：①防止板式换热器堵塞；②尽可能降低海水对系统设备的腐蚀；③尽可能降低系统阻力，从而尽可能降低重要厂用水泵设计参数。

针对上述关键因素，结合在运机组的运行实践，“华龙一号”WES系统设计采取了针对性设计措施。位于板式热交换器上游的贝类捕集器设计采用了新的形式，且滤网尺寸进行了设计优化。

1. 系统功能

WES系统的功能是把由WCC系统收集的热负荷输送到海水。该项功能由两条与安全有关的冗余系列来完成，它们用海水来冷却WCC系统的板式热交换器。

WES系统的安全功能体现在事故工况下把从安全有关构筑物、系统和部件传来的热量输送到海水。

2. 系统描述

每一个机组均有属于自己的WES系统。每个WES系统有两个独立且实体隔离的回路，形成A、B两个安全系列。每个系列中有两台100%容量的WES泵。对于海水直流冷却模式，在整个WES系统的起点，有两条吸水暗渠从WCF系统的鼓形滤网滤后取水。海水经WES泵提升，沿重要厂用水廊道进入核岛厂房，经过贝类捕集器后进入WCC/WES板式热交换器。每条回路的WES系统排水先排入溢流井，然后排入钢筋混凝土管道，最后汇入循环水(WCW)系统的虹吸井排至大海。每个机组设两条钢筋混凝土排水管。对每台机组，两个系列的溢流井之间连通以保持溢流井具有一定水位。

WES 系统流程图如图 5.6 所示。

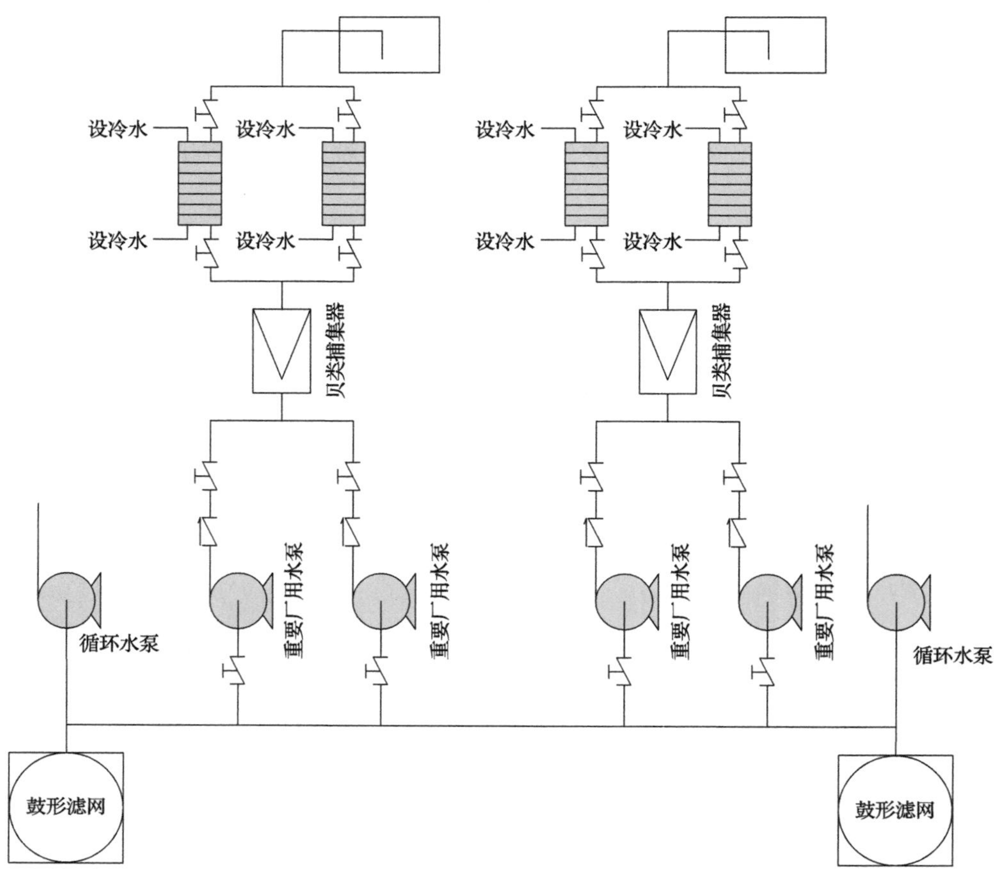

图 5.6 WES 系统流程图

Fig. 5.6 Essential service water system flow diagram

3. 主要设备

1) 重要厂用水泵

系统的每个系列设有并联的两台立式离心泵，参数见表 5.18。驱动电机位于水泵的上方，电机配应急电源。

表 5.18 WES 泵设计参数

Table 5.18 Parameter of essential service water pump

参数	单台泵运行	双泵并联运行
流量/(m^3/h)	3800	5000
扬程/m	38.0	50.0
功率/kW	560	
转速/(r/min)	985	

2) 贝类捕集器

在核燃料厂房内的系统管道上设有贝类捕集器(每个系列配有一台)。贝类捕集器是一个球形过滤器，海水从下方进入，滤后水从侧面排出。在过滤器上设有排污阀，可以用压差控制或由时间继电器控制阀门的开启进行反冲洗。

4. 系统运行

WES 系统是连续运行的。其中受其他系统运行状态制约的设备为 WES 泵，其运行数量取决于 WCC 系统回路中排出的热功率总量，泵的流量随 WCC/WES 板式热交换器的污垢系数和海水潮位的变化而变化。

1) 正常运行

当反应堆处于正常功率运行时，一个系列的一台泵运行，而另一个系列停运。

贝类捕集器的运行是与同系列的 WES 泵的运行相关的。只要该系列的 WES 泵动作，贝类捕集器即同时投入。排水阀按压差控制并以时间继电器控制开启，在正常运行工况下以时间继电器控制，运行中压差控制优先启动反冲洗程序。

2) 特殊稳态运行

在机组启动或停堆过程中，以及机组维持冷停堆状态时，需要多台泵或两个系列同时投入运行。

在堆启动工况时，根据热负荷量，一个系列的一台或两台泵运行，另一个系列处于备用状态。

在停堆过程中，需要两个安全列同时运行。一般情况下，一个系列的一台泵运行，另一个系列投运两台泵。在停堆过程的不同阶段，随着堆芯衰变热水平的降低和主回路冷却速率的需求，设备冷却水系统两个运行列投入运行的泵的数量按照实际需求进行调整。如果在停堆过程中仅有一个 WES/WCC 系列可用，则可用列运行两台泵，另一个系列停运。

在 LOCA 事故工况下，WES 系统的自动动作和运行方式与 WCC 系统保持协调。

5.3 燃料操作与贮存系统

燃料操作与贮存(RFH)系统采用成熟的设计方案，通过设置合理的系统设备(装卸料机、燃料转运装置和乏燃料贮存格架)、优化布置方案等，提高系统的安全性、可靠性和可操作性。

1. 系统功能

RFH 系统的主要功能是检查、贮存和操作新、乏燃料组件，完成反应堆首次装料和反应堆换料操作。系统的具体功能如下：

(1) 从新燃料组件的现场接收到装入反应堆前的贮存。在新燃料检查装置上对新燃料组件进行目视检查和控制棒组件的抽插试验；将新燃料组件从新燃料检查间转运至新燃料贮存格架或乏燃料贮存格架贮存。

(2) 在冷态和卸压状态下，实施反应堆的换料操作。①从堆芯卸出燃料组件，转运至乏燃料贮存水池的贮存格架中；②通过乏燃料检查系统对燃料组件进行外观检查；③通过离线啜吸检测装置对燃料组件进行定量破损检测；④在乏燃料贮存水池实施相关组件在燃料组件之间的抽插倒换操作；⑤完成相关组件的倒换操作以后，将燃料组件逐组回装入反应堆堆芯。

(3) 贮存乏燃料组件、破损燃料组件和破损控制棒组件。

(4) 把乏燃料组件装入乏燃料运输容器。包括装料前乏燃料运输容器的准备、装料、去污和将乏燃料运输容器装在运输车辆上。

2. 系统描述

RFH 系统的主要操作对象是燃料组件和相关组件。系统的设备分别布置在反应堆厂房和燃料厂房，以完成各工艺操作环节的规定功能。

RFH 系统主要由以下设备组成：

(1) 在反应堆厂房内的设备包括装卸料机、燃料转运装置(反应堆厂房侧)、在线啜吸检测装置。

(2) 在燃料厂房内的设备包括燃料转运装置(燃料厂房侧)、新燃料升降机、人桥吊车(横跨于乏燃料水池上方，用于操作新、乏燃料组件)、辅助吊车(用于操作新燃料组件和新燃料运输容器)、新燃料贮存格架(仅用于贮存新燃料组件)、Ⅰ区乏燃料贮存格架(用于贮存新、乏燃料组件和破损燃料组件(需配备专用滤网))、Ⅱ区乏燃料贮存格架(用于贮存乏燃料组件)、离线啜吸检测装置、破损控制棒组件贮存小室、新燃料检查装置、乏燃料检查系统、燃料操作工具。

与燃料操作与贮存系统相关的重要设施、设备、系统主要有：反应堆厂房中的换料水池和堆内构件存放池，燃料厂房中的乏燃料水池、燃料转运舱、容器装载井和容器准备井；环吊和乏燃料容器吊车；反应堆换料水池及乏燃料水池冷却和处理系统。

3. 主要设备

1) 装卸料机

装卸料机是 RFH 系统的关键设备，在反应堆厂房换料水池和堆内构件存放池上方工作。主要用于反应堆堆芯的装料、卸料操作和在堆芯与燃料转运装置之间转运燃料组件，也用于操作控制棒驱动杆、辐照样品管等(借助于相应的操作工具完成)。当主提升、伸缩套筒或抓具故障时，借助于乏燃料组件通用抓具操作燃料组件。

装卸料机由起升、抓取、旋转、运行、定位、报警和显示系统等部分组成，能作 X、Y、Z 三个坐标轴线方向的运动，以及在换料水池内作 0°～270°范围内的旋转运动，以完成装卸和转运燃料组件的任务。

“华龙一号”装卸料机是在原有国产装卸料机技术基础上自主研发的。以往一直依赖进口的辅助单轨吊，此次完成了国产化，解决了三代核电装卸料机出口受限和“卡脖子”的技术问题，实现了装卸料机完全自主化、国产化。自主研发设计的专用单轨吊严格遵循第三代核电技术的工艺要求、接口要求及相关设计准则，具有完全自主知识产权，可出口海外核电市场，具有良好的核电工程项目应用前景。

“华龙一号”装卸料机对控制系统定位方式、驱动机构、抓具结构、套筒结构和辅助单轨吊等进行了成功的技术创新和改进，使装卸料机的性能得到了进一步提高，为“华龙一号”的顺利运行提供了有力保障。

2) 燃料转运装置

燃料转运装置是RFH系统的重要换料设备之一。它的主要功能是：在反应堆停堆换料期间，完成将燃料组件由反应堆厂房经水下转运到燃料厂房的操作，或完成将新燃料组件由燃料厂房经水下转运到反应堆厂房的操作。在反应堆运行期间，将反应堆厂房与燃料厂房隔离开，确保反应堆安全壳的密封性和完整性。

燃料转运装置主要由运输、支承及倾翻三类部件组成。在布置上分为三个部分：位于反应堆厂房堆内构件存放池一侧的部件，位于燃料厂房转运舱一侧的部件和贯穿两个厂房的转运通道。

为适应“华龙一号”双安全壳厂房结构的要求，燃料转运装置科研团队研发了接力驱动技术，解决了燃料组件的水下长行程运输问题。该技术以特性离合器为基础，辅以防撞齿机构、轮齿位置水上检测系统和小车位置测量系统等设计，保证了设备的安全功能。

“华龙一号”燃料转运装置的接力驱动设计属于全新技术，完全自主研发，并通过了等效于电站寿期内运行次数的可靠性试验，其性能有效、安全、可靠。该技术打破了国外核电巨头的知识产权壁垒，可以满足核电技术“一带一路”的海外出口要求。

3) 人桥吊车

人桥吊车是燃料厂房内的主要燃料装卸设备之一，主要在堆芯装料和卸料时使用。

人桥吊车类似于桥式吊车，用于在燃料厂房中沿 X、Y、Z 三个方向水下操作燃料组件和相关组件。在人桥吊车的小车上装有一台 20kN（水下操作燃料组件时载荷限制值10kN）的起升机构，在大车走台下悬挂着一个下部走台。

人桥吊车在充满水的乏燃料贮存水池上方工作，利用悬挂在吊钩上的长杆工具，在各种不同高度位置操作燃料组件及相关组件。操作人员在下部走台上完成各项操作。

4) 辅助吊车

辅助吊车是燃料厂房内的主要燃料装卸设备之一，横跨于燃料吊装口、燃料接收区、新燃料检查和贮存区以及部分乏燃料水池区域。

在核电厂建造阶段，辅助吊车可临时装上一台安装小车用于吊运和安装乏燃料贮存格架。

在核电厂运行阶段，辅助吊车用于吊运新燃料组、吊运新燃料运输容器、装上专用操作工具进行乏燃料容器装卸等辅助操作。

5) 新燃料升降机

新燃料升降机安装在乏燃料水池的池壁上，可将新燃料组件从乏燃料水池的上部位置下降到水池底部。

6) 新燃料贮存格架

新燃料贮存格架布置在燃料厂房中的新燃料贮存间内，用于暂存入堆前的新燃料组件。经电站接收并检查合格后的新燃料组件，通过辅助吊车操作，垂直地插入新燃料贮存格架中贮存，以待继续进行下一步装料操作。

7) 乏燃料贮存格架

乏燃料贮存格架是水下贮存燃料组件的专用设备，布置在乏燃料水池中。乏燃料贮存格架采用模块式薄壁套管结构，通过组装和焊接形成若干一定排列的方形贮腔。设备由若干台相对独立的贮存格架组成，分成两个区，通过布置设计实现贮存空间的最优化利用。

Ⅰ区用于贮存新燃料组件、破损燃料组件、非计划停堆或应急停堆换料时更换出的整个堆芯燃料组件、燃耗小于最低燃耗限值不能放入Ⅱ区的燃料组件。

Ⅱ区用于贮存达到规定燃耗限值的乏燃料组件，采用燃耗信任制技术进行设计，并研究了各种燃耗计算方法的不确定度，选取合理的不确定度取值，设计具有较好的安全裕度。

“华龙一号”乏燃料贮存格架解决了结构焊接、中子吸收材料应用及检测等关键技术问题，其中的关键功能材料——固定式中子吸收材料，采用国内首创的中子透射法进行无损检验，确保中子吸收体的均匀性和有效性。

8) 新燃料检查装置

新燃料检查装置用来对新燃料组件进行外观检查。

9) 乏燃料检查系统

乏燃料检查系统的功能是对乏(辐照)燃料组件进行外观检查。主要检查燃料棒外观、定位格架外观、上下管座的表面情况和燃料棒下端塞与燃料组件下管座间距等，以了解和跟踪已辐照燃料组件的外观状况和格架弹簧对燃料棒的夹持力状况。

10) 在线啜吸检测装置

反应堆换料时，在线啜吸检测装置安装在装卸料机小车平台上，对堆芯卸出的燃料组件进行在线破损检测。

11) 离线啜吸检测装置

离线啜吸检测装置设置于燃料厂房内，用于定性检测辐照后的燃料组件的严密性和定量检测燃料棒包壳破损的大小。

12) 操作工具

操作工具主要布置在堆内构件存放池和乏燃料水池池壁上，用来操作燃料组件和相关组件。

4. 系统运行

1) 新燃料组件的操作

(1) 借助辅助吊车将新燃料运输容器运至新燃料接收间。

(2)从新燃料运输容器中取出新燃料组件。

(3)每根新燃料组件送至新燃料检查装置中进行检查。

(4)检验合格的新燃料组件贮存于新燃料贮存格架中。

(5)借助辅助吊车和新燃料组件抓具将新燃料组件运往新燃料升降机。

(6)借助人桥吊车将新燃料组件临时存放于乏燃料水池中Ⅰ区的乏燃料贮存格架中，并准备接受从辐照燃料组件或乏燃料组件中取出的相关组件。

2)堆芯卸料操作

(1)将燃料转运装置运输小车开至反应堆厂房。

(2)将燃料承载器翻转至垂直位置。

(3)借助装卸料机将一根辐照燃料组件转运并插入燃料承载器内。

(4)将燃料承载器翻转至水平位置。

(5)将燃料转运装置运输小车开至燃料厂房。

(6)将燃料承载器翻转至垂直位置。

(7)借助人桥吊车和乏燃料组件抓具把辐照燃料组件从承载器内抽出。

(8)将辐照燃料组件运至Ⅰ区的乏燃料贮存格架中(或根据燃料组件的燃耗程度运至Ⅱ区的乏燃料贮存格架，如果有破损，将运至破损燃料组件贮存小室)。

(9)将燃料转运装置运输小车运回反应堆厂房，重复上述(2)至(8)的操作步骤，直至将反应堆堆芯内的燃料组件全部卸至燃料厂房的乏燃料水池的指定区域为止。

3)倒换相关组件的操作

倒换相关组件的操作在燃料厂房中的乏燃料水池中进行，用旧控制棒组件抓具抓取控制棒组件，用阻流塞组件抓具抓取阻流塞组件，用可燃毒物组件抓具抓取中子源组件。

4)堆芯装料操作

当在乏燃料贮存水池内进行的倒换相关组件的操作全部完成后，可按下述程序进行反应堆堆芯的装料操作。

(1)将燃料转运装置运输小车开至燃料厂房。

(2)将燃料承载器翻转至垂直位置。

(3)借助人桥吊车和乏燃料组件抓具将一根燃料组件转运并插入燃料承载器内。

(4)将燃料承载器翻转至水平位置。

(5)将燃料转运装置运输小车开至反应堆厂房。

(6)将燃料承载器翻转至垂直位置。

(7)借助装卸料机把燃料组件从承载器内抽出。

(8)将燃料组件运至堆芯并插入规定的位置。

(9)将燃料转运装置运输小车运回燃料厂房，重复上述(2)至(8)的操作步骤，直至将乏燃料贮存水池中的换料所需的燃料组件全部装入堆芯的指定区域为止。

第 6 章

专设安全系统

安全性、经济性、先进性、成熟性是当今压水堆核电厂设计的关键指标。目前国际上已有的三代核电技术，均有其明显的设计理念和设计特点。

“华龙一号”设计创新性采用了“能动与非能动相结合”的安全系统设计理念，在使“华龙一号”的安全性水平达到国际一流的同时，也保证了良好的经济性。“华龙一号”采用的能动安全系统是成熟、可靠的技术，“华龙一号”采用的非能动安全系统都经过了充分的试验验证，具备非常高的可靠性。能动与非能动相结合的安全系统配置，完整实现了“纵深防御”概念第三、四层次的要求，确保了在各类事故工况下核电厂三大基本安全功能的实现，充分体现了“华龙一号”设计的先进性。

专设安全系统是核电厂设计用来应对设计基准事故的一类系统。“华龙一号”专设安全系统采用能动与非能动相结合，能动系统为主的设计思路。以二代改进型机组所采用的成熟和可靠的系统配置为基础，采取多项设计优化，形成一套能够充分应对各类设计基准事故工况的系统设计方案。

“华龙一号”专设安全系统主要包括安全注入系统、安全壳喷淋系统、蒸汽发生器辅助给水系统和大气排放系统等。本章就上述几个系统的设计进行逐一说明。

6.1 安全注入系统

安全注入系统是电厂最关键的专设安全系统之一，它主要用来应对和堆芯有关的事故工况，包括堆芯反应性控制、应急补水和冷却。安全注入系统的可靠性水平在较大程度上影响机组的整体安全水平。“华龙一号”为保证系统可靠性所采用的设计主要包括设置冗余系列、简化系统配置、提高设备可靠性和可用性等。

相对于二代改进型机组，“华龙一号”安全注入系统的主要设计特点体现在以下几个方面。

(1) 设置中压注入子系统。通过采用较低注入压头的安注泵(注入压头低于反应堆冷却剂系统功率运行期间的压力)，从而在机组正常运行期间，即使系统误动作，也不会对一回路产生瞬态。另外，较低压头的安注泵也可以有效应对蒸汽发生器传热管破裂事故。

(2) 两个安全列实体隔离。安全注入系统两个能动安全列的主要设备分别布置在两个安全厂房内，实现了空间上的完全实体隔离。

(3) 简化系统配置。安全注入系统不设置浓硼注入箱，实现两个能动系列的配置完全一致，减少了事故后系统投运需要动作的设备的数量，提高了系统可靠性。

(4) 采用内置换料水箱。在事故工况下系统投运后，内置换料水箱是安注泵的唯一水源，最大程度降低投运后系统水源切换带来阀门的状态变化，提高系统可靠性。

(5) 安注泵配置多样化的冷却手段。中压安注泵和低压安注泵电机通常由设备冷却水系统冷却，对于设备冷却水系统不可用的工况，通过将冷却水源切换到电气厂房冷冻水系统风冷机组，中、低压安注泵仍能够运行，拓展了系统可应对多种工况的能力。

6.1.1 系统功能

在反应堆冷却剂系统发生失水事故或主蒸汽系统发生管道破裂事故时，安全注入系统提供堆芯反应性控制和应急冷却。对于失水事故工况，系统启动向堆芯注入冷却水，防止燃料包壳熔化并保持堆芯的几何形状和完整性；对于主蒸汽管道或主给水管道破裂事故工况，系统向反应堆冷却剂系统注入含硼水，补偿由于不可控的产生蒸汽致使反应堆冷却剂过冷而引起的容积变化，并限制反应性的迅速上升。

除了上述基本安全功能之外，本系统还具有以下辅助功能：在换料冷停堆期间，安注泵可用于向反应堆换料水池充水；水压试验泵用于对反应堆冷却剂系统进行水压试验；在全厂断电（SBO）工况下，水压试验泵由 SBO 电源供电，向反应堆冷却剂泵注入轴封水；在停堆期间半管运行并且堆芯失去 RHR 系统冷却时，向堆芯自动补水。

6.1.2 系统描述

安全注入系统在配置上包含安注泵能动注入子系统、安注箱非能动注入子系统和水压试验子系统这 3 个部分。安注泵能动注入子系统包括两个系列，单独一个系列就能完成安注系统功能，该部分的系统流程示意图见图 6.1。

安注泵能动注入子系统具有足够的设备和流道冗余度，即使发生单一能动或非能动故障，仍能完全保证系统的运行可靠性和连续的堆芯冷却。

安注箱注入子系统包括三条独立的安注箱排放管线，分别于反应堆冷却剂系统三个环路的冷段连接。

1. 安注泵能动注入子系统

安注泵能动注入子系统包括两个独立的安全列，一列主要设备位于左安全厂房（SL），另一列主要设备位于右安全厂房（SR）。每一列包括一台中压安注泵和一台低压安注泵，两台泵通过一条共用的管线从安全壳内置换料水箱（IRWST）吸水，泵下游管道进入安全壳后，两列的低压安注泵和中压安注泵的注入管线合并，再分 3 个注水管线分别连接至主回路的 3 个环路的冷管段。另外，低压安注泵和中压安注泵均设置到热管段的注入管线。

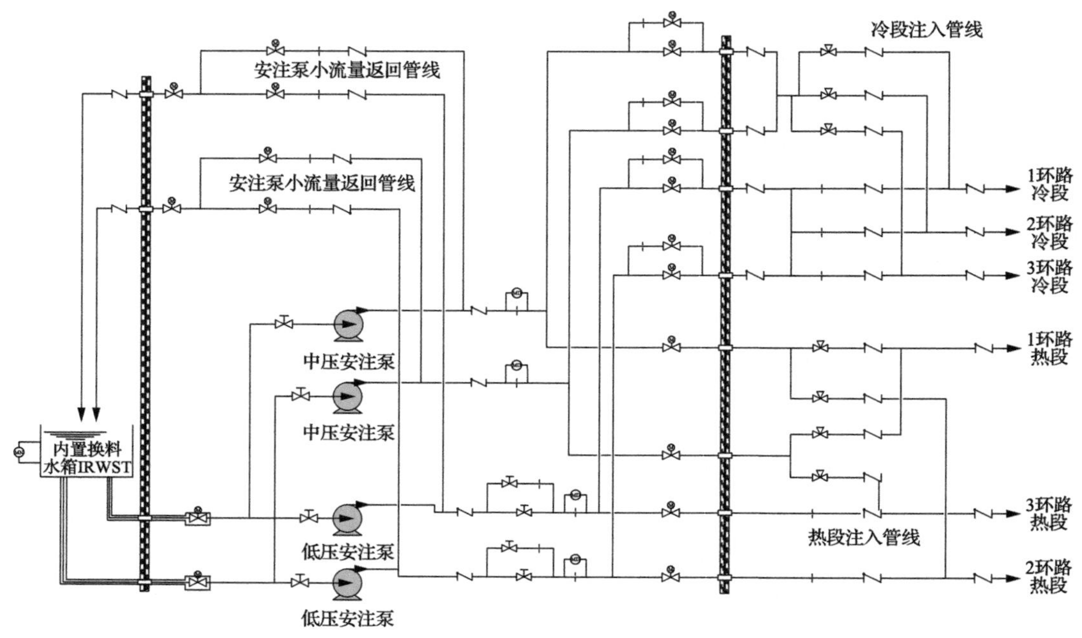

图 6.1　中压安注（MHSI）子系统和低压安注（LHSI）子系统流程图

Fig. 6.1　Flow chart of MHSI and LHSI subsystem

2. 安注箱非能动注入子系统

安注箱非能动注入子系统包括 3 台由氮气加压的安注箱及从安注箱到冷段的注入管线及阀门。安注箱的初始充水和定期补水由水压试验泵从内置换料水箱取水实现。

3. 水压试验泵子系统

水压试验泵用于对主回路进行水压试验，也用于安注箱的初始充水及定期补水。在全厂断电事故工况下，可由水压试验泵电源系统供电，为一回路主泵提供轴封水，以保证一回路的完整性。

图 6.2 为安注箱注入子系统和水压试验子系统流程示意图。

6.1.3　主要设备

1. 低压安注泵

低压安注泵采用立式多级离心泵，泵体安装在一个竖井内，通过联轴器与位于上部的电机连接。立式泵由于其叶轮入口显著低于泵吸入口，因此具有较低的汽蚀余量需求。

低压安注泵电机通常由 WCC 系统冷却，并由电气厂房 WEC 系统提供备用冷却水。表 6.1 为低压安注泵主要设计参数。

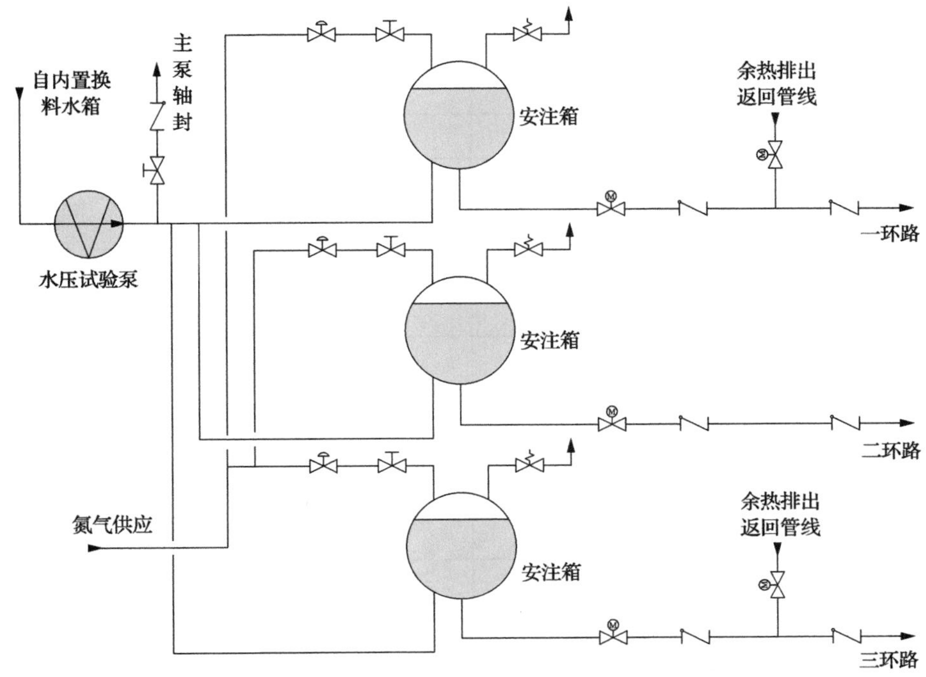

图 6.2 安注箱及水压试验子系统流程示意图

Fig. 6.2 Flow chart of ACC and hydrotest subsystem

表 6.1 低压安注泵主要设计参数

Table 6.1 Design parameters of low head safety injection pump

参数	数值
设计压力(绝压)/MPa	2.36
入口压力(最大)(绝压)/MPa	0.56
入口温度(最大)/℃	160
最小流量/(m^3/h)	100
最小流量时扬程/m	150～180
额定流量/(m^3/h)	850
额定流量时总扬程/m	92～102
最大流量/(m^3/h)	1020
最大流量时要求的 NPSH/m	0.7

2. 中压安注泵

中压安注泵采用了卧式多级离心泵，泵电机通常由 WCC 系统冷却，并由 WEC 系统提供备用冷却水。虽然为卧式泵，“华龙一号”的中压安注泵具有良好的汽蚀性能。中压安注泵主要设计参数如表 6.2。

表 6.2　中压安注泵主要设计参数

Table 6.2　Design parameters of medium head safety injection pump

参数	数值
设计压力（绝压）/MPa	12
入口压力（最大，绝压）/MPa	0.56
入口温度（最大）/℃	160
最小流量/(m^3/h)	45
最小流量时的扬程/m	963～1015
中间流量要求（最小值）/(m^3/h)	155
中间流量要求对应的压头（最小值）/m	630
中间流量要求 2（最小值）/(m^3/h)	242
中间流量要求 2 对应的压头（最小值）/m	100
最大流量/(m^3/h)	270
最大流量时要求的 NPSH/m	＜3

针对正常热阱完全丧失的一部分设计扩展工况，PSA 分析认为，如果安注泵能够运行，将对“华龙一号”机组的整体概率指标带来很大提升，基于此，“华龙一号”设计上优化了安注泵电机的冷却水系统配置方式。事故工况下，如果设备冷却水系统可用，则安注泵电机有设备冷却水系统冷却；如果出现设备冷却水系统或者重要厂用水系统完全丧失的工况下，仍需要安注泵运行，则安注泵电机冷却水供水温度过高或流量过低信号将自动将冷却水有设备冷却水系统切换到电气厂房冷冻水系统，该系统的风冷机组保证安注泵电机的冷却。图 6.3 为中、低压安注泵电机冷却方式示意图。

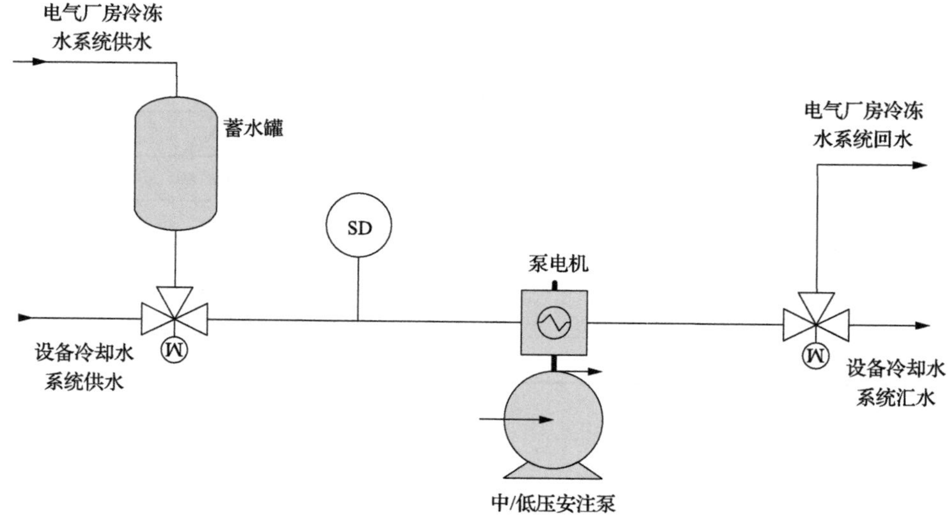

图 6.3　中、低压安注泵电机冷却方式示意图

Fig. 6.3　Flow chart of cooling loop of medium/low head safety injection pump

3. 安注箱

“华龙一号”安注箱为球形压力容器，每个安注箱连接到 RCS 系统的一条冷管段。每台安注箱都部分充入含硼水并用氮气加压。一旦 RCS 系统压力降到安注箱正常压力以下，安注箱内的加压氮气就会膨胀，把含硼水注入 RCS 冷管段。每台安注箱内的加压氮气容积足以保证在 RCS 系统降压时把全部含硼水排出安注箱。安注箱主要设计参数见表 6.3。

表 6.3　安注箱主要设计参数

Table 6.3　Design parameters of accumulator

参数	数值
设计压力(内部, 绝压)/MPa	4.93
设计温度(内部)/℃	50
事故工况下最大外部压力(绝压)/MPa	0.5
事故工况下最大外部温度/℃	150
容器容积/m^3	65.5
液体容积(正常值)/m^3	45.5
正常温度/℃	40
正常压力(绝压)/MPa	4.275～4.53
硼浓度(最小值)	2300

4. 水压试压泵

水压试验泵为往复式正排量泵组，提供主回路水压试验和全厂断电工况下的主泵轴封注水功能。在全厂断电事故下，水压试验泵由 SBO 柴油发电机组供电。水压试验泵主要设计参数见表 6.4。

表 6.4　水压试验泵主要设计参数

Table 6.4　Design parameters of hydraulic test pump

参数	数值
设计压力(绝压)/MPa	26
设计温度/℃	110
入口压力(最大, 绝压)/MPa	0.2
入口温度(最大)/℃	40
最小流量/(m^3/h)	0
排放压力，可调(绝压)/MPa	4.7～24
24MPa a 时最大流量/(m^3/h)	6

5. 内置换料水箱及过滤器系统

内置换料水箱是一个装有大量含硼水的内衬不锈钢衬里的钢筋混凝土结构，布置在反应堆厂房内部的底层，是安全壳内的整体结构的一部分。在停堆换料期间，内置换料水箱为换料水池和堆内构件池提供水源；在事故工况下，当安注系统投入时，中、低压安注泵从内置换料水箱取水完成堆芯注入。

内置换料水箱还充当地坑的作用，用于收集事故后的喷淋水和失水事故下的反应堆冷却剂，从而实现长期的注入和喷淋。

内置换料水箱内设置了一套过滤器系统，用于过滤事故后壳内循环水中的杂质，防止杂质进入安注和安喷泵，影响系统正常运行，避免杂质堵塞喷淋系统的喷头，也避免过量杂质进入堆芯造成堆芯传热恶化。过滤器系统主要包括 3 部分，分别为拦污栅、滞留篮和末端过滤组件。内置换料水箱主要设计参数见表 6.5。

表 6.5　内置换料水箱主要设计参数

Table 6.5　Design parameters of IRWST

参数	数值
设计压力(绝压)/MPa	0.52
设计温度/℃	156
总容积/m^3	2403
名义水容积/m^3	2267
正常水容积范围/m^3	2225～2310
正常温度/℃	10～55
正常压力(绝压)/MPa	0.1
硼浓度(最小值)/ppm	2300

6.1.4　系统运行

1. 事故运行

系统刚投运时，泵的小流量管线处于开启状态，如果此时主回路的压力高于安注泵的关闭压头，则小流量管线确保泵的可靠运行。当主回路压力降低到泵的小流量关闭压头以下时，安注系统才开始建立注入流量，为了保证充足的注入流量，一旦注入流量达到设定值，对应泵的小流量管线自动关闭。

当主回路压力降低到安注箱的蓄压压力时，在氮气的压力下，安注箱内的含硼水以非能动方式注入堆芯。

安注泵投入运行后，首先将内置换料水箱内的含硼水通过冷段注入堆芯。为了防止堆芯硼浓度过高引起结晶，在 LOCA 发生几小时后，运行人员建立冷段和热段同时注入的再循环。在此种配置下，每台泵都通过主管线上的旁通管线同时向冷段和热段注入。

2. 正常运行

电厂功率运行期间，安注系统处于备用状态。中压安注泵入口与换料水箱相连管道开通，出口管通向冷段的隔离阀处于开启状态，泵返回内置换料水箱的小流量管线也开通。安注箱的隔离阀打开，一旦反应堆冷却剂的压力低于安注箱的额定运行压力时，安注箱便开始注水。

电厂停闭期间，当反应堆冷却剂系统的压力降到某一压力整定值时，安注系统闭锁。压力高于此整定值时，不能闭锁安注信号。电厂启动过程与停闭相反。当冷却剂的压力超过某一整定值时，必须验证安注解锁情况。在安注解锁之前，将系统阀门转到正常运行状态，使系统处于备用状态。

6.2　安全壳喷淋系统

安全壳是防止事故工况下放射性物质向环境释放的最后一道屏障，为了保证安全壳结构完整性，必须设置有效的手段来降低安全壳内的压力和温度。针对安全壳热量导出功能，“华龙一号”设置了能动的安全喷淋系统和非能动安全壳热量导出系统。

通过将冷水或经降温的壳内水源直接喷淋到安全壳气空间，水滴与安全壳大气充分接触，既可以起到快速降温、降压的作用，也能快速降低气载放射性物质的量，减少通过安全壳向环境泄漏的放射性物质源项。

针对可能出现的安全壳喷淋系统不可用的设计扩展工况，非能动安全壳热量导出系统能够继续维持安全壳的长时间冷却，从而保证了所有事故工况下的核电厂最后一道屏障的安全。

本章节介绍安全壳喷淋系统设计，非能动安全壳热量导出系统设计将在第7章介绍。

6.2.1　系统功能

在反应堆冷却剂系统发生失水事故或安全壳内主蒸汽管道发生破裂的事故工况下，来自主回路或二回路的质能释放使安全壳温度、压力迅速上升。安全壳喷淋(CSP)系统根据保护系统发出的启动信号投入运行，以降低安全壳内的压力和温度，保持安全壳的完整性，减少安全壳的泄漏量。在发生失水事故时，安全壳喷淋系统喷淋水吸收放射性物质，降低安全壳内大气的放射性水平。

6.2.2　系统描述

“华龙一号”安全壳喷淋系统采用了成熟设计方案，针对“华龙一号”具有大的安全壳自由空间这一特点，对安全壳喷淋系统的容量需求进行了充分评估。

系统由两个相互独立的相同的喷淋系列组成，分别位于两个独立设置的安全厂房内。每个喷淋系列主要包括一台安全壳喷淋泵、一台化学试剂添加喷射器、一台热交换器、两条环形的位于安全壳穹顶位置的喷淋总管。

系统还设置了两列公用的化学添加子系统，包括一台化学试剂添加箱、一台混合泵及一条与内置换料水箱相连的喷射器试验管线。化学添加以非能动方式实现，且只发生在系统启动后的短期内(不超过1h)，满足事故后短期内(24h)不考虑非能动故障的单一故障准则假设。安全壳喷淋系统流程图见图6.4。

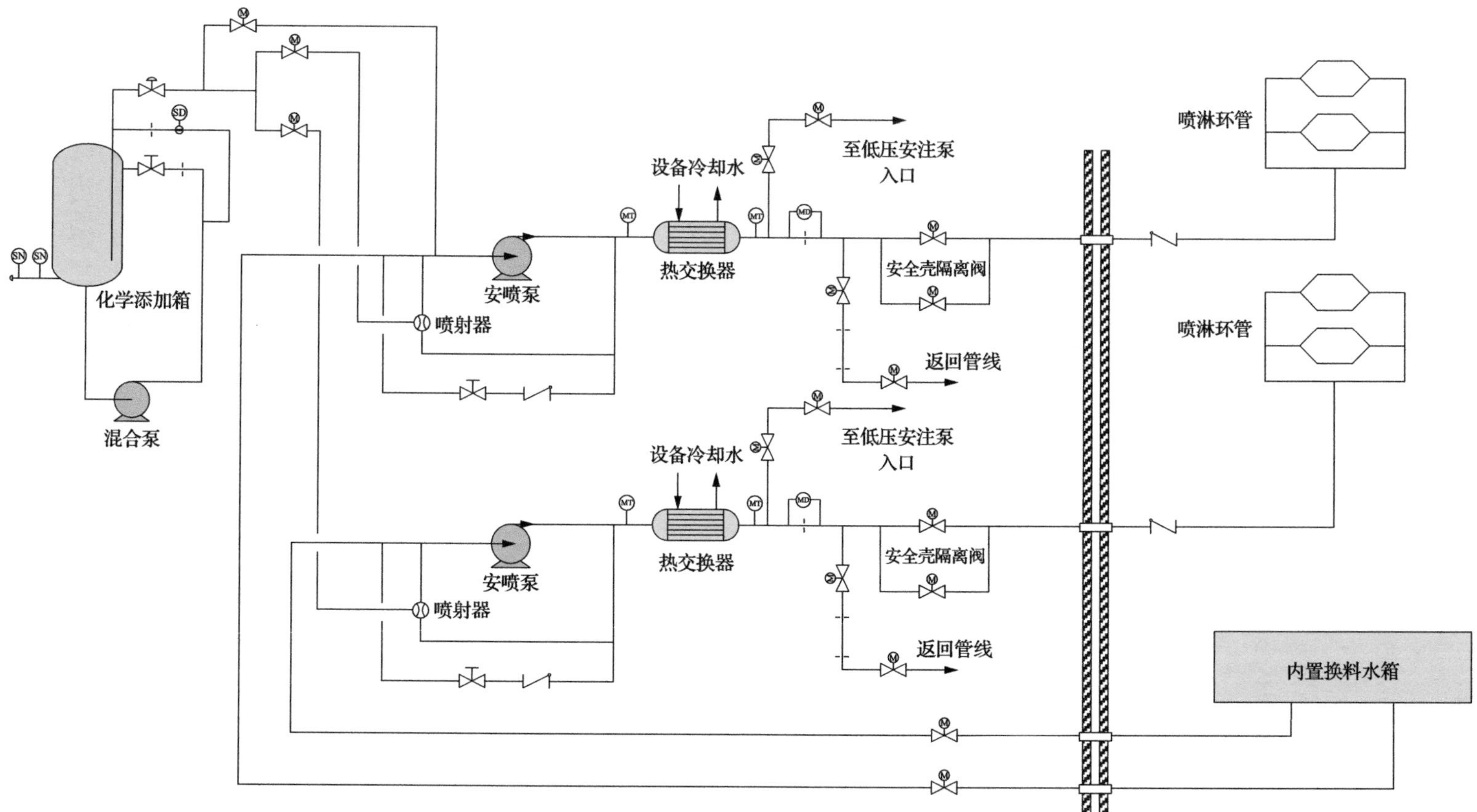

图6.4　安全壳喷淋系统流程图
Fig. 6.4　The containment spray system

6.2.3 主要设备

1. 安全壳喷淋泵

安全壳喷淋泵采用立式多级离心泵，泵安装在一个竖井内，泵具有良好的气蚀性能。喷淋泵的电机由设备冷却水系统冷却。安全壳喷淋泵主要设计参数见表 6.6。

表 6.6 安全壳喷淋泵主要设计参数

Table 6.6 The main designation parameters of CSP pump

参数	数值
额定流量/(m^3/h)	1029
相应的总扬程/m	116
有效的 NPSH/mCL	＞1.41
设计的入口压力(泵停运时)/MPa	0.97
最高入口温度/℃	120
关闭扬程(在零流量时)/mCL	＜200
转速/(r/min)	1500
电机额定功率/kW	≤500

2. 喷淋热交换器

喷淋热交换器是卧式、管壳式、直通式热交换器。热介质(喷淋水)流过管侧，冷介质(设冷水)流过壳侧。安全壳喷淋热交换器设计参数见表 6.7。

表 6.7 安全壳喷淋热交换器设计参数

Table 6.7 The main designation parameters of spray heat exchangers

参数		数值
喷淋水侧	流量/(t/h)	993
	最高进口温度/℃	120
设冷水侧	流量/(t/h)	1920
	最高入口温度/℃	45
热交换系数	有污垢时/[W/(m^2·℃)]	2650
	清洁时/[W/(m^2·℃)]	3680

3. 喷淋环管和喷头

喷淋环管位于安全壳穹顶位置，每个系列设置大、小两个环管。喷头为螺纹连接的中空形喷头，以不同的安装角度布置在环管上，喷头内部没有细小流道，其设计特点使得喷头不会发生堵塞。喷淋环管和喷头的布置设计使喷淋水均匀地喷洒到安全壳自由空间里，且能够覆盖整个安全壳横截面，实现了喷淋水和安全壳大气的充分混合，最大化对安全壳的冷却效果。喷头的主要设计参数见表 6.8。

表 6.8 喷头的主要设计参数

Table 6.8 The main designation parameters of spray nozzles

参数	数值
数目	506
最大水滴直径/mm	1.4
平均水滴直径/mm	0.27
每个喷头流量(最小值)/(m^3/h)	3.9
相应的压力损失/MPa	0.26～0.33
开度角/(°)	60
孔径/mm	12.9

4. 化学试剂添加箱

向喷淋水中添加碱性化学物质用于在事故工况下将安全壳内水调整为碱性，碱性溶液可有效滞留放射性物质，并可减轻壳内设备的腐蚀。

化学添加箱为立式不锈钢常压容器，装有质量百分比为30%的氢氧化钠溶液。化学试剂添加箱的主要设计参数见表6.9。

表 6.9 化学试剂添加箱的主要设计参数

Table 6.9 The main designation parameters of chemical additive tanks

参数		数值
有效容积/m^3		14
总容积/m^3		16
正常运行条件	绝对压力	大气压力
	温度/℃	40
设计工况	压力/MPa	0.15
	温度/℃	40

5. 喷射器

喷射器用于将氢氧化钠溶液添加到喷淋水里，提高喷淋水的pH。化学添加剂喷射器的主要设计参数见表6.10。

表 6.10 化学添加剂喷射器的主要设计参数

Table 6.10 The main designation parameters of chemical additive ejectors

参数	数值
设计温度/℃	120
设计压力/MPa	2.3
动力介质流量/(t/h)	36
引入介质流量/(t/h)	14

6. 混合泵

混合泵用于定期混合化学试剂添加箱内的氢氧化钠溶液，以保持介质均匀。混合泵的主要设计参数见表 6.11。

表 6.11　混合泵的主要设计参数

Table 6.11　The main designation parameters of mixing pump

设计参数	数值
入口温度/℃	40
额定流量下的总扬程/mCL	30
额定流量/(m^3/h)	15
要求的 NPSH/mCL	2.6

6.2.4　系统运行

安全壳喷淋系统的启动方式有两种，一是接收保护系统的自动启动信号，该自动启动信号由安全壳高压信号产生。另一种是手动启动，对于如主回路小破口等事故工况，有可能安全壳内的压力没有达到自动触发系统投运的阈值，则操纵员根据实际的壳内压力或温度，手动投入系统，避免安全壳长期处于较高压力状态。

系统的启动包括启动喷淋泵和开启两道并联设置的隔离阀。安全壳喷淋系统启动信号同时启动设备冷却水系统处于备用状态的一列，并且开启为热交换器供水的设冷水侧的隔离阀。

根据不同的事故工况，安全壳喷淋可能持续运行几个星期，当确认安全壳内的压力不可能再升高，则可关闭一个系列。

在大破口失水事故之后，如果两台低压安注泵失效或者两台安全壳喷淋泵失效的情况下，安注泵与安全壳喷淋泵可以相互支援，利用系统之间的连接管线，可确保导出堆芯余热，并将安全壳内的释热传给最终热阱——海水。

6.3　辅助给水系统

电厂正常运行时，蒸发器二次侧给水由主给水系统或启动给水系统提供，主给水系统和启动给水系统属于蒸发器正常给水系统。如果出现正常给水系统不可用的工况，为了维持蒸发器二次侧的导热能力，必须为蒸发器提供应急给水。正常给水系统不可用可能是由于系统本身故障导致，也可能是由于电厂出现事故工况，保护逻辑自动隔离了正常给水。蒸汽发生器辅助给水系统(简称辅助给水系统)即为蒸发器提供应急给水的系统。

“华龙一号”辅助给水系统设计采用电动泵+汽动泵的多样化方式，电动泵能够由应急柴油发电机组加载，汽动泵的蒸汽源来自主蒸汽系统，因此，系统具有非常高的可靠性。“华龙一号”设计考虑了辅助给水系统全部不可用的设计扩展工况，设置了二次侧非能动余热排出系统，辅助给水系统和二次侧非能动余热排出系统一起，确保了通过蒸汽发生器二次侧冷却堆芯的能力。二次侧非能动余热排出系统设计描述详见第7章。

“华龙一号”辅助给水系统的设计特点还包括：设置可靠的给水隔离阀，并增加有效的流量调节，在蒸汽发生器传热管断裂(SGTR)事故工况下可提供故障蒸发器的水位控制；设置大容量辅助给水贮存箱，事故后系统具备更长时间的冷却能力。

6.3.1 系统功能

辅助给水(TFA)系统作为正常给水系统的备用，在丧失主给水系统时，向蒸汽发生器二次侧提供给水。

利用辅助给水电动泵给蒸汽发生器二次侧充水(初次充水和冷停堆后的再充水)。在启动给水系统失效时，也可用辅助给水泵(电动或汽动)维持蒸汽发生器二次侧水位。

利用除氧器装置可向辅助给水系统的贮水池和反应堆硼水补给系统的水箱提供除盐除氧水。

在任何正常给水系统发生事故时，辅助给水系统运行，能够确保向蒸汽发生器供应适量的水以导出堆芯余热，直到反应堆冷却剂系统达到余热排出系统可投入的状态。辅助给水系统的供水不会导致蒸汽发生器满溢。反应堆冷却剂系统的热量通过由辅助给水系统供水的蒸汽发生器传给二回路系统产生蒸汽；二回路系统蒸汽通过汽轮机旁路系统排入凝汽器或排向大气。

6.3.2 系统描述

辅助给水系统包括两个辅助贮水池、一个泵子系统和一套与蒸汽发生器相连的给水管线，给水管线上装有流量调节阀和给水隔离阀。辅助给水泵从装有除盐除氧水的辅助贮水池吸水，并将其送入安全壳内主给水止回阀下游，靠近蒸汽发生器入口处的主给水管道内。泵子系统包括两列，每列主要包括一台50%流量的汽动泵和一台50%流量的电动泵。汽动泵由蒸汽发生器主蒸汽隔离阀上游的主蒸汽管道供汽，乏汽通过消音器排入大气，电动泵由应急柴油发电机组供电。辅助给水系统流程图见图6.5。

6.3.3 主要设备

1. 辅助贮水池

“华龙一号”辅助贮水池位于电气厂房内部，是混凝土结构加钢覆面形式的贮水池，在所有的运行工况下作为4台辅助给水泵的水源。为保证除盐除氧水质，水池上部由氮气覆盖，设有一台呼吸阀作高压和低压保护。

通过启动除氧器装置，或将贮水池与冷凝水抽取系统相接，可向辅助贮水池补水。消防水分配系统也可以向辅助贮水池补水，并提供最后的给水备用水源。在消防水补水管线上增设连接到厂房外的快速接口，在全厂断电并且电源长期无法恢复的情况下可采用移动设备(如消防车和移动泵等)对贮水池进行应急供水。

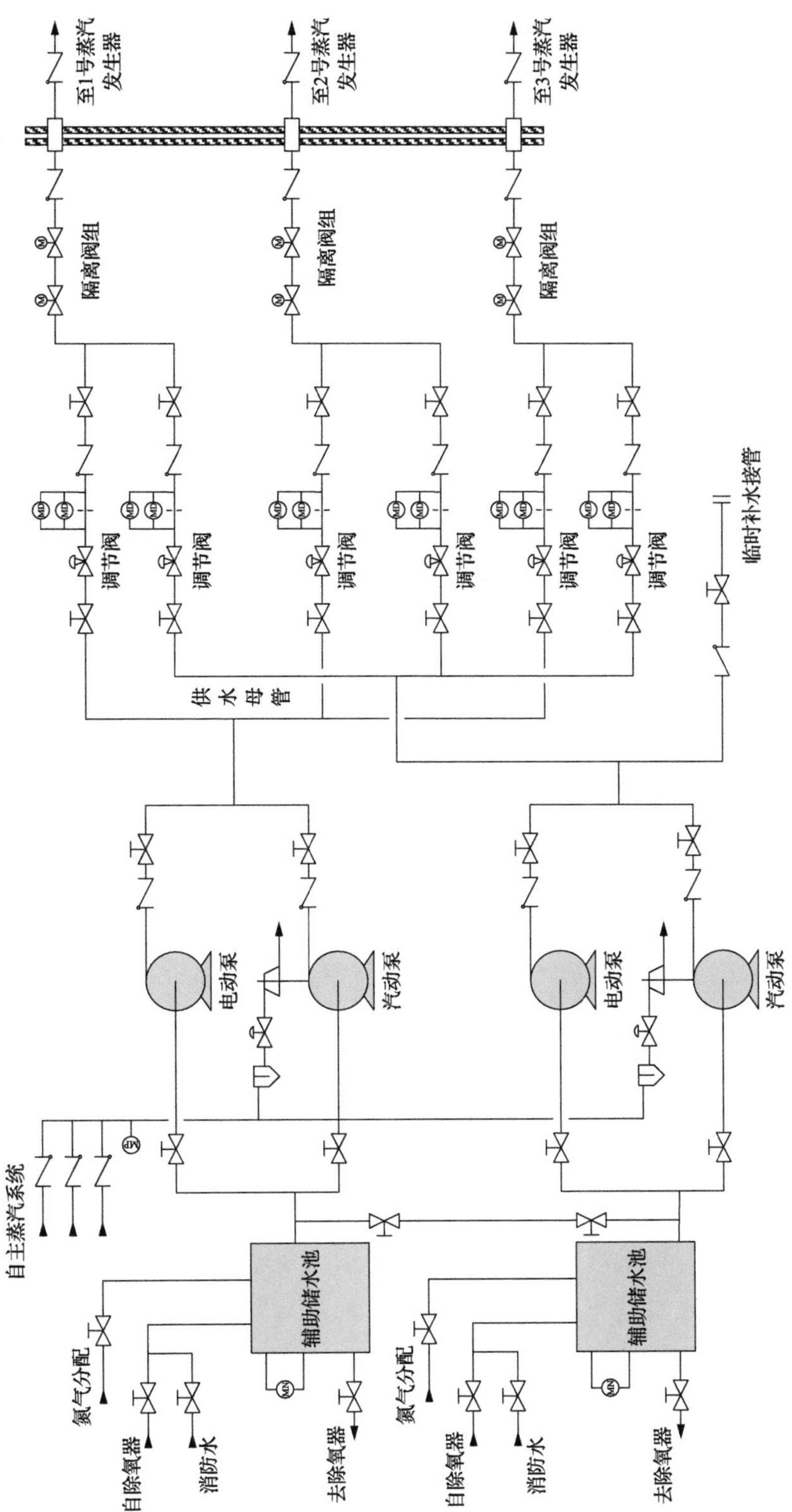

图6.5 辅助给水系统流程图

Fig. 6.5 Auxiliary feedwater system flow diagram

2. 辅助给水泵

辅助给水系统由两台电动泵和两台汽动泵组成，主要设计参数见表 6.12。两台电动泵为卧式离心泵，泵和电机由被输送的流体进行冷却，电动泵由柴油发电机作为备用电源。两台汽动泵为卧式离心泵，泵与汽轮机呈一整体结构型式，由三台蒸汽发生器产生的汽源作为动力。泵叶轮和汽机叶轮以及诱导轮共用一根轴，由两个水润滑的径向轴承支撑。

表 6.12 辅助给水电动泵和汽动泵主要设计参数

Table 6.12 Main design parameters of TFA motor-driven pump and turbine-dirven pump

参数	数值	
最小吸入压力(绝压)/MPa	0.08	
最大吸入压力(绝压)/MPa	0.3	
最小/最大温度/℃	7/60	
额定流量/(m^3/h)	≥101	110
相应扬程/m	1125	1080
有效 NPSH/m	12.37	

在一台蒸汽发生器的给水管线破裂、另两台蒸汽发生器处于二回路侧的设计压力下的工况时，要求泵向两台完好蒸汽发生器中的每台至少供应 45m^3/h 的流量。在失去主给水的情况下，水泵能够提供足够的流量以导出堆芯余热，防止冷却剂通过稳压器卸压阀泄出和蒸汽发生器管板裸露。电动泵能够在蒸汽发生器压力为 0.1～8.6MPa(绝压)的压力范围内正常运行。管路的有效净正吸入压头满足电动泵和汽动泵的要求。电动泵和汽动泵的冷却由泵机组本身引出介质在内部循环实现，能够在没有任何特殊润滑要求的情况下启动和停运。

3. 汽动泵汽轮机

汽动泵汽轮机能在 0.76～8.6MPa(绝压)(相当于余热排出系统投入时的蒸汽压力)的供汽压力下运行。汽轮机按蒸汽发生器二次侧设计压力 8.6MPa(绝压)进行设计，在此压力下每台汽动泵可以向蒸汽发生器提供约 110m^3/h 的流量。在最低蒸汽压力下运行时，汽轮机的特性仍能使汽动泵向蒸汽发生器注入足够的流量。在汽轮机入口处装设汽水分离器以保证瞬态或事故工况(启动、蒸汽泄漏等)下的蒸汽质量。

汽轮机设置有两级超速保护装置，以防止泵超速损坏。

4. 除氧装置

除氧装置用于为辅助贮水池和反应堆硼和水补给系统的贮水箱进行初次充水和补水。当辅助给水系统投入运行后，除氧装置向辅助贮水池补充除盐除氧水。当失去厂外电源时，由应急柴油发电机向除氧装置的泵供电，并且允许直接由常规岛除盐水系统对贮水池进行补水。除氧装置能使蒸汽发生器辅助给水中溶解氧的总含量保持在 0.1ppm 以下。图 6.6 为除氧装置简图。

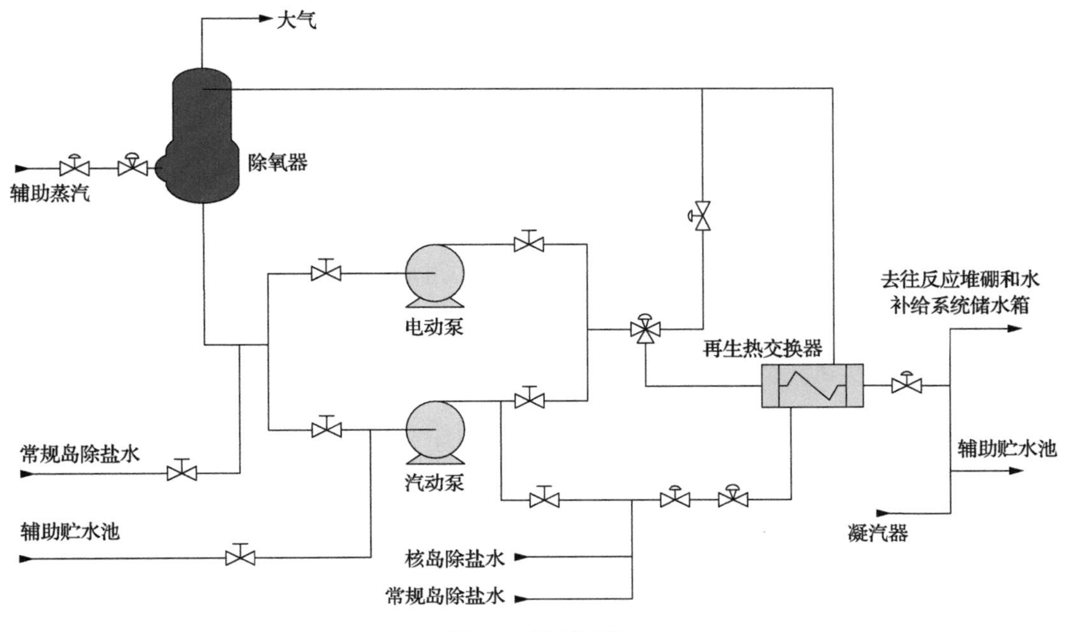

图 6.6 除氧装置

Fig. 6.6 Gas-stripper unit

6.3.4 系统运行

在电厂正常运行期间，辅助给水系统处于备用状态或处于进行短期试验状态。

在事故工况下，辅助给水系统由保护系统自动启动，向蒸汽发生器提供应急供水，蒸汽发生器产生的蒸汽通过大气排放阀排放，如果常规岛冷凝器可用，则排入冷凝器。系统接收到启动信号的动作包括：启动辅助给水泵(根据不同的事故工况，有时只触发电动泵启动，有时同时触发电动泵和汽动泵启动，汽动泵的投运通过开启汽轮机供气管线上的隔离阀实现)，将给水管线上的调节阀全开。

辅助给水系统也有如下运行方式：

(1) 给蒸汽发生器充水：使用电动泵给蒸汽发生器充水(包括初次充水及冷停堆后充水)。

(2) 电厂启动至反应堆临界：辅助给水电动泵或汽动泵可以取代启动给水系统(TFS)运行，以维持蒸汽发生器水位接近于零负荷的水位，补充由于启动而导致的二回路流失水量，在蒸汽发器开始升温后，减小控制阀开度，防止水泵过流量运行。

(3) 延长热停堆：给辅助贮水池补水，其补水量等于安全棒落棒后 8～9h 的蒸汽流量，总补水量能满足下一次在安全条件下启动的水量要求。

(4) 辅助贮水池补水或充水：只要可能，由另一机组的凝结水泵进行补水或充水，也可用本机组的凝结水泵补水。

(5) 非除氧给水：在厂外电源长时间断电(约 8h)、一台机组停运的特殊情况下，有可能使热停堆时间延长至超过 8h，并有额外的余热释放，此时辅助给水箱不能进一步补充除氧除盐水，可补充非除氧的除盐水应对该工况。

6.4 大气排放系统

大气排放系统将蒸汽发生器产生的蒸汽直接排向环境，这是一种导出主回路热量的方式。该方式可用于机组正常启停堆过程，也用于事故工况。由于在特定设计基准事故工况下，通过大气排放来带走堆芯衰变热是必需的，因此大气排放系统为安全级系统。大气排放系统与辅助给水系统配合，在事故工况下带走堆芯衰变热，降低主回路的温度压力。

“华龙一号”大气排放系统在成熟设计的基础上，针对机组整体事故处理策略，以及配合其他系统设计特点，对系统功能进行了扩展，主要体现在：

(1)每一台蒸汽发生器设置两台大容量的大气排放阀门，以保证系统对主回路的冷却速率，在较短时间内将主回路的温度、压力降低到余热排出系统可以接入的条件。

(2)执行快速冷却功能，在事故工况下，大气排放系统的投入能够快速降低主回路压力，使安全注入系统能够尽快建立有效注入。

6.4.1 系统功能

大气排放系统用于电厂运行工况，也用于事故工况。电厂启停堆过程中，或电厂维持热停堆或热备用状态时，在主蒸汽隔离阀开启之前，通过正常给水系统或辅助给水系统为蒸汽发生器提供给水，蒸发器产生的蒸汽通过大气排放阀排至环境，从而维持一回路的状态参数，或实现一回路的可控升、降温。

事故工况下，大气排放系统和辅助给水系统配合，将反应堆冷却剂系统冷却到允许余热排出系统投入工作的工况点。大气排放阀的整定值是预先设定好的，当事故工况下二回路的压力超过整定值时，阀门自动开启，实现排热功能。

快速冷却功能由安注信号触发，通过二回路参数自动调节大气排放阀的开度，实现快速冷却功能，以 100℃/h 的速度冷却一回路。

大气排放系统的功能还体现在，机组瞬态过程中，大气排放阀的开启可避免蒸汽发生器安全阀的开启，而且在蒸汽发生器安全阀开启后可通过该系统使其快速关闭。

6.4.2 系统描述

在安全壳外的每条蒸汽管路主蒸汽隔离阀的上游均设有两条大气排放管路，每条排放管路装有一个电动隔离阀和一个大气排放阀，每条排放管路上都设有疏水管线，可以防止产生水塞。这些阀门设计成能承受动态和静态的运行载荷以及地震载荷。

每个大气排放阀都配有就地手动操作装置，使得它们能在失去所有能源供应的情况下，仍能就地打开或关闭。每个隔离阀在失去所有能源供应的情况下，也能手动打开或关闭。

大气排放阀为启动执行机构阀门，正常情况下，由电厂仪用压空系统供气。因为仪用压空系统为非安全级系统，为了保证安全级大气排放阀的功能，每条主蒸汽管道对应的两台大气排放阀配有一个压缩空气缓冲罐，三台压缩空气缓冲罐两两相连，当失去仪表用压缩空气时，它可以维持大气排放阀连续运行。

6.4.3 主要设备

1. 大气排放阀

每台机组有 6 台带气动执行机构的大气排放阀。为了满足二次侧防超压功能和快速冷却功能，在大量事故分析工作的基础上，明确了大气排放阀的排量及动作时间要求。

大气排放阀功能复杂性导致其控制逻辑复杂，在设计阶段，借助“华龙一号”设计验证平台，对阀门的控制逻辑及阀门响应特性进行了大量验证，并在“华龙一号”首堆热态功能试验阶段进行了实际调节特性验证。大气排放阀的主要设计参数见表 6.13。

表 6.13 大气排放阀的主要设计参数

Table 6.13 Main design parameters of atmosphere dump valve

参数		数值
最大运行压力(绝压)/MPa		8.6
最大运行温度/℃		316
热停堆时	运行温度/℃	292
	压力(绝压)/MPa	7.6
流量/(t/h)		360(在 7.6MPa(绝压)下)
全开到全关时间/s		10

2. 压缩空气缓冲罐

压缩空气缓冲罐为立式不锈钢承压容器，罐子容积保证事故工况下，大气排放系统能够将一回路冷却到余热排出系统参数接入的工况。压缩空气缓冲罐的主要设计参数见表 6.14。

表 6.14 压缩空气缓冲罐主要设计参数

Table 6.14 Main design parameters of air buffer tank

参数	数值
介质	压缩空气
最大工作压力(表压)/MPa	0.95
最大工作温度/℃	50
容量/m^3	7.5

6.4.4 系统运行

1. 正常运行

当电站在稳态功率运行时，大气排放系统处于备用状态，大气排放阀门关闭。

2. 特殊瞬态运行

系统处于备用状态时，其控制回路的压力整定值为 7.85MPa(绝压)，当机组正常运行或甩负荷或反应堆停堆而蒸汽凝汽器和除氧器排放系统可供使用时，蒸汽发生器出口处的实际蒸汽压力低于选定的整定压力，从而大气排放阀是关闭状态。

如果凝汽器不能使用，则汽机旁路系统被闭锁。蒸汽发生器压力上升，控制回路使大气排放阀开启，从而在安全阀动作之前，将堆芯热量排走。

3. 快速冷却功能

事故工况下，由安注信号触发自动调节的大气排放阀执行快速冷却功能，大气排放阀的整定值逐渐降低到 4.5MPa(绝压)，以保证一回路的冷却速率维持在 100℃/h。事故 30min 内，即使没有操纵员干预，机组状态也能得到有效控制。操纵员干预后，可根据具体事故规程手动调节大气排放阀的整定值或直接调节阀门开度，对一回路降温降压。

快速冷却功能为根据“华龙一号”事故处理策略新开发的功能，其功能可靠性关系事故分析的结果的可合理性。为了充分证明其可靠性，在“华龙一号”首堆调试阶段，以尽可能接近真实事故工况的机组状态下对其功能进行了充分验证，结果表明，机组响应与事故分析结果吻合。

第 7 章

设计扩展工况的应对

导致电厂事故工况的因素是众多且复杂的，在公众对核安全要求的不断提升以及福岛核事故等经验反馈的背景下，核电厂必须考虑更多的可能导致电厂事故状态的因素，以便在设计上设置应对复杂工况的设施。

当电厂出现超出设计基准的复杂事故工况(设计扩展工况)时，为缓解事故，并防止事故进一步恶化，或在出现堆芯熔毁的严重事故工况下实现熔融物的热量导出和压力容器内滞留，“华龙一号”设置了一套完善的设计扩展工况的应对措施。

复杂事故工况多伴随厂外及厂内应急交流电源不可用，为了提升严重事故预防和缓解措施的可用性，这部分系统的设计考虑采用非能动方式实现，对于系统中的能动阀门，使用专用蓄电池进行供电。

“华龙一号”设计扩展工况的应对措施主要包括堆腔注水冷却系统(CIS)、二次侧非能动余热排出系统(PRS)、非能动安全壳热量导出系统(DCS)、应急硼注入系统(REB)、非能动安全壳消氢系统(CHC)、安全壳过滤排放系统(CFE)。这部分系统尽量采用非能动设计，能动设备采用冗余设置和蓄电池供电的方式，保证系统的可靠性。

7.1 堆腔注水冷却系统

堆芯的失冷熔化是核电厂的极限事故工况，此时如果不能将堆芯熔融物进行有效冷却，可能造成大量放射性物质向环境释放的严重后果。第三代核电设计上必须采取措施避免此情况发生，在出现堆芯熔化情况时，将之限制在压力容器内或引导至特定位置，并对其进行有效冷却。

“华龙一号”堆腔注水冷却系统采用了能动与非能动相结合的系统配置，当事故工况下厂外或厂内中压应急电源可用时，通过能动的堆腔注水泵实现功能；对于非破口类事故导致的严重事故，当极端工况下厂外和厂内中压电源不可用时，通过开启非能动子系统的注入管线隔离阀实现非能动堆腔注水，仍可以确保熔融物压力容器内滞留功能的实现。

7.1.1 系统功能

堆腔注水冷却系统用于在发生堆芯熔化的严重事故后，通过压力容器外冷却带走堆芯熔融物热量，降低反应堆压力容器外壁的温度，维持压力容器的完整性，实现压力容器内堆芯熔融物的滞留。

7.1.2 系统描述

堆腔注水冷却系统包括能动注入子系统和非能动注入子系统两部分，堆腔注水冷却系统流程图见图 7.1。

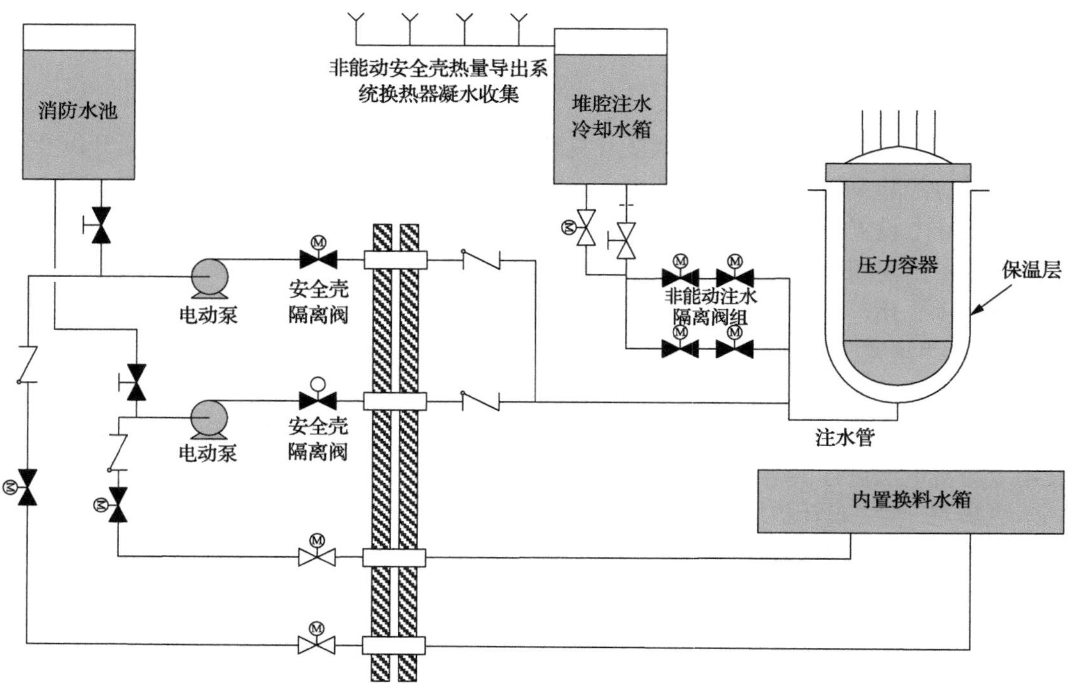

图 7.1 堆腔注水冷却系统流程图

Fig. 7.1 Cavity injection and cooling system flow diagram

能动注入子系统设置了并联的两个系列，每个系列配备了一台堆腔注水泵，严重事故工况下由消防水池和安全壳内置换料水箱取水；两台堆腔注水泵出口管线在经过安全壳隔离阀，贯穿安全壳后再合并为母管后注入堆腔。注水管道与保温层的底部相连，注入的冷却水通过反应堆压力容器外壁与保温层内壁之间的流道向上流动，最终从保温层筒体上部的排放窗口流出，并返回到内置换料水箱。

堆腔注水冷却系统的非能动部分设置在安全壳内，在安全壳内设置非能动堆腔注水箱，水箱内的水质为除盐水。为保证非能动堆腔注水的可靠性和防止系统误投入，设置了四台并联的直流电动阀和两台逆止阀作为隔离部件，四台电动隔离阀分为两列，对于每一列，一台电动隔离阀常关，另外一台常开。来自非能动堆腔注水箱中的除盐水在经过上述阀门后，两根非能动堆腔注水支管线再次合并为一根母管贯穿到堆腔内部与压力容器保温层相连接。在严重事故发生且能动注入系列不可用时，开启隔离阀，非能动堆腔注水箱中的水依靠重力通过能动系列注入管道注入反应堆压力容器与保温层之间的环形流道，并逐渐淹没反应堆压力容器下封头，实现“非能动”的冷却。

为了能延长非能动系统的注水时间，系统设置了收集非能动安全壳热量导出系统换热器冷凝水的装置，实现了非能动系统的有机结合。冷凝水收集总管上设置电动隔离阀，正常运行期间阀门处于关闭状态，防止在设计基准事故时，安全壳喷淋系统启动，部分喷淋水被收集汇至非能动堆腔注水箱，影响系统取水水源。

7.1.3　主要设备

能动子系统的主要设备为两台堆腔注水冷却泵，每台堆腔注水冷却泵的流量均能够满足系统冷却能力的要求，泵的额定流量为 900m^3/h。堆腔注水冷却系统主要设备特性见表 7.1。

表 7.1　堆腔注水冷却系统主要设备特性表

Table 7.1　Design parameter of CIS major installations

参数	数值
RPV 保温层	
正常热损失/(W/m^2)	≤175
平均热损失/(W/m^2)	≤235
堆腔注水泵 CIS001-002PO	
额定流量/(m^3/h)	900
扬程/mH_2O	50
零流量最高压头/mH_2O	65
非能动堆腔注水箱 CIS001BA	
有效容积/m^3	≥2210
设计温度/℃	170
设计压力(绝压)/MPa	0.52

非能动子系统包括一个非能动注水箱和一个水箱循环过滤回路。水箱的有效容积不低于 2210m^3。

7.1.4　系统运行

1. 严重事故运行

堆腔注水冷却系统仅在严重事故发生导致堆芯熔化时由操纵员手动投入运行。

在堆芯出口温度大于 600℃时，操纵员进行系统启动前的准备工作，打开内置换料水箱隔离阀，启动堆腔注水泵(若能动部分可用)，利用小流量返回管线进行循环。在堆芯出口温度大于等于 650℃时，打开能动注入管线隔离阀实现堆腔注水。

当机组丧失全部电源、能动注入系列不可用时，操纵员可以在主控室或者安全壳外就地手动打开由蓄电池供电的直流电动隔离阀门使注入管线连通，堆腔注水箱内的水依靠重力通过能动注入管线注入堆腔，并淹没堆腔到一定高度，实现对堆腔的持续淹没和反应堆压力容器外壁的持续冷却。非能动堆腔注水箱内的除盐水经过底部管道对堆腔进行持续补水，使压力容器外壁始终保持淹没在冷却剂中，防止堆芯熔融物熔穿压力容器。随着缓解事故的时间进展，熔融物释热逐渐降低，所需冷却水量也逐渐减小，非能动水箱液位不断下降，能够提供的冷却水流量也在逐渐降低，为满足冷却水流量和堆腔内冷却水液位的要求，还需要收集来自安全壳热量导出系统换热器的冷凝水为水箱提供额外补水。

2. 其他工况下的运行

在电厂正常运行状态下，堆腔注水冷却系统处于关闭状态。为了防止在电站正常运行时误动作，采取了如下措施：对在主控制室的泵和电动阀，在控制逻辑上加以控制闭锁；实施相应行政隔离措施；非能动部分注入隔离阀及堆腔注水泵、吸入口隔离阀的配电柜处于断电状态。

7.2 二次侧非能动余热排出系统

虽然针对事故工况下的蒸发器二次侧导热已经设置了高可靠性的辅助给水系统，但为了进一步提升机组可靠性，“华龙一号”设置了二次侧非能动余热排出系统，用于应对丧失全部给水的设计扩展工况。该系统为非能动系统，依靠蒸汽发生器二次侧和位于安全壳外部布置在高位的水箱内的换热器组成的闭式回路自然循环带走堆芯热量。

7.2.1 系统功能

“华龙一号”设计了二次侧非能动余热排出(PRS)系统，以非能动的方式通过蒸汽发生器导出堆芯余热及反应堆冷却剂系统各设备的储热，降低一回路的温度和压力，在72h内将反应堆维持在安全状态。系统主要考虑了以下事故工况：

(1)正常给水系统丧失，或启动给水系统丧失，随后辅助给水系统未能启动，或正常给水系统不可用情况下，辅助给水系统运行中丧失。

(2)全厂断电事故且辅助给水系统汽动泵失效，在这种假想事故发生后，反应堆冷却剂泵停运，反应堆自动停堆，同时蒸汽发生器给水全部丧失。

7.2.2 系统描述

“华龙一号”反应堆冷却剂系统三个环路的蒸汽发生器二次侧都设置一个非能动余热排出系列。每个非能动余热排出系列的主要设备包括一台PRS换热器、两台应急补水箱和一个换热水箱及相应阀门、管道和仪表(图7.2)。

对于每个非能动余热排出系列，蒸汽管线通过一台常开的电动隔离阀后，在安全壳外分成两个支路，一个支路连接PRS换热器的入口封头的接管嘴，另一个支路与两台应急补水箱的入口相连。PRS换热器布置在换热水箱底部的冷凝器隔间。冷凝水管道连接PRS换热器下封头接管嘴，并在管道上设置两台并联的电动隔离阀，应急补水箱的注入管道上也设置有两台并联的电动隔离阀。凝水管出口与应急补水箱的注入管线合并后通过贯穿件返回到安全壳内。

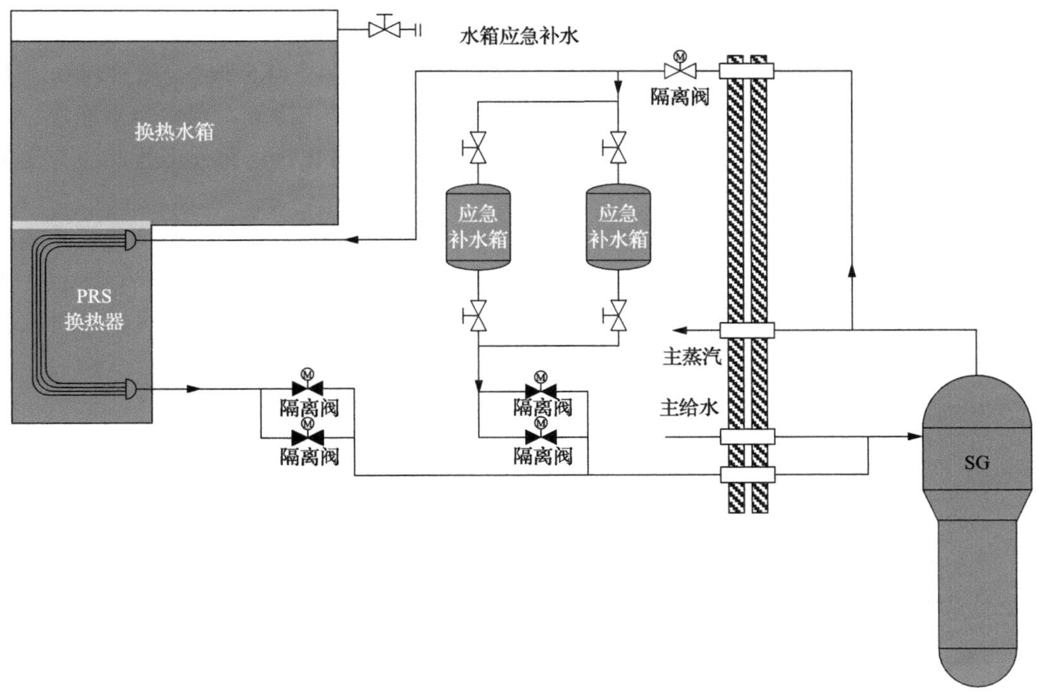

图 7.2　PRS 系统流程简图（一个系列）
Fig. 7.2　PRS system flow diagram (one train)

7.2.3　主要设备

1. 换热水箱

换热水箱与安全壳非能动冷却系统共用，箱内装有与大气相通的冷却水，PRS 系统投入后，换热水箱内的水作为系统的最终热阱(水箱内水的蒸发)，通过蒸汽发生器带走堆芯余热和反应堆冷却剂系统各设备的储热。水箱容积的设计应保证 PRS 系统能够连续运行 72h 而不会导致应急余热排出冷却器裸露。换热水箱的设计必须考虑抗震的要求。

2. PRS 换热器

PRS 换热器是系统的关键设备之一。其功能是将来自蒸汽发生器的蒸汽热量传递给换热水箱中的水。其热工设计基于以下工况：管内工质压力 5.3MPa（绝压），入口温度 267℃，出口温度 75℃，质量流速 6.2kg/s，管外冷却水温度 60℃。

7.2.4　系统运行

在机组正常运行和设计基准事故下，PRS 系统隔离不运行。在设计扩展事故工况下，PRS 系统自动触发运行。此时，主蒸汽隔离阀和主蒸汽系统向辅助给水系统汽动泵提供动力蒸汽的阀门关闭以保证 PRS 系统能够形成封闭回路；凝水管道的隔离阀打开，使 PRS

系统连通。PRS 系统投入后，PRS 换热器管侧冷凝后的水注入蒸汽发生器二次侧，被一次侧反应堆冷却剂加热后变成蒸汽，经 PRS 系统蒸汽管道进入 PRS 换热器的管侧，将热量传递给换热水箱中的水后再次冷凝为水，返回蒸汽发生器二次侧，形成自然循环。传递至换热水箱中的热量，最终通过换热水箱中水的蒸发被带出，维持反应堆热量导出的安全功能。

在 PRS 系统启动信号发出 60s 后，应急补水管线的隔离阀自动开启，应急补水箱中的水注入蒸汽发生器二次侧，补偿 PRS 系统运行期间蒸汽发生器二次侧水位的降低。当补水箱水位低信号发出后，应急补水管线的隔离阀自动关闭，以避免蒸汽旁通进入补水箱。

7.3 非能动安全壳热量导出系统

安全壳喷淋为最有效的安全壳排热手段，“华龙一号”设置了用于设计基准事故工况的安全壳喷淋系统。由于安全壳作为最后一道屏障的重要意义，对于安全壳喷淋失效的事故工况，需要考虑进一步的安全壳排热措施。

非能动安全壳热量导出（PCS）系统用于安全壳喷淋系统失效的设计扩展工况，以非能动方式带走安全壳内的热量，实现安全壳的降温降压，确保安全壳的完整性。系统的能动阀门采用 220V 直流电驱动阀门，由专用的严重事故蓄电池供电，以保证系统的可靠性。

7.3.1 系统功能

PCS 系统用于在超设计基准事故工况下安全壳的长期排热，包括与全厂断电、喷淋系统故障相关的事故。在电站发生超设计基准事故（包括严重事故）时，将安全壳压力和温度降低至可以接受的水平，保持安全壳完整性。

系统安全壳内换热器、安全壳外隔离阀和两者之间的管道为电站第三道安全屏障的组成部分。在系统设备、管道出现破口时，及时关闭隔离阀，防止放射性物质外泄，确保电站第三道安全屏障的完整性。

7.3.2 系统描述

PCS 系统流程示意图见图 7.3。PCS 系统考虑设置三个相互独立的系列。每个系列包括两组换热器、两台汽水分离器、一台换热水箱、一台导热水箱、两个常开电动隔离阀、四个常关并联的电动阀。换热器布置在安全壳内的圆周上；换热水箱为钢筋混凝土结构不锈钢衬里的设备，布置在双层安全壳外壳的环形建筑物内。系统设计采用非能动设计理念，利用内置于安全壳内的换热器组，通过水蒸气在换热器上的冷凝、混合气体与换热器之间的对流和辐射换热实现安全壳的冷却，通过换热器管内水的流动，连续不断地将安全壳内的热量带到安全壳外，在安全壳外设置换热水箱，利用水的温度差导致的密度差实现非能动安全壳热量排出。

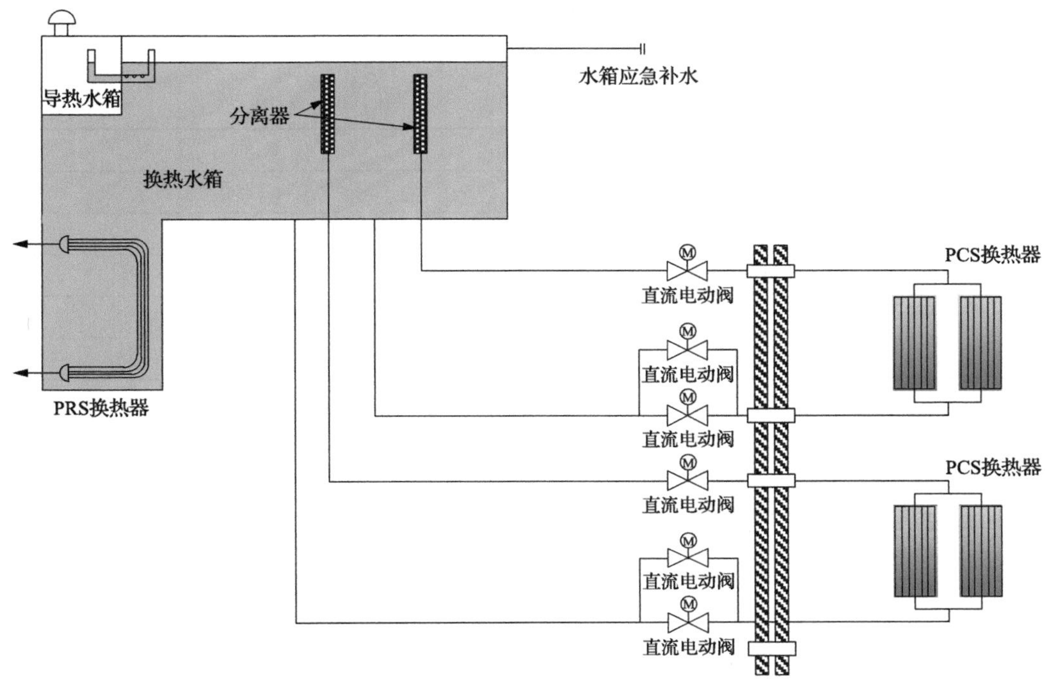

图 7.3　PCS 系统流程简图
Fig. 7.3　PCS system flow diagram

PCS 系统出现破口导致放射性外泄时，安全壳外的电动隔离阀根据上升管道辐射监测信号，隔离这些管线，确保核电厂第三道屏障的完整性。

7.3.3　主要设备

1. 换热器

PCS 系统换热器为针对“华龙一号”研发的 C 型结构换热器，由上部集管、下部集管和 C 型传热管组成，通过一个框架结构将换热器安装在安全壳内壁。换热器特性如表 7.2 所示。

表 7.2　PCS 换热器设备特性表
Table 7.2　Equipment characteristic of heat exchanger

PCS 换热器	设计压力(绝压)/MPa	设计温度/℃
水侧	0.65	155
气侧	0.65	155

2. 换热水箱

换热水箱为混凝土结构水箱，内壁采用钢覆面。换热水箱通过一个特殊结构的连通管与大气相连。正常情况下，连通管内形成水封，避免水箱内的水与大气直接接触，以尽可能减小环境对水箱内水质的影响。换热水箱设备特性如表 7.3 所示。

表 7.3　PCS 换热水箱设备特性表

Table 7.3　Equipment characteristic of heat exchange tank

参数	数值
设计压力（内，绝压）/MPa	0.11（液面）
设计压力（外，绝压）/MPa	0.1
设计温度/℃	110
总容积/m^3	1033
液态容积（正常）/m^3	900
正常温度/℃	0～50
正常压力（绝压）/MPa	0.1（液面）

7.3.4　系统运行

1. 事故工况下的运行

电站发生事故工况时，安全壳内压力、温度迅速上升。当安全壳压力超过安全壳喷淋系统的启动阈值且安喷系统没有发挥功能时，PCS 系统自动启动，下降管上的安全壳电动隔离阀开启，PCS 系统投入运行。

高温的蒸汽-空气或者蒸汽-氢气（或其他不凝结气体）的混合物冲刷 PCS 系统换热器表面。来自安全壳外换热水箱的低温水在换热器内升温、膨胀，沿着 PCS 系统上升管将安全壳内的热量导出至安全壳外换热水箱。安全壳内高温混合气体和换热水箱的温度差以及换热水箱和换热器的高度差是驱动 PCS 系统进行自然循环、带走壳内热量的驱动力。随着水箱温度不断升高，换热水箱温度达到对应压力下的饱和温度，排出部分蒸汽最终进入大气。

2. 电站正常运行工况时的系统状态

电站正常运行时，PCS 系统不投运。PCS 系统设置了再循环水泵、电加热器和化学加药装置，定期对安全壳外换热水箱进行净化和加热。

7.4　应急硼注入系统

对于触发紧急停堆的Ⅱ类工况，如果紧急停堆信号已发出，但控制棒未能插入堆芯使反应堆进入次临界，此时必须有特定的设计措施，快速将硼酸溶液注入堆芯，使反应堆进入次临界状态。“华龙一号”设置了应急硼注入系统，专门用来应对此类设计扩展工况。

7.4.1 系统功能

应急硼注入系统的主要功能是在发生未停堆预期瞬态事故(ATWT)后向反应堆冷却剂系统快速注入足够的浓硼酸溶液，将堆芯带入次临界状态并维持一定的次临界度。此外，在一回路小的失水事故工况或其他需要向一回路补水或补硼的工况下，可通过应急硼注入系统手动实现堆芯补水和硼化。

7.4.2 系统描述

应急硼注入系统包括两个系列(图 7.4)。每个系列包含一台硼注泵、一台硼酸注入箱、一条硼酸再循环回路。

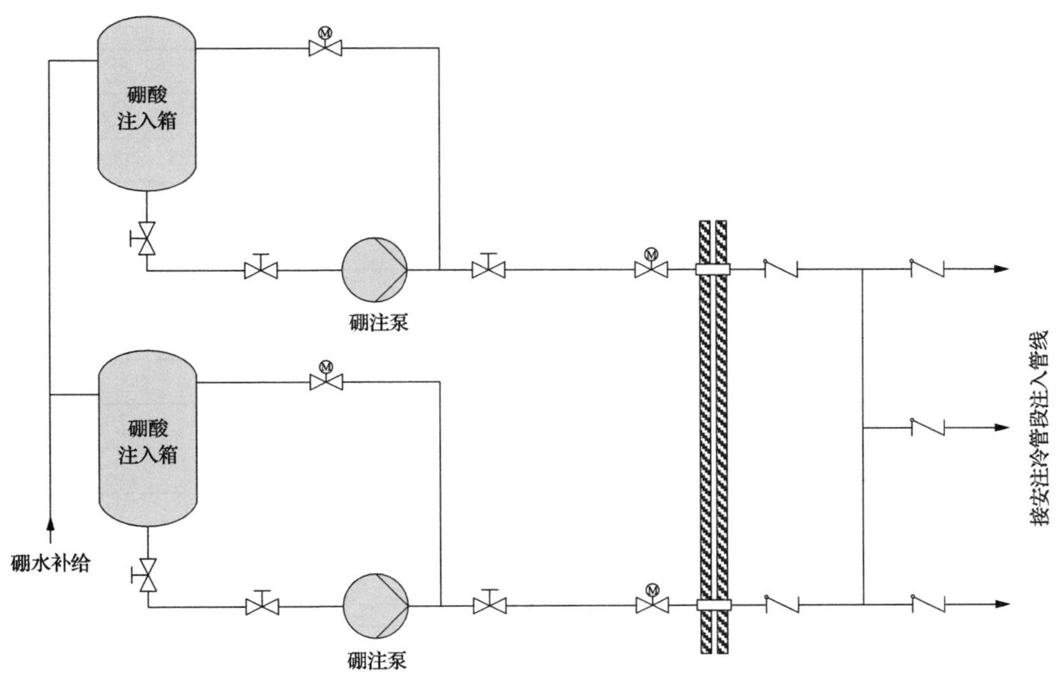

图 7.4 应急硼注入系统流程示意图

Fig. 7.4 Emergency boron injection system flow diagram

两个系列的注入管道在进入安全壳后合并成一根母管，再从母管上接出三个支管，分别接至三条安全注入系统中压安注向冷段注入的管道上。系统的启动信号由保护系统或多样化触发(DAS)系统触发，从硼酸注入箱取水，向 RCS 系统冷管段提供硼酸注入。

硼酸再循环回路用来定期循环硼酸注入箱内的硼酸溶液，以确保硼酸注入箱内硼的均匀。电站正常运行期间，再循环回路隔离阀处于开启状态，并在 REB 系统启动信号时自动关闭。再循环管线也用于硼注泵的定期试验。

应急硼注入系统有两个安全壳贯穿件，为保证安全壳隔离功能，安全壳外侧设置电动隔离阀，安全壳内侧设置止回阀。硼注入泵及硼酸注入箱布置在安全厂房内。

7.4.3 主要设备

1. 硼酸注入箱

硼酸注入箱为立式不锈钢常压水箱，内装有最低浓度为 7000 ppm 的含硼水，水箱设置有保温层和电加热器，以确保在各种机组状态下，内部浓硼溶液不会出现结晶(表 7.4)。

表 7.4 应急硼注入系统主要设备特性表

Table 7.4 Equipment characteristic of emergency boron injection system

参数	数值
硼酸注入箱	
数量	2
设计压力(绝压)/MPa	0.2
设计温度/℃	60
运行温度/℃	25～45
硼酸浓度/ppm	7000～8000
总体积/m^3	60(每个)
最小水装量/m^3	50(每个)
硼注泵	
数量	2
设计压力(绝压)/MPa	26
设计温度/℃	60
最大入口压力(绝压)/MPa	0.2
入口温度/℃	25～45
额定流量/(m^3/h)	12
额定流量下的扬程/m	＞2200

2. 硼注泵

硼注泵采用活塞泵，其特点是能够建立高压力，以满足事故后主回路高压情况下的注水功能(表 7.4)。

7.4.4 系统运行

电厂正常运行期间，应急硼注入系统处于备用状态。

硼注泵定期在再循环回路上运行，以保证硼酸注入箱内的硼溶液的均匀。当硼酸注入箱内的硼浓度超出规范限值时，可通过向硼酸注入箱补水或补充浓硼溶液的方法使硼浓度重新回到规范限值以内。硼酸注入箱上的电加热器维持硼溶液温度在规范限值之内。

在超设计基准事故 ATWT 工况下，应急硼注入系统自动投入运行。在主控室可手动启动系统，以实现一回路小破口及其他需要向一回路补水或补硼工况下系统的手动投运。

当硼酸注入箱内的硼酸溶液用完时，系统自动停止运行。操纵员也可以根据实际的硼化效果随时停运硼注泵，从而停止注硼。

7.5 非能动安全壳消氢系统

设计基准事故和严重事故工况下，由堆芯进入安全壳内或安全壳内部化学反应产生的氢气浓度必须得到有效控制，以免超过燃烧或爆炸限值，威胁安全壳完整性。目前，核电厂考虑的消氢方式主要包括点火器和氢气复合器两种，应用最为广泛的是氢气复合器。

“华龙一号”非能动安全壳消氢(CHC)系统用于应对设计基准事故和严重事故工况的安全壳消氢，该系统采用非能动氢气复合器实现功能。

7.5.1 系统功能

CHC 系统用于在设计基准事故工况下和严重事故工况下将安全壳大气中的氢浓度减少到安全限值以下，从而在设计基准事故下避免氢气燃烧和严重事故工况下避免发生由于氢气爆炸而导致的第三道屏障——安全壳的失效。

7.5.2 系统描述

“华龙一号”CHC 系统由 33 台非能动氢复合器组成，当安全壳内的氢气浓度达到一定数值时，非能动氢复合器将启动并复合氢气，将安全壳内的氢气浓度控制在安全范围之内。非能动氢气复合器在氢气浓度达到启动阈值时能够自动启动，不需任何监测和控制措施。

其中两台布置在安全壳穹顶位置的非能动氢气复合器设计为安全相关级，按照设计基准事故的要求进行设备设计制造和安装并满足专设安全设施的功能要求，应对设计基准事故和严重事故；其他非能动氢气复合器设计为非安全级，满足严重事故的采购条件，用于严重事故工况。氢气复合器在安全壳内的安装位置主要由事故分析程序计算给出。

“华龙一号”非能动氢气复合器的金属外壳可引导气流向上通过氢气复合器，在壳体的下部装有一个插入很多平行的竖直催化剂板的框架，在这些催化剂板上涂满活性催化剂(图 7.5)。含氢气体混和物在催化剂作用下发生氢-氧化学反应，并释放出热量使复合器下部的气体密度降低，进而加强气体对流，使大量含氢气体进入并与催化剂接触，以此保证高效的消氢功能。

除了非能动安全壳氢气复合器外，“华龙一号”还设置了安全壳氢气监测(CHM)系统，用于严重事故下对安全壳内氢气浓度进行有效监测，确保与控制氢气可燃性相关的严重事故缓解措施的有效运行，并为确定核电厂状态和为严重事故管理期间的决策提供实际的信息。

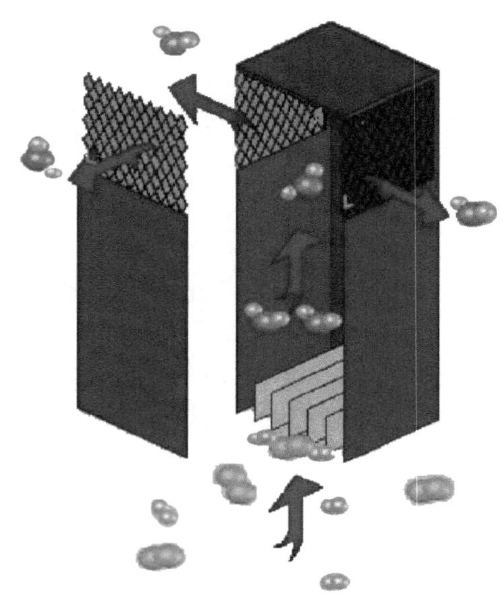

图 7.5 “华龙一号”非能动氢气复合器示意图

Fig. 7.5 Passive hydrogen recombiner

7.5.3 主要设备

CHC 系统采用的非能动氢气复合器不需要任何电源、气源和控制，设备参数见表 7.5。

表 7.5 非能动氢气复合器设备特性

Table 7.5 Equipment characteristic of passive hydrogen recombiner

参数	数值
最大环境温度/℃	≤350
最大压力（绝压）/MPa	≤0.65
相对湿度/%	0～100
最大剂量率/Gy	2.0×10^{6}（严重事故后一年）
启动阈值（体积分数）/%	<2
停止阈值（体积分数）/%	<0.5
消氢速率/(kg/h)	5.36/2.4（1.5bar（绝压）和 4%（体积分数）H_2）

7.5.4 系统运行

电厂正常运行和特殊稳态运行期间，不需要该系统运行。

事故工况下，在安全壳内氢气浓度达到氢气复合器启动条件时，非能动氢气复合器会自动发挥功能。

在电厂寿期内，需要定期对氢气复合器的催化板性能进行验证，性能试验使用专门的试验装置进行。

7.6 安全壳过滤排放系统

针对不同类型的事故工况，“华龙一号”设置了完备的安全壳热量导出系统，能够确保各类事故工况下安全壳的完整性。从确定论和概率论的角度，已经充分证明了“华龙一号”的安全壳冷却手段是有效的，出现安全壳超压失效的概率极低。

安全壳过滤排放是另一种防安全壳超压失效的手段，虽然极不可能使用，但通过设置安全壳过滤排放系统来应对残余风险，也具有一定的现实意义。

7.6.1 系统功能

安全壳过滤排放(CFE)系统通过主动卸压使安全壳内的大气压力不超过其承载限值，从而确保安全壳的完整性。并且通过该系统中的过滤装置对排放气体中的放射性物质进行过滤，可减少释放到环境中的放射性物质。

为了应付“极不可能发生的工况”，要采取“安全壳内部大气降压和过滤”的措施，来保证安全壳的完整性，并尽可能限制放射性物质向环境中的释放。“华龙一号”选择的降压和过滤装置是“湿式过滤器+金属纤维过滤器”的设计。

7.6.2 系统描述

严重事故后，若出现安全壳内大气压力将超过限值的情况，将由应急指挥中心发出开启 CFE 系统的指令。运行人员就地手动开启事故机组的安全壳隔离阀，将安全壳内的大气引入 CFE 系统内，并在系统内进行过滤。当 CFE 系统内的压力超过安装在系统下游的爆破膜整定压力值时，爆破膜将破裂，CFE 系统与环境连通，使事故机组安全壳内的大气通过烟囱排放到环境中，从而对安全壳进行了降压，保证了安全壳的完整性。系统流程图如图 7.6 所示。

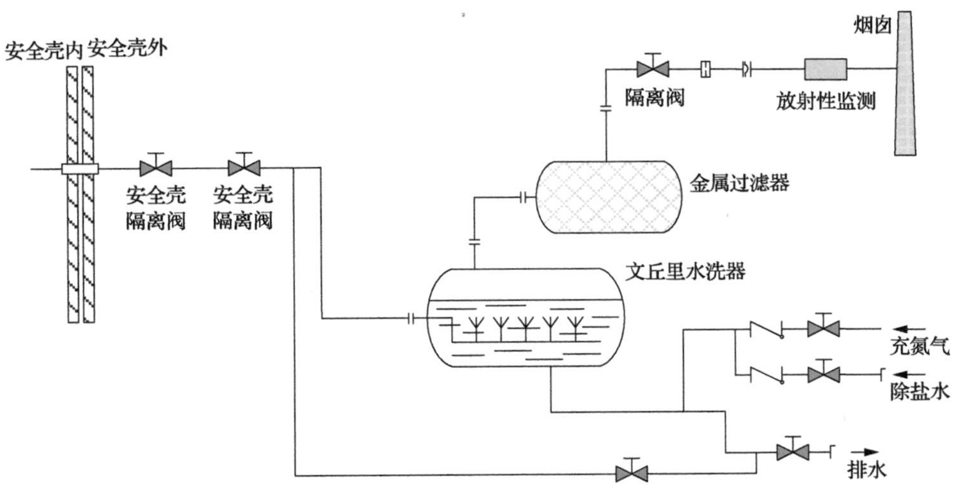

图 7.6 CFE 系统流程示意图

Fig. 7.6 Containment filtration and exhaust system flow diagram

7.6.3 系统主要设备描述

1. 安全壳隔离阀

安全壳隔离阀采用了带远传机构的手动阀门，阀门的操作手轮位于一个生物屏蔽墙之后。安全壳隔离阀装有限位开关，阀门状态可以在主控制室和应急指挥中心显示。

2. 文丘里水洗器

文丘里水洗器是卧式圆筒形的压力容器，容器内装有一组文丘里喷管，并且容器内装有质量浓度为 0.5%的 NaOH 和 0.2%的 $Na_2S_2O_3$ 的化学溶液。试验证明，文丘里水洗器对气溶胶的过滤效率大于 99%，可滞留气溶胶粒径 0.5μm，对碘分子的过滤效率大于 99.5%。

3. 金属纤维过滤器

金属纤维过滤器（CFE002BA）也是卧式圆筒形压力容器。容器内的金属纤维过滤器由具有液滴分离作用的预过滤层和精细过滤层两部分组成。它们主要用于过滤文丘里水洗器未能滞留的微小粒径气溶胶，以及一些由于化学溶液表面气泡破裂而产生的极小粒径的气溶胶；特别是对于粒径小于 1μm 的气溶胶，金属纤维过滤器具有很高的滞留效率。

4. 限流孔板

限流孔板安装在过滤装置的出口，限流孔板滑压运行维持过滤装置的压力接近安全壳内的压力，所以即使质量流量随安全壳内压力变化较大，限流孔板也可以将体积流量维持在基本恒定的状态。

5. 爆破膜

CFE 系统投入运行后，系统内压力达到爆破膜（CFE001DK）的压力整定值时，爆破膜破裂，过滤后的气体排向大气。

7.6.4 系统运行

CFE 系统只在发生堆熔的严重事故下运行，在机组正常运行和设计基准事故下始终处于备用状态。

1. 系统启动

发生严重事故之后，如果所有安全壳排热手段均失效或不能限制安全壳的压力，安全壳完整性受到威胁，系统在适当情况下通过手动方式投入运行，进行安全壳的卸压排气。系统启动时机由现场应急指挥中心来决定。在打开安全壳隔离阀前，应启动放射性活度监测仪，确认其能够正常工作之后，在屏蔽墙后远距离手动操作开启安全壳隔离阀。

2. 气体过滤

安全壳内气体经过安全壳隔离阀后进入文丘里水洗器。文丘里水洗器内装有一组文丘里喷管，喷管均被淹没在 0.5%NaOH 和 0.2%$Na_2S_2O_3$(质量分数)的化学溶液中，排出的气体以很高的流速通过文丘里喷管。高速流动的气体在文丘里喷管的喉部产生吸力，使化学溶液进入喷管，而高速气流与化学溶液之间形成速度差，从而将气体中的大部分气溶胶去除，滞留在文丘里容器内。与此同时，进入文丘里喷管的液滴在喉管内部提供了很大的交换面积，与碘发生充分的化学反应，从而有效地吸附排放气体中的碘。另外，从气体在文丘里喷管内的机械运动来看，大部分的碘及气溶胶粒子在文丘里喷管内就已分离。淹没文丘里喷管的化学溶液既起了第一道液滴分离的作用，又实现了气溶胶及碘的滞留。

气体穿过文丘里水洗器之后进入其下游的金属纤维过滤器进行下一步的过滤。经文丘里水洗器过滤后的气体仍留有少量难滞留的气溶胶，同时还含有一些由于化学溶液表面的气泡破裂而产生的微小粒径的水滴(直径一般在 0.1μm 左右)，这些都将通过金属纤维过滤器进行过滤。金属纤维过滤器作为第二级滞留措施，能够保证整个系统在长期内的高滞留率及高效液滴分离性能。

通过两级过滤，CFE 系统能够保证约为 99.99%的气溶胶滞留率。这种滞留能力也适用于小于 0.5μm 的小粒径气溶胶。因此，气溶胶粒径的变化不会降低 CFE 系统的滞留效率。在所有运行条件包括超压运行条件下，CFE 系统对碘分子的滞留率可大于 99.5%。进一步的试验证明，有机碘的滞留率也可达到 80%。

3. 气体排放

由金属纤维过滤器引出的系统排出管线上依次设有限流孔板、爆破膜，排出管线最终引向电厂烟囱。在打开安全壳隔离阀之后，系统内压力快速上升，与安全壳内压力趋于平衡，当系统压力达到爆破膜的整定值[0.08±10%MPa(表压)]时，爆破膜破裂。这样，经文丘里水洗器及金属纤维过滤器过滤后的气体由此通过电厂烟囱排向大气。

4. 系统关闭

通过 CFE 系统的过滤排放，安全壳内的压力将会降低，在得到应急指挥组织的关闭指令后，运行人员通过手动关闭安全壳隔离阀来停闭该系统。压力降至安全壳设计压力的 50%时应关闭系统，以免由于蒸汽冷凝造成安全壳内负压。

当出现文丘里水洗器的液位到达低液位时，必须关闭 CFE 系统。待文丘里水洗器重新充水后，再重新打开 CFE 系统。

5. 特殊稳态运行

在电厂正常运行期间和设计基准事故工况下，系统一直处于备用停运状态。文丘里水洗器中充有的化学溶液将长期保持稳定状态，CFE 系统设计中考虑了对化学溶液进行取样的措施。

CFE 系统在长期备用的停运阶段不需要进行充水，仅在系统需要进行内部检查时利用可移动式化学加药组合装置收集文丘里水洗器的排水，检查之后再重新充水。

CFE 系统设有文丘里水洗器的液位指示仪表及系统压力指示仪表，它们都安装在系统设备房间的屏蔽墙后。液位指示及压力指示信号都将分别送至主控制室和应急指挥中心。在系统备用期间，通过系统压力指示信号，运行人员可得知系统的密封情况是否良好。

在 CFE 系统备用期间，系统从安全壳隔离阀至爆破膜之间的管道及容器内均充满氮气，气密封的氮气压力为 0.13MPa(绝压)。当氮气压力发生变化，偏离其要求值时，将发出报警。

第 8 章

放射性废物处理系统

在核电厂运行过程中，会产生一些带有放射性的液体、气体和固体废物。为了保护环境免受污染，防止工作人员和核电厂周边的居民受到过量的放射性辐射，核电厂在向环境排放这些放射性废物之前，通过放射性废物处理系统采用一定的工艺对其进行收集、处理、监测、暂存，当废物达到相关标准后，进行排放或回收再利用，从而确保核电厂释放出的放射性物质对人和环境的影响控制在“可合理达到的尽量低(ALARA)”的水平。

“华龙一号”放射性废物处理系统用于收集、处理、暂存、监测和排放核电厂正常运行工况和预期运行事件下产生的放射性废气、液体和固体废物，经放射性废物处理系统处理后的气载和液态流出物排放满足标准要求，单台机组的废物包年产生量预期值低于 $50m^3/a$，废物包性能满足暂存、运输和处置要求。

8.1　“华龙一号”废物处理系统设计特点

放射性废物处理系统采用单堆设置和集中处理相结合的工艺设置理念，硼回收系统(ZBR)设置在核辅助厂房，为单机组设置，采用过滤、除盐、除气及蒸发工艺处理含氢反应堆冷却剂，得到可复用于反应堆冷却剂系统的补给水和硼酸溶液；废气处理系统(ZGT)设置在核辅助厂房，为单机组设置，通过增大衰变箱总容积延长放射性废气衰变时间，减少气载放射性物质的排放；设置专门的核废物厂房，并设置废液处理系统(ZLT)及固体废物处理系统(ZST)浓缩液处理工艺，用于集中处理放射性废液及湿废物中的浓缩液；采用放射性废物处理中心模式对固体废物中的废树脂、废过滤器芯及杂项干废物进行集中处理，减少单台机组内不必要的重复配置，精简核岛内的放射性废物处理系统，提高设备利用率，降低运行、管理和维护成本。

废物处理系统在安全、可靠、成熟的基础上，采用更有利于减少放射性向环境排放及满足废物最小化要求的处理工艺，实现单机组废物包年产生量小于 $50m^3$ 的目标。根据国内外核电厂废物处理系统运行经验反馈，“华龙一号”废物处理系统进行了如下优化：

(1)放射性工艺废液中存在一定量的胶体态核素，如 ^{110m}Ag，其主要来源于反应堆控制棒组件中的 Ag-In-Cd 吸收棒、反应堆压力容器“O”型密封环外表面的 Ag 包覆层。^{109}Ag 在堆内受中子照射，形成 ^{110m}Ag 并释放出 γ 射线。当含 ^{110m}Ag 的反应堆冷却剂或废液采用除盐方法处理时，除盐床内的树脂很容易饱和。由于 ^{110m}Ag 是以胶体的形式存在，当冲洗除盐床时，^{110m}Ag 很容易从树脂上脱落，使相关系统设备和管道产生大面积污染。此外还会引起放射性净化系统效率下降和废树脂增加，导致放射性固体废物增加及处理成本增加。

针对 ^{110m}Ag 等核素易形成胶体核素、易造成系统及设备污染的问题，“华龙一号”采用了化学试剂注入及活性炭吸附工艺。化学试剂注入及活性炭吸附工艺是去除胶体态核素的有效手段，属于具有成熟运行经验的先进废液处理工艺，主要包括预过滤器及活性炭床。预过滤器用于去除废液中的颗粒物，在预过滤器下游通过计量泵将絮凝剂注入到废液中，使以胶体态存在于放射性废液中的核素更易被下游装有活性炭的活性炭床去除。经过化学试剂注入及活性炭吸附工艺去除胶体后，放射性废液再经过离子交换工艺去除溶解在废液中的离子态核素，处理后产生的液态流出物满足国家标准要求。

(2) 放射性湿废物采用烘干装入混凝土高完整性容器（HIC）工艺替代传统的水泥固化工艺。浓缩液采用桶内干燥器（200L 桶）进行干燥，废树脂和废活性炭采用锥形干燥器进行干燥后装入 200L 钢桶，装有处理后浓缩液、废树脂和废活性炭的 200L 钢桶装入混凝土高完整性容器并在放射性固体废物暂存库暂存。采用该工艺具有减容比高的特点，处理后的废物包性能能够满足国家标准并满足近地表处置要求。

(3) 通过厂房结构实现滞留、暂存核电厂事故工况产生的放射性废液，然后用专门的模块化废液处理装置进行处理，处理后液态流出物满足国家标准要求。

8.2 硼回收系统

8.2.1 系统功能

硼回收系统为单台机组设置，收集化学和容积系统下泄管线和核岛疏水排气系统的反应堆冷却剂排水槽来的含氢反应堆冷却剂并处理，得到反应堆级的补给水和质量分数为 4%的硼酸溶液，复用于反应堆冷却剂系统，还可以对来自化学和容积系统的含硼浓度较低的反应堆冷却剂进行除硼处理。

8.2.2 源项

硼回收系统能够处理反应堆在以下两种方式运行时下泄的全部含氢反应堆冷却剂：一种是在整个燃料循环周期内进行满功率运行，另一种是在 85%燃料循环周期内进行负荷跟踪运行（12-3-6-3，50%满功率）。此外，硼回收系统还能处理稳压器卸压箱排水、反应堆压力容器密封引漏和阀杆引漏、主泵低压密封引漏、过剩下泄等产生的含氢反应堆冷却剂。含氢反应堆冷却剂溶解有活度较高的 Kr、Xe 等裂变气体和其他放射性核素，其中裂变气体放射性活度设计值为 2.26TBq/t，溶解碘的放射性活度设计值为 1.31TBq/t。

8.2.3 系统描述

硼回收系统分为净化部分、水和硼分离部分及除硼部分。净化部分包括前贮槽、过滤器、除盐器和除气装置；水和硼酸分离部分包括中间贮槽、蒸发装置、冷凝液监测槽和浓缩液监测槽；除硼部分配置一台阴床除盐器，用于燃耗末期对来自化学和容积系统的含氢反应堆冷却剂直接除硼；另设一台混床除盐器，用于在其未被反应堆冷却剂污染时对不合格冷凝液进一步除硼，或者用于在停堆大修期间对反应堆冷却剂进行净化处理。图 8.1 为硼回收系统流程简图。

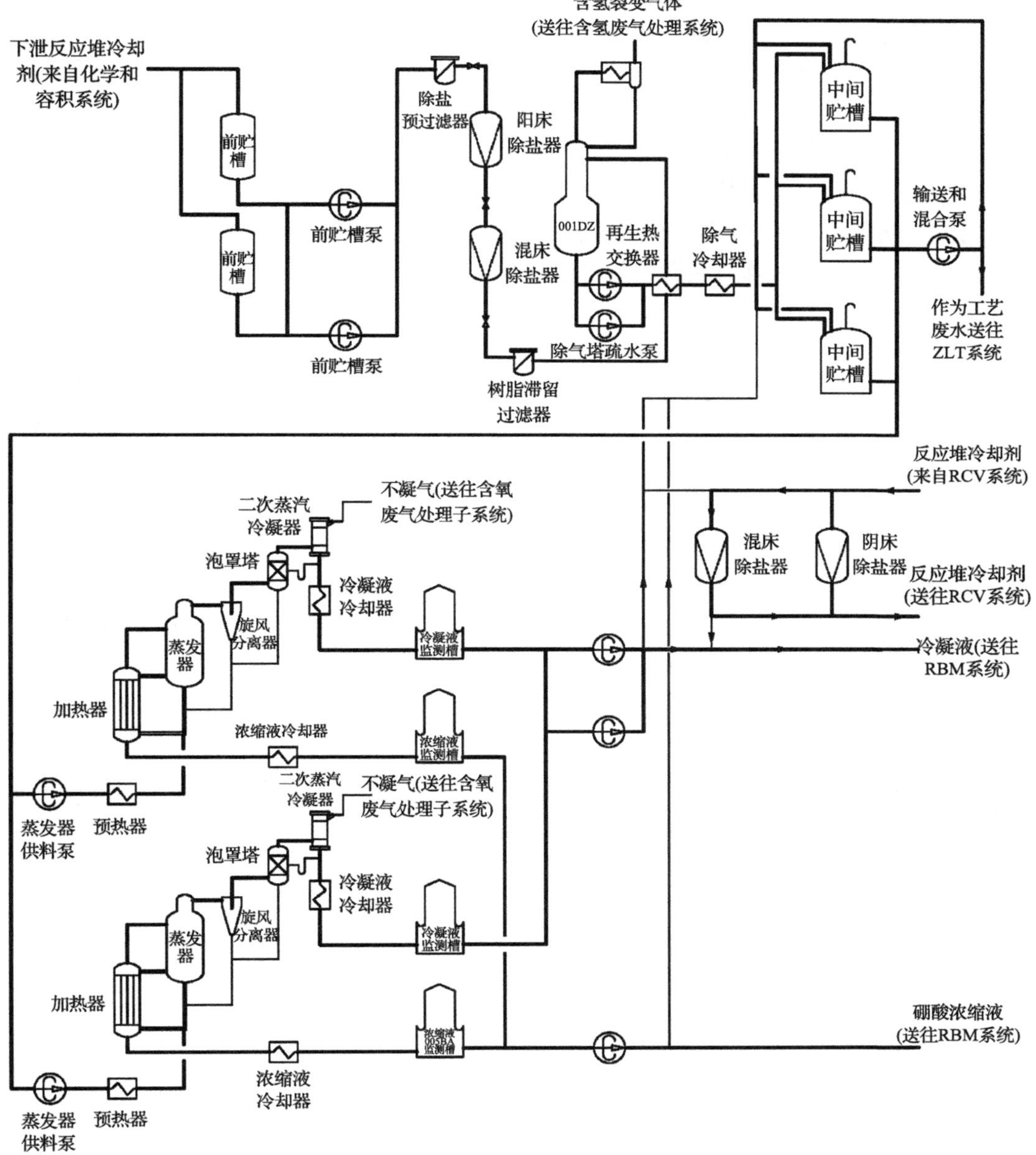

图 8.1 硼回收系统流程简图

Fig. 8.1 The flow diagram of born recycle system

1. 净化部分

含氢反应堆冷却剂由前贮槽接收，然后用前贮槽泵送经预过滤器、阳床除盐器、混床除盐器和树脂滞留过滤器净化后，进入除气塔除去裂变气体(如 Kr、Xe)和氢气等。由除气塔脱出的裂变气体经排气冷凝器冷却后，不凝气通过核岛疏水排气系统送到废气处理系统的含氢废气子系统进行处理，液体回流至除气塔。除气后的反应堆冷却剂由除气塔疏水泵输送，经再生热交换器和除气塔液体冷却器冷却后进入中间贮槽暂存。

前贮槽的容量能贮存 0.5h 以最大下泄流量送来的反应堆热却剂，而不能释放任何气体到废气处理系统去，并能够接收反应堆从满功率直接冷停堆过程中排放的反应堆冷却剂量。前贮槽覆盖着一定数量的氮气。在正常操作状况下不排出气体，气体覆盖层压力随液位变化而变化。前贮槽除了有压力与液位检测报警外，槽顶气相与槽底液相管路上均设有安全阀以保护贮槽。前贮槽的液位与压力检测系统自动控制除气塔的启动和停运。

过滤器、除盐器和除气装置的处理能力与化学和容积系统最大下泄流量一致。

2. 水和硼酸分离部分

三台中间贮槽共用一台输送和混合泵，可以将中间贮槽内的除气后反应堆冷却剂在蒸发操作前混合均匀。中间贮槽内的除气后反应堆冷却剂通过蒸发器供料泵送至外热式自然循环蒸发器进行硼水分离，得到浓度约 4%的硼酸溶液和冷凝液。浓缩液收集在浓缩液监测槽内，经取样分析监测合格后用浓缩液泵送到硼和水补给系统的 4%硼酸贮存槽待复用。冷凝液收集在冷凝液监测槽内，经取样分析监测合格后用冷凝液泵送到硼和水补给系统的反应堆补给水箱内待复用。如果冷凝液中硼含量偏高，则将其送到未被污染的混床除盐器进一步除硼处理后送到反应堆硼和水补给系统的补给水箱待复用。有时为了维持反应堆冷却剂中合适的氚浓度，将氚含量高的冷凝液送到 ZLD 系统排放。

中间贮槽的容积应能容纳反应堆每次冷停堆后再启动到满功率所下泄的冷却剂量、每次热停堆后在氙峰值时启动到满功率所下泄的冷却剂量及每次热停堆后在氙平衡时启动到满功率所下泄的冷却剂量。蒸发装置的处理能力使其可以将本燃耗周期内进入中间贮槽的除气后反应堆冷却剂全部处理。

3. 除硼部分

阴床除盐器直接对来自化学和容积系统的含硼量较低的含氢反应堆冷却剂进行除硼处理，然后再返回化学和容积系统。

8.3 废气处理系统

8.3.1 系统功能

废气处理系统用于处理核电厂正常运行工况和预计运行事件中产生的放射性气体废

物。贮存期满后进行取样分析，如符合要求则排至核辅助厂房的通风系统，经通风系统的通风排气稀释后排向烟囱。

8.3.2 源项

1. 放射性废气种类

“华龙一号”运行产生的放射性气体废物包括含氢废气和含氧废气。含氢废气主要来自核电厂反应堆一回路系统反应堆冷却剂排出流的脱气排气及覆盖气的吹扫排气。含氢废气主要由氢气、氮气组成，气体中含有由于核燃料裂变产生的氪、氙、碘等气态放射性核素。含氢废气的特性是放射性活度较高，因为含有较多氢气所以有燃烧爆炸的可能性。含氢废气需要经过处理，将其放射性活度浓度降低到符合相关标准规定、环境可接受的程度才可以向环境排放。

含氧废气是来自核电厂核岛盛装与空气接触的、含有放射性核素介质设备和系统的排气。含氧废气含有空气和少量由于核燃料裂变产生的氪、氙、碘等气态放射性核素。含氧废气的特性是放射性活度浓度较低，因为不含或很少含有氢气，所以没有燃烧爆炸的可能性。含氧废气通常只需要经过比较简单的处理(碘吸附器除碘和过滤除气溶胶)后，就可以将其放射性活度浓度降低到符合相关标准排放要求的规定和环境可接受的程度向环境排放。

2. 气载排放源项

气载放射性流出物主要来源于主冷却剂脱气(含氢废气)和各厂房的通风排放(含氧废气)，具体为废气处理系统、反应堆厂房通风、辅助厂房通风、核废物厂房通风、燃料厂房通风、二回路相关系统的排放。

气载放射性流出物排放源项也分现实排放源项和保守排放源项两种方法考虑，计算中使用主冷却剂比活度的假设与液态相同。“华龙一号”现实工况与保守工况气载排放源项如表 8.1 所示。

表 8.1 “华龙一号”气载排放源项
Table 8.1 Airborne source term of HPR1000

放射性核素种类	现实工况/(GBq/a)	保守工况/(GBq/a)
惰性气体	1.04×10^{3}	5.74×10^{4}
碘	9.10×10^{-3}	7.06×10^{-1}
粒子	4.68×10^{-2}	9.36×10^{-2}
氚	3.93×10^{3}	4.60×10^{3}
^{14}C	220	366

8.3.3 系统描述

根据上述分类，废气处理系统设置了含氢废气处理和含氧废气处理两条生产线。

1. 含氢废气处理子系统

含氢废气处理子系统采用压缩、贮存衰变法处理含氢废气。来自核岛疏水和排气系统集气管的含氢废气首先进入缓冲罐，缓冲罐可使对无规律(不同压力和流量)的来气起到调节稳定的作用，向压缩机提供平稳的气流，并分离废气中夹带的冷凝水，从而保证了后面压缩机的稳定运行。

正常运行时，废气压缩机将根据已在缓冲罐压力检测装置上设定的压力值，随缓冲罐压力变化而自动启动或停运：如果没有废气进入缓冲罐，罐内压力不超过 0.005MPa(表压)时，压缩机不启动；当有废气产生并通过核岛疏水和排气系统输入，使缓冲罐压力上升达到 0.025MPa(表压)时，第一台压缩机启动；如果缓冲罐压力继续上升到 0.03MPa(表压)时，第二台压缩机自动启动；在压缩机运行中，当缓冲罐内压力回落到 0.005MPa(表压)时，正在运行的压缩机停运。压缩机的手动操作及压缩机运行先后的选择可以通过废气处理系统控制柜上的转换开关来实现。压缩后的废气经冷却器冷却至 50℃，经气水分离器分离掉冷凝液，最后废气被压入其中一台衰变箱。

含氢废气在衰变箱中的衰变时间：基本负荷运行时 60 天，负荷跟踪运行时 45 天。在衰变箱的配管上考虑了可通过压缩机将气体从一个衰变箱转移到另一个衰变箱的操作。衰变箱向大气排放废气之前，要进行取样分析监测排放废气的放射性浓度、氚浓度、主要核素等，并且要检查通风系统的运行工况和大气环境条件是否满足排放要求。只有当衰变箱出口阀门已经被手动打开时，才能遥控排放总管上的气动控制排放阀向烟囱排放废气。在衰变箱排放总管上设有在线辐射监测仪表，当废气放射性活度超过排放阈值时，发出报警信号，并连锁关闭排放阀，废气停止排放。如果通风系统碘吸附器出现故障，厂房烟囱放射性监测值超过阈值，或者如果正在排放的衰变箱内的压力下降到 0.02MPa(表压)时，则自动停止排放。衰变箱内压力低于 0.02MPa(表压)时停止排气是一种压力保护，以防止外部空气返入衰变箱而发生爆炸事故。含氢废气处理子系统保持正压，防止外界空气漏入而形成易燃、易爆的混合气体。图 8.2 为含氢废气处理子系统流程简图。

2. 含氧废气处理子系统

从化学和容积控制系统、核取样系统、反应堆硼和水补给系统、核岛疏水和排气系统、废液处理系统、硼回收系统、固体废物处理系统等有关容器排出的含氧废气经核岛疏水排气系统集气管汇集后，由含氧废气处理子系统风机抽吸，连续通过电加热器提高气体温度，并使气体的相对湿度维持在 40%以下，然后通过碘吸附器，最后由排风机送至核辅助厂房的通风系统。为了保证含氧废气的处理不间断，该子系统设备以 100%备用，当一套设备运行时，另一套设备处于备用状态。

正常运行时，一台电加热器、一台碘吸附器和一台排气风机串联投入运行。当信号显示第一台风机停运后，第二台风机即自动启动(包括串联的电加热器和碘吸附器)。排风总管内的负压由止回调风阀维持；一旦风机停运，该阀就自动关闭。通过调节阀瓣的平衡锤，可以手动控制负压的程度。含氧废气和由可调节风阀引入的空气经处理后，在经烟囱排放前，被通风系统的主排风气流稀释。

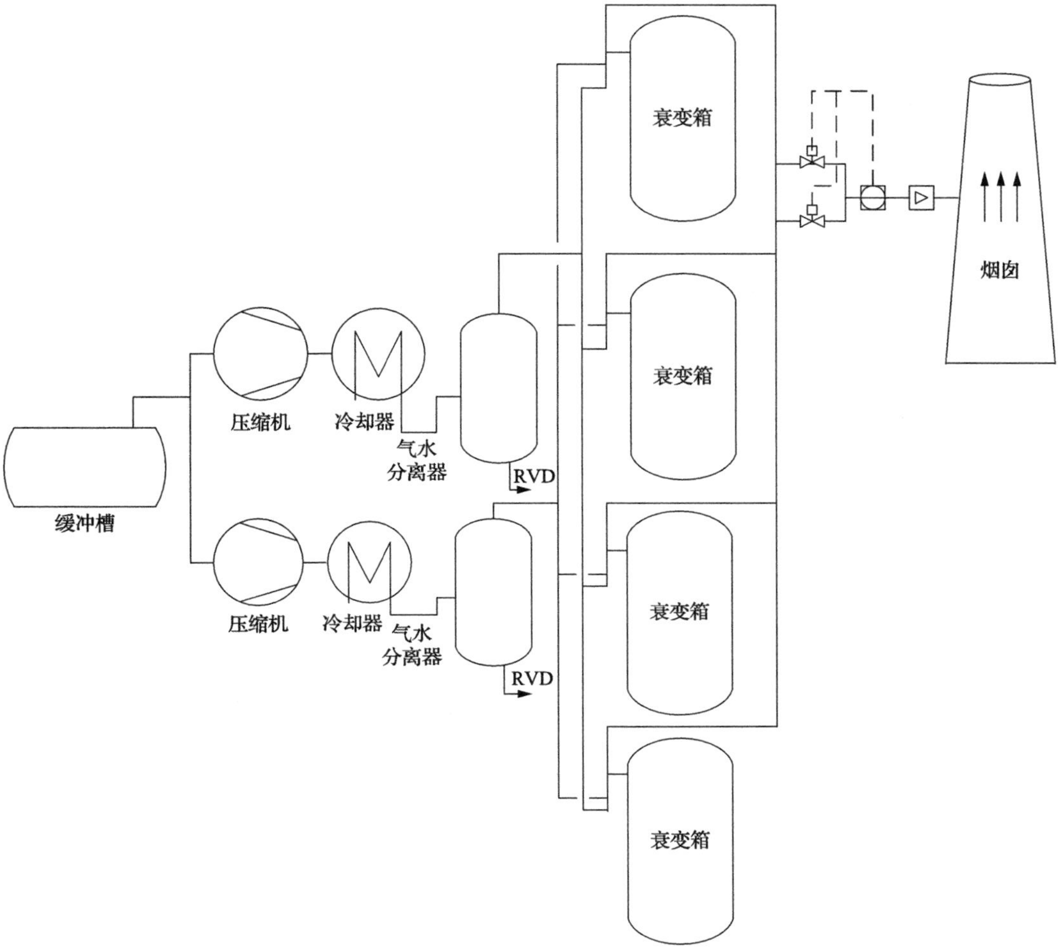

图 8.2　含氢废气处理子系统流程简图

Fig. 8.2　The flow diagram of hydrogenated gaseous waste treatment system

图 8.3 为含氧废气处理子系统流程简图。

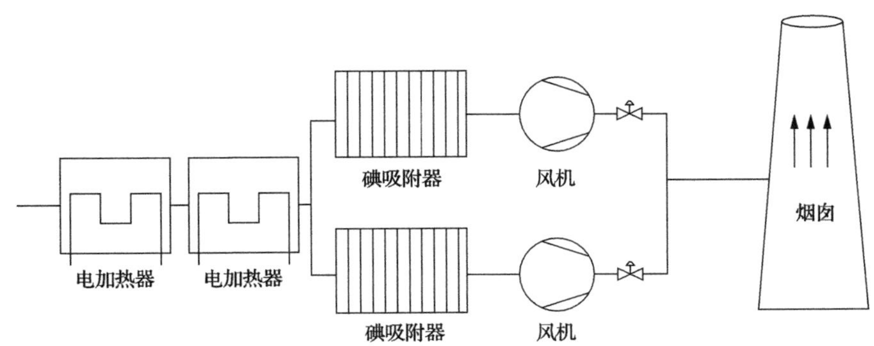

图 8.3　含氧废气处理子系统流程简图

Fig. 8.3　The flow diagram of aerated waste treatment system

8.4 废液处理系统

8.4.1 系统功能

废液处理系统用于接收、贮存、处理和监测核电厂控制区排出的放射性废液。废液处理系统处理三类放射性废液：工艺排水、化学排水和地面排水。上述废液由核岛疏水和排气系统和放射性废水回收系统分类收集，并送往废液处理系统进行处理。经过处理和取样分析达标的废液通过核岛液态流出物排放系统监测和排放。

此外，还有服务排水可送到废液处理系统地面排水接收槽进行处理。如果其放射性浓度低于排放控制值，应经过滤后再经核岛液态流出物排放系统排放。

8.4.2 源项

“华龙一号”放射性废液产生量设计最大值见表 8.2。

表 8.2 “华龙一号”放射性废液产生量设计最大值

Table 8.2 Design maximum value of HPR1000 liquid waste liquid production

废液类型	设计最大值(双机组)/m³
工艺废液	4500
化学废液	3000
地面废液	10000
需要处理的服务废液	2500
总水量	20000

除此之外，“华龙一号”双机组每年服务废液产生量设计最大值为 6000m³。废液处理系统的处理能力依照上述“华龙一号”的废液产生量最大值进行相应设计。

8.4.3 工艺流程

工艺排水先进入工艺排水缓冲槽再进入工艺排水接收槽，地面排水进入地面排水接收槽，化学排水先进入化学排水缓冲槽再由化学排水接收槽接收。前贮槽中的料液经混匀后取样监测其放射性。

工艺排水为化学杂质含量低的放射性废液，一般由絮凝剂注入及除盐器处理，如果工艺排水有化学污染则由蒸发器处理，如果工艺排水的放射性浓度低于排放限值，则通过过滤器后从核废物厂房排往核岛液态流出物排放系统(ZLD)。

化学排水的化学杂质含量及放射性浓度均较高，一般用蒸发工艺处理，采用外热式自然循环型蒸发器，去污性能好。如果放射性浓度低于排放限值，则经过滤器后从核辅助厂房送往核岛液态流出物排放系统。

地面排水和服务排水的放射性浓度较低，含悬浮固体和纤维物质等，一般采用过滤工艺进行处理后排往核岛液态流出物排放系统。如果放射性浓度高于排放限值，则采用蒸发处理。

监测槽中的废液经混匀取样后，若其放射性活度浓度低于控制值，则送往核岛液态流出物排放系统，若超标则返回处理单元再处理。

图 8.4 为废液处理系统流程简图。

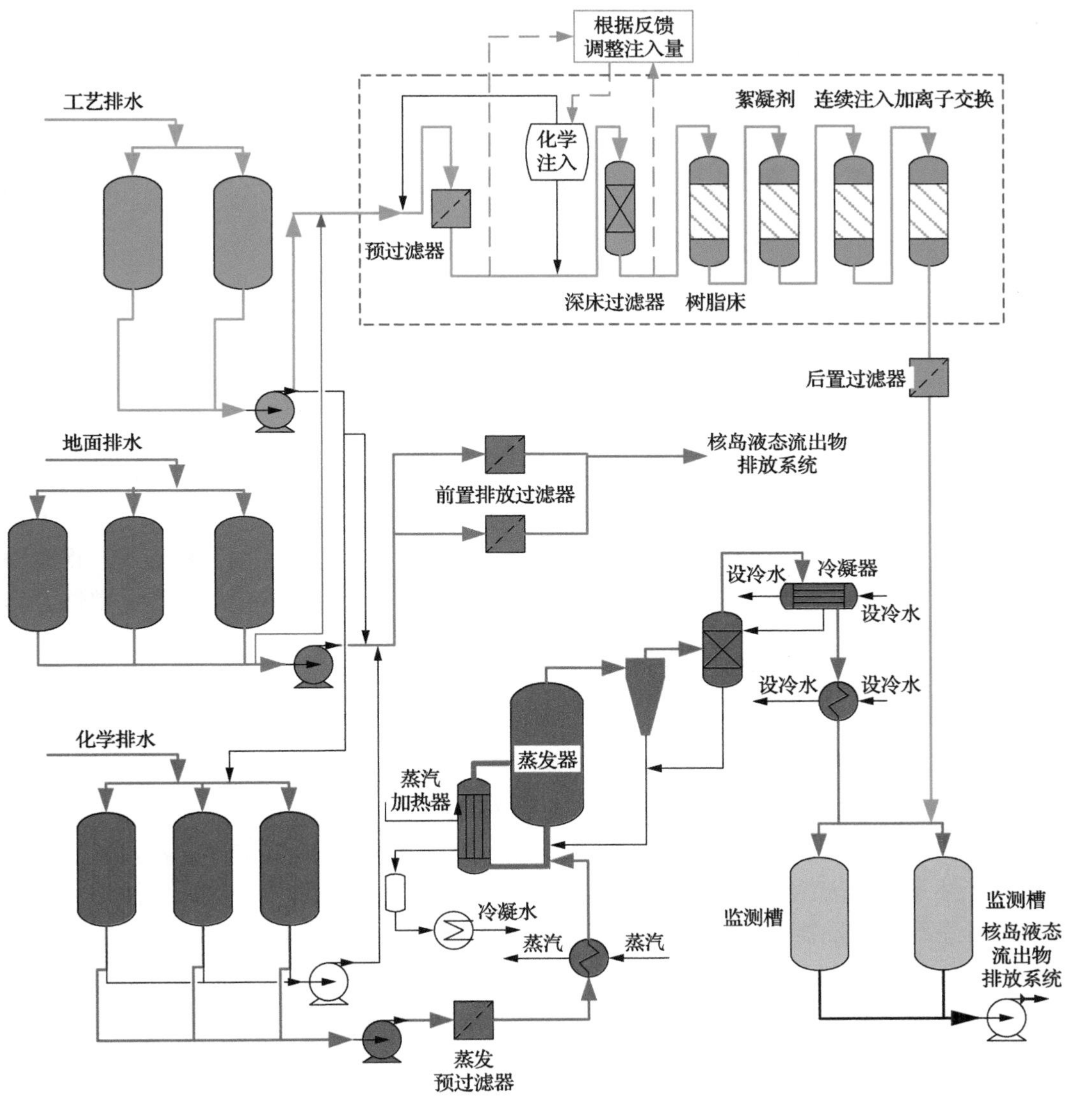

图 8.4　废液处理系统流程简图

Fig. 8.4　The flow diagram of liquid waste treatment system

工艺排水处理流程：系统设有两个工艺排水接收槽，工艺排水在贮槽中混合、取样分析。系统设有一台工艺排水泵，用于废液的混合搅拌、取样分析和输送。当废液需要除盐处理时，将废液送往除盐净化装置后进入监测槽。当废液的放射性浓度低于排放控制值时，将废液送往过滤器过滤后排放。

化学排水处理流程：系统设有三台化学排水接收槽，用于废液的收集、贮存、混合、取样分析和预处理。系统设有一台化学排水泵，用于槽内废液的混合搅拌、取样分析和输送。化学废液由蒸发器供料泵输送至蒸发处理装置处理后进入监测槽。当废液的放射性浓度低于排放控制值时，将废液送往过滤器过滤后排放。蒸发浓缩液由浓缩液槽收集，用泵送至固体废物处理系统浓缩液槽。蒸馏液由两个监测槽接收。

地面排水处理流程：三台地面排水接收槽用于地面排水和服务排水的收集、贮存、混合、取样分析及化学中和；地面排水泵用于废液的混合搅拌、取样分析和输送；两台并联的过滤器可以在不停止处理废液的情况下更换过滤器芯。经过滤处理后的废液进入监测槽。当地面排水接收槽内废液的放射性浓度高于排放控制值时，可采用蒸发工艺处理或由除盐单元处理。

8.5 固体废物处理系统

8.5.1 系统功能

固体废物处理系统主要是收集、暂存、干燥(或固定)、压实和包装电厂运行及检修时产生的放射性干、湿固体废物，使其符合运输、贮存和处置的要求，具体包括以下功能：收集运行产生的放射性固体废物，将废物暂存，并进行可能的放射性衰变，将废物处理后封装在 200L 钢桶中，将 200L 钢桶送到固体废物暂存库装入混凝土高完整性容器后暂存或直接暂存。

8.5.2 废物源项

该系统处理下列类型的废物：废树脂及废活性炭等、浓缩液、废过滤器芯和杂项干废物(受污染的纸、擦拭布、塑料等)。废树脂来自化学与容积控制系统、硼回收系统、废液处理系统、蒸汽发生器排污(TTB)系统、乏燃料水池净化系统的除盐器，废过滤器也来自上述系统。废活性炭产生自废液处理系统工艺废液处理的活性炭床。浓缩液来自废液处理系统的蒸发器。控制区产生的杂项干废物由低污染的可压实废物(如污染严重的抹布、塑料、纸、防护鞋套、口罩、手套、衣服等)和不可压实的固体小部件组成。这些放射性“固体”废物在运往厂外进行最终处置之前均需在该系统进行处理和整备，形成满足近地表处置要求的废物包。废物包性能满足《低、中水平放射性固体废物包装安全标准》(GB 12711—2018)和《低中水平放射性固体废物的浅地层处置规定》(GB 9132—2018)的要求，水泥固定废物体性能满足《放射性废物体和废物包的特性鉴定》(EJ 1186—2005)的要求。

8.5.3 工艺描述

固体废物分为湿废物和干废物两类，固体废物分类收集及处理流程如图 8.5 所示。

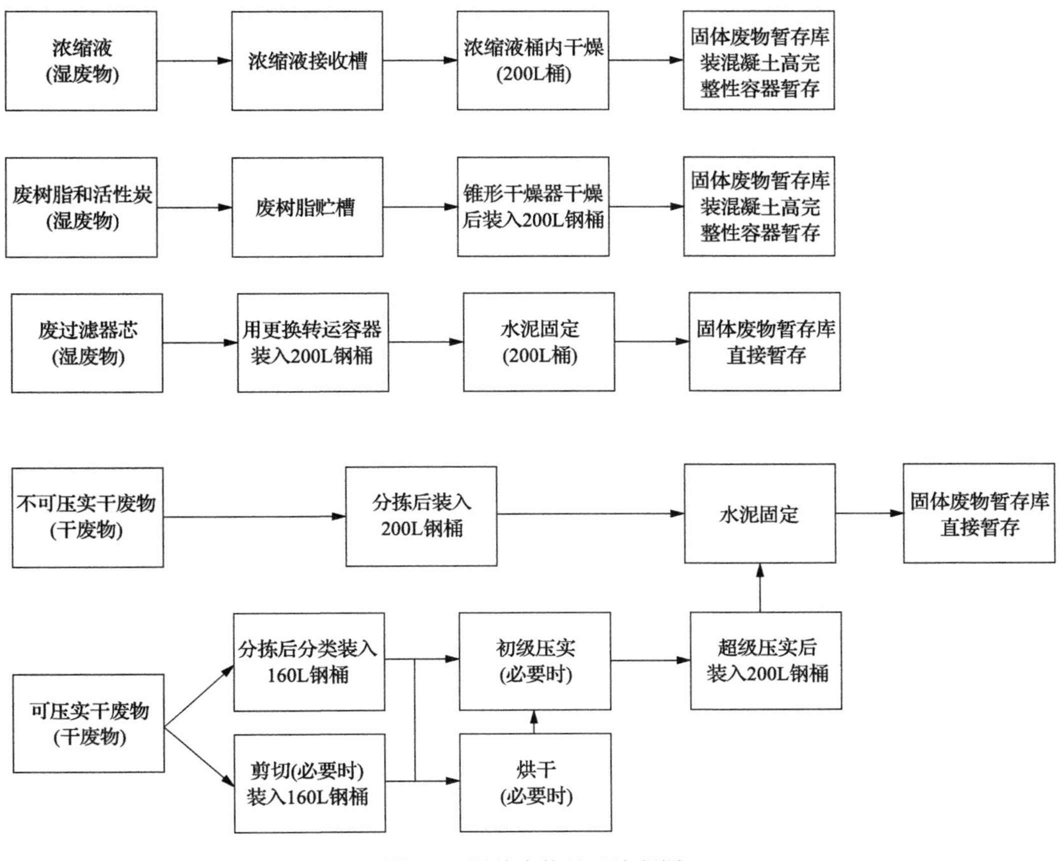

图 8.5　固体废物处理流程图

Fig. 8.5　The flow diagram of solid waste treatment system

产生于核辅助厂房内的废树脂收集在核辅助厂房的废树脂贮槽中，产生于核废物厂房内的废树脂和废活性炭收集在核废物厂房的废树脂贮槽中，然后用屏蔽运输车送到废物处理中心的废树脂接收槽。废树脂和废活性炭在废物处理中心用锥形干燥器烘干后装入 200L 钢桶，经封盖和剂量检测后用屏蔽运输车转运至固体废物暂存库装入混凝土高完整性容器暂存。正常情况下蒸汽发生器排污系统的废树脂仅受轻微放射性污染，在核辅助厂房直接装入 200L 钢桶，然后送到固体废物暂存库贮存衰变，等待清洁解控。放射性水平异常的蒸汽发生器排污系统废树脂收集在核辅助厂房的废树脂贮槽中，然后送到废物处理中心进行烘干后装入 200L 金属桶。

废液处理系统产生的浓缩液收集在核废物厂房的浓缩液贮槽中，随后装入桶内干燥器的 200L 钢桶烘干，经封盖和剂量检测后通过屏蔽运输车转运至固体废物暂存库装入混凝土高完整性容器暂存。

核辅助厂房和核废物厂房产生的废过滤器芯用屏蔽运输车转运至废物处理中心。废过滤器芯在废物处理中心装入 200L 钢桶进行水泥固定，经封盖和剂量检测后用屏蔽运输车转运至固体废物暂存库暂存。

杂项干废物用专用运输车运送到废物处理中心的干废物处理区，在分拣箱分拣成可压实干废物、需要烘干的潮湿干废物和不可压实废物进行处理：杂项干废物→分拣→烘干(必要时)→剪切(必要时)→初级压实→超级压实→水泥固定→封盖→表面剂量率和表面污染检测→送固体废物暂存库暂存。

废物暂存库设有检测装置用于检测入库废物的表面剂量率、核素组成、质量和表面污染，然后对废物进行分区存放。暂存库库主体为单层，分为贮存区、灌浆区、人员工作区和辅助设施区四部分，贮存区包括混凝土高完整性容器废物包贮存室、混凝土高完整性容器废物包贮存区、200L 废物桶贮存室、200L 废物桶贮存区、蒸汽发生器排污系统废树脂桶贮存区、轻微污染设备贮存区。可见，贮存区分为“贮存区”和“贮存室”。“贮存区”用于贮存表面剂量率≤2mSv/h 的废物包，“贮存室”用于贮存表面剂量率＞2mSv/h 的废物包，贮存室由混凝土墙分隔的贮存单元组成。200L 废物桶贮存室的每个贮存单元能够容纳五个垂直码放的 200L 金属桶，混凝土高完整性容器废物包贮存室每个贮存单元能够容纳四个垂直码放的混凝土高完整性容器废物包。每个贮存单元上方均覆有金属防护盖板。放射性固体废物暂存库内设有两台双梁远距离数控起重机，用于吊运废物桶。

第 9 章

公 用 系 统

“华龙一号”核电厂公用系统，主要是指与核电厂各厂房以及主要工艺系统有着密切关系，且为这些厂房和系统所共有的一类动力辅助设施的总称，包括给排水系统、采暖通风与空调(HVAC)系统、制冷系统、供气系统等。

给排水系统主要包括：淡水处理系统、生产水系统、除盐水系统、饮用水系统、污水系统、消防水系统等，其中消防水系统在第 11 章中介绍。

采暖通风与空调系统可以分为核岛采暖通风与空调系统、常规岛采暖通风与空调系统及核电厂配套设施采暖通风与空调系统。核岛采暖通风与空调系统对核电厂正常运行和环境保护起着重要的作用，是反应堆重要的辅助屏障系统，也是核电厂的纵深防御措施之一。核岛采暖通风与空调系统主要包括：反应堆堆坑通风系统、安全壳换气通风系统、安全壳空气净化系统、控制棒驱动机构通风系统、安全壳连续通风系统、安全壳大气监测系统、环形空间通风系统、主控室空调系统以及安全厂房、电气厂房、燃料厂房、核辅助厂房、柴油发电机厂房等各厂房通风系统。

核电厂核岛内各冷冻水系统负责向各采暖通风与空调系统及工艺设备提供所需的冷冻水，主要包括核岛冷冻水系统、安全厂房冷冻水系统、电气厂房冷冻水系统等。

供气系统主要包括压缩空气系统、氮气系统、氢气系统等。

9.1 除盐水系统

除盐水系统包括除盐水生产(WDP)系统、核岛除盐水分配(WND)系统、常规岛除盐水分配(WCD)系统。

9.1.1 系统功能

除盐水生产系统的功能是处理来自淡水厂生产水(WRW)系统的水，并向核岛、常规岛、核电厂配套(BOP)等子项提供符合水质和水量要求的两种除盐水，一种为 pH＝7±0.5 的除盐水，另一种为 pH＝8.5～9 的除盐水。除盐水生产系统包括预处理过滤系统、反渗透预脱盐系统、离子交换除盐系统(一级除盐系统、混床深度除盐系统)。系统的总出力为 $2\times130\text{m}^3/\text{h}$。除盐水生产系统不执行安全相关功能。

核岛除盐水分配系统是向整个核电厂使用除盐水的所有系统提供 pH 为 7 的中性除盐水，主要用户在核岛。

常规岛除盐水分配系统是向核电厂提供 pH 为 8.5～9 的碱性除盐水，主要用户在常规岛。

9.1.2 系统描述

除盐水生产系统的系统流程简图见图 9.1。进水为淡水厂生产水系统的清水，经过双滤料过滤器、反渗透装置、阳离子交换器、阴离子交换器和混合离子交换器进一步净化处理，清水中的悬浮物被滤料过滤，反渗透利用渗透膜的选择透过性实现物质的分离，反渗透装置用来截留各种离子，剩余的阳、阴离子被离子交换树脂中相应的 H^+、OH^-交换，得到一级除盐水，然后一级除盐水经过混合离子交换器处理后得到满足机组要求的除盐水。

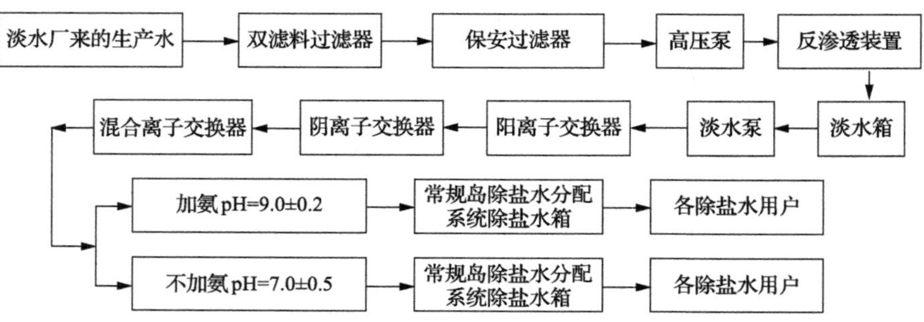

图 9.1 除盐水系统流程简图

Fig. 9.1 Demineralized water system flow diagram

核岛除盐水分配系统是非安全相关系统，系统故障不会影响电厂安全运行或导致安全停堆。只有安全壳贯穿管道及有关隔离阀按安全 2 级设计。虽然核岛除盐水分配系统执行非安全相关功能，但在出现极端情况(地震加全厂断电)时，如果除盐水贮罐可用，将通过应急供水设备向重要安全系统供水。

常规岛除盐水分配系统不执行安全功能。在极端条件(地震叠加全厂断电)情况下，如果除盐水贮罐可用，可利用应急供水设备从贮罐取水，向重要系统及设备进行应急供水。

9.1.3 系统运行

除盐水生产厂房采用两个系列的生产线，八台过滤器分为两个系列，系统正常运行工况下是单系列运行，只需要运行四台，另外一个系列备用。根据核岛、常规岛、BOP 用户的水量需求，两个系列交替运行。在核岛、常规岛、BOP 用户初期充水、机组启动工况等条件下，两个系列同时运行。

两台核岛除盐水分配系统水罐既可联合供水又可单独供水。一般情况下，贮罐一用一备运行，一般 15～30 天倒换一次。2 台核岛除盐水分配系统水罐的贮水量不能同时小于罐体一半的水量。贮罐由除盐水生产系统补水，按运行的生产线数目和核岛除盐水分配系统的需求量，补水流量在 120m^3/h 到 240m^3/h 之间。

两台常规岛除盐水分配系统贮罐一用一备运行，采用高水位倒罐以保证备用贮罐保持满水状态，一般 15～30 天倒换一次。常规岛除盐水分配系统贮罐充水由除盐水生产系统完成，当两条生产线工作时，最大充水流量为 240m^3/h。

9.2 反应堆堆坑通风系统

9.2.1 系统功能

反应堆堆坑通风(CPV)系统的功能是冷却反应堆压力容器外表面的保温层、冷却反应堆堆坑混凝土表面、冷却反应堆压力容器支承环、冷却一回路管道的混凝土孔道。

反应堆堆坑通风系统属于非安全相关的系统,但是在反应堆冷却剂管道破裂情况下,该通风系统送风管道垂直向下部分具有将反应堆冷却剂排出反应堆堆坑的功能,参与了反应堆冷却剂的排放。

9.2.2 系统描述

反应堆堆坑通风系统设有四台 50%容量的空气处理机组,两台正常运行,另两台作备用。由核岛冷冻水(WNC)系统连续供给冷冻水,在必要时可以立即进行切换。

部分空气通过送风支管经反应堆压力容器压紧支承环上的三个开孔处的套管送入,并通过另外三个开孔排出。第二条送风支管将其余的风量转送至反应堆堆坑的底部,气流沿压力容器四周上升,一部分通过围绕反应堆冷却剂管道的混凝土孔道排出,另一部分通过埋入混凝土的小风管排入主环路的设备室。反应堆堆坑送风管为 ϕ1600mm 的气密性碳钢管,能够承受设计基准事故(DBA)引起的超压。在送风管道顶部装有一个整定值为 1.08bar(绝对压力)的爆破装置,以保证在达到设计基准事故的峰值压力时进行卸压。

9.2.3 系统运行

核电厂正常运行和热停堆时,两台空气处理机组实现并联运行,包括两台备用的空气处理机组在内,四台机组的冷却盘管的冷冻水连续供给。

冷停堆后,反应堆堆坑通风系统必须继续运行约 140h。此后,该系统一般是停运的。如果安全壳内温度高,可以开启连接安全壳连续通风(CCV)系统隔离风阀,并启动反应堆堆坑通风系统的一台、两台、三台或四台机组,不需要求助安全壳连续通风(CCV)系统的风机就可冷却安全壳内的环境温度。

9.3 主控室通风与空调系统

9.3.1 系统功能

主控室通风与空调(VCL)系统具有保持房间内的温度和湿度在规定的限值内以满足设备运行和人员长期停留的要求、保证最小的新风量、维持可居留区内压力略高于出入口房间的压力以及在事故情况下,使新风和回风被净化处理的功能。

主控制室通风与空调系统不执行与核安全直接相关的功能。但是在厂区污染情况下,该系统必须保证操作人员所处环境的安全卫生。该系统也必须保持核安全相关的设备处于温度和湿度的允许限值内。

9.3.2 系统描述

主控室通风与空调系统是一次回风系统，它服务于主控室、办公室、技术支持中心、计算机室及厨房、卫生设施各房间。

主系统包括两台冗余设置的由柴油发电机组应急供电的容量为 100%的空调机组及相应送风管网和排风管网。每台机组内均设置一组预过滤器、一组高效过滤器、一台加热器、一台冷却盘管、一台加湿器和一台风机。

应急过滤系统包括两条冗余设置的由柴油机发电机组应急供电的容量为 100%的过滤管路，回风与新风混合后经应急过滤管线过滤，通过主系统的空气处理机组处理后送入可居留区。每条过滤管路包括一组预过滤器、一台电加热器、一组高效空气过滤器（HEPA）、一组碘吸附器和一台送风机。

为了保证主控室在严重事故条件下的可居留性，在电气厂房及核辅助厂房顶部分别设置了事故取风口，当正常进风口被放射性烟羽覆盖不可用时，由正常进风口切换到事故取风口，两个事故取风口互为备用。同时设置两台冗余的放射性监测器来监测引入新风的放射性浓度，当浓度超标时通风系统由正常通风管路切换到应急过滤管路。

9.3.3 系统运行

在正常运行工况及设计基准事故时，主控室通风与空调系统均是连续运行的，室外新风与室内回风经混合后送入房间。

当放射性监测系统探测到现场受污染时，应急新风过滤系统自动启动。在失去厂外电源时，主控室通风与空调系统由柴油发电机组提供应急电源。在龙卷风的情况下，共用新风入口处设置的防爆阀将自动关闭。

9.4 核岛冷冻水系统

9.4.1 系统功能

核岛冷冻水系统是一个闭式冷冻水回路，其功能是通过冷水机组生产的冷冻水，将安全壳连续通风系统、反应堆堆坑通风系统、核辅助厂房通风系统、核燃料厂房通风（VFL）系统、设备冷却水房间通风（VCR）系统和设备的热量带走，并通过冷水机组将热量传递给设备冷却水系统。此外，当设备冷却水系统的水温过高时，则为核取样系统低温取样冷却器所用的设备冷却水降温。

9.4.2 系统描述

核岛冷冻水系统流程简图见图 9.2。核岛冷冻水系统的冷水机组和冷冻水循环泵按照 3×50%容量并联设置，核岛冷冻水系统由 A、B 两个系列供电，其中冷水机组 101GF 和

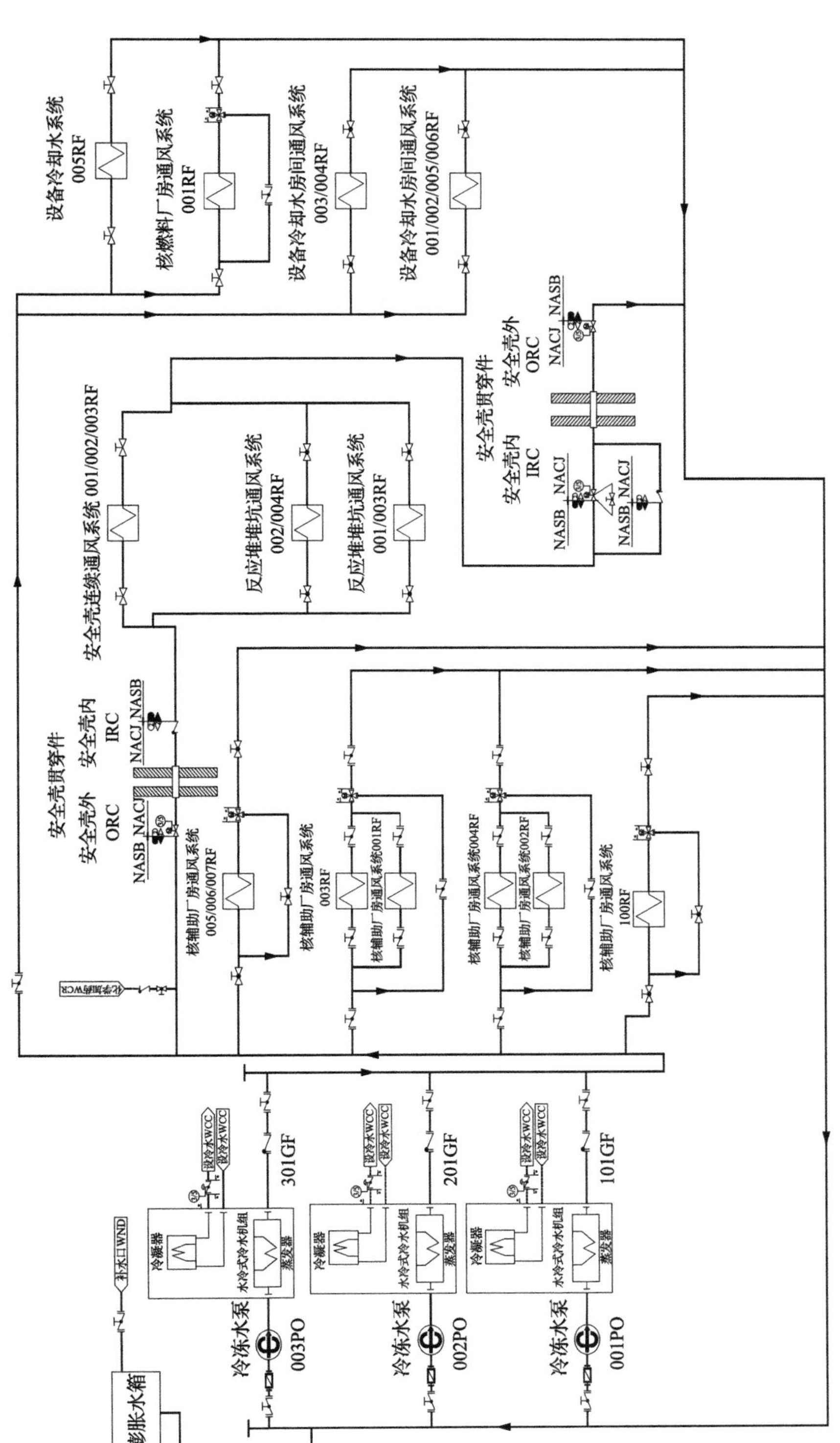

图 9.2 核岛冷冻水系统流程简图

Fig. 9.2 Chilled water system flow diagram

冷冻水泵 001PO 由系列 A 供电，冷水机组 201/301GF 和冷冻水循环泵 002/003PO 由系列 B 供电，正常工况下两用一备，当失去厂外电源时，冷水机组和冷冻水泵由应急柴油发电机供电[冷水机组的应急加载是在自动加载程序完成之后，根据应急柴油机容量及用户（安全壳连续通风系统、反应堆堆坑通风系统）使用要求进行手动加载]。在冷冻水系统的最高处设有一个开式膨胀水箱，既可以用于补偿冷冻水系统的容积波动，又可以起到系统定压及系统补水的作用。

核岛冷冻水系统所提供的冷冻水供水温度为 7℃，回水温度为 12℃。冷水机组由设备冷却水系统进行冷却。设备冷却水系统的正常供水温度为 15～35℃，在冷停堆工况下（设备冷却水系统的供水温度为 40℃）。

9.4.3 系统运行

核岛冷冻水系统的冷水机组和冷冻水泵的启动和停机正常工况下由主控室发出指令。同时，紧急停机也可以由安装在冷水机组控制盘上的“紧急停机按钮”来完成。

正常工况下冷水机组投入运行后，冷冻水出口的水温保持稳定。当末端冷负荷产生变化时，冷水机组的制冷量可以随负荷变化进行自动调节。如果空调末端冷负荷持续减少且低至系统总负荷的 5%（单台冷水机组额定制冷量的 10%）时，冷水机组将自动停机。

9.5 压缩空气系统

压缩空气系统的功能是生产和分配核电厂的所有气动装置、气动仪器仪表和检修工具等所需的压缩空气。完整的压缩空气系统包括压缩空气生产（WAP）系统、仪表用压缩空气分配（WAI）系统和公用压缩空气分配（WAS）系统等。

“华龙一号”核电厂的压缩空气系统中设有压力调节装置及隔离阀，以保证压缩空气供给的优先次序：即仪表用压缩空气优先于公用压缩空气，核岛仪表用压缩空气优先于汽轮机厂房及厂区辅助厂房的仪表用气。

9.5.1 系统功能

压缩空气生产系统分为两个子系统：主压缩空气生产系统和应急压缩空气生产系统。当位于空气压缩机房（ZC 子项）内的主压缩空气生产系统不能供气或无法满足供气需求时，则由应急压缩空气生产系统供应整个核电厂的仪表用压缩空气。应急压缩空气生产系统为非安全级、非抗震级系统。

仪表用压缩空气分配系统的功能是为了保证核电厂各厂房的气动控制装置所需的仪表用压缩空气的分配。该系统是与核安全无关的系统，不执行核安全功能，但核岛内部分安全级系统在运行时需要使用该系统的气体，因此仪表用压缩空气分配系统设有相应的核安全三级的贮罐来为这些安全级系统在执行安全功能时提供仪表用压缩空气。

公用压缩空气分配系统的功能是在核电厂运行及停堆期间提供核岛、常规岛及 BOP 厂房气动工具或设备检修所需的压缩空气。

9.5.2 系统描述

空气压缩机房(ZC 子项)是“华龙一号”核电厂压缩空气的生产厂房，它提供整个电厂所需的压缩空气。ZC 子项所生产的压缩空气供应给公用压缩空气分配系统及仪表用压缩空气分配系统。核岛、常规岛和 BOP 各厂房所用的公用压缩空气，由 ZC 厂房直接供应。整个核电厂所需的仪表用压缩空气是由 ZC 子项供气到核岛，经设在核岛的应急空气压缩机房内的干燥、净化装置处理后供应至用户。核岛应急空气压缩机房是 ZC 子项的应急备用设施。

核岛应急压缩空气生产系统的设备布置在核岛一层的应急空压机房内。每台核电机组设置一个应急压缩空气生产系统，每个应急压缩空气生产系统包括两台应急空气压缩机，一台使用，一台备用。应急空气压缩机的容量是根据整个核电厂(核岛、常规岛和 BOP)仪表用压缩空气的用量来确定的。另外，系统内还设置两台无热再生干燥过滤装置和两个缓冲储气罐。

应急压缩空气生产系统在向常规岛的供气管网上设置一个快速关闭阀，当向核岛供气压力不足时，则自动关闭该阀，切断向常规岛的仪表供气，以确保核岛的用气压力。

9.5.3 系统运行

在核电机组正常运行条件下，由主压缩空气生产系统对全厂进行供气，核岛的应急空气压缩机处于停运状态。但核岛的应急干燥过滤器则一台投入工作，一台备用，以处理全厂的仪表用压缩空气。每台核电机组的两台应急空压机在电厂正常运行工况下是停运的，一台处于准备自动启动状态，另一台处于备用状态。

当任一个堆位于应急空压机房内的储气罐中的压力降至 0.78MPa(绝压)时，启动该机房内的第一台应急空气压缩机，以保证各用户的用气压力。

当压缩空气管网压力下降到 0.76MPa(绝压)时，第二台应急空气压缩机及相应的干燥器自动启动。当系统压力继续下降到 0.68MPa(绝压)时，则自动关闭常规岛和 BOP 部分的供气阀门，确保对核岛仪表用压缩空气系统的供气，同时向控制室发出报警信号。

当系统压力升至 0.86MPa(绝压)时，运行人员将停止一台应急空气压缩机运行，当压力升至 0.9MPa(绝压)时，第二台应急空气压缩机也停止运行。

一条 380V 低压电源线为应急空气压缩机提供电源，其备用电源由应急柴油发电机组提供。

第 10 章

辐 射 防 护

辐射防护设计是核设施设计相对于其他能源动力设施设计的重要区别之一，核电厂的辐射防护设计将建立并保持对核电厂内放射性危害的有效防御，从而降低工作人员、公众和环境的辐射危害。“华龙一号”的辐射防护设计遵循辐射防护原则，充分考虑了国际最新法规标准要求、国内已运行核电厂的运行经验反馈，基于一系列的辐射防护科研创新进行设计改进，并实现了辐射防护设计软件的自主化，使得“华龙一号”的辐射防护设计达到国内外先进水平。

“华龙一号”的辐射防护设计相对于国内二代改进型核电机组采用了多种创新设计，包括系统测量已运行核电厂全电厂范围内各类放射性源项，并在设计中用测量结果修正辐射源项理论分析模型，创立了“华龙一号”源项分析方法；结合国内电厂的辐射分区设计和运行管理需求，提出优化的辐射分区原则以及停堆及事故等不同工况下的辐射分区要求，并实现国内核电厂辐射分区的标准化；开展核电厂全范围作业工种职业照射普查，建立符合“华龙一号”设计和运行特征的职业照射剂量评价体系，并兼顾国际和国内不同剂量评价体系的作业工种分类和要求，形成了国内的剂量评价标准体系；开发适用于核电厂全寿期的辐射防护协同设计平台，融合“华龙一号”多项自主化辐射源项分析、辐射屏蔽设计、剂量评价软件，提升辐射防护设计软件自主化水平，也可服务后期运维和电厂退役的辐射防护设计；全面系统地梳理了气液态流出物排放源项的来源，建立适用于“华龙一号”的排放源项数学模型，开发相应的计算程序，填补了国内排放源项估算方面的空白；利用风险指引的方法对应急计划区进行划分，在应急计划区确定过程中应用全部事故序列概率的分析方法以及通过剂量和扩散分析对后果进行评价；开发利用 CFD 工具及天气预报模型与扩散模型结合的分析平台，建立多尺度风场预测和污染物迁移模拟分析，为相关决策提供判断和支持。

10.1　辐射防护原则、实施策略及设计目标

10.1.1　辐射防护原则

辐射防护三项基本原则：实践的正当性、辐射防护的最优化和个人剂量限值，是核设施辐射防护设计、运行、监管等过程需要遵循的共识。正当性的判断一般由行政当局作出，不作为当前章节研究内容；最优化是辐射防护的目标，也是辐射防护中需要研究的重点问

题；而剂量限值则是实践需要遵循的最低标准要求，也是辐射防护最优化结果的上限。

1. 辐射防护的最优化原则

辐射防护最优化原则是国际原子能机构(IAEA)发布的安全基本法则(Safety Foundamentals) 1 号文件《基本安全原则》(No.SF-1)[17]规定的十项基本安全原则之一。IAEA 一般安全要求(General Safety Requirements)第三部分(No.GSR Part3)[18]规定了为确保辐射安全及辐射防护最优化应满足的基本要求。IAEA 特定安全要求文件(Specific Safety Requirements)《核电厂安全：设计》(No. SSR2/1 (Rev.1))[19]明确指出，在核电厂的规划、选址、设计、制造、建造、调试和运行，以及退役等阶段都需要合理的辐射防护设计，保证在所有运行状态下核动力厂内任何相关活动的辐射照射或由于该核动力厂任何计划排放放射性物质引起的辐射照射保持低于规定限值并且可合理达到的尽量低(as low as reasonably achievable, ALARA)，并应采取措施以减轻任何事故的放射性后果。作为对 No. SSR2/1 相关条款的说明和细化，IAEA 安全导则(Safety Guide) No. NS-G-1.13[20]对新建核动力厂的设计中应建立和保持对辐射危害的有效防御措施进行了进一步细化，为实现辐射防护目标提供指导。

在 IAEA 系列安全标准及其他国际组织的指导下，世界范围内辐射防护工作者对核电厂的辐射安全给予极大关注，以降低工作人员的职业照射集体剂量，提高核电厂的辐射安全水平。集体剂量是表征核电厂辐射防护优化程度的重要指标，也是辐射防护最优化的主要着眼点。世界核电运营者协会(World Association of Nuclear Operators, WANO)对核电厂运行评比的十个指标[21]中，集体剂量是其中一个重要指标。

伴随我国核工业数十年的安全高效发展，核电厂的设计也经历了海外引进与自主研发同步推进的奋斗历程，在充分总结第二代核电厂设计与运行经验的基础上，辐射防护最优化原则在我国具有成熟自主知识产权的第三代压水堆“华龙一号”的设计工作中得以有效的贯彻与执行，并形成了一套“华龙一号”辐射防护设计标准体系。

2. 剂量限值原则

个人剂量限值原则是辐射防护三原则之一，所有实践带来的个人受照剂量必须低于剂量当量限值。个人剂量限值规定了不可接受的剂量下限。国内外法规标准及核电设计运行单位都规定了主要剂量限值(表 10.1、表 10.2)。

1) 正常运行职业照射剂量限值

表 10.1　正常运行职业照射剂量限值

Table 10.1　Occupational exposure dose limit during normal operation

法规标准	职业照射有效剂量限值/(mSv/a)
GB 18871—2002[22]	20/50(*)
No.GSR Part3	20/50(*)
10 CFR Part 20[23]	50

* 由审管部门决定的连续 5 年的年平均有效剂量限值为 20mSv(但不可作任何追溯性平均)，任何一年中的有效剂量限值为 50mSv。

2）职业照射剂量约束值

表 10.2 职业照射剂量约束值

Table 10.2 Personal occupational dose constraint values

法规标准	职业照射有效剂量约束/(mSv/a)
HAD 102/12—2019[24]	不超过 15mSv/a，其中： 监督区工作人员：不超过 5mSv/a 不进入监督区和控制区的厂区工作人员：不超过 1mSv/a
《轻水堆核电厂欧洲用户要求》(EUR)[25]	5mSv/a
《先进轻水堆用户要求》(URD)[26]	美国核管理委员会(NRC)认为，通过常规监督程序能够了解和检查到剂量控制情况
美国国家放射防护与测量委员会(NCRP)[27]	终生累计值(工作年数×10mSv)
英国国家放射防护局(NRPB)[27]	15mSv/a(连续 5 年平均)
澳大利亚核科学与技术组织(ANSTO)[27]	15mSv/a
法国电力集团(EDF)[27]	执行两个警告剂量水平： 预警水平：16mSv/a(连续 12 个月) 警告水平：18mSv/a

10.1.2 辐射防护最优化实施策略

IAEA SSR2/1(Rev.1)及我国核安全部门规章 HAF 102—2016 要求，核动力厂辐射防护设计必须保证在所有运行状态下核动力厂内的辐射照射或由于该核动力厂任何计划排放放射性物质引起的辐射照射低于规定限值，且可合理达到的尽量低。同时，还应采取措施减轻任何事故的放射性后果。显然设计在满足工作人员和公众剂量限值与约束值的同时，应当充分考虑最优化原则的应用。

IAEA 在其安全导则 NS-G-1.13 中给出了辐射防护最优化的工作策略，如图 10.1 所示。“华龙一号”核电厂的辐射防护优化设计遵循此策略，基于基本的设计方案，确定设计目标，结合运行经验所建立的辐射与化学数据库，开展个人和集体剂量评价，在最优化审查与开展代价利益分析的基础上，不断地评估反馈修改设计以达到最优化的设计目的。

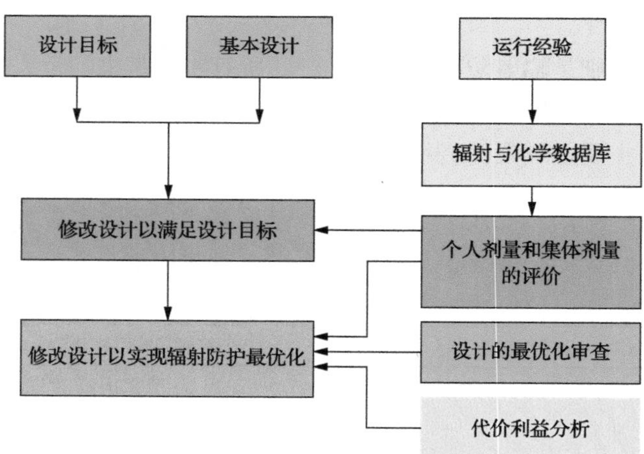

图 10.1 辐射防护最优化策略

Fig. 10.1 Strategy for the optimization of radiation protection in the design of nuclear facility

10.1.3 "华龙一号"设计目标值

设计目标值是表征核电厂设计优化程度的重要指标。"华龙一号"的设计目标值在满足法规标准限值的前提下，结合"华龙一号"的辐射防护设计、已运行核设施运行情况和社会经济等多方面因素，通过充分的调研与反复的论证，"华龙一号"福清 5、6 号机组确定的各类设计目标值如表 10.3 所示。

表 10.3 "华龙一号"福清 5、6 号机组辐射防护设计目标值

Table 10.3 Radiation protection design target values of Fuqing NPP Unit 5&6

工况	职业照射	公众照射
运行工况	个人年有效剂量：15mSv/a 集体剂量： 单一年份最大值：1 人 · Sv/(机组 · a) 寿期平均：＜0.6 人 · Sv/(机组 · a)	公众中任何个人(成人)造成的有效剂量当量，每年应小于 0.25mSv 工程优化目标值：＜10μSv/a
事故工况	除 a) 为抢救生命或避免严重损伤； b) 为避免大的集体剂量； c) 为防止演变成灾难性情况外，从事干预的工作人员所受到的照射不得超过 50mSv 主控制室等重要应急设施应满足的可居留性准则： 在设定的持续应急响应期间内(一般为 30 天)，工作人员接受的有效剂量不大于 50mSv，甲状腺当量剂量不大于 500mGy[28]	设计基准事故 稀有事故： 非居住区边界上公众在事故后 2h 内及规划限制区外边界上，公众在整个事故持续时间内可能受到的有效剂量应控制在 5mSv 以下，甲状腺当量剂量应控制在 50mSv 以下 极限事故： 非居住区边界上公众在事故后 2h 内及规划限制区外边界上，公众在整个事故持续时间内可能受到的有效剂量应控制在 0.1Sv 以下，甲状腺当量剂量应控制在 1Sv 以下 对于大多数严重事故，考虑通用优化干预水平 最严重的事故，考虑急性照射的剂量行动水平[29]

其中，职业照射集体剂量是表征辐射防护设计优化程度的重要指标。国内外相关法规标准及世界主要轻水压水堆核电机型对职业照射集体剂量设计目标值的规定如表 10.4 所示。国内二代改进型核电机组集体剂量设计目标值为 1.0 人·Sv/(堆·a)(寿期平均)，对比可知"华龙一号"的辐射防护设计优化程度及对职业照射集体剂量的控制水平显著提高。世界主要第三代压水堆型核电厂集体剂量设计目标值：AP1000 集体剂量设计目标值小于 0.7 人·Sv/(堆·a)(考虑注锌小于 0.4 人·Sv/(堆·a)；EPR 集体剂量设计目标值小于 0.4 人·Sv/(堆·a)(未考虑注锌)。"华龙一号"当前阶段的设计未考虑注锌，对比可知其辐

表 10.4 法规标准或世界主要核电机组职业照射剂量设计目标值

Table 10.4 Occupational exposure design target values in standards or main NPPs

法规标准或世界主要三代核电机组	职业照射集体剂量
中国二代改进型核电机组	1.0 人 · Sv/(堆 · a)(寿期平均)
EUR	0.5 人 · Sv/(堆 · a)(寿期平均)
URD	1 人 · Sv/(堆 · a)(寿期平均)
AP1000	小于 0.7 人 · Sv/(堆 · a)(不考虑注锌) 小于 0.4 人 · Sv/(堆 · a)(考虑注锌)
EPR	小于 0.4 人 · Sv/(堆 · a)(未考虑注锌)

射防护设计优化程度与上述两种主要第三代堆型相当。“华龙一号”的辐射防护设计满足我国现有法规标准，也达到了目前国际对先进压水堆的优化设计指标，实现了辐射防护最优化设计的目标，充分体现了第三代核电的先进特点。

10.2 “华龙一号”系统及设备的辐射源项

10.2.1 堆芯及乏燃料组件源项

堆芯积存量及乏燃料组件源项主要包括堆芯裂变过程中产生的裂变产物及其衰变产生的 γ 射线，具有高放射性、高衰变热的特点。堆芯积存量数据可以作为主冷却剂裂变产物源项计算、事故分析及事故后果评价等相关工作的基础源项。乏燃料组件源项是燃料转运通道屏蔽设计、换料水池及乏燃料水池屏蔽厚度设计、乏燃料运输容器屏蔽设计、装卸料机屏蔽设计、堆芯及乏池事故分析、乏燃料相关操作人员防护设计等设计工作的基础。

堆芯积存量及乏燃料组件源项分析的关键是求解组件在堆芯的燃耗问题，其求解方法通常以计算程序对具体问题进行建模，并结合核数据信息对燃耗方程进行求解。精确计算燃料组件中核素浓度的过程通常可分解为三个主要步骤：①准备燃料组件的截面数据库和燃耗数据库；②模拟堆芯运行史；③结合截面和燃耗数据库及运行史计算各个核素浓度。计算考虑“华龙一号”堆芯的设计和运行参数(包括燃耗深度、功率分布、燃料温度、慢化剂温度和密度等)。用于辐射防护设计的堆芯积存量及乏燃料组件源项数据，考虑了计算过程中的不确定性，乘以了相应的包络系数。

10.2.2 主回路源项

在反应堆运行期间，向周围环境释放的放射性物质，其源头主要来自一回路系统。对“华龙一号”反应堆来说，燃料芯块的包壳是防止功率运行期间堆芯产生的裂变产物释放到环境中的第一道屏障。燃料元件包壳一旦腐蚀、表面结垢或破损，都将影响机组安全稳定运行。如果发生燃料包壳破损，裂变产物将直接进入反应堆冷却剂中，反应堆冷却剂中放射性水平随之升高，有可能对电厂工作人员造成照射，对电厂设备产生危害。反应堆一回路冷却剂源项主要用于辐射屏蔽、辐射监测设计、三废系统设计及核电厂放射性相关辅助系统的源项分析等。

“华龙一号”反应堆设计中考虑的一回路冷却剂中放射性核素的来源主要有以下几类。

(1) 一回路冷却剂和杂质元素的活化，包括由调硼水添加到一回路水中的元素，例如 ^{3}H(氚)、^{14}C、^{16}N 和 ^{17}N 等。

^{3}H 是一种广泛存在于自然界的天然放射性核素，具有 β 放射性，半衰期为 12.3 年。通常其不会对人体造成外照射危害，但在摄入体内后会造成内照射危害。由于 ^{3}H 半衰期较长，如果长期滞留在厂内将导致放射性水平提高。同时，由于 ^{3}H 能够代替水分子中的氢原子以氚化水的形式存在，导致 ^{3}H 很难被处理，常规的废液处理技术也无法去除反应

堆冷却剂中的 ^{3}H。如果不能将主冷却剂中的 ^{3}H 进行排放，^{3}H 最终将分布在厂房内各存水区域而成为一个放射性危害，因此 ^{3}H 是“华龙一号”反应堆比较关注的核素。“华龙一号”反应堆中的 ^{3}H 有多个来源，主要为燃料芯块三元裂变、可燃毒物棒或碳化硼控制棒芯块中产生后经过扩散穿透包壳后进入冷却剂，以及反应堆冷却剂中所含的硼和锂通过核反应 $^{10}B(n,2\alpha)T$、$^{10}B(n,\alpha)^{7}Li(n,n\alpha)T$、$^{7}Li(n,n\alpha)T$ 和 $^{6}Li(n,\alpha)T$ 直接产生。

其他冷却剂活化源项主要由冷却剂中各种核素在经过堆芯时与中子活化产生，如 ^{14}C，它由 $^{17}O(n,2\alpha)^{14}C$、$^{14}N(n,p)^{14}C$ 等反应产生。^{16}N 和 ^{17}N 分别由 $^{16}O(n,p)^{16}N$ 和 $^{17}O(n,p)^{17}N$ 反应产生。此外，在堆芯及一回路压力边界泄漏探测中有时需要测量 ^{13}N，由于它的正电子发射和足够长的半衰期可以很有效地加以探测，它主要由 $^{16}O(p,\alpha)^{13}N$、$^{14}N(\gamma,n)^{13}N$ 反应产生，当质子的能量大于 8MeV，有氢经快中子反冲得到，对于后者反应，γ 光子的能量要大于 10MeV。

(2) 堆内构件(包括燃料元件包壳)和一回路设备、管道的表面材料腐蚀和活化，前者在发生腐蚀并释放到冷却剂中之前已经受到中子照射而具有放射性，后者的腐蚀产物在流经堆内并受到堆芯及其相邻区域的中子照射之后才具有放射性，典型核素如 ^{51}Cr、^{54}Mn、^{56}Mn、^{59}Fe、^{58}Co、^{60}Co、^{110m}Ag 和 ^{124}Sb 等。

活化腐蚀产物在堆芯及一回路中的产生是比较复杂的，主要的相关现象包括：基体金属的氧化和多孔氧化物层的形成，基体金属氧化释放和离子在流体中的扩散，沉积氧化的溶解，离子以氧化物形式沉淀并形成氧化颗粒，粒子在质量交换下的沉积及沉积粒子和氧化层被流体冲刷而侵蚀等，具体现象见图 10.2。

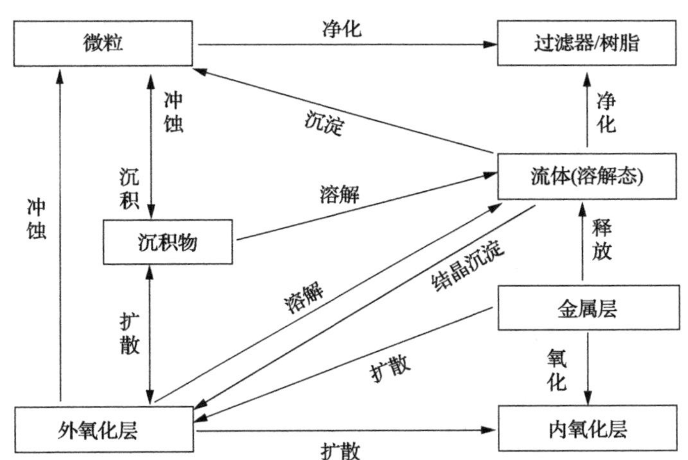

图 10.2 活化腐蚀产物产生迁移机理

Fig. 10.2 Mechanism of activated corrosion product generation and migration

从图 10.2 中可以看到，冷却剂中的活化腐蚀产物会在系统设备及管道上产生沉积，根据国内已运行压水堆核电厂的经验反馈，核电厂工作人员的职业照射的 80%以上来源于大修期间由系统设备表面的活化腐蚀产物沉积源项导致的外照射，与二代改进型核电厂相比，沉积活化腐蚀产物是“华龙一号”核电厂辐射源项分析所关注的重点。

此外，在反应堆换料停堆时，由于冷却剂 pH 的变化及主动采用的氧化运行工艺，

将空气和 H_2O_2 引入一回路冷却剂中，使活化腐蚀产物集中释放。例如 ^{58}Co 的浓度会大幅度升高数十甚至数百倍，从而快速去除一回路中沉积的活化腐蚀产物，降低工作人员现场作业时工作场所的辐射水平。

(3) 一回路冷却剂中裂变产物，主要包括氪、氙、碘、铯及一些难溶性核素(如锶等)，其产生途径主要有：

①燃料表面的铀污染，在反应堆运行时产生裂变产物，由于核反冲而进入一回路中。

②燃料元件破损后，燃料芯块中的裂变产物通过破口进入一回路冷却剂中。当反应堆运行时，堆芯燃料元件中通过直接裂变、放射性物质衰变和裂变产物的中子俘获产生气态和固态裂变产物，它们在燃料元件中迁移，在芯块和包壳的间隙中积累。一旦燃料元件包壳发生破损，其通过反冲、击出和扩散等机理，以一定的概率释放到冷却剂中。

③燃料包壳表面和其他结构材料表面杂质中铀的裂变产物。

“华龙一号”利用基于实际迁移模型的理论计算程序，全面分析裂变产物在一回路中的行为。此外，关注在机组功率瞬变时，一些挥发性裂变产物的峰值效应，特别是碘和铯，峰值效应可以使冷却剂中的裂变产物的活度浓度增大约一个量级甚至数十倍，而峰值持续的时间可长达数小时。目前，瞬态峰值主要依据同类电厂的实际运行经验数据得到。此外，这种峰值效应在事故分析中也得到关注。

对于“华龙一号”反应堆，一回路冷却剂中的放射性核素活度，是辐射防护设计、安全分析和环境影响评价的基础。“华龙一号”在相关的设计中，也同时积极借鉴国内已运行压水堆核电厂的运行经验反馈数据，对辐射源项的分析进行校核和优化。

10.2.3 辅助系统及二回路系统源项

一回路辅助系统由多个子系统构成，是核辅助系统的重要组成部分。“华龙一号”的一回路辅助系统，包括反应堆水池和乏燃料水池冷却和处理系统、化学和容积控制系统、硼回收系统、反应堆硼和水补给系统、余热排出系统、核取样系统、核岛疏水和排气系统、固体废物处理系统、废液处理系统、废气处理系统及蒸汽发生器排污系统等。

一回路辅助系统源项一般指管道及设备中的源项，基于一回路设计源项计算分析。通过分析主要放射性核素及其分布与迁移累积机理，并考虑工艺流程中的前后级关系，得到各子系统的源项。分析时[30]通常考虑的因素有：系统/设备入口源项、设备流量、放射性介质体积、设备处理效率、累积时间、放射性核素组成及其衰变常数。

计算分析二回路系统的辐射源项时，考虑的主要来源为通过蒸汽发生器传热管一次侧向二次侧泄漏的极少量主冷却剂。考虑蒸汽发生器传热管的泄漏时，可结合运行电厂实际经验进行蒸汽发生器泄漏率的假设。通常情况下，泄漏设定为固定的常年泄漏累加换料周期中某一段时间内假想的附加泄漏。

与二代改进型堆型相比，“华龙一号”辅助系统及二回路系统源项分析与工艺流程及设备参数结合得更紧密，计算更精确。在满足辐射安全要求的前提下，结合各系统特点进行了系统源项优化，如增加监测阈值、考虑介质在储罐内衰变时间等。

10.2.4 气载放射性源项

由于泄露、蒸发、通风等原因，“华龙一号”的反应堆厂房、核辅助厂房、核燃料厂房和汽轮机厂房内可能会形成气载污染，对工作人员的职业受照产生影响。因此，分析“华龙一号”系统及设备的辐射源项时，通常还需要考虑上述厂房的气载放射性浓度以及工作人员在厂房内受到的内照射。

分析气载反射性源项时，主要考虑的来源：①来自传送放射性流体的系统和设备的泄漏；②泄漏到厂房中的放射性液体或蒸汽在厂房汽相中的分配；③燃料水池中的放射性物质在厂房汽相中的分配。主要考虑的设计参数为放射性液体在厂房内的泄漏量或蒸发量、液体的放射性活度浓度、厂房自由空间体积、汽水分配因子、衰变及去除常数等。

分析正常运行情况下反应堆厂房的气载放射性源项时，通风流量主要来自安全壳的净化(CUP)和安全壳空气监测(CAM)系统的小扫气；分析核辅助厂房气载放射性浓度时，对热泄漏率和冷泄露率进行了假设；分析核燃料厂房气载放射性浓度时，重点关注了乏燃料水池的蒸发量等设计参数。分析汽轮机厂房内的气载放射性源项时，考虑到二回路系统的污染是由蒸汽发生器的管束出现泄漏造成的，对泄漏率进行了假设，并对汽水比例进行了分析。

10.2.5 环境排放源项

在新建核电厂的设计中，环境排放源项的确定是重要的设计内容，其涉及电厂的执照申请、运行后的排放监测和运行管理、放射性废物最小化等多个方面，在设计中所给出的放射性流出物排放源项合理与否对于这些环节将产生很大的影响。

“华龙一号”在设计过程中，充分考虑了对成熟和先进技术的应用，三废处理系统的显著改进在于对废液处理系统的离子交换单元增加了絮凝注入及活性炭吸附工艺，采用可降解防护用品替代传统的防护用品并使用可降解废物处理系统进行处理，湿废物处理采用树脂湿法氧化工艺和浓缩液再浓缩高效水泥固化工艺等，并且提高了硼回收系统的处理能力以及采用了成熟的自然循环蒸发装置等国产化设备。对废液处理系统改进后，采用连续注入凝聚加离子交换处理技术处理工艺排水和部分超标的地面排水，同时也将 ^{110m}Ag 污染废液由蒸发改为该技术处理。该工艺改进不但解决了 ^{110m}Ag 废液难处理及蒸发处理时对蒸发单元造成污染的问题，而且大大降低了蒸发装置的负荷，减少了浓缩液的产生量。改进后的三废处理系统可以满足我国当前审管所要求的核电厂排放量与排放浓度的要求。

在三废系统进行优化设计的同时，“华龙一号”排放源项模型也进行了全新的自主化开发。在“华龙一号”排放源项模型和程序开发过程中，遵循了国际上通用的排放源项模型开发流程和方法，采用了设计与经验反馈相结合的方法，充分借鉴了 M310、AP1000 等机型成熟的源项计算方法，并且在部分模块还体现了我国国标的相关要求。“华龙一号”排放源项的计算是一种基于核电厂的设计，参考了经验反馈数据的处理方式，与目前各机型成熟和受到认可的排放源项计算模型的建立过程和建立方法总体上保持一致，不过更多参考了我国核电厂的运行参数和经验[31]。

为了验证“华龙一号”所给出的两套排放源项[32]与核电厂实际运行过程中排放情况的符合性，对法国、美国和我国核电厂的实际运行排放量进行了大量的验证。从验证的结果可知，“华龙一号”目前给出的现实工况和保守工况的排放源项可以很好地包络法国及我国核电厂的排放情况，同时又没有过于保守，与经验反馈数据的符合性是较好的，用于设计和评价是可行的。

相较于二代改进型机组，由于“华龙一号”机组在主冷却剂源项、三废系统设计、排放源项计算框架、经验反馈数据等方面进行了优化，使得“华龙一号”的排放源项总体而言较二代改进型机组更低，同时“华龙一号”的液态流出物无论从排放总量还是排放浓度方面均较二代改进型机组有了降低，满足当前的审管要求，体现了“华龙一号”作为第三代核电厂在降低排放、环境友好方面所做出的努力。

10.2.6 事故源项

事故源项是核电厂处于事故工况下的各种放射性源项，主要由事故分析确定。对于“华龙一号”辐射防护设计，可以从源的形态将其分成两大类，即封闭源和气载源。封闭源是指那些具有固定边界束缚的源，如一回路压力边界设备、专设安全系统设备及管道、内置换料水池和乏燃料水池等；气载源是那些弥散在空气中并有可能对工作人员造成内照射的源，这些源主要是由燃料包壳破损后或者堆芯熔化后的放射性核素的直接释放产生。

“华龙一号”设计中关于事故源项的考虑，涵盖了设计基准事故、设计扩展工况DEC-A（无燃料明显损伤）和设计扩展工况DEC-B[堆芯熔化（严重事故）工况][33]。此外在厂址审评阶段，为确定非居住区和规划限制区边界范围，考虑了全堆芯熔化的选址假想事故，对其事故源项及场外后果进行了分析和评价。

“华龙一号”的设计基准事故分析，以核电厂的三道屏障（燃料包壳、反应堆冷却剂压力边界、反应堆安全壳厂房）完整性所做的一系列保守假设为基础，参考NB/T 20035—2011的核电厂运行工况分类[34]，考虑始发事件的类别，对反应堆保护系统的整定值及专设安全设施的性能进行了确定，以满足安全准则的要求，同时使任何放射性释放的后果最小。如果始发事件类别类似，专设安全设施和安全相关系统的状态和功效类似，三道裂变产物屏障的状态也类似，则通过包络的原则，选取具有代表性的且放射性后果为所属类型中最严重的设计基准事故作为辐射防护设计评价的基础。“华龙一号”典型的设计基准事故包括主蒸汽管道破裂事故（MSLB）、弹棒事故（RCEA）、蒸汽发生器传热管断裂（SGTR）、冷却剂丧失（LOCA）和燃料操作事故（FHA）等。“华龙一号”设计基准事故工况下向环境释放的源项，根据最新行业标准《压水堆核电厂设计基准事故源项分析准则》（NB/T 20444—2017RK）[35]进行了计算分析，源项计算过程中充分结合“华龙一号”的设计特征，考虑了专设安全设施对放射性物质的去除，考虑了双层安全壳对放射性物质的滞留和去除作用。

“华龙一号”的严重事故源项分析应考虑反应堆专设安全设施的系统配置、能动与非能动相结合的严重事故预防与缓解措施的设计，充分评估放射性物质包容相关的双层安全壳、非能动安全壳热量导出系统以及安全壳过滤排放系统等对事故后放射性物质的滞留和去除作用。与二代改进型核电厂相比，“华龙一号”二级概率安全分析(PSA)分析包括安全壳完好、安全壳隔离失效、安全壳旁路失效、安全壳早期失效、安全壳晚期超压失效、安全壳过滤排放、安全壳底板熔穿等 12 种释放类，“华龙一号”针对每类释放类的包络性事故序列，对严重事故后的热工水力行为及裂变产物的释放进行了全面分析，给出了不同释放类下各放射性裂变产物分组向环境的释放份额随时间的变化，并对各释放类安全壳内及环境释放份额进行了比较分析，选取具有包络性与代表性的 9 个释放类别，同 NUREG-1465 源项(轻水堆事故源项)[36]进行比较研究，最终确定“华龙一号”严重事故源项。

基于事故源项，“华龙一号”开展了设计基准事故下专设安全设施的设计，设计扩展工况(包括严重事故)下事故管理的有关设计等，对于辐射防护设计，还主要包括设备、仪表以及材料的耐辐照性能分析，事故后需要现场操作或维修的人员可达性分析，事故后监测仪表量程和报警阈值确定，主控室和应急控制中心的可居留性分析及应急操作规程等的设计工作，使“华龙一号”的事故应对措施的可靠性及事故下人员辐射防护水平得到大幅度提高。

10.3 辐射防护设计

10.3.1 辐射分区设计

1. 辐射分区原则

辐射分区是核动力厂主要的辐射防护措施之一，辐射分区的目的是有效地控制正常照射、防止放射性污染扩散，并预防潜在照射或限制潜在照射的范围，以便于辐射防护管理和职业照射控制，使工作人员的受照剂量在运行状态下保持在可合理达到的尽量低水平，在事故工况下低于可接受限值。

核动力厂厂内分为辐射工作场所和非辐射工作场所(图 10.3)。按照 GB 18871—2002 的规定，“华龙一号”厂内的辐射工作场所分为控制区和监督区。为便于辐射防护管理和职业照射控制，根据放射性操作水平，再将控制区划分为不同的子区，即常规工作区、间断工作区、限制工作区、高辐射区、特高辐射区和超高辐射区。控制区子区的划分方式与 NB/T 20185—2012[37]给出的辐射分区设计特征相同。监督区通常不需要专门的防护手段或安全措施，但需要经常对职业照射条件进行监督和评价。

与二代改进型核电厂相比，“华龙一号”辐射分区设计的优化在于将原来剂量率水平跨度较大的黄区和橙区分别细化为黄 1、黄 2 区和橙 1、橙 2 区。细化后，同一分区内的辐射水平差异变小，这样的设计为“华龙一号”实际运行中人员的工作安排和居留时间控制提供了更大的灵活性。

2. 功率运行工况的辐射分区

在功率运行工况下，辐射分区设计的主要依据是功率运行过程中反应堆及各放射性

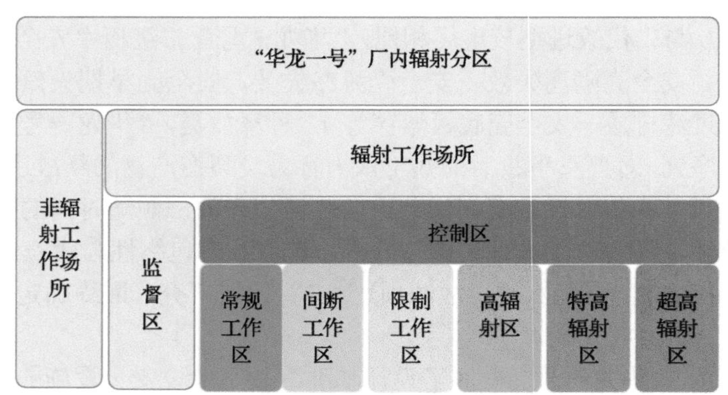

图 10.3 “华龙一号”厂内辐射分区示意图

Fig. 10.3 Radiation zoning of HPR1000

系统辐射源的分布，以及各房间、区域的人员通行及居留需求。“华龙一号”功率运行工况的辐射分区设计主要包含了以下工作：

(1) 在建筑平面图上，以颜色填充的方式标识出每个房间或区域的控制区子区类别，形成辐射分区图。

(2) 核实监督区的出入控制，在辐射分区图上标示监督区主要人员通道的通行路线。

(3) 核实控制区的出入控制，在辐射分区图上标示控制区主要人员通道的通行路线，确认控制区内部各房间的可达性。

(4) 核实大型设备进出核岛厂房控制区的路线和管控要求。

3. 停堆工况辐射分区

功率运行工况的辐射分区考虑了各种工况下可能出现的最强辐射源，各房间或区域的剂量率水平具有包络性，为工艺、电气、通风、给排水等系统的布置提供了依据。停堆期间由于反应堆停止运行、主系统设备和管道排空等条件，反应堆厂房各房间和区域的辐射水平与功率运行工况相比有很大变化，为此，专门制定了“华龙一号”停堆工况的辐射分区，用于停堆大修期间工作人员的辐射防护管理和职业照射控制。

“华龙一号”停堆工况辐射分区设计考虑了以下内容：①停堆大修相关规程；②停堆工况辐射分区涉及的房间范围；③停堆期间工作人员进出控制区的控制；④停堆期间人员在反应堆厂房的流通情况。

4. 控制区人员出入控制

“华龙一号”为工作人员和参观人员进出核岛厂房制定了严格的管控要求，以确保人员所受的辐射剂量满足国家法规、标准的规定。进出通道的设置满足下列原则：

(1) 人员进出辐射控制区必须通过卫生出入口。

(2) 辐射控制区中用到的工作服与辐射控制区外的人员便装要分离，人员便装放置在控制区外面，不同服装的放置区入口、出口用三角闸门隔开。

(3) 设有专门的监测仪器和永久的值班人员来监测人员和轻设备的进出。

(4)配备淋浴喷头等装置，可对放射性沾污进行去污。

(5)衣服污染检查点C1和皮肤污染检查点C2隔开，检查点附近保持较低的辐射水平。

(6)防止进入和离开人员相互交叉引起放射性扩散，人员沿不同路线进、出控制区。

(7)对于限制工作区及以上分区，要运用行政管理程序(如进入这些区域的工作许可证制度)和实体屏障(包括门锁和联锁装置)限制进出；限制的严格程度与预计的照射水平和可能性相适应。

(8)参观人员可通过卫生出入口中专门设置的快捷通道进出控制区，但也要遵守更换工作服、污染检测等控制规程。

5. 大型设备通道

体积大或重量大的设备将由专用门进出辐射控制区，此类门在通常情况下保持关闭状态。打开此类门会有污染泄漏的风险，为此设置了气密闸门。

设备运入时，由专人负责从控制区入口到厂房内的运输过程。设备运出之前，预先包装好的设备要接受表面污染检查(使用控制区工作人员携带的便携式仪器)，检查结束后，设备由专人负责运出。以上过程中，工作人员在离开和进入控制区时都要经过卫生出入口。

10.3.2 辐射屏蔽设计

1. 屏蔽设计原则

屏蔽是辐射防护的重要手段之一。“华龙一号”核岛厂房的屏蔽设计以HAF 102—2016、HAD 102/12—2019、NB/T 20194—2012[38]等法规、标准为依据，利用基于不同理论方法(如点核积分法、离散纵标法、蒙特卡罗法等)的辐射输运计算程序，开展了对屏蔽材料和屏蔽厚度的计算分析。

核动力厂内辐射源的情况比较复杂，反应堆堆芯和各系统在功率运行和停堆大修时辐射源的类型、活度和能谱特性差别很大，需要根据各类放射性设备的源强和周围区域、相邻房间的辐射分区剂量率要求，分别进行计算分析。

屏蔽设计的步骤首先是在确定辐射源的分布后设计整体屏蔽(即没有贯穿件的屏蔽)，其次考虑贯穿件(管道、电缆和迷道等)以及为保持对厂区人员辐射防护的屏蔽有效性而采取的防护措施。

2. 主屏蔽

主屏蔽的功能是屏蔽反应堆及一回路系统主要设备，可分为一次屏蔽和二次屏蔽。

一次屏蔽是反应堆堆芯的屏蔽层，由环绕在堆芯外部的不锈钢的内部部件(围板、反射层、吊篮、热屏蔽)、水层、压力容器和围绕反应堆容器的混凝土结构等组成。一次屏蔽设计用粒子输运计算程序完成，辐射源除了功率运行时的裂变中子，还包括裂变瞬发γ、俘获γ等。混凝土是一次屏蔽中的主要结构，设计时重点关注了混凝土上各种贯穿孔的影响，如堆外核测仪表孔、堆腔注水冷却系统管道等。

二次屏蔽是包围一回路系统各主要设备间的屏蔽层，它围绕在一次屏蔽和反应堆冷却剂环路周围，用以防护来自反应堆主冷却剂中的γ辐射（主要辐射源是^{16}N），并作为一次屏蔽的补充部分继续减弱由一次屏蔽泄漏出来的中子和γ辐射。

3. 放射性系统屏蔽

反应堆运行期间，一回路冷却剂中的裂变产物和活化腐蚀产物核素随着主、辅系统的运行进入各放射性系统的设备，从而在核岛厂房的各个房间形成辐射照射。放射性系统的屏蔽设计是核动力厂屏蔽设计的主要内容，对于每个放射性设备，通过剂量率计算确定合适的屏蔽方案，从而实现对工作人员的防护。

放射性系统设备的辐射源可存在于液体、气体和固体形式的介质中，屏蔽设计时，要分析不同运行条件下辐射源强度可能出现的最大值。屏蔽材料的选择基于辐射的类型、材料的屏蔽性能、机械性能或其他性能，同时要兼顾空间和重量的限制。屏蔽后的剂量率水平要满足辐射分区的要求。

根据辐射源强度、布置方案和剂量率验收标准等输入条件，选用合适的辐射输运计算程序对每个放射性设备进行建模分析，核算屏蔽后的剂量率水平。如果剂量率超出限值，则必须提高屏蔽能力，如增大屏蔽材料厚度、改用性能更好的屏蔽材料、更改放射性设备的布置等，再重新建模计算。重复以上过程，直至屏蔽后的剂量率满足辐射分区设计要求。

4. 局部屏蔽

压水堆核电厂中存在一些放射性极强的辐射源，例如辐照后的燃料组件、化学和容积控制系统的废滤芯等。为贮存这些强辐射源，设置了足够的屏蔽措施，包括超过 3m 的屏蔽水层（反应堆堆水池及乏燃料水池）和 1～2m 厚的混凝土、重混凝土墙体。此外，这些强辐射源都远离人员通道或操作区域，正常情况下对人员的辐照影响很小。

不过，辐照后的燃料组件、废滤芯等强辐射源需要在厂房内经历至少一次的转运过程，期间这些辐射源会失去原有的屏蔽条件，在运送路线上造成局部屏蔽减弱，成为屏蔽设计重点关注的内容。“华龙一号”的屏蔽设计对这些强辐射源的转运都做了专门的分析，确定了特有的局部屏蔽方案。

1）辐照组件屏蔽

停堆换料期间，经过辐照的燃料组件要通过燃料转运通道在反应堆厂房和燃料厂房之间转运。出于抗震的需要，双层安全壳与反应堆厂房内建筑、双壳夹层内建筑及燃料厂房建筑之间都必须留有缝隙。由于辐照后的组件放射性极强，即使很小的缝隙也会产生很大的辐射漏束。为解决这一问题，考虑了多种屏蔽措施，经过多次计算和结果对比，最终确定了迷宫缝、缝隙内部填充铅纤维、缝隙上方和侧面铺设铅砖、主体材料使用重混凝土等多种屏蔽手段，最终保证了辐照燃料组件转运过程中途经位置的剂量率水平都不超过相应的辐射分区限值。

2) *废滤芯屏蔽*

废滤芯在“华龙一号”核岛厂房内部的转运过程如下：从过滤器井吊出至操作大厅，运送至废滤芯下降通道，再经过下降通道装入运输车。操作大厅属于常规工作区，剂量率控制值很低，为此专门设计了滤芯更换容器，实现对高辐射废滤芯的屏蔽。

滤芯更换容器主要结构包括不锈钢内壳、碳钢外壳和双壳之间的铅，其中铅是屏蔽废滤芯释放的γ射线的主体材料。容器下部是带有滑块闸门的底座，滑块闸门在废滤芯进入容器后关闭，可确保对废滤芯全方位的屏蔽。

屏蔽设计使用蒙特卡罗程序进行精细建模计算，考虑了不同系统产生的废滤芯放射性水平的最大值，同时结合运行电厂废滤芯剂量率水平的实测数据对设计源项进行了修正，从而使屏蔽计算得到的数据是合理可行并具有恰当包络性的结果，在确保人员辐射安全的前提下，也兼顾了容器加工和制造的经济性。

10.3.3 应急设施设计

“华龙一号”应急设施在设计上具有以下基本特征：

(1) 墙壁及屋顶有足够的砼厚度减弱来自室外的γ辐射。

(2) 进风系统设置高效的碘过滤器，对从室外进入该设施的送风进行过滤，以控制室外受污染空气进入房间内对人员产生过量照射；对于主控室，在设计上还考虑了设置两个应急取风口，互为冗余，当其中一个应急取风口被烟羽笼罩不能取风时，启动另一个应急取风口；增加内部循环过滤，对非过滤渗入的放射性进行去除。

(3) 人员出入门亦采用密封性好的门，具有较好的密封性和热绝缘性。

(4) 设施内的工作人员所受剂量主要来自室内空气污染产生的外照射和吸入放射性物质产生的内照射。设施屋顶和墙壁采用足够厚度的混凝土屏蔽，可以有效降低放射性烟羽浸没外照射的剂量贡献。

10.3.4 辐射监测需求

核安全法规HAF 102—2016对运行状态和事故工况下的辐射监测提出了非常明确的要求。“华龙一号”的辐射防护设计中贯彻和执行了与防护监测相关的要求。辐射防护监测是评估核电厂工作人员及公众所受辐射剂量的可靠手段，是辐射防护的重要组成部分。辐射防护监测确保工作人员和公众的照射剂量符合剂量限值和控制值要求，并达到可合理达到的尽量低的水平。

依据实践类型和范围，辐射防护监测的目的包括以下内容：

(1) 评估工作人员职业照射剂量，衡量是否符合监管限值和控制值要求。

(2) 衡量和确认工作实践和工程标准的有效性。

(3) 衡量和确定工作场所辐射水平。

(4) 通过回顾以往个人和集体剂量的监测数据，对运行和操作程序进行评价和改进。

(5) 提供职业照射剂量数据信息，指导工作人员在实践中降低所受剂量。

(6) 为异常事件和事故工况的人员受照剂量评估提供数据信息支持。

“华龙一号”反应堆的辐射防护监测主要包括工作场所监测、个人监测、流出物监测、环境监测、事故及事故后监测等。与二代改进型核电厂相比，“华龙一号”对相关辐射防护监测的设置均进行优化设置。

工作场所监测包括工作场所 γ 射线、β 射线和中子外照射水平监测；气载放射性监测和表面污染监测。以工作场所固定式 γ 辐射监测为例，根据“华龙一号”厂房的系统布置，以及工作人员现场的操作和检修需求，通过优化分析，综合考虑将该类仪表设置在厂房工作人员能经常出入且符合下列条件之一的地方：

(1) 剂量率相对比较高，或有可能出现辐射剂量率迅速增高而又没有其他指示装置的地方。

(2) 辐射剂量率有可能增加到足以要求工作人员撤离的地方。

(3) 有可能偶然出现高辐射剂量率，使工作人员不能进入的地方。

(4) 在工作人员进入之前就需要知道剂量率大小的地方。

(5) 由于其他人员的外部控制操作可能引起剂量率发生迅速增加。

此外，“华龙一号”配备便携式监测仪器，包括剂量率、表面和气载污染的测量，目标是让工作人员定期快速地进行厂房巡检，以便及时了解厂房内辐射水平、放射性污染及辐射监测系统设备等状况，从而为人员的防护提供基础资料，保证辐射监测设备处于正常可用的状态，确保辐射控制区处于可控状态。

个人监测：外照射、内照射剂量的评价、测量和记录，以及个人体表污染的监测。“华龙一号”对进入控制区的人员配备被动式剂量计和具有报警功能的直读式个人剂量计。

流出物监测：对液态和气态流出物进行采样、分析或其他测量工作，以说明从核电厂排到外环境中的放射性物流的特征，保证流出物满足法规标准的要求。

环境监测：间断或连续地测定环境辐射或环境介质放射性核素的浓度，观察分析器变化和对环境影响的过程。其主要监测厂区内室外的外照射、气溶胶和碘等放射性核素的沉积，还包括厂区内外的外照射及空气、水和生物样品等的取样检测，在核电厂发生异常事件后，特别加强监测。

事故及事故后监测：事故工况下，为了保障工作人员的辐射安全，免受过量的辐射照射，在“华龙一号”核岛厂房的关键区域设置用于事故后高剂量率水平报警的辐射监测仪表，同时能在主控室显示报警，以便提醒操纵员和现场工作人员进行相应的动作或者操作。此外，事故后也适当考虑监测撤离区域或者撤离路线。

10.3.5 事故工况下辐射防护

与二代改进型核电厂相比，“华龙一号”对事故工况下的辐射防护进行了全面考虑，主要包括设备、仪表及材料的耐辐照性能分析，事故后需要现场操作、维修或修理的人员可达性分析，事故后监测仪表量程和报警阈值确定，以及应急设施的工作人员可居留性评价等。

1. 事故后人员可达性分析

当核电厂发生事故后，操纵员将根据电厂规程开展事故缓解工作，位于“华龙一号”安全壳外的一些专设安全系统和核辅助系统可能处于运行状态，这些系统中会滞留放射性气体和液体，其对应的高辐射水平的环境条件可能导致人员难以进入，给事故的缓解带来困难。因此，“华龙一号”考虑事故后人员在关键区域的可达性，保证在事故后工作人员为缓解或消除事故后果而需要进行相关的作业时，工作人员受到的应急照射满足相关法规的要求。事故后的人员可达性分析评估核电厂在严重事故下人员靠近设备采取缓解措施的可能性，为事故的缓解提供一定的支撑。

针对事故工况，相比二代改进型核电厂，“华龙一号”设置了能动与非能动相结合的事故预防与缓解的专设安全设施，事故后各相关系统（包括部分辅助系统）可能投入运行，这些系统包括安全注入系统、安全壳喷淋系统、化学和容积控制系统、安全壳大气监测系统、核取样系统、辐射监测系统、辅助给水系统、应急硼注入系统、安全壳消氢系统、安全壳过滤排放系统、快速泄压系统、非能动安全壳热量导出系统、堆腔注水系统等。根据事故后“华龙一号”的系统设计特点、运行需求、相关的事故规程及严重事故管理导则，对事故之后需要工作人员进行现场操作的事故进行了全面梳理，分析了事故后现场操作的区域及人员通行路径的可达性，相关的设计基准事故包括LOCA、SGTR、燃料操作事故等事故；严重事故根据严重事故管理导则考虑了安全壳隔离阀操作等过程中的人员防护。“华龙一号”针对事故后工作人员的防护采取的措施[39]主要包括：

(1) 采取措施将具有可达性要求的关键区域的气载放射性污染降低到最低程度。

(2) 采取措施尽量缩短在事故中完成相关操作期间工作人员受照的时间。

(3) 某些关键区域的可达性无法保证时，考虑采取相应的附加防护措施，例如在辐射源外增加屏蔽墙、设置远传或远程控制阀门使运行人员不必靠近进行操作等，以确保人员能够进入和停留在关键区域操作或维护重要设备，而所受剂量又保持在允许的范围内。

(4) 对于事故工况期间厂内工作人员到达关键区域的通行路径，在满足可达性要求的同时，需根据不同的通行路径分析人员所受总剂量，综合人员剂量和时间等，合理选择最优通行路径。

(5) 对于事故工况期间厂内工作人员需要接近的关键区域或房间，设计保证房间易于辨识、标记清晰，并且消除通道中妨碍厂区工作人员自由行走的一切障碍物。

“华龙一号”的设计能够保证在发生设计基准事故和严重事故后，在需要进行现场操作的区域、相应的厂房内通行路线、撤离路线等区域内的设备和管道内包容的辐射源项及厂房气载放射性源项所致的人员辐射照射在法规标准要求的范围内。特别地，对于设计基准事故和设计扩展工程 DEC-A 期间造成的工作人员的受照剂量不超过 50mSv，相关设计能够保证工作人员在事故后通行和进行相应操作时的辐射安全。

2. 事故后设备和仪表的辐射环境条件

《核动力厂设计安全规定》指出：“必须考虑核动力厂整个设计能力，包括超过其原来预定功能和预计运行状态下可能使用某些系统（即安全系统和非安全系统）和使用附加的临时系统，使核动力厂回到受控状态和/或减轻严重事故的后果，条件是可以表明这些系统能够在预计的环境条件下起作用。”《福岛事故后核电厂改进行动通用技术要求（试行）》要求增设乏燃料水池的监测设备和手段，同时应保证液位和温度测量的监测仪表在相应的设备环境条件下的可用性。《“十二五”新建核电厂安全要求》中关于设备鉴定也要求：“考虑的环境条件必须包括预计到的正常运行、预计运行事件和设计基准事故期间的变化。”“在可能的范围内，应该以合理的可信度表明在严重事故中须运行的设备（如某些仪表）能否达到设计要求。”与二代改进型核电厂相比，“华龙一号”对事故后关键的探测仪表所处位置的剂量率水平进行了更为精细化的分析，为仪表选型提供参数依据，保证事故后关键设备的可用性。“华龙一号”采取的主要分析方法和步骤如下：

（1）全面梳理并考虑设计基准事故和设计扩展工况下需要使用的设备和仪表。

（2）根据事故工况下厂房内的释放源项，包括系统设备和管道中及厂房大气中的裂变产物，合理考虑裂变产物的滞留和去除、裂变产物在不同区域/房间和厂房之间的迁移，对核岛厂房要求在事故工况下可用的设备及仪表所在位置处的辐射环境条件进行全面分析。

（3）考虑设备和仪表的耐辐照时间及设备和仪表具体布置位置。

（4）考虑设备或仪表是否仅对 γ 射线敏感，确认是否需考虑 β 射线的贡献，并最终确定设备和仪表位置处的辐射环境条件。

3. 事故工况下监测仪表量程和报警阈值设定

“华龙一号”用于事故工况的辐射监测仪表满足事故工况下所在位置处的辐射环境条件，其量程也足够宽，可以显示事故工况下预期的最高剂量率。同时综合考虑工作人员的剂量限值和场外公众的剂量后果，对事故工况的辐射监测仪表的报警阈值进行详细分析和确定。

4. 应急设施内的工作人员可居留性评价

根据《核动力厂场内应急设施设计准则》（NNSA-HAJ-0001—2017）有关要求，采用自主化“应急设施可居留性分析软件平台 EFHAP”开展应急设施内应急工作人员事故后的可居留性评价。应急设施可居留性评价中所考虑的事故源项主要包括设计基准事故源项（主要考虑安全分析中所考虑的典型设计基准事故，如大破口失水事故、弹棒事故）、设计基准源项（需要考虑堆芯熔化，典型的源项计算同选址假想事故源项）、二级 PSA 严重事故源项（考虑 2 级 PSA 分析结果中 RC07～RC11 释放类的源项）、设计扩展工况（考虑 DEC-A 及 DEC-B 源项）。

结合“华龙一号”应急设施的基本设计特征并根据厂址环境参数，分别采用上述事故源项进行可居留性评价。评价结果表明，设计基准事故情况下，设计基准源项、设计扩展工况下应急设施的可居留性满足法规标准的可居留性要求。对于 2 级 PSA 分析中的 RC07～RC11 释放类，应急指挥中心内工作人员在事故持续期间所接受的有效剂量满足《福岛核事故后核电厂改进行动通用技术要求（试行）》的相关要求。对于主控室，事故后主控室内人员在一定的时间内具备可居留性。

10.4 辐射防护评价

10.4.1 职业照射评价

随着世界经济和文明的日益发展，各核电运行国家、国际原子能机构和相关组织越来越重视核电厂工作人员的辐射安全和健康，其中工作人员受到的职业照射剂量是衡量核电机组先进性的核心指标。职业照射剂量评价是核电厂辐射防护评价的基础，是衡量是否符合监管剂量限值的依据，是对辐射防护最优化进行定量评估的手段之一，也是实践正当性判断和人员受照剂量分析的重要组成部分。图 10.4 为经济合作与发展组织核能机构（DECD/NEA）和 IAEA 联合主持的职业照射信息系统（ISOE）年度报告中发布的世界核电机组 1992～2016 年的年平均集体剂量变化趋势[40]，其中压水堆核电机组的集体剂量已从 1992 年的 1.7 人·Sv/（堆·a）下降至 2016 年的约 0.5 人·Sv/（堆·a）。

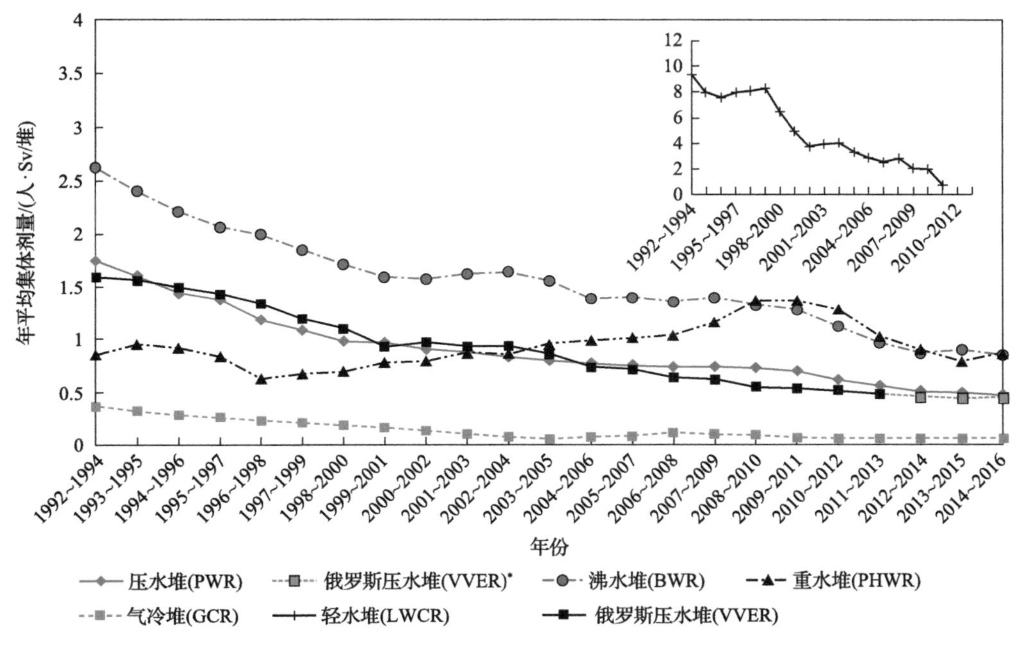

图 10.4 世界核电机组 1992～2016 年的年平均集体剂量变化趋势（ISOE）

*考虑中的 WER 机组投入运行后的统计结果

Fig. 10.4 Year rolling average collective dose per reactor for all operating reactors included in ISOE by reactor type, 1992-2016

《中华人民共和国核安全法》中规定压水堆核电厂应当严格控制辐射照射，确保有关人员免受超过国家规定剂量限值的辐射照射，确保辐射照射保持在合理、可行和尽可能低的水平。图 10.5 为 ISOE 发布的世界（部分）压水堆核电机组 1999～2012 年的年平均集体剂量变化趋势，其中我国压水堆核电机组的集体剂量在 0.5～0.7 人·Sv/（堆·a）。

对于核电厂职业照射剂量的优化是世界先进核电机型发展的大势所趋。经十数年的工程设计、运行经验积累及科研攻关，我国已将职业照射剂量评价工作取得的成果应用于自主研发的第三代先进压水堆核电机组“华龙一号”的工程设计中。“华龙一号”工程按照已立项的国家标准《压水堆核电厂职业照射剂量评价》（报批中），并采用自主研发的“职业照射剂量评价数据库系统”进行职业照射剂量评价工作。

目前，“华龙一号”福清 5、6 号和漳州 1、2 号核电工程已将职业照射的集体有效剂量降至 0.6 人·Sv/（堆·a），个人有效剂量设计目标值和管理目标值降至 10mSv/a。经与国际公认的第三代轻水堆标准文件——美国电力研究院发布的《先进轻水堆用户要求》（URD）和欧洲电力用户组织发布的《轻水堆核电厂欧洲用户要求》（EUR）对标分析，未来将实现我国新建和对外出口的“华龙一号”的集体有效剂量降至 0.5 人·Sv/（堆·a），个人有效剂量设计目标值和管理目标值降至 5mSv/a，进而达到国际先进（领先）水平。

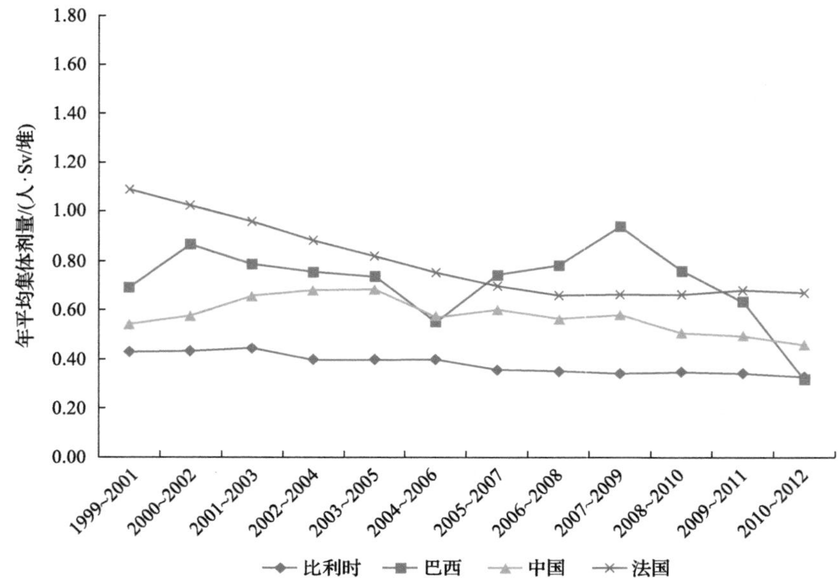

图 10.5 世界部分（含中国）压水堆核电机组 1999～2012 年的年平均集体剂量变化趋势（ISOE）

Fig. 10.5 Year rolling average collective dose by country (include China) from 2002 to 2016 for PWRs (ISOE)

10.4.2 环境影响评价

核电厂辐射环境影响评价体系中，在取得了作为评价基础的排放源项之后，还有一系列的技术需要解决。为了更好地适应当前审查监管要求及更好地对核电厂的运行影响给出评价，已经开展了以下的系列研究并且取得了一定的成果[41]。

（1）随着近年来审查监管部门对于生态环境影响的关注，在各核电厂的辐射影响评价中已经开展了水生生物的辐射影响评价工作，并且提出了陆生生物辐射影响评价的要求。在“华龙一号”工程也针对陆生生物辐射影响评价模型开发和应用开展研究，可以逐渐掌握核电厂陆生生物辐射影响的软件和相关技术，并且可以应用到未来的工程中，在技术上保持与国际的同步性。

（2）核电厂流出物对于环境的影响主要分为三大途径：气态途径、液态途径和地下水途径。目前，对于气态途径和液态途径的基本的技术和评价方法已基本掌握，但对于核电厂地下水的影响评价在国内还处于起步阶段。“华龙一号”研发过程中对地下水模型的适用性、参数的选取、地下水释放的源项考虑等方面开展了研究，可以满足未来对于地下水评价方面的审查监管要求及对核电厂运行开展支持的工作。

（3）此外，对目前已经遇到或者将来进入内陆后需要面临的小静风和复杂地形大气弥散模型问题、冷却塔对于气载流出物扩散的影响、核素迁移、厂址选择中水体和大气弥散及极端气象条件等方面也开展了一系列的关键技术研究，这些研究基于实际工程的需要，也为保证技术的领先性和与国际的同步性努力，并且已经取得了一定的成果。

以上科研工作的开展，不仅仅能够满足审查监管的要求，对于更加全面地评价和掌握核电厂运行的环境影响、反馈核电厂的设计并建设更加环保的核电厂具有十分积极的作用，是为核电厂的后续稳定运行提供的一项保证。

经过对国内“华龙一号”首堆工程福清核电厂5、6号机组，华龙融合后首堆漳州核电厂1、2号机组及后续的海南昌江核电厂3、4号机组的环境影响评价表明，各核电厂所采用的“华龙一号”机组的排放量均满足国家法规规定的厂址排放容量的要求，对公众所造成的辐射影响远低于国家标准规定的0.25mSv/a的约束值，对周围非人类生物所造成的辐射影响也均满足验收准则的要求。这些实例均表明“华龙一号”核电厂运行后对环境的辐射影响是完全可以接受的。

10.4.3 事故后果评价

1. 安全分析及事故环境影响评价

“华龙一号”安全分析及事故环境影响评价中所分析的事故主要包括选址假想事故、设计基准事故及设计扩展工况(包括DEC-A及DEC-B)，所考虑的事故种类及事故源项见10.2.6节。

在进行放射性后果评价过程中，事故后短期大气弥散因子主要根据管理导则RG1.145中的模型，根据特定厂址的气象观测数据计算各方位99.5%概率水平及全厂址95%概率水平的大气弥散因子，取各方位的最大值与全厂址95%概率水平值中的较大者作为0～2h的大气弥散因子。对于持续时间长于2h的大气弥散因子，利用0～2h大气弥散因子与年均大气弥散因子进行双对数内插得到。

剂量评价过程中，主要考虑烟羽浸没外照射、地面沉积外照射(对于选址假想事故以及DEC-A，不考虑此途径)和吸入内照射。

分析显示，“华龙一号”机组选址假想事故以及设计基准事故的场外剂量后果满足GB 6249—2011中的验收准则要求，设计扩展工况的场外剂量后果满足《“华龙一号”融合方案核电项目核安全审评原则》的要求。

2. 应急计划区划分

“华龙一号”应急计划区的划分遵循国家现行有效法规标准《核电厂应急计划与准备准则 第1部分：应急计划区的划分》[42]的要求。在确定应急计划区过程中，①既考虑设计基准事故，也考虑了严重事故，以使在所确定的应急计划区内所做的应急准备能应对严重程度不同的事故后果；②对于发生概率极小的事故，在确定核电厂应急计划时可以不予考虑，以免使所确定的应急计划区的范围过大而带来不合理的经济负担。

按照法规标准的要求及国内压水堆核电厂应急计划区划分工程实践，“华龙一号”机组应急计划区的划分过程中，选取了典型的设计基准事故和严重事故进行场外剂量后果的评价，其中对于严重事故，考虑了全事故谱加权，考虑各释放类的发生频率及其源项释放量，较为综合全面地反映了“华龙一号”机组的安全设计特征。

应用自主开发的核电厂应急计划区测算软件平台 PCEPZ 进行了应急计划区测算。在烟羽应急计划区剂量计算过程中，考虑了四种不同的照射途径，即来自烟羽中放射性物质的外照射、来自地面沉降的放射性物质的外照射、空气吸入内照射和再悬浮吸入内照射；在食入应急计划区计算过程中，考虑采用半动态模型和饮用水污染水平计算模型。

对特定厂址，推荐“华龙一号”机组场外应急计划区按照内区边界 5km、外区边界 10km、食入应急计划区边界 50km 进行设置。

10.5 辐射防护优化措施

10.5.1 工作人员职业照射控制

对于工作人员职业照射的控制需要从两个角度考虑，即工作场所放射性水平的控制和人员作业时间的控制。工作场所放射性水平受到辐射源项、辐射屏蔽、辐射分区、系统设计和布置、通风气流组织、远程技术的应用、废物管理及辐射防护管理等各方面的影响，其中辐射源项是最根本的影响因素；工作人员的作业时间通常会受到设备可靠性、检修维护项目、作业环境、先进工器具的影响。通过分析对职业照射的主要影响因素，“华龙一号”的辐射防护设计在辐射源项控制和作业时间控制方面采取了一系列的优化措施。

1. 辐射源项控制

辐射源项是核动力厂一切辐射风险的源头，辐射源项的控制可以有效降低工作人员、公众及环境的辐射风险，是辐射防护设计目标得以实现的基础，也是辐射防护设计优化首先需要考虑的最根本的控制手段。“华龙一号”运行状态下的辐射源项主要包括裂变产物、活化腐蚀产物、^{3}H、^{14}C、^{41}Ar、气载放射性源项等。根据国内外压水堆核电厂的职业照射统计，80%以上的职业照射来自换料大修，其中外照射主要来源于系统设备内表面的活化腐蚀产物沉积源项，内照射则主要来源于设备开口而释放到大气空间的气载放射性源项。因此，对于活化腐蚀产物沉积源项及气载放射性源项的有效控制，能够从源头上降低工作人员的职业照射[43]。

为进一步减小活化腐蚀产物源项的产生，在“华龙一号”机组的设计中严格限制了燃料组件及反应堆材料与一回路冷却剂接触部件中的 Co 含量，提高蒸汽发生器传热管和稳压器电加热元件的表面光洁度要求，堆内构件在制造过程中进行钝化处理，还采用了镀铬、避免承插焊等技术。制定了严格的水化学控制规范，对运行冷却剂的 pH 加以限制，在一回路中添加氢氧化锂以中和硼酸，并将 pH 调至最佳值(弱碱性，在 300℃时为 7.2)。在采取源项降低与控制技术的同时，还增加系统的净化与去污能力，采用净化能力较高的过滤器和除盐器，如化学和容积控制系统前过滤器 RCV001FI 对 0.45μm 颗粒滞留率达到 98%。辅助系统各类型除盐器采用离子交换法，对放射性流体中的阴离子和阳离子的净化能力在 90%以上。

“华龙一号”对于气载放射性的控制主要包括四个方面：回路内的过滤净化及包容、释放控制、厂房内通风净化及气载放射性监测。

(1) 回路内的过滤净化及包容。“华龙一号”设置了用于冷却剂过滤净化的化学和容积控制系统，以及用于存在巨大蒸发表面的反应堆水池和乏燃料水池过滤净化的反应堆水池和乏燃料水池净化和处理系统。

(2) 释放控制。“华龙一号”对停堆开盖操作设置冷却剂放化控制指标，停堆开盖期间主冷却剂中放射性核素浓度限值为电厂运行技术规范中重要参数。

(3) 厂房内通风净化。“华龙一号”核岛厂房内均设置了相应的通风净化系统，在维持厂房内适宜温度环境的同时，可对厂房内空气进行过滤净化。在对一些设备进行解体检修时，将该设备所在房间封闭，或在待检修的设备周围建立临时的负压工作间，或在设备开口处建立负压区，以防止放射性气体大范围扩散。工作人员的防护通常采用个人正压式呼吸保护器。

(4) 气载放射性监测。“华龙一号”设置了多种气载放射性监测设备，以便在出现气载放射性污染时及时发现、及时处理，包括：①固定式气溶胶、碘和惰性气体监测通道，在正常运行和停堆期间对空气进行连续取样监测；②固定式惰性气体监测通道，对大修期间通风排气放射性进行连续监测；③配置装在小车上的移动式气溶胶、碘和惰性气体监测装置，根据需要灵活地对厂房设备间的空气进行监测；④配置便携式空气取样装置，对厂房设备间空气中气载放射性核素(包括氚)采样后送实验室监测分析。

2. 工作人员作业时间控制

在“华龙一号”的设计中，考虑了多个减少工作时间的设计。

(1) 设置远传阀门，将高辐射区的操作转移至低辐射区，减少工作人员进入高辐射区的检修时间。

(2) 在需要进行例行维修和检查的部位，提供易于快速拆除屏蔽和保温层的设备。如稳压器在役检查部位及人孔附近的保温均设计为快开式结构，缩短了保温结构的拆装时间。

(3) 公用压缩空气分配系统设计上采用新式快速接头(带阀门的快速街头)，缩短连接接头时间。

(4) 高辐射区具有良好的可接近性，如蒸汽发生器的水室和主冷却剂系统的阀门间等。保证在其附近的较低辐射区预留空间，作为现场检修人员的工作等待区域。

(5) 核电厂各厂房内尽量设置足够宽敞的清洁走廊，易于人员通行和设备运输。区域内保证主要辐射源和工作人员之间保持一定距离，并设计合理有效的屏蔽。

(6) 主要放射性设备与非放射性设备进行有效的隔离，以及在主要放射性设备之间设置一定的隔离，防止操作人员在操作非放射性设备时吸收辐射剂量，减少操纵员倒换阀门或进行隔离操作而来回走动的时间。很少或不需要操作的设备与频繁操作的设备之间设置一定的隔离，以及在需要频繁操作的设备之间设置一定的隔离。

10.5.2　公众受照控制

“华龙一号”通过成熟先进的三废处理工艺的应用，使得气载和液态流出物的排放量完全满足国家标准的要求，对公众的辐射影响也完全满足法规标准的要求，具体的三废处理系统和所采用的工艺可参见本书第 8 章放射性废物处理系统部分。

在对放射性废物处理工艺和系统进行优化改进的同时，“华龙一号”的设计还在国内率先采用了公众剂量优化设计目标值的理念。通过对公众辐射影响设定更为严格和先进的辐射影响目标值，来引导和验证“华龙一号”设计所达到的水平，从而验证其环境友好性。经过对国内外审查管实践、机组实际运行情况、既往环境影响的评价，最终选定能够代表国际先进水平的 10μSv/(a·机组)的优化公众剂量目标值来开展设计和设计验证。

经过分析评价表明，现有在建和拟建的采用“华龙一号”机型的福建福清核电厂、福建漳州核电厂、海南昌江核电厂等厂址均可以达到该设计目标值的要求。为了更加全面地论证华龙一号的适用性，还针对典型的内陆厂址开展“华龙一号”运行的辐射影响评价工作。评价结果表明，受到大气弥散条件、水体稀释扩散条件、公众辐射影响途径等差异的影响，“华龙一号”运行状态下对公众所造成的辐射影响，内陆厂址要大于沿海厂址，但仍然可以满足“华龙一号”所拟定的公众剂量优化设计目标值的要求。综上，“华龙一号”当前的设计下，在对公众的辐射影响方面已经达到国际先进压水堆核电厂的先进设计水平。

10.5.3 运行经验收集及应用

运行经验是辐射防护最优化的工作策略中的重要一环，运行经验反馈对于核电厂的辐射防护设计优化和辐射防护管理优化都至关重要。已运行核电厂的运行经验数据能够对核电厂的辐射源项分析、辐射屏蔽设计、辐射分区设计、职业照射剂量评价、环境影响评价等分析和设计工作提供数据支持和补充，尤其是对于新建核电厂中理论分析无法确定或理论分析参数具有较大不确定性的辐射源项、辐射防护设计薄弱环节的确定及优化等具有重要意义。

在“华龙一号”的辐射防护设计过程中，收集了我国秦山核电厂和福清核电厂的辐射防护相关运行经验数据并进行系统分析，研究其中的良好实践和不良实践。若经代价利益分析证实可行，则反馈到“华龙一号”的辐射防护设计中。开展的主要工作包括：

(1)辐射源项调查，包括主冷却剂源项调查、停堆工况下沉积源项调查、氚源项调查、^{14}C 源项调查、放射性相关系统源项调查、废物源项调查等。基于源项调查结果，自主开发了“华龙一号”活化腐蚀产物源项、辅助系统及二回路系统源项分析程序，提出了包括增设核岛疏水和排气系统冲洗点位、化学和容积控制系统前置过滤器等多项源项控制措施，并优化了部分二代机型辐射源项分析方法。

(2)核岛厂房剂量场调查，包括反应堆厂房停堆工况剂量场调查，核辅助厂房、连接厂房、燃料厂房剂量场调查等。基于剂量场调查结果，绘制了“华龙一号”停堆工况辐射分区图，并形成中国核工业集团有限公司企业标准；针对部分易出现放射性热点的阀门及管道，在“华龙一号”的系统设计中进行了改进。

(3)停堆重要检修项专项调查，包括主泵、蒸汽发生器、压力容器相关、主要阀门等重要检修项剂量率水平、外照射剂量水平、气载污染水平及专项作业辐射防护风险分析。基于调查结果，开展了设计阶段基于理论分析的工作人员职业照射剂量评价工作、停堆检修期间作业规划辐射防护分析设计，也为“华龙一号”的退役积累辐射源项数据，同时编制并发布气载放射性分析及控制方法企业标准。

(4) 剂量评价相关数据调查，包括核电厂正常运行期间及停堆大修期，不同的操作类别、不同操作类别中的具体每种操作每年的操作次数、每次操作的工作人数、每次照射时间、操作时的平均剂量率水平以及每个操作项目的集体剂量数据等。通过对上述数据的统计分析，并结合“华龙一号”的设计特点对相应的操作类别考虑相应的修正因子，评价给出“华龙一号”核电厂工作人员的集体剂量。

“华龙一号”为我国自主设计的第三代核电机组，自运行之初即计划开展系统的运行经验数据收集工作，至少包含：

(1) 主冷却剂和主要放射性系统或设备的辐射源项、电厂的运行条件、测量时的机组状态等信息。

(2) 核电厂放射性厂房的场所剂量率和管道设备的接触剂量率数据。

(3) 核电厂大修期间的剂量统计数据，包括工作人员完成各操作项工作的时间、人员数量和所受剂量值。

(4) 核电厂工作人员个人受照剂量数据的统计资料。

(5) 核电厂集体剂量统计及其按不同操作的分类情况。

第 11 章

核电厂消防

自从 1954 年世界上第一座核电厂建成投运以来，世界各国核电厂发生过若干次火灾事故，因火灾造成的损失在总的财产损失中占主要地位。1965～1985 年，仅美国就发生了 345 起核电厂火灾，1974～1989 年，直接损失在六百万美元以上的火灾及核事故共发生 34 起，造成的直接经济损失达 39.7 亿元[44]。这些火灾事故虽然都没有造成严重的核泄漏，但有些仍然影响核电厂的正常运行，导致机组停堆，更为严重的还会妨碍核电厂安全相关功能的执行，甚至导致核安全事故，产生极为严重的后果和灾难。美国核管会对历史上发生的25次典型火灾事件进行统计分析后发现，有14次对核安全造成了影响，占比 56%[45]。1975 年美国 Browns Ferry 核电厂发生的火灾事故[46]更是核电消防行业发展的分水岭，其影响波及了整个世界核电业界，促使核电厂消防设计、研究和相关法规标准发生了根本性的变化。

为了应对火灾影响，世界各国研究机构开展了大量的分析、研究和工程实践，采取各种措施提高新建和在运核电厂的消防安全，同时也在相关核安全法规和消防标准中对于消防设计水平提出了更高的要求。国际核电消防技术领域的研究也越来越向纵深领域发展，取得了长足的进步，特别是在火灾基础理论研究、火灾模拟分析、电路失效分析、火灾情况下核安全分析等方面研究逐渐深入，核电消防标准规范体系也逐渐建立起来。

近几年来，特别是 2011 年日本福岛核事故后，国际社会对核电厂的安全性能的要求不断提高，世界范围内核电厂的安全标准也日趋严格，我国要求采用最先进的标准，全面提升核电安全性和应急水平，确保核电厂的安全。在这个大背景下，结合我国近几年开展的核电厂消防专项检查、评审和验收工作中发现的若干问题，国家核安全监管部门和核电主管部门对核电厂消防越来越重视。国内核电厂消防主管部门——国家能源局连续发布多个核电厂消防监督管理规定，对核电厂消防设计、验收、审批、运行管理的相关要求做出详细规定。

根据国内外核电监管部门的最新监管要求和现代科学技术水平的发展，加强核电厂消防安全技术的研究，是新形势下核电消防技术发展的必然途径。在我国开展自主化三代核电机组的研发过程中，消防技术的改进和提高为“华龙一号”安全水平的提升贡献了力量，其方法也取得了长足的进步，为华龙系列型号的持续研发提供强力支持。

本章首先介绍“华龙一号”核电厂消防设计方面的总要求和准则，其次介绍安全防火分区、消防人流疏散等内容，然后介绍火灾安全分析，即火灾危害性分析及火灾薄弱环节分析，最后介绍消防相关系统，包括火灾自动报警系统、消防水生产和分配系统、核岛厂房灭火系统、通风设计防火及防排烟、电气防火和消防供电等。因常规岛和 BOP

厂房消防与普通工业和民用建筑消防基本一致，相比之下核岛厂房消防具有显著的不同特点，因此本章介绍重点在于核岛厂房。

11.1 消防设计总要求和准则

核电厂消防设计与其他普通工业和民用建筑消防设计最大的不同点是首先要确保核安全，其次才考虑工作人员安全和财产安全。因为只有首先确保了核安全，才能在更高层次和更大程度上确保核电厂周围人民的人身安全和财产安全得到切实的保护。

基于上述考虑，核电厂主要围绕三个基本目的开展消防设计工作：一是必须在火灾发生时或火灾发生后仍能保证核电厂核安全功能的完成，这些核安全功能包括：为安全停堆和维持冷停堆状态提供必要的手段，为停堆后(包括事故工况)从堆芯中排出余热提供必要的手段，减少放射性物质释放的可能性并提供必要的手段使任何释放均低于可接受的规定限值，确保对核电厂状态进行监测的能力；二是限制那些使核电厂设备长期不能使用的损坏事故；三是确保工作人员的人身安全，采取一定措施在发生火灾时能使工作人员安全疏散，并且为消防队员创造灭火救援条件。

消防设计以国内经主管当局批准的、相应的核电厂防火设计和建造规范的最新版本为依据，在核岛的消防设计中主要采用《核电厂防火设计规范》(GB/T 22158—2008)，而在其他部分的消防设计中则基本采用国家(或行业)现行有效的技术标准。

为避免火灾(潜在火灾)的发生，保证核电厂安全运行，核电厂消防设计通过预防和限制火灾蔓延、火灾自动报警系统、自动或手动的灭火措施、通风防火和排烟设施实现防火的目的。

核电厂消防设计充分借鉴吸收了第三代核电技术的先进设计理念、我国现有压水堆的运行经验和福岛核电厂事故的经验反馈，并在全面考虑具体电厂工艺系统和厂房布置特点的基础上进行了适应性设计。

核电厂消防设计不考虑在同一个或不同机组厂房内同时发生两个或两个以上独立的火灾事件，且仅考虑机组正常工况下或事故后长期阶段发生的火灾，火灾发生在有固定或临时可燃物的地方。

11.2 安全防火分区

安全防火分区是核电厂防火设计的最重要内容之一，其首要目的是采用实体隔离或空间分隔等方法，尽可能将所有执行同一安全功能的冗余系列设备、执行安全功能的一个系列及其支持系统划分在不同防火空间，避免一场火灾同时导致执行同一安全功能的冗余设备的不可用，防止核安全有关冗余系统或设备的共模失效，确保核安全功能在火灾情况下的有效性；其次是将火灾风险较大的区域进行隔离，减少火灾后由腐蚀性气体、烟气和放射性物质污染所产生的影响或损坏，防止其火灾蔓延影响核安全重要物项的功能或造成更大的经济损失。

安全防火分区贯穿于核电厂防火设计的整个过程，也是其他消防相关专业设计和分析的主要基础之一，如火灾探测和固定灭火系统设计、通风系统防火与防排烟设计、火灾危害性分析、火灾薄弱环节分析、火灾 PSA 分析等。其划分过程中需要考虑方方面面的因素，主要包括如下几个方面：避免潜在的火灾共模失效、火灾荷载、已有的结构边界条件(墙体、顶板及梁等)、消防疏散、国内同类核电厂的设计及运行经验反馈。此外，分区划分过程中还需要兼顾已有的建筑结构边界和通风管道等因素。

“华龙一号”安全防火分区是在《核电厂防火设计规范》(GB/T 22158—2008)规定的基础上，参考国内外核电厂设计和运行经验，并根据“华龙一号”的系统设计及厂房布置特点开展的。确定的防火空间包括以下五种类型：一是安全防火区(耐火极限要求不低于 2.0h)：功能特别重要的或者火灾风险较大的安全相关区域，按照实体隔离准则建立，边界完全封闭，如安全级的反应堆保护机柜间、电缆廊道、电气贯穿件区、直流盘柜间、主控室及计算机房、远程停堆工作站等；二是安全防火小区(耐火极限要求不低于 1.0h)：火灾风险较小的其他安全相关区域，采用实体隔离和距离隔离准则建立，如一回路系统设备间、主蒸汽和主给水管道间等；三是限制不可用防火区(耐火极限要求不低于 2.0h)：火灾风险较大的非安全相关区域，按照实体隔离准则建立，如部分非安全级的含有明显润滑油的泵、压缩机、冷水机组和电子设备间等；四是人员疏散通道防火小区(耐火极限要求不低于 1.0h)：人员撤离和消防队员进入的通道，按照实体隔离准则建立，同时，为了确保人员的疏散安全，该区域边界还需要具有一定的防烟密封性能，包括楼梯间和有特殊要求的疏散走廊；五是非安全防火小区(边界耐火极限满足相邻防火空间边界要求)：即与安全无关且火灾风险较小的区域。

核电厂防火空间还拥有一套科学的编码体系，为每个防火空间编制一个唯一的编码，便于设计、分析、运行和管理。以“华龙一号”为例，防火空间编码包括 10 位“#XXXYiiiiZ”。其中，#代表机组编码，XXX 代表防火空间类型，Y 代表厂房编码，iiii 代表防火空间序列号，Z 代表该空间的主要安全系列。例如 5SFSL0882A 表示 5 号机组电气厂房主控制室安全防火区，该分区主要安全系列为 A 列。

在具体设计上，核电厂安全防火分区与普通工业与民用建筑防火分区具有显著的不同点，主要体现在：前者以核安全为首要目的，后者以人员安全为首要目的；前者分区划分较细且边界具有统一的耐火极限要求，后者分区面积较大且边界部件可具有不同的耐火极限要求；前者具有几个不同的分区类型，后者分区类型只有一种；前者具有唯一的分区编码，后者一般没有编码等。

即便有上述差异，核电厂安全防火分区的性能仍然不低于普通工业与民用建筑防火分区的具体要求。以耐火性能为例，由于核电厂核安全相关建构筑物一般应满足一定的抗震要求，其墙、楼板、柱等承重构件尺寸较大，如钢筋混凝土墙体厚度一般为 300～800mm，楼板厚度一般为 500～800mm，均超过《建筑设计防火规范》(GB 50016—2014 (2018 年版))中一级耐火等级建筑的各项要求。

以反应堆厂房为例，核电厂典型的防火分区如图 11.1 所示。

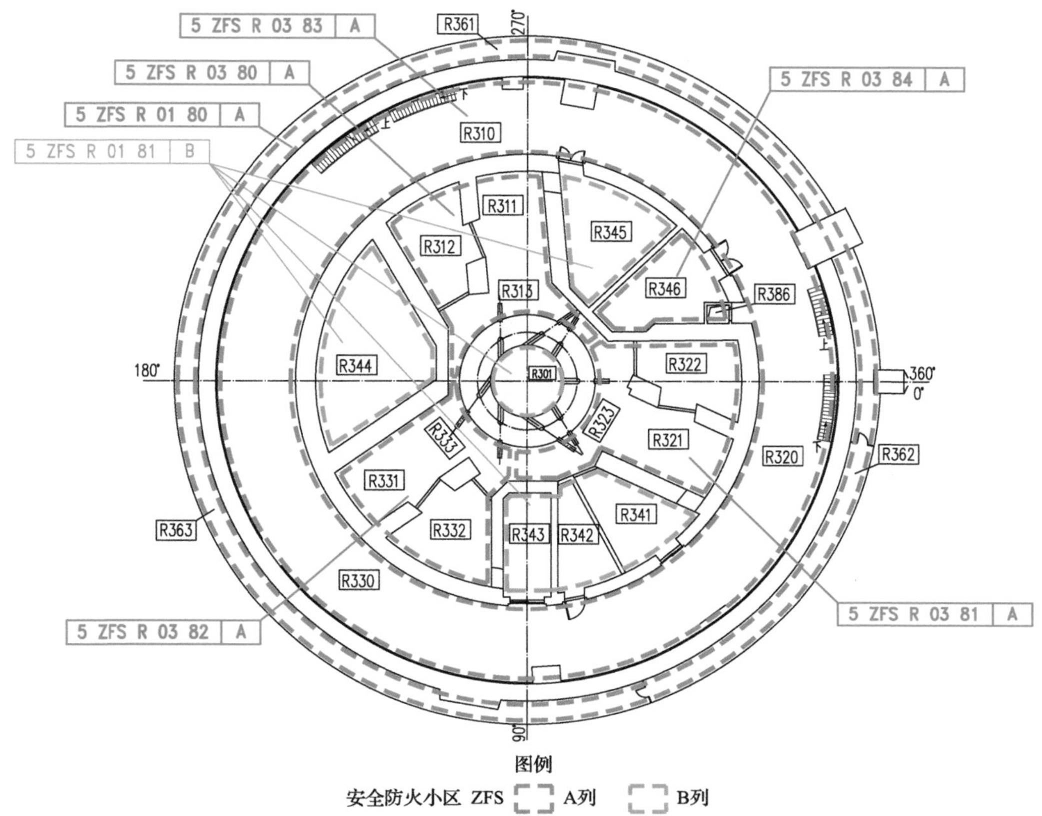

图 11.1 反应堆厂房±0.00m 的安全防火分区布置图

Fig. 11.1 Level ±0.00m reactor building safety fire zoning layout drawing

11.3 核岛厂房的消防疏散

11.3.1 设计目的和原则

为了确保火灾情况下工作人员的安全撤离、消防队员进入灭火和开展救援等相关工作，核岛各厂房设计有安全的疏散通道。疏散通道是电厂运行时相关设施发生火灾情况下通向室外的通道，主要包括楼梯间、走廊、出入口等。同时，还为所有的人员工作场所规划有合理的疏散路线，以便指引该场所工作人员在火灾情况下疏散至安全场所。核电厂疏散路线的设计不仅需要满足工业安全和消防疏散的要求，还要兼顾辐射防护和电厂实体保卫方面的特殊要求，如尽可能从放射性水平高的区域向放射性水平低的区域进行疏散，辐射控制区域与非辐射控制区之间的疏散仅作为应急疏散使用。

多数封闭楼梯间构成人员疏散通道防火小区，采取措施防止烟雾进入封闭楼梯间，特别是在电气厂房、安全厂房设置了正压送风的封闭楼梯间，确保人员在消防疏散过程中的安全。每个厂房原则上设置至少两个不同方向的疏散通道。经常使用且面积超过 180m^2 的房间应设置两个独立的出口，两个独立出口应尽量分开布置，以保证当一个出口受阻时，另一个出口保持畅通。“华龙一号”部分厂房人流疏散路线图如图 11.2 所示。

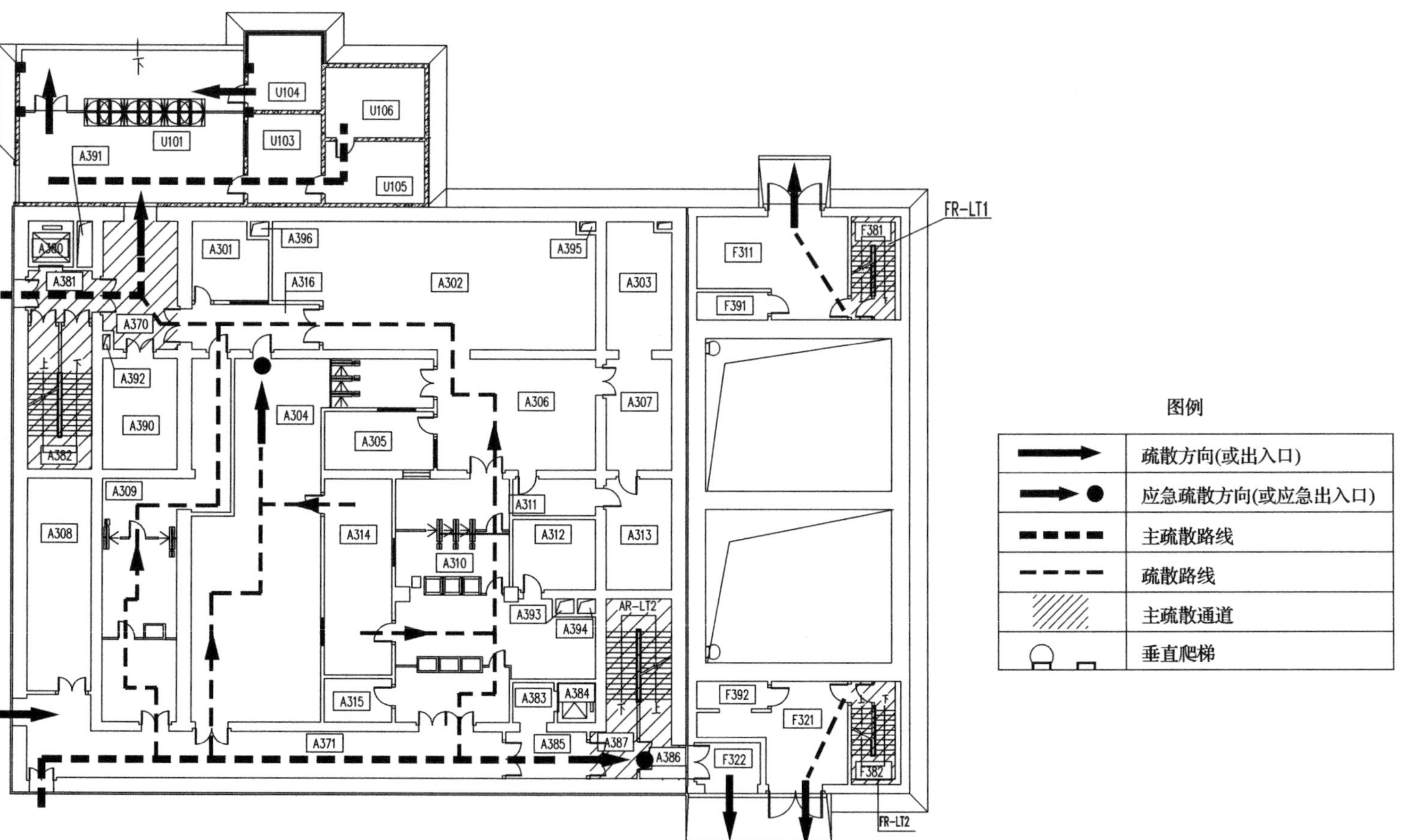

图11.2 “华龙一号”部分厂房人流疏散路线图

Fig.11.2 Part of nuclear island evacuation routes drawing

疏散通道和封闭楼梯间内避免存放可燃物。在疏散通道或其附近区域设置消火栓、灭火器。疏散通道设置清晰的永久性指示牌、安全照明、应急照明等。标识指向最近的安全出口。楼梯间内清楚地标明楼层层次。撤离路线符合辐射分区、防火和电厂保卫方面的要求。疏散通道和楼梯间的门原则上向疏散方向开启，进入相邻的防火空间或者通向室外。

“华龙一号”工程将走廊、楼梯间及出入口等区域作为疏散路线的重要组成部分，同时对每个防火空间内的房间进行梳理，将其可能存在的疏散路线一一列出。当存在两条以上疏散路径的房间时，将其中存在障碍物最少、路径最短、可以直接通向室外或其他防火空间的两条最优路线列出，作为该房间的疏散路线。

以“华龙一号”A309 房间(见图 11.3 中方框标注)为例，从表 11.1 中可以清楚的看到 A309 房间有 3 条疏散路线，疏散路线 1 不但沿途经过的房间较少，而且可以直接通向室外；疏散线路 2 可经过核岛消防泵房通向室外，因此优先选择疏散通道 1、2 作为 A309 的疏散路线。

表 11.1 A309 疏散路径

Table. 11.1 Evacuation routes of A309

房间编号	疏散路径		出入口
A309	疏散通道 1	A309→A316→A370→	核岛主出入口
	疏散通道 2	A309→A371→A385→A387→A386→	核岛消防泵房
	疏散通道 3	A309→A371→	核废物厂房

11.3.2 具体设计要求

为了确保人员安全疏散、消防队员灭火及救援的安全，疏散通道应满足包括宽度、高度、照明、通信、防烟等一系列要求。其中主疏散通道的尺寸是根据通行人数及可能使用的救援设备(灭火器材，担架等)进行确定的。该尺寸是扣除门扇开启时占据的面积后得出的。设定 0.6m 为一个“通道宽度单元”。当通道只有一个疏散宽度单元时，其总宽度可从 0.6m 加大到 0.9m；当通道为两个疏散宽度单元时，其总宽度可从 1.2m 加大到 1.4m。主疏散通道总宽度不应低于表 11.2 所列数值。

表 11.2 主疏散通道总宽度

Table 11.2 Total width of main evacuation routes

使用人数	主疏散通道累计总宽度(按通道宽度单元计)/m
1～20	1
21～100	2

使用人数按高峰期的工作人数确定，当各层人数不相等时，其楼梯总宽度应分层计算，下层楼梯总宽度按其上层人数最多的一层人数计算，但楼梯最小宽度不宜小于 1.1m。底层外门的总宽度，应按该层或该层以上人数最多的一层人数计算，但疏散门的最小净

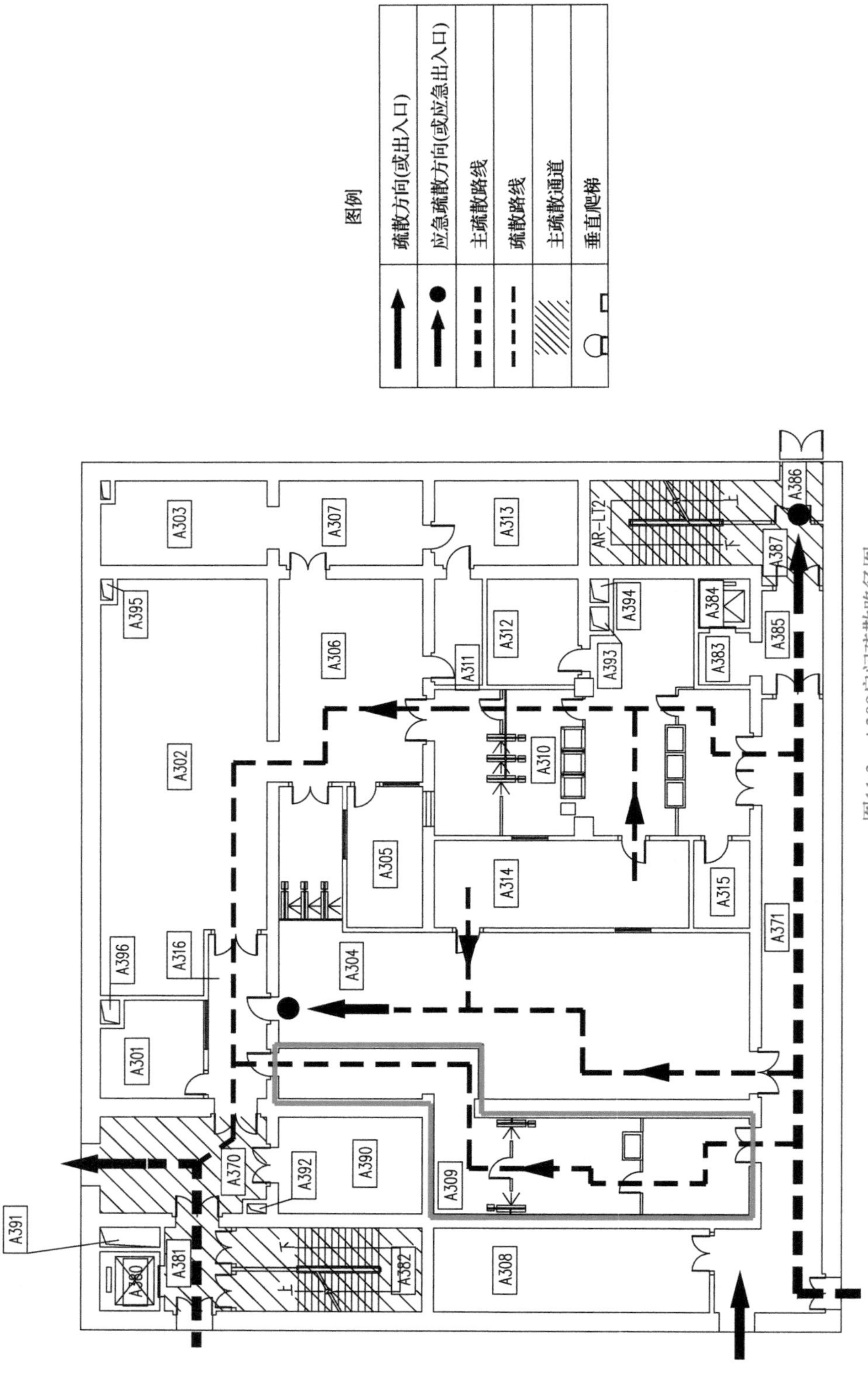

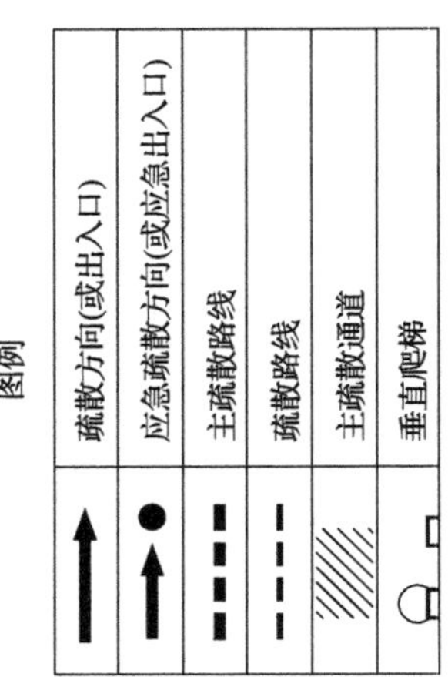

图11.3 A309房间疏散路径图

Fig.11.3 Evacuation routes drawing of A309

宽度不宜小于 0.9m，疏散走道的净宽度不宜小于 1.4m。疏散通道(如平台、楼梯下的通道、管道和电缆桥架下面的通道)的通行高度不小于 2.2m。在无法满足特殊用途(设备运输、工具通行等)所需的尺寸时，应按需要增加尺寸。

在核电厂消防疏散过程中，通信是报告火情、组织疏散、指挥救援的重要手段。“华龙一号”疏散通道内设置有足够的消防通信手段，以便任何地点发现火情时，目击者可以通过适当的通信手段，迅速、安全、可靠地向消防控制室报警，并与消防控制室之间交流信息、协调和发布命令，在必要情况下，消防控制室还可以通过适当的通信手段请求外部支援，如消防队、急救组织、保卫组织等。

以“华龙一号”核废物厂房±0.00m 层为例(图 11.4)，通向室外的三个出口中两个被定义为应急出口，用于在火灾情况下进行消防疏散。

11.4　火灾危害性分析

11.4.1　分析目的

根据《核动力厂防火与防爆设计》(HAD 102/11—2019)第 3.5 条要求，核动力厂应在初步设计阶段开展火灾危害性分析，在反应堆首次装料前进行更新，并在运行期间定期更新。火灾危害性分析是其他相关消防设计的重要前提，也是核动力厂消防设计性能化的重要体现之一，同时是业主运行管理的重要基础。

根据国际原子能机构指南，火灾危害性分析主要有以下六个主要目的：识别安全重要物项；分析预计的火灾发展过程和火灾对安全重要物项所造成的后果；确定防火屏障所需耐火极限；确定要设置的火灾探测类型和灭火手段；就各种因素确定需设置附加火灾分隔或防火设施的场所，以确保安全重要物项在可信火灾期间及以后仍能保持其功能；防止火灾对停堆、排出余热和包容放射性物质所需的安全系统的影响，保证在火灾情况下该系统仍能执行其安全功能。

11.4.2　分析步骤

核电厂在初步设计、施工图设计和运行阶段开展火灾危害性分析的深度不同，但均围绕上述六大目的进行分析，主要包括如下几个步骤：

(1) 针对核岛厂房的每个防火空间，识别防火空间内安全重要相关物项，逐个房间核查可燃物的种类和数量，列出每一个防火空间内可燃物料的详细清单，并采用保守的确定论方法对火灾进行定量分析和计算，确定防火空间内所有可燃物燃烧所产生的热量、火灾荷载密度、火灾持续时间等参数。

(2) 根据上述分析计算结果，确定防火屏障所需的耐火极限是否满足防火空间内的火灾持续时间，并验证边界防火设施的可靠性(满足边界完整性和有效性要求)。

(3) 对火灾自动报警系统、灭火系统、排烟系统、人流疏散等方面的充分性及与法规标准的符合性进行验证：在核岛范围内设置有关消防系统，并且在火荷载密度大于 400MJ/m^2 的防火空间内(由于区域内部通道布置或存在放射性，使消防队员难以进入)考

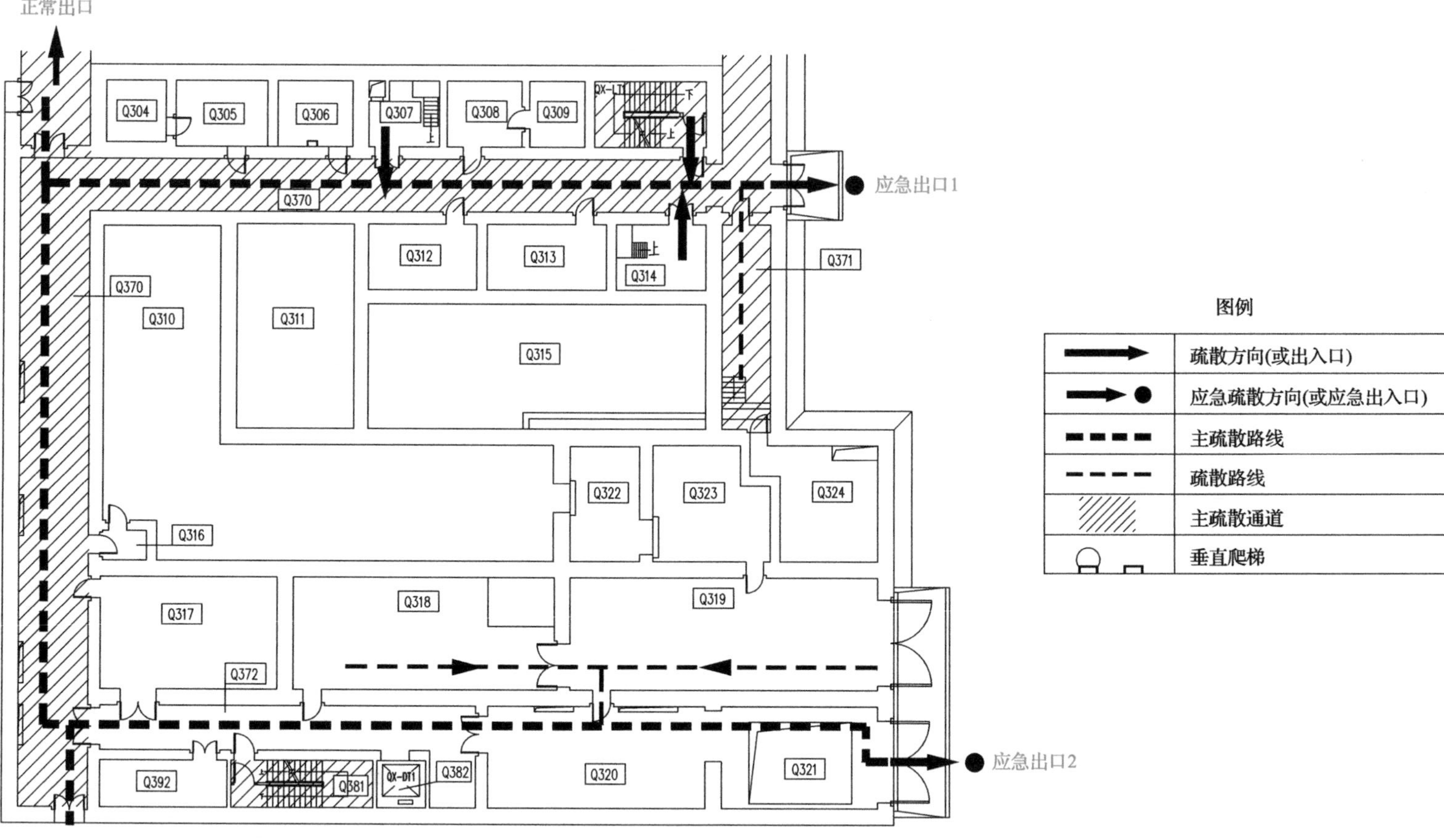

图11.4　核废物厂房±0.00m层消防疏散图

Fig.11.4　Level±0.00m radioactive waste building evacuation routes drawing

虑设置固定灭火设施。在有火灾风险的场所设置火灾自动报警系统，将核岛区域厂房划分为若干个火灾自动报警区域，设置中央火灾报警盘和火灾探测就地模拟盘等。核岛区域在条件允许的情况下设置防排烟系统，并考虑通风系统的防火措施，通风防火的目的是防止火灾蔓延，排烟的目的是将火灾产生的烟气及时排除，防止烟气向防火区外扩散，以确保建筑物内人员的顺利疏散和消防队员扑救火灾。

(4)通过对现有消防措施、防火屏障和安全物项的防火分隔等进行评估，确定火灾对安全停堆、排出余热和包容放射性物质所需的安全系统不会造成影响，满足核电厂的防火安全要求，达到核电厂消防纵深防御的目标。

11.4.3 计算分析方法

根据国内外大量的工程实践，核电厂典型的火灾危害性分析流程如图 11.5 所示。

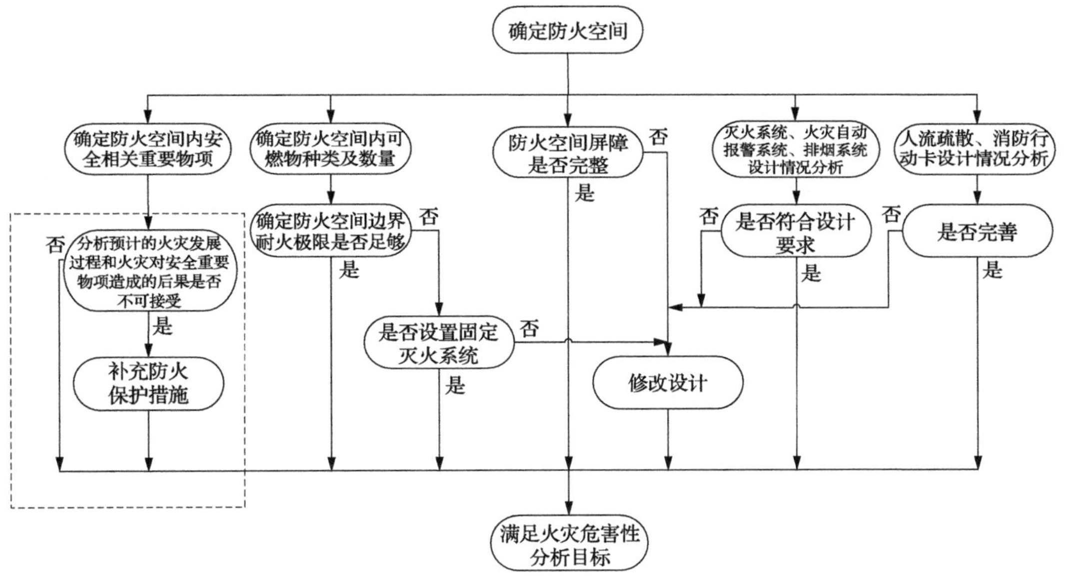

图 11.5 火灾危害性分析流程图

Fig. 11.5 Fire hazard analysis flow diagram

火灾危害性分析是在大数据基础上开展的性能化分析，除了安全级相关设备、电缆和其他消防相关系统设计信息外，可燃物数据是重要内容之一。可燃物数据采集包括设计阶段或运行期间所有的可燃物。设计阶段潜在典型可燃物指的是设计过程中已知的可燃物，包括电缆绝缘材料、电气/机电设备、碘吸附器中活性炭、设备中的润滑油、柴油发电机所需燃油、油漆及其他，上述可燃物数据主要通过供货商接口提供，其中电缆可燃物数据还可统一从我国自主开发的电缆数据库软件的防火模块中提取。运行阶段的可燃物指的是机组运行后根据需要增加的可燃物，包括办公家具和运行维修人员使用的必须物品，如电脑硬件、纸张、棉织品、维修活动需要引入的可燃物等，这部分可燃物数据主要通过业主提供或现场勘查获取。火灾危害性分析计算中可能涉及的主要的固体、液体、气体可燃材料及其单位燃烧热值如表 11.3 所示。

表 11.3 可燃物燃烧热值

Table 11.3 Heat of combustion

设计阶段		运行阶段	
可燃物	热值/(MJ/kg)	可燃物	热值/(MJ/kg)
润滑油类	42	棉织品	17.4
油漆	21	丙酮	31
活性炭	35	甲醇	23
木材	18	乙醇	27
燃油	45	氨类	22
纸类	17.6	肼、联氨类	23
氢	138	橡胶	39.34

注：表中数值仅供参考，具体以产品供货商提供的为准。

根据收集到的可燃物数据，可以直观地判定该防火空间内的主要火灾风险类型(表 11.4)。采集到的可燃物数据还可用于计算火灾荷载相关参数，包括防火空间总火灾荷载、火灾荷载密度和火灾持续时间。这些参数是用于防火空间边界耐火极限确定和其他消防相关系统设计的重要依据之一。

表 11.4 火灾风险类型

Table 11.4 Fire risk classification

类型	火灾风险类型	典型可燃物
A 类	固体物质火灾	木材、棉、麻、纸张等
B 类	液体火灾和可熔化的固体火灾	汽油、柴油、沥青等
C 类	气体火灾	天然气、氢气等
D 类	金属火灾	钾、钠等
E 类	电气火灾	计算机、发电机、变压器、电缆等

每个房间的火灾荷载(CC)是房间内所有可燃材料火灾荷载的总和。防火空间内的火灾荷载即为构成防火空间的所有房间的火灾荷载总和。总火灾荷载=Σ该房间内每类材料的火灾荷载，即

$$\mathrm{CC_f} = \sum_{i=0}^{n} M_i H_i$$

式中，$\mathrm{CC_f}$为火灾荷载(MJ)；n 为材料种类；M_i 为防火空间内可燃材料 i 的总质量(kg)；H_i 为防火空间内可燃材料 i 的热值(MJ/kg)。

房间火灾荷载密度($\mathrm{DCC_f}$)是该房间单位面积的火灾荷载。用房间的总火灾荷载除以房间总面积得到该房间的火灾荷载密度。火灾荷载密度(DCC)以 $\mathrm{MJ/m^2}$ 为单位。防火空间内的火灾荷载密度即为防火空间的总火灾荷载与总面积的比值：房间 DCC=∑该房间每

类材料的火灾荷载/房间总面积，即

$$\mathrm{DCC_f} = CC_\mathrm{f} / A_\mathrm{f} = \sum_{i=0}^{n} M_i H_i / A_\mathrm{f}$$

式中，A_f为房间地板面积(m^2)。

火灾持续时间的计算采用根据火灾荷载密度通过国际标准温升曲线获得的方法，这种方法简单易行，且不需要大量实验数据作为输入条件，同时计算结果较为精准，具有实际的可操作性，也是国际上核电厂计算火灾持续时间的通用方法(图 11.6)。

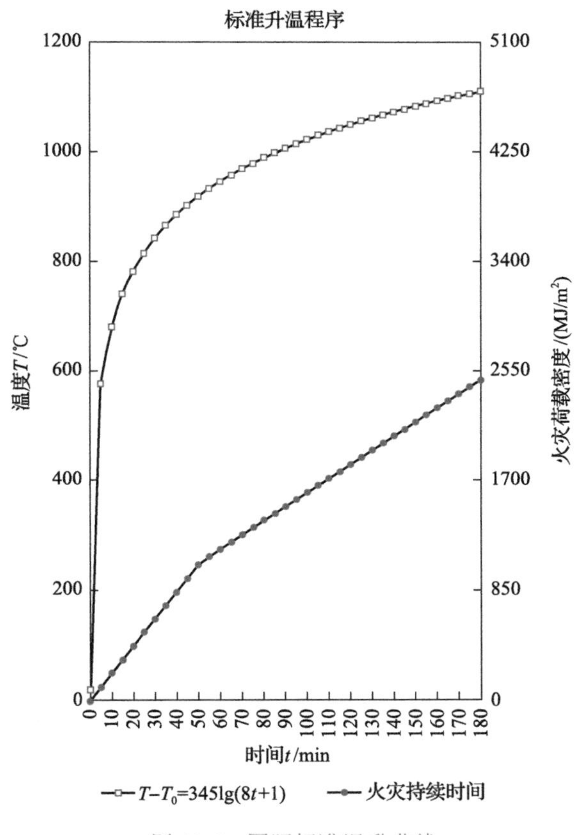

图 11.6 国际标准温升曲线

Fig. 11.6 standardized thermal programme

T为火灾最高温度；T_0为初始温度；t为火灾持续时间

根据火灾危害性分析计算出防火空间的火灾荷载密度、火灾持续时间等对于防火空间的火灾风险评估、消防系统设置、消防运行管理、火灾荷载数据库的建立都有非常重要的意义。核岛厂房消防严格贯彻“纵深防御”的方针，除设置有各项消防措施外，核动力厂有一套完整的消防运行管理程序，包括消防行动卡、消防系统的应急响应及定期试验等管理程序。为了确保高火灾荷载防火空间的安全，根据核岛火灾定量化分析计算结果及电厂运行的要求，绘制核岛假想火灾分布图，将计算火灾荷载密度超过 300MJ/m^2 的防火空间单独标识出来，提醒运行管理人员注意。核岛消防运行管理时应根据火灾荷载计算结果及假想火灾分布图对在运行期间及维护检修期间进入高火灾荷载区域的可燃物进行严格控制。以反应堆厂房为例，其假想火灾分布图如图 11.7 所示。

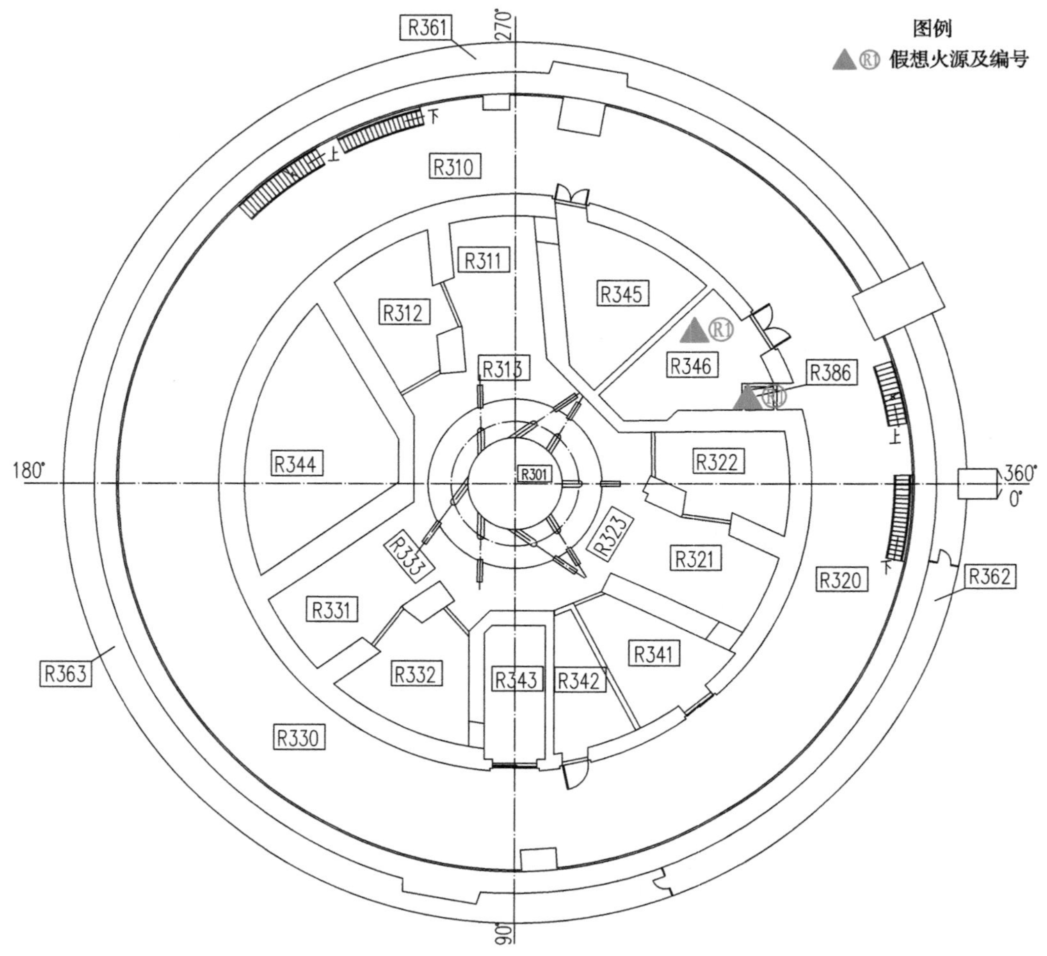

图 11.7 反应堆厂房假想火灾分布图

Fig. 11.7 Reactor building design assumption fire distribution drawing

11.5 火灾薄弱环节分析

11.5.1 背景与目标

为了解决火灾情况下核安全功能丧失的风险，国内外多家研究机构开展了大量研究，形成了较为成熟的解决方案。其中最具有代表性的是火灾安全停堆分析[47]和火灾薄弱环节分析方法[48]。

上述两种分析方法各有优缺点，火灾安全停堆分析在电路失效分析方面深入细致，但是仅关注安全停堆能力，未将防止放射性释放和电厂状态监测能力作为分析目标，范围不够全面，且没有考虑火灾风险的具体影响范围；火灾薄弱环节分析考虑了火灾风险的实际影响，但是缺乏设计扩展工况所需功能判定准则，其火灾风险分析也较为保守。

随着自主化第三代核电机组的研发，我们在已掌握的火灾薄弱环节分析方法基础上做了诸多改进[49]，形成了一套较为全面、准确的分析方法。通过该方法在“华龙一号”中的应用，在确保火灾情况下核安全功能的同时，降低了大约 3/4 的防火保护投资，显著地提高了经济性。同时，作为最典型的内部灾害，该分析方法的完善可作为其他内部灾害防护的参考。

火灾薄弱环节分析目的是全面、系统地解决和处理火灾引起的一个重要后果：设备的共模失效，主要是以防火空间为单位，梳理出安全相关系统和设备潜在的火灾共模点，随后通过功能分析、火灾风险分析等方式，结合核电厂的安全目标、系统运行规程、事故处理规程等，确定火灾情况下必须确保有效性的功能和信息，必要情况下采取补充的防火保护措施(电缆防火包覆和非能动实体防火保护等)。

11.5.2 方法与步骤

火灾薄弱环节分析范围包括容纳核安全相关物项的建(构)筑物的所有防火空间，分析对象是与核安全有关的系统和设备或事故工况下电站操作所必须的系统和设备。

完整的电缆数据是进行火灾薄弱环节分析的基本条件，需要通过构建电缆数据库信息来获得输入条件。电缆数据库的防火模块是我国自主化研发的软件产品，为火灾薄弱环节分析提供了极大便利，主要包括如下功能：定义防火空间编码和名称、标注分析关注的系统、定义防火保护类型及相关参数、低压动力电缆防火保护的散热计算、电缆数据提取等。

根据提取出的电缆数据和设备数据，开展潜在火灾共模点的识别工作，主要的识别准则包括四个方面：一是属于确保安全功能的同一系统的两个冗余系列的安全级设备或电缆；二是属于某个系列的安全级设备或电缆，以及另一个系列的支持系统；三是由于配电盘丧失导致不同系列安全级设备或电缆故障；四是火灾引起事故发生的同时导致事故所需缓解功能的丧失。

针对识别出的潜在火灾共模点，需要开展进一步的功能分析，在工艺、电气、仪控、运行和安全分析基础上，针对潜在共模点失效后对于核安全功能影响的可接受程度进行判定，最终形成最小化的功能必需清单。

对于功能分析后得到的最小化必需功能清单，若不考虑现场布置和火灾实际情况直接实施防火保护，一方面可能因现场实际情况无法实施；另一方面会提高投资和运行成本。为了解决上述问题，需开展火灾风险分析，其主要方法是通过定性的工程经验判断或详细的计算分析，判断火灾发生之后的具体影响范围、温度和热辐射等参数，并根据目标物项的相对位置判定是否失效。定性分析是基于以往工程经验得到的相对保守的分析准则，将火灾风险划分为扩散型火灾风险和局部型火灾风险，其特点是简单易行，可在初步阶段确定大部分区域火灾风险。火灾特性准则判定如表 11.5 所示。

表 11.5　火灾特性准则判定表

Table 11.5　Fire risk criterion

<table>
<tr><th>火灾特性</th><th>电气火灾</th><th>液体火灾</th><th>其他固体火灾</th><th>影响范围</th></tr>
<tr><td>轰燃型火灾风险</td><td>长度大于 3m，层数多于 3 层，电缆重量大于 400kg 的电缆托盘
长度大于 3m，电缆重量大于 400kg 的 3 层电缆托盘，其中最高一层托盘距离屋顶小于 50cm</td><td>由电机、热力发动机或涡轮机驱动的旋转机械，含有至少 25L 快速燃烧特性的可燃物
含有大于 100L 快速燃烧特性可燃物的贮存箱</td><td>2m^2 范围内火灾荷载大于 4300MJ 的物体</td><td>整个防火空间</td></tr>
<tr><td rowspan="2">局部型火灾风险</td><td>多于 2 个，长度至少 1m，电缆重量大于 75kg 的电缆托盘
竖直电缆托盘高于 2m，平行于墙面敷设，并且距离墙面小于 10cm
高于 2m 的若干竖直电缆托盘，之间距离小于 20cm</td><td rowspan="2">含有大于 25L 快速燃烧特性可燃物的贮存箱</td><td rowspan="2">2m^2 范围内含有火灾荷载大于 900MJ 的固体可燃物</td><td rowspan="2">热辐射和热气流范围内</td></tr>
<tr><td>电气机柜或配电盘，包括有自然或强制通风开口
至少一个长度大于 1m 的配电盘，不含有通风开口</td></tr>
</table>

定量分析是基于燃烧学原理，在热释放速率等参数的基础上，采用计算机模拟方法对火灾随着时间发生、发展、持续燃烧后再衰减内整个过程进行详细分析。与传统的保守计算方法相比，该计算结果能够更准确地得到火灾影响范围，提高火灾分析的准确性。基于定量分析的火灾发生发展阶段图和典型火灾影响范围图如图 11.8 和图 11.9 所示。

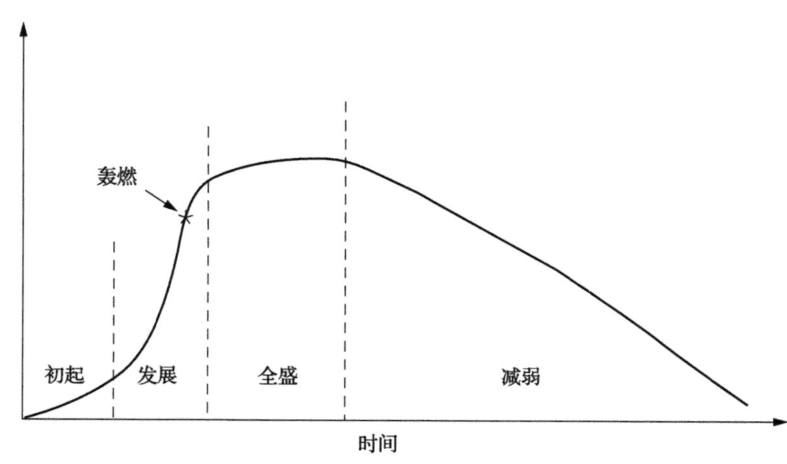

图 11.8　火灾发生发展阶段图

Fig. 11.8　Fire start and growth pahse drawing

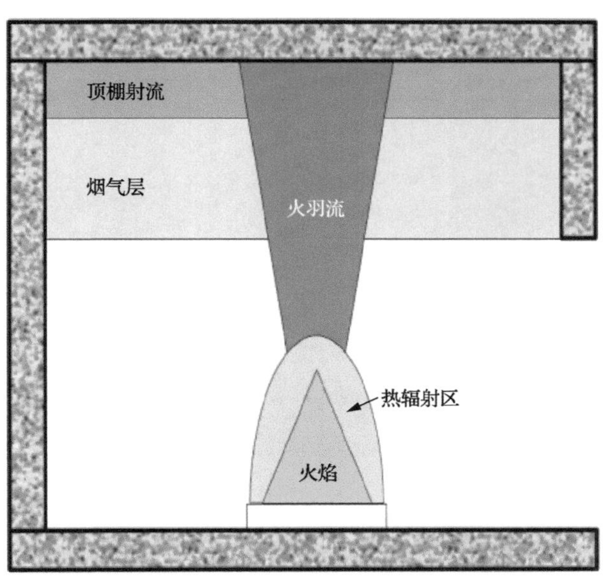

图 11.9　典型火灾影响范围图

Fig. 11.9　Fire influence domain drawing

根据功能分析和火灾风险分析得到的最小化保护清单，需要采取缓解措施。根据工程可行性和经济性分析，采取如下方案中的一种或几种：一是功能替代，即寻找替代安全措施，如增设就地液位指示计、人员手动操作(电动阀失去控制、就地打开或关闭等)；二是设计变更，即通过变更设备布置位置或电缆敷设路径，使其位于不同防火空间或房间内，消除核安全功能同时丧失的风险；三是消除火灾风险，即通过增设防火保护措施，消除火灾对目标物的影响，确保目标物功能的有效性。

其中，防火保护措施主要包括两类，一类是针对电缆托盘的防火包覆，一类是针对电气柜、传感器及电动阀等电气机械设备进行的非能动实体防火保护。这些措施属于防火空间边界的组成部分，除了相应的耐火极限要求外，也需要满足抗震、质保和定期试验的要求。典型的防火保护措施形式如图 11.10～图 11.12 所示。

图 11.10　防火包覆

Fig. 11.10　Fire resistant wrapping

图 11.11　防火屏障

Fig. 11.11　Fire resistant screen

图 11.12 防火箱体
Fig. 11.12 Fire resistant casing

11.6 火灾自动报警系统

核电厂设置火灾自动报警系统的目的是快速探测初期火灾、发出报警、确定火灾位置及在必要情况下联动或协助操纵员控制防火阀、固定灭火设备和防排烟设备，此外还在可能积累氢气的各个区域设置氢气探测器，如电气厂房、核辅助厂房和反应堆厂房，在环境空气中的氢气泄漏量达到爆炸浓度之前发出报警。核岛火灾自动报警系统主要由火灾报警控制器、火灾探测器、氢气报警控制器、氢气探测器、探测回路、就地模拟盘、操纵员工作站等组成，上述相关设备具有抗震、定期试验和质量保证等相关要求。

在核岛厂房任何可能发生火灾的危险区域设置可寻址的火灾探测器。安装的火灾探测器类型，一方面必须依据设备起火处所产生的特别征兆或依据所监视的房间情况(温度、火焰、烟雾、可燃气体等)而定，另一方面还要考虑探测地点的环境(湿度、温度、电离辐射、腐蚀性气体、房间内的压力等)。火灾探测器的类型、数量及位置应使火灾探测尽可能有效，主要包括感烟火灾探测器、点式感温火灾探测器、火焰探测器、缆式线型感温火灾探测器、管型吸气式感烟火灾探测器、温度传感器等。

核电厂内高辐射剂量区域的火灾探测具有一定的特殊性，如反应堆冷却剂泵间的火灾探测由管型吸气式感烟火灾探测系统完成。围绕着反应堆冷却剂泵，在不同标高处进行火灾探测。该探测系统由一个多点探测装置组成，通过采样管道将从反应堆冷却剂泵间不同标高采集的烟雾送至设在安全壳环廊里的管型吸气式感烟火灾探测主机。由于一回路泵间的高辐射剂量率，管型吸气式感烟火灾探测器和有关的电气装置会损坏。因此采取以下一些专门措施：管型吸气式感烟火灾探测器和它的电气装置都安装在该区域外，由风扇和采样管道抽取该区域不同点的烟雾送至管型吸气式感烟火灾探测主机。此外，反应堆冷却剂泵及上充泵间安装有固定的电视摄像监视系统进行辅助监视。

此外，对于其他重要区域的火灾探测采用两种不同类型的火灾探测器，确保火灾探测的准确性。例如，电缆桥架区域采用缆式线型感温火灾探测器和感烟探测器，柴油发电机厂房和上充泵等油类火灾风险较大的区域采用感烟火灾探测器和红外火焰探测器。

上述火灾报警控制器与核电厂仪控系统联网，火灾报警信号和就地模拟盘的控制按钮信号通过火灾报警控制器送至仪控系统，仪控系统负责执行与消防有关的防火阀和排烟阀的控制，并将阀门的状态信息送至火灾探测系统，用于主控室显示和就地模拟盘的显示。常规岛重要消防设备在主控室可手动控制。

氢气探测系统监视核辅助厂房(如废气处理系统)和反应堆厂房(如核岛疏水排气系统)以及蓄电池室等氢气高风险区。设在这些区域中的氢气探测器是防爆型的，它们由带热敏电阻的低温触媒氧化型装置组成。反应堆厂房中的氢气探测器应能满足反应堆厂房正常工况下的环境参数。氢气探测报警控制器可显示探测装置所测氢气含量，并分成两级报警：第一整定值为爆炸下限值的 12.5%；第二整定值为爆炸下限值的 25%。

就地模拟盘是核电厂工程实际中的良好实践之一，该设备通过落地或壁挂的方式设置在核岛厂房内受保护的公共区域，是火灾自动报警系统就地操作和监视的主要设备。该盘包括三大部分内容：一是建筑及防火空间相关信息布置图，如建筑房间布局、房间编号、防火空间编号和划分情况；二是消防相关设备控制机构控制按钮，如防火阀的集中控制按钮、防排烟风机和排烟阀的控制按钮、固定灭火控制阀的控制按钮；三是运行状态显示信息。

就地模拟盘最大的优点是能非常直观地显示火灾发生的具体部位，其上设置的各类消防相关设备的控制按钮和状态显示信息便于操纵员进行监测和人工干预，以便快速响应。

除了就地模拟盘外，主控制室还设置有操纵员工作站，可发出总的声光报警信号和故障信号，图形显示整个火灾探测系统的工作状态，便于主控制室操纵员了解核电厂火灾发生、发展、探测、灭火和防排烟的整体情况，并在必要情况下协调各方、统一指挥和发布命令。

核电厂还设置有消防电话和火灾应急广播相关设备，以便在火灾事故时可以提供可靠快捷的通信手段。每个机组分别设置一套常规消防电话系统，消防电话主机设置在主控室。BOP 设置一套常规消防电话系统，消防电话主机设置在 BOP 消防控制中心，在消防站、消防泵房和配电室等重要机房设消防电话分机，在公共区域和疏散通道根据需要设置消防电话分机或消防电话插孔。消防站设可直接报警的外线电话。

厂区的有线广播系统具有火灾应急广播的功能，发生火灾时通过广播指挥消防灭火、人员疏散和采取其他应急措施。有线广播系统由安装在核岛、常规岛、BOP 的扬声器、广播扩音机(附有录放设备)和控制台组成。每个机组设置一套有线广播系统，每套有线广播系统设置若干广播分区，全厂有线广播系统联网。每个机组的主设备均设置在核岛通信设备间内。每个机组设置两个广播控制台，分别位于主控室和远程停堆站可进行火灾应急广播，并可根据火灾实际情况选择广播分区。

另外，声警报系统也可在火灾时发出国家标准规定音调的火灾警报。声警报系统是有线广播系统的备用。它由安装在核岛、常规岛、BOP 的室内声警报器、室外警笛、电源和控制柜、控制台、“破玻”按钮组成。每个机组设置一套声警报系统，全厂声警报系统联网。每个机组的主设备均设置在核岛通信设备间。每个机组设置两个声警报控制台，分别位于主控室和远程停堆站，可发出火灾警报。

11.7 消防供水和固定灭火系统

11.7.1 消防供水系统

“华龙一号”的核岛、常规岛与BOP分别设置消防供水系统。核岛消防供水由核岛消防泵房的消防水泵及其相连的消防供水管网提供，系统按抗极限安全地震动（SL-2）设计。常规岛与BOP消防供水由厂区消防泵房及其相连的消防供水管网提供，系统按非抗震设计。该项改进确保了地震情况下核岛消防供水系统的可靠性，减小了应急柴油发电机组的用电负荷，并且优化了联合泵房的布置。

核岛消防水供水系统采用单堆布置，由消防水池、电动消防水泵、稳压泵、循环水泵及附属管网组成，在核岛发生火灾时，该系统能够提供所需流量和压力的消防用水。每座核岛消防泵房内设两座钢筋混凝土消防水池，每座消防水池有效容积为1200m^3，满足在火灾延续时间内室内外最大消防用水总量的要求，并具备8h内将水池充满的淡水补给能力。另外，消防水池兼做辅助给水（TFA）系统补水水源，并在超设计基准事故情况下，向重要系统提供应急补水。

每个机组设两台消防水泵，一用一备。每台泵额定流量为290m^3/h，供水压力为1.2MPa。消防水泵由管网压力控制。火灾发生时，管网压力下降，消防水泵启动。每个机组的两台电动泵中的一台由A系列供电，另一台由B系列供电，这两个系列均有应急柴油发电机作为后备电源。消防水泵按抗震1A级设计。每台消防水泵的进水管由装有隔离阀的连接管相互连通，保证一个消防水池检修时消防水泵可由另一个消防水池供水；出水管由装有隔离阀的连接管相互连通，保证一根消防供水干管检修时消防水泵可由另一根干管供水。当发生火灾时，消防水泵根据消防水系统的管网压力值自动启动。消防水泵也可由就地手动或由主控制室远程控制手动启动，由主控制室远程控制手动停止。

消防系统为稳高压消防系统，非火灾状态下消防水泵不运行，管网压力由设在核岛消防泵房内的稳压泵维持。设两台稳压泵，一用一备，每台稳压泵流量为18m^3/h，供水压力为1.06MPa。为防止消防水池中的水因长期静止导致水质恶化，影响消防设备的正常使用，设置两台循环水泵，定期启动循环水泵，通过循环水泵后的过滤器进行过滤，然后通过回流管道流回消防水池。

核岛消防水分配系统从核岛消防泵房接出至核岛其他厂房。每座核岛的消防水分配系统设置成环状管网，并从环状管网接出若干支管，供给核岛厂房各消防系统用水。

“华龙一号”设一座厂区消防泵房，为常规岛和BOP提供所需流量和压力的消防水，内设消防水池一座，分两格，总有效容积1100m^3。消防水池容积满足火灾延续时间内最大消防用水量的要求，并具备在 8h 内将水池充满的淡水补给能力。厂区消防水分配系统从厂区消防泵房接出，通过工艺管廊或直埋将两条消防干管在厂区形成消防环网，供应常规岛厂房、BOP 子项和厂区室外消火栓的消防用水。

11.7.2　固定灭火系统

核岛厂房内根据火灾风险类型和大小，设置不同消防系统，主要包括核岛消防系统、安全厂房消防系统、电气厂房消防系统、柴油发电机厂房消防系统、核岛电缆沟消防系统、移动式和便携式消防设备。采用的主要灭火方式有消火栓、水喷雾、水喷淋和泡沫喷淋灭火系统等。

核岛各灭火系统（移动式和便携式消防设备除外）为非安全级系统[核岛消防（FNP）系统管道穿过安全壳的贯穿件及相关阀门按安全 2 级设计]，但属于安全有关的系统，满足抗震、定期试验和质量保证的要求。核岛各灭火系统（移动式和便携式消防设备除外）的管道及设备均按抗极限安全地震动（SL-2）设计，系统中的电动阀门、单向阀、火灾时需开启的手动阀门及其他能动部件抗震按 1A 类设计，其余设备及管道抗震按 1F 设计；质保等级为 Q3 级；系统要根据试验原则定期进行试验。

在核岛厂房的每一层楼梯间、反应堆厂房环行区域及双层安全壳之间的环行区设置有消火栓系统，消火栓与消防立管相连接，消防立管与核岛消防水分配系统连接。

对反应堆冷却剂泵和上充泵设置两级水喷雾灭火系统进行保护。第一阶段消防是靠除盐水箱供给的除盐水来完成的，除盐水通过 CO_2 气瓶提供压力进入开式水喷雾管网，喷雾时间为 3min。供给反应堆冷却剂泵除盐水箱的除盐水来自核岛除盐水分配系统，供给上充泵除盐水箱的除盐水来自常规岛除盐水分配系统。如果反应堆冷却剂泵或上充泵的火灾没有被除盐水扑灭，则其第二阶段消防由核岛消防水分配系统供水，上充泵由来自核辅助厂房的消防立管供水，反应堆冷却剂泵由来自反应堆厂房的消防立管供水。反应堆冷却剂泵和上充泵消防系统的启动有两种方式，一种是从主控制室手动启动；另一种是由操作人员就地手动启动，这两种情况都是通过打开 CO_2 阀门，使除盐水加压喷水。

在反应堆厂房双层安全壳环形空间的动力电缆贯穿件区设置中速水喷雾灭火系统。该系统配有开式喷头，系统管道上装有熔断阀。通过打开相应区域的熔断阀，使系统喷水灭火。熔断阀的开启有以下几种方式：火灾自动报警系统联锁启动，电爆熔断阀的石英玻璃球而打开相应的熔断阀；通过火灾自动报警系统就地模拟盘上的按钮打开相应区域的熔断阀；若探测装置故障，当环境温度超过石英玻璃球定值温度时，石英玻璃球随即破裂，相应的熔断阀开启；在主控室手动启动。

在核废物厂房＋8.00m 层和+11.50m 层的电缆通道区域及核燃料厂房的水压试验泵，设置闭式水喷淋灭火系统。对活性炭装载量超过 100kg/台的碘吸附器设置固定消防设施，水源接自附近的消火栓，管网平时不和消火栓相连，当发生火灾时用软管将管网和消火栓进行连接。

核岛固定灭火系统主要的保护对象见表 11.6。

表 11.6　核岛固定灭火系统保护对象表

Table 11.6　Protected equipment of fixed fire-fighting system in nuclear island

保护对象	固定灭火系统类型
反应堆冷却剂泵、上充泵	第一阶段：采用除盐水灭火。每台泵配置一个除盐水罐，火灾时由 CO_2 加压喷水灭火 第二阶段：若除盐水罐中的除盐水用完，喷雾管网可由核岛消防水分配系统供水
水压试验泵、辅助给水电动泵、应急硼注泵、中压安注泵	闭式水喷淋灭火系统
辐射控制区电缆廊道	闭式水喷淋灭火系统
非辐射控制区电缆廊道、电缆竖井、安全壳环形空间动力电缆贯穿件区	带有熔断阀的开式水喷雾灭火系统
柴油发电机厂房	水成膜泡沫喷淋灭火系统
箱体式碘吸附器	水淹没装置
电子仪控机柜间	带双重隔离阀的闭式水喷淋灭火系统
主蒸汽和主给水流量控制系统管道穿越电气厂房外墙处开口(面向常规岛厂房)	水幕系统

11.8　通风设计防火及防排烟

11.8.1　通风设计防火

通风防火的目的是防止火灾蔓延；排烟的目的是将火灾产生的烟气及时排除，防止烟气向其他防火空间扩散，以确保建筑物内人员的顺利疏散和消防队员扑救火灾；防烟是在防烟楼梯间设置加压送风口，从而防止烟气侵入，为人员的撤离及消防人员的进入创造条件。

通风管道一般连通几个房间，当其中一个房间发生火灾时，火灾容易顺着通风管道蔓延，为此在通风管道穿过每一个防火空间边界设置防火阀。当防火阀的温度达到70℃时，防火阀的易熔片能够熔断，自动关闭防火阀，使火灾隔离。各楼层的所有防火阀也可由其附近控制箱上的电气装置手动关闭。

用于消除放射性的通风系统中均安装了活性炭碘吸附器，碘吸附器需要设置电加热器，用以降低通过碘吸附器中的空气的相对湿度。活性炭为易燃材料，因此碘吸附器是一种潜在的火灾危险源，火荷载较大。为此，在活性炭碘吸附器上至少安装两个探测器，它们可以配合使用，一个是感温探测器，一个是感烟探测器。一旦温度超过给定值，就会报警，从而停止电加热器。同时，对装炭量超过 100kg 的碘吸附器设置了水淹灭火装置，在碘吸附器的进出口管道上安装有 140℃的防火阀。

11.8.2　防排烟设计

反应堆厂房的楼板和隔墙多为不封闭的，一旦反应堆厂房发生火灾，反应堆厂房中正在运行的(如果运行)安全壳空气净化系统防火阀和正在运行的(如果运行)安全壳大气监测系统的安全壳隔离阀将关闭，系统停运，同时停运安全壳连续通风系统。在火灾发生以后，运行人员进入之前，用系统排出安全壳内的烟气。

核辅助厂房的电气间发生火灾时，核辅助厂房的通风系统的相应防火阀切断该区域的送风和排风管道，并在需要时打开排烟管道上的排烟阀，启动排烟风机，排烟系统投入运行。烟气经过预过滤器、高效空气粒子过滤器处理后，通过烟囱排至室外。

在电气厂房及安全厂房中，为存在高火荷载的房间和防烟楼梯间分别设置了防排烟(VES)系统。一旦某一房间着火，贯穿防火空间的电气柜间通风(VEB)系统、电缆间通风(VCF)系统、控制柜间通风(VEC)系统和主控制室空调(VCL)系统的防火阀会把不同防火空间隔离，并在需要时打开相关的排烟阀，在控制室手动启动排烟风机。为电气 A 列房间服务的排烟风机接有 B 列应急电源，为电气 B 列房间服务的排烟风机接有 A 列应急电源。排烟风机也可在主控制室进行手动关闭。火灾时，排烟系统的设计能力能保证在 3～5min 内把烟气排走，相当于着火现场(房间)的 12～20 次/h 的换气次数。

当发生火灾时，防排烟(加压)系统根据需要为电气厂房和安全厂房的防烟楼梯间进行加压送风，控制室根据需要手动启动加压风机。为电气 A 列房间楼梯间服务的加压风机接有 B 列应急电源，为电气 B 列房间楼梯间服务的加压风机接有 A 列应急电源。火灾时，加压系统的设计能力应能维持疏散楼梯间 40～50Pa 的正压，前室 25～30Pa 的正压，为人员的撤离及消防人员的进入创造条件。

11.9　电气防火和消防供电

11.9.1　电气防火

核电厂厂房内使用了一定数量的变压器、开关柜、电缆、蓄电池等电气设备，若选择不当，这些电气设备自身将带来危险。例如，在特殊情况下，如雷击放电、各种原因引起的短路，会引发火灾；卤素电缆在燃烧时会释放出毒气；电气设备绝缘的损坏会造成触电。以上这些都直接威胁着电站和人身安全。为此，应对核电厂厂房里电气设备的危害因素进行分析并采取相应的防范措施。

1. 电气设备选型

在电力系统中，选用绝缘符合标准的电气设备，采用无油化设备，尽量减少使用可燃性物质。安装在厂房内的低压厂用变压器及其他用途的变压器，全部选用环氧树脂浇注型干式变压器；中压开关选用真空开关；电缆为低烟无卤阻燃电缆；蓄电池选用固定型防酸式铅酸蓄电池；在特殊场合使用的电气设备还要选用符合环境要求的产品。

为了防止电气设备由于短路等故障引发火灾，中、低压开关柜选用移开式和抽屉式金属封闭型开关柜。

在有火灾或爆炸危险的场所，按照其场所的火灾爆炸危险等级和使用条件，选用封闭型式防爆型电气设备，以防止由于火花引起的火灾或爆炸。

2. 电气设备和线路的保护

对电气设备和线路设置完善的保护措施，以便迅速和有选择地消除电气系统中出现的各种事故异常状况，即在电气设备的供电线路上设置过负荷、过电流、短路等保护装置，运行中一旦出现这些故障，能在限定时间内自动切断故障回路，以免引起火灾。

此外，按设备运行环境和负荷条件，正确选择设备额定容量、开关遮断容量、导体的载流量及电动机的绝缘等级，使得电气设备在正常运行中不会超过容许温升，并对中压柜设置相应的泄压通道，以确保柜内发生燃烧或爆炸后不会影响到其他电气设备。

3. 电气设备布置和电缆防火

动力电缆和控制电缆均选用低烟、无卤、阻燃型电缆。对电气设备及线路布置，采取分区和隔离措施，以减少外部因素引起的电气事故，并尽量缩小电气事故引起火灾的影响范围。

核电厂安全厂房及电气厂房中布置 A 系列电气设备，安全厂房 SR 中布置 B 系列电气设备，各厂房在物理上实现实体隔离。电缆通道按安全冗余系列分开布置，使它们处于不同的防火空间。电缆廊道每隔一定长度设防火墙，电缆在穿越防火屏障处，用电缆防火贯穿件或防火材料进行封堵，以防火灾蔓延。电缆防火贯穿件及防火封堵具有与防火屏障相同的耐火极限。在必要情况下还可采取防火包裹等措施。

4. 防雷保护

核电厂各厂房屋顶及烟囱上设有接闪器(接闪杆和接闪带)，接闪器由引下线引至核岛建筑物周围埋深 1m 的接地网上，再通过防雷接地井与全厂主接地网相连。在 500kV 及 220kV 配电装置架空进出线处，均装有金属氧化锌避雷器保护设备。为防止雷击传入波沿室外电缆线路侵入室内电气设备，在配电柜内装有金属氧化锌避雷器保护设备。

5. 接地保护及等电位联结

接地系统用于确保人身和设备安全，供变压器中性点接地、保护接地、静电接地和防雷接地用。将防雷接地、保护接地、电子信息系统接地等接地装置连接在一起，形成共用接地系统。核电厂核岛、常规岛、BOP 各厂房接地系统相连，全厂的接地系统均连成一个整体。建筑物内采用等电位联结方式，所有电气设备和装置的外露导电部分、配电装置的构架均接地。防静电接地、安全保护接地、浪涌保护器接地端以最短距离与等电位连接网络的接地端子连接。建筑物内设总等电位联结，所有进出建筑物的金属管道、电缆金属外皮等均接至总等电位联结装置。

6. 防静电保护

为使带电物体上的静电荷顺利泄漏并尽快导入大地，易燃易爆设备和管道及其他会积聚静电荷的装置设有防静电接地。在可能产生静电危害的场所，使用导电工作台、导电工作椅、导电地板以及防静电工作服等。

7. 电击防护

正常工作时的电击保护，依靠带电部分的可靠绝缘、设置阻挡和护罩等；故障情况下的电击保护，采取自动切断供电、漏电保护、等电位连接和专用保护接地等措施。手持移动式电气设备采用安全电压。

8. 火灾的早期发现和扑灭

在电气设备和电缆线路集中布置的房间或场所，设有火灾探测和报警以及相应的灭火设施，用于早期发现并及时扑灭电气火灾。在防火设计方面，核电厂对室外油变做了详尽的考虑：核电厂室外油变包括主变压器、高压厂用变压器和辅助变压器。主变压器（如果是三相独立型式，则针对各单相变压器）、辅助变压器之间设有防火隔墙；主变压器、高压厂用变压器和辅助变压器均设有火灾探测报警装置，并安装有水喷雾灭火系统；主变压器、高压厂用变压器和辅助变压器的下部及周围设贮油坑，坑内铺以厚度不小于250mm 的卵石层，在事故情况下，可将油排至厂区含油废水处理系统。

11.9.2 消防供电

核电厂消防设备属于非安全级一级负荷，主要包括消防水泵、火灾自动报警设备、防排烟风机、应急照明设备。

核岛厂房内设专用消防水泵两台，分别由 A 系列的 EMA 和 B 系列的 EMB 应急母线段供电，事故时由柴油发电机向应急安全母线供电，从而保证了消防供电的可靠性。厂区消防泵房内设有三台消防水泵供常规岛和 BOP 厂房消防使用。其中两台主消防水泵为电动消防水泵，由 BOP 厂房双电源切换箱供电，双切箱电源引自不同母线段，保证消防供电的可靠性；一台备用消防水泵为柴油消防水泵。

核岛厂房火灾自动报警系统主电源引自核岛 220V 交流不间断电源系统和大修再供电系统。火灾自动报警系统配备备用电源，当主电源失效时，自动切换至设在火灾报警控制器内的免维护蓄电池装置或不间断电源（UPS）装置供电，以保证主电源故障后能支持系统工作 8h。当主电源断电，备用电源不能保证火灾报警控制器正常工作时，火灾报警控制器应发出故障声信号并能保持 1h 以上。常规岛厂房火灾报警控制装置供电采用交流 220V 双路电源供电，且各区域控制盘本身配有带自动充电装置的蓄电池作为双路交流电源的备用。BOP 厂房内的火灾报警控制器供电应根据《建筑设计防火规范》（GB 50016—2014（2018 版））要求确定本建筑物内消防设备的供电负荷等级，对于其中的一、二级负荷，由本厂房双切电源箱为其供电，双切箱的两路电源来自本厂房或一路来自本厂房，另一路引自相邻厂房，同时在火灾报警控制器盘内配有带自动充电装置的蓄电池作为双路交流电源的备用。

核岛电气厂房设置的一个排烟系统，风机由 B 系列供电；安全厂房设置的两个排烟系统，风机由 A 系列和 B 系列交叉供电。应急情况下均可切换成由柴油发电机组供电。BOP 厂房电气间设排烟风机，本厂房双切电源箱为其供电，双切箱的两路电源来自本厂房或一路来自本厂房，另一路引自相邻厂房。

为保证火灾情况下反应堆紧急停堆的需要和人身安全，核岛厂房内设有应急照明(包括疏散照明、备用照明和安全照明)。核岛厂房备用照明由应急母线段供电，平时与正常照明一起共同保证电厂运行和维修的充足照度。在失去正常照明的应急情况下，为需要进行必要作业的场所提供足够的照度。一旦正常照明和备用照明全部丧失，由蓄电池供电的安全照明及疏散照明自动接通，一起为救火和人员安全撤离提供必需的照度。常规岛厂房设交流事故照明和交直流切换事故照明。汽轮发电机厂房内每台机组的交流事故照明电源引自本机组有柴油机备用的380/220V MCC段，当工作和备用电源失去时，启动柴油机和自动甩负荷程序。网控楼内网控室、主要出入口、通道、楼梯间及汽轮发电机厂房内主要出入口、通道、楼梯间、配电间等重要场所的事故照明配置交直流切换的事故照明，自带蓄电池。正常时由交流事故照明电源供给，失去事故照明电源时自动切换到直流供电。重要辅助车间的事故照明也采用应急灯，应急灯接至正常照明网络。BOP厂房内设有应急照明(包括备用照明、安全照明和疏散照明)。应急照明由380V应急母线段供电，平时它与正常照明一起共同保证电厂运行和维修的充足照度。在失去正常照明的应急情况下，备用照明为需要进行必要作业的场所提供足够的照度(一般在50lx以上)。一旦正常照明和应急照明供电全部丧失，自带蓄电池的安全照明和疏散照明灯具自动接通蓄电池供电回路，在1h内为救火和人员安全撤离提供必需的照度。

第 12 章

常规岛系统及设备

核电厂反应堆堆芯产生的热量通过蒸汽发生器传递给二次侧。主蒸汽系统管道出核岛厂房后进入常规岛厂房，通过蒸汽联箱后大部分蒸汽进入汽轮发电机组，推动汽轮机做功后的乏蒸汽在凝汽器内被冷凝成水，再经低压加热器、高压加热器后，通过主给水系统和给水流量控制系统后回到蒸汽发生器，完成整个热力循环。常规岛系统及设备用以实现上述热力循环，并将汽轮发电机组发出的电能送入电网。常规岛系统及设备以主机系统为核心，并包括一整套辅助工艺系统及设备。

核电厂的常规岛设计与常规能源发电厂的热力循环回路设计基本相同，技术先进、成熟。

12.1 主 机 系 统

12.1.1 汽轮机及其辅助系统

1. 汽轮机

汽轮机将蒸汽发生器二次侧产生的蒸汽的热能转化为机械能，并通过与汽轮机同轴布置的发电机将机械能转化为电能。“华龙一号”核电汽轮机总体型式为单轴、三缸四排汽、半转速、汽水分离二级再热、凝汽式汽轮机，由一个单流高中压合缸和两个双流低压缸组成。图 12.1 为汽轮机外形图。

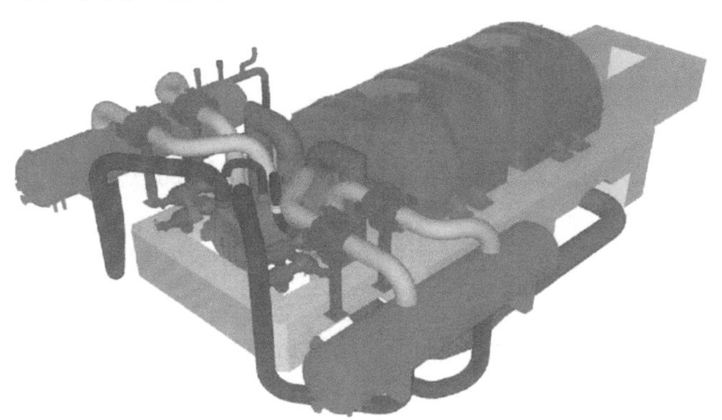

图 12.1 汽轮机外形图

Fig. 12.1 Steam turbine profile

来自核岛的新蒸汽首先流经布置在高压缸两侧的四个主汽门和主调节门组件，并通过四根主蒸汽导管进入高压缸做功；蒸汽在高压缸内做完功后经高压缸的四个排汽口排出并通过四根再热冷段管道进入汽水分离再热器(MSR)进行除湿和再热；汽水分离再热器出来的再热蒸汽通过四根再热热段管道进入中压缸继续做功，每根再热热段管道上均设有再热汽门和再热调节门组件；蒸汽在中压缸做完功后经中压缸的四个排气口排出并通过汽缸两侧运行层下的连通管进入低压缸继续做功，蒸汽在低压缸内做完功后通过低压缸排汽口排入凝汽器。

汽轮机高中压模块采用合缸结构，高压和中压通流均为单流方式，主要由高中压缸和高中压转子组成。高压及中压蒸汽进汽口位于汽缸的中部，其排汽口在两端。这种设计有利于汽缸的温度场分布及管道连接并减小轴向推力。

汽缸为水平中分面形式，中分面通过双头螺栓组装，前后分为高中压缸和中压排汽缸两段，通过垂直法兰螺栓连接，厂内封焊保证其密闭性；汽缸采用上猫爪形式支撑在前轴承箱和中间轴承箱上。高中压转子为焊接转子。

汽轮机低压部分通流采用双分流结构设计，主要由低压外缸、低压内缸和低压转子组成。低压外缸为钢板焊接结构，在水平中分面分为上下两半，并用螺栓连接和密封。低压缸采用侧向进汽，进汽口设置在低压外缸两块侧板的中部。低压内缸同样为钢板焊接结构，在水平中分面分为上下两半，并用螺栓连接和密封。在汽缸下半两侧中部设有低压缸进汽口，与外缸进汽口对应并用波纹膨胀节连接。低压转子采用焊接转子，由若干个轮盘锻件焊接而成。转子采用双轴承支撑，轴承座采用落地式结构设计。每台机组具有两根相同的低压转子，可以满足转子互换要求。

2. 汽水分离再热器系统

汽水分离再热器系统包括汽水分离再热器、疏水箱、加热蒸汽管道、扫排汽管道、疏水管道及相关附件。两台汽水分离再热器平行布置于汽轮机两侧，每台汽水分离再热器筒体内含有汽水分离器、第一级再热器及第二级再热器。高压缸排汽首先在汽水分离器内除湿，然后在两级再热器中再热使高压缸排汽具有一定的过热度，加热蒸汽分别由高压缸抽汽和主蒸汽供应。系统疏水分别排至疏水回收箱、第一级再热器凝结水箱、第二级再热器凝结水箱。在机组正常运行工况，所有疏水均返回热系统，在部分瞬态工况，疏水排至凝汽器。

汽水分离再热器系统对高压缸排汽除湿和加热，以保证蒸汽在进入低压缸前具有一定的过热度。

3. 汽轮机轴封系统

汽轮机轴封系统由轴封冷却器、轴封冷却风机、辅助蒸汽/主蒸汽供汽站、轴封供汽管、轴封漏汽管、平衡管及必要的仪表监测装置等组成。高压缸漏汽、主汽调节阀杆漏汽通过轴封供汽管输送至汽轮机低压缸，利用轴封冷却风机可将轴封漏汽管工作压力控制在微小于大气压。空气/蒸汽混合物在轴封腔体内收集，并输送至轴封冷却器由凝结水进行冷却。

汽轮机轴封系统的主要功能是为汽轮机轴端、高压主汽调节阀组阀杆密封及防止空气通过轴端进入低压缸。

4. 汽轮机疏水系统

汽轮机疏水系统主要由疏水集管、疏水器、疏水管道及相关阀门、仪表监测装置等组成。汽轮机疏水分启动疏水和连续疏水。启动疏水指机组预热、启动及低负荷时产生的疏水，疏水经疏水阀排至凝汽器；连续疏水指机组正常运行时产生的连续疏水，疏水经疏水器排至凝汽器。

汽轮机疏水系统用于收集汽轮机本体、阀门及相关管道的疏水，防止汽轮机转子弯曲及相关部件受到损害，保证汽轮机安全连续运行。

5. 汽轮机低压缸喷水系统

低压缸喷水系统由喷水流量控制阀门站、喷嘴等组成。如监测到排汽温度过高，取自凝结水抽取系统的冷却水将被喷入末级通流下游的低压汽轮机内，通过冷却水的蒸发，完成对低压排汽部分的冷却。低压缸喷水系统的运行要求主要取决于低压末级动叶级前的蒸汽温度和低压缸顶部的排汽温度。

在机组低负荷运行期间，蒸汽流量不足会引起末级叶片鼓风，并可能造成低压缸超温。低压缸喷水系统的功能为低压缸提供冷却水以降低末级叶片蒸汽温度，并降低可能由热膨胀不均、热变形、排汽超温引起的动静部件摩擦和碰撞。

6. 汽轮机润滑油、顶轴油及盘车系统

润滑油系统用于汽轮机和发电机轴承的润滑和冷却，在机组启动和停机时向液压盘车装置供油，向轴承提供顶轴油以减轻轴承的荷载，并排除轴承箱的油烟。润滑油系统设备主要由主油箱、排油烟机、双联滤油器、冷油器、主油泵、危急油泵、供回油管等组成。为保证供油可靠性，润滑油系统采用主油泵、交流辅助润滑油泵、直流事故润滑油泵三套不同的油泵向汽机轴承供油。每套油泵均由独立的动力源供动力。

顶轴油系统在机组启动或低负荷期间为机组提供高压油，在轴颈形成油膜，降低摩擦力和盘车装置力矩。顶轴油系统设有两台100%容量的顶轴油泵，一台运行，一台备用。

盘车系统的功能为保证机组启动和停机后转子加热均匀使转子变形最小。盘车系统包括两套自动盘车装置，一套主盘车装置用于正常运行，一套低速液压辅助盘车装置用于转子就位和紧急盘车。主盘车装置包括交流电动机和离合器，交流电动机通过液压联轴器和减速齿轮驱动汽轮机转子。辅助盘车用于主盘车失效工况，辅助盘车为棘齿驱动型。

12.1.2 发电机及其辅助系统

1. 发电机

发电机为三相发电机，为了减小短路电流值，发电机额定电压推荐选用 27kV，频率为 50Hz，功率因数为 0.90(滞后)，功率为 1200MW 级，定子线圈为水冷，定子铁芯和转子线圈为氢冷。

发电机转子转轴由整体锻件加工而成。转子线圈绝缘等级按 F 级设计，温升考核按 B 级考核。

发电机定子铁心的设计和制造能够防止由铁心振动所引起的铁心松动。定子线圈绝缘等级按 F 级设计，温升考核按 B 级考核。定子机座、机座螺栓连接设计考虑能承受可能引起的内部氢爆。

2. 励磁系统

发电机励磁系统采用高起始响应的静态励磁系统或无刷励磁系统。励磁系统的特性与参数应满足电力系统各种运行方式的要求，并宜选用制造厂的成熟型式。励磁系统具有短时过载能力，强励倍数不小于 1.8～2，强励时间不少于 10s。

励磁控制设备采用冗余配置的双通道 AVR(包含双自动通道和一个手动通道)，手动和自动通道相互跟踪，可实现无扰动切换。每个通道都配有电子系统稳定器(PSS)装置。励磁系统还配有保护装置。

3. 发电机定子冷却水系统

发电机定子冷却水系统主要由定子冷却水泵、冷却器、过滤装置、离子交换器、水箱及仪表监测装置等组成。

定子冷却水系统用于冷却发电机定子线圈。定子冷却水系统及其部件、仪表监测装置能够保证发电机的安全运行，过滤器过滤掉高纯度水中的杂质，离子交换器控制水中的电导率值，通过仪表监测装置即时监测和显示除盐水的电导率值、流量及水温状况。

4. 发电机密封油系统

发电机密封油系统由空侧密封油泵、氢侧密封油泵、事故直流油泵、密封油冷油器、密封油过滤器、差压调节阀、氢侧油箱、空侧油箱及仪表监测装置等组成。

发电机密封油系统通过向发电机密封环供给润滑油以防止发电机内的氢气溢出，同时又防止空气及湿气进入到发电机内。密封油系统为双流环式，分为空侧密封油子系统和氢侧密封油子系统。

5. 发电机氢气供应系统

发电机氢气供应系统主要由氢气控制装置、气体干燥器、气体纯度分析仪、气体置换装置、漏氢检测装置等组成。

发电机氢气供应系统保证在安全的条件下向发电机充入氢气，氢气由氢气贮存与分配系统供应。系统采用二氧化碳作为中间气体来置换空气，再用氢气置换二氧化碳，从而避免空气和氢气直接混合产生危险的混合气体。

12.1.3　汽轮机专用仪控系统

1. 汽轮机数字电液控制系统

汽轮机控制系统采用数字电液控制系统(DEH)，其能够自动控制流入汽轮机的蒸汽量来维持汽轮机转速和负荷平衡，主要任务是进行汽轮机转速和负荷控制，此系统还可以根据来自主控室人机界面的操作指令来控制汽轮机的转速和负荷。

数字电液控制系统的控制和操作对象是主调阀和再热调节阀，使用液压系统来驱动每个阀门，并根据控制指令信号来调整阀位。数字电液控制设备主要包括电子控制装置、就地仪表和汽轮机调速油(EH)系统全套硬、软件，含数字电液控制系统范围内的仪表、控制设备及箱柜等；该系统控制器为全冗余结构。数字电液控制系统具有手动控制、操纵员自动、自动汽轮机控制(ATC)这三种控制方式。

数字电液控制系统主要包括以下功能：①汽轮机转速和负荷控制，包括转速、转速变化率、负荷及负荷变化率的设定和控制；②汽轮机热应力计算和监视；③计算汽轮机转子的实时热应力及热应力裕度系数，当任一热应力值超过极限值时，能发出保持转速或保持负荷的信号；④阀门在线试验；⑤运行人员可在操作台上对阀门进行试验操作，可实现阀门开闭状态的在线和离线试验；⑥超速保护及超速控制；⑦具有超速保护功能，并可通过主控室操纵员站完成汽轮机超速试验；⑧汽轮机运行工况监视；⑨汽轮机自启/停功能；⑩满足堆跟机、机跟堆、定压运行、快速减负荷(run back，RB)、快速切负荷(fast cut back，FCB)及手动等运行方式的要求；⑪显示、报警和打印；⑫具有检查输入信号的功能，一旦出现故障即给出报警，但仍能维持机组安全运行，无需运行人员干预；⑬还有冗余设置和容错功能，手动、自动切换功能，功率反馈回路和转速反馈回路的投入与切除功能。

2. 汽轮机紧急跳闸系统

汽轮机紧急跳闸系统主要用于在遮断信号出现时，汽轮机保护系统关闭所有进汽阀门(高压主汽阀，高压调节阀，中压主汽阀，中压调节阀)，切断蒸汽供应，保护汽轮发电机组。

在紧急情况下，汽轮机紧急跳闸系统的保护控制器将自动检测判断，或者通过外部指令(电气保护、反应堆保护、辅助保护、手动按钮)遮断高压遮断模块，以确保汽轮机组的安全。

汽轮机紧急跳闸系统主要操作对象是汽轮机跳机电磁阀，四个汽轮机跳机电磁阀构成“两个 2 取 1”电路，电磁阀电路由两个通道组成，每个通道中各一个电磁阀动作汽轮机就跳机。当一个电磁阀故障时，该跳机电路仍可以使汽轮机跳闸，且可执行电磁阀在线测试，不影响跳闸功能。

3. 汽轮机监测仪表系统

汽轮机监视系统包括智能板件和传感器系统，传感器采集现场数据，而智能板件则完成信号处理功能。在智能板件上可设置相关报警阈值，一旦监测到的数据超限，系统能直接送出一个报警或停机信号给相关设备做出相应的处理。此外，各智能卡件还要给与之相连的传感器供电。

在整个运行期间，汽轮机监视系统一直监测着汽轮机运行过程中的动态和静态参数。动态监测也称之为“机械测量”，用来探测和鉴定轴系和进汽阀门的故障信息。静态监测主要监测汽轮机的热状态，包括各轴承金属温度、高中压缸及高压进汽阀前后的蒸汽温度和压力、沿高压进汽到低压排汽整个汽轮机膨胀线上的蒸汽温度和压力。汽轮机监测仪表系统提供模拟量监测输出和数字量跳闸输出至汽轮机控制和保护系统。性能试验或特殊试验所需的专门测试也是该系统的一部分。

4. 汽轮机振动数据采集和故障诊断系统

汽轮机振动数据采集和故障诊断系统（TDM）对汽轮发电机组具有振动数据采集和故障诊断功能，能诊断汽轮机故障和指导汽轮机在线运行操作。主要功能如下：机组启、停实时信号的数据采集和处理、分析和存储；机组日常运行实时信号的数据采集和处理、分析和存储；实时信号监视及报警、危急识别；例行报表输出；振动特征分析，可提供各种状态下的实时振动分析图表，绘制视域波形图、轴心轨迹图、频谱图等分析图表；故障诊断功能；事故追忆及报警历史档案存储管理等；振动的在线监测和诊断等最低限度的性能计算。

12.2 工艺系统

12.2.1 主蒸汽系统

主蒸汽系统包含三条主蒸汽管线，每条主蒸汽管线对应一台蒸汽发生器，与蒸汽发生器的出口喷嘴相连接。这三条主蒸汽管线穿出安全壳，通过主蒸汽隔离阀后进入汽轮机厂房，并汇集到位于汽轮机厂房内的主蒸汽联箱。每条主蒸汽管线都包含七个弹簧加载安全阀，两个通向大气排放系统的接口，一个主蒸汽隔离阀、一条为辅助汽动给水泵供汽的接管、一条氮气供应接管和一条位于主蒸汽隔离阀上游的疏水管线。主蒸汽系统将蒸汽发生器产生的蒸汽输送至汽轮机高压缸、汽水分离再热器第二级再热器、汽轮机旁路系统、汽轮机轴封系统、辅助蒸汽系统，辅助给水系统汽动泵的汽轮机。

在汽轮机厂房内，三条主蒸汽管线汇集于主蒸汽联箱，主蒸汽联箱及管系的其他低点设有疏水罐，正常情况下，疏水通过疏水器排至凝汽器，低负荷及疏水罐高水位时自动打开气动旁路疏水阀进行大流量疏水。主蒸汽联箱支管主要包括四根汽轮机主汽阀的进汽管道、汽水分离再热器第二级再热器加热蒸汽管道、通向汽轮机凝汽器的汽轮机旁路蒸汽管道、至汽轮机轴封系统的供汽管道、至辅助蒸汽系统的供汽管道。

12.2.2 汽轮机旁路系统

汽轮机旁路系统(包括常规岛至凝汽器部分与核岛大气排放部分)的主要功能是在汽轮机启动、甩负荷、跳闸和反应堆停堆等情况下，为核岛提供一个虚拟负荷，将蒸汽减压排放至凝汽器，以平衡反应堆与汽轮机之间的功率差，保证反应堆安全运行。大气排放部分设计已在第 6 章中进行了详细的介绍，在此不再赘述。

至凝汽器的旁路系统的设计容量为 85%主蒸汽额定流量，共设 12 个旁路阀，该部分从主蒸汽母管两端各引出一根旁路蒸汽母管，即汽轮机左右侧各一根，沿汽轮机轴向布置。从每根旁路蒸汽母管上平行接出六根管道，主蒸汽经旁路阀减压后进入凝汽器，各旁路阀的上游均设有手动隔离阀。

旁路蒸汽排放至位于凝汽器喉部的旁路扩散装置，旁路扩散装置设有取自凝结水母管的喷水减温水。

12.2.3 凝结水抽取系统

凝结水抽取系统介于汽轮机本体和低压给水加热器系统之间，其主要功能包括：与凝汽器抽真空系统和循环水系统一起为汽轮机建立和维持真空；将进入凝汽器的蒸汽冷凝成水；将凝结水从凝汽器热井抽出，升压后经低压加热器送至除氧器；收集各疏水箱来的疏水；为汽轮机排汽口喷淋系统提供减温水；为进入凝汽器的旁路蒸汽提供减温水；为蒸汽发生器排污系统提供减温水。

凝结水抽取系统设有三台 50%容量凝结水泵，两台运行，一台备用。当任何一台运行的凝结水泵发生故障时，备用泵自动启动投入运行。凝结水泵为多级立式离心泵，安装在凝结水泵坑内。凝结水泵设有最小流量管线，以保证凝结水泵和轴封冷却器的最小流量。每台凝结水泵入口管线设有一个电动隔离阀和过滤器，出口管线设有一个止回阀和电动隔离阀。

12.2.4 低压给水加热器系统

低压给水加热器系统利用汽轮机低压缸的抽汽加热凝结水，从而提高机组热力循环的效率。

由凝结水泵输送来的凝结水，依次经过一台轴封冷却器、两列 1 号低压加热器(LP1)和 2 号低压加热器(LP2)、两列 3 号低压加热器(LP3)和 4 号低压加热器(LP4)进入除氧器。每列 LP1 和 LP2 复合式加热器、LP3 和 LP4 加热器进出口管道设有电动隔离阀。

LP1 和 LP2 加热器采用组合式结构，共用一个壳体，称为“复合式加热器”。复合式低压加热器为卧式 U 形管换热器，安装在凝汽器壳体内。凝结水流经换热器管侧，汽轮机抽汽流经壳侧。抽汽管道位于凝汽器喉部壳体内，未设置止回阀及隔离阀。

LP3 和 LP4 加热器为卧式 U 形管换热器，凝结水流经管侧，汽轮机抽汽流经壳侧，LP4 内置疏水冷却器。汽轮机抽汽管道上设有电动隔离阀、气动止回阀。加热器不凝结气体分别排至凝汽器。

12.2.5 低压加热器疏水回收系统

低压加热器疏水回收系统的主要功能是：在正常、停机和紧急运行工况下收集低压加热器的疏水。

1 号低压加热器(LP1)、2 号低压加热器(LP2)的正常疏水汇集到疏水冷却器中，通过 U 形水封排至凝汽器。4 号低压加热器(LP4)正常疏水至 3 号低压加热器(LP3)，两台 LP3 分别疏水至两个疏水箱，每个疏水箱配置两台疏水泵。正常运行时，疏水箱的疏水经过疏水泵输送至除氧器，当疏水箱高高水位时，疏水通过疏水箱的危急疏水管道直接排至凝汽器。LP1、LP2、LP4 的危急疏水直接排至凝汽器。

12.2.6 主给水除氧器系统

主给水除氧器系统的基本功能是排除给水中溶解氧和其他不凝结水气体，以最大限度减少蒸汽发生器、汽轮机及热力系统辅助设备和管道的腐蚀。机组正常运行时，该系统所需的加热蒸汽由汽轮机高压缸排汽供给。启动和停运过程中，采用辅助蒸汽作为除氧器汽源。在汽轮机脱扣、甩负荷、低负荷等瞬态工况下使用新蒸汽(通过辅助蒸汽母管)，主要是为了维持除氧器压力。来自低压给水加热器系统的凝结水流经一个止回阀后由喷嘴喷入除氧器，进行加热除氧。

加热蒸汽来自两个相互独立的汽源：①机组启动时，采用辅助蒸汽对除氧器中凝结水进行加热除氧，辅助蒸汽由辅助蒸汽母管提供；②在汽轮机脱扣、甩负荷及低负荷等短暂时间，使用主蒸汽汽源(减压减温后接入辅助蒸汽母管)，用它维持除氧器内一定压力，以避免给水泵入口发生汽蚀。

机组正常运行时除氧器加热蒸汽来自汽轮机高压缸排汽，除氧器工作压力随着高压缸排汽压力的变化而变化，滑压运行。除氧器是卧式无头除氧器，为两端带椭球形封头的圆筒形压力容器。除氧器设有人孔，方便进行维修。

12.2.7 电动主给水泵系统

电动主给水泵系统设有三台电动给水泵，两台运行，一台备用，当一台运行泵跳闸时，备用泵快速投入运行。在稳定运行工况下，每台电动给水泵提供额定给水量的 50%。电动主给水泵系统将除氧器中符合要求的除氧水升压，经过高压加热器向蒸汽发生器提供所需给水。

电动给水泵由前置泵、压力级泵、电动机和液力耦合器组成。除氧器内除氧水经下降管、入口电动隔离阀、临时滤网进入前置泵，从前置泵出口经中压给水管道、流量孔板及永久滤网进入压力级泵，再经止回阀、电动隔离阀后送至高压加热器。压力级泵和出口止回阀之间设有最小流量再循环管线，当泵的流量低于设定值时，再循环管线投入运行。

12.2.8 高压给水加热器系统

高压给水加热器系统利用汽轮机高压缸的抽汽加热给水，并接受汽水分离再热器第一级和第二级再热器疏水，进一步提高机组热力循环的效率。

高压给水加热器系统由两台6号高压加热器(HP6)和两台7号高压加热器(HP7)组成，分两列布置。每列高压加热器的进出口和旁路管道设有电动隔离阀。HP6、HP7 的加热蒸汽均取自高压缸抽汽。抽汽管道上设有止回阀以防止甩负荷时蒸汽反向流入汽轮机。抽汽管道上设有隔离阀以防止加热器换热管泄露导致给水通过抽汽管道进入汽轮机。每列 HP7 的正常疏水经疏水调节阀排至 HP6，HP6 的正常疏水经疏水调节阀排至除氧器。HP6 和 HP7 危急疏水均排至凝汽器。高压加热器排气系统将不凝结气体排出，提高加热器效率。HP6 和 HP7 运行排气均排至除氧器。

12.2.9 主给水流量控制系统

主给水流量控制系统的功能是控制向蒸汽发生器输送的给水流量，保证蒸汽发生器二次侧的水位维持在给定值。

给水联箱接受来自两列高压加热器及其旁路的给水，联箱分别引出三根主给水管道，每根主给水管道对应一台蒸汽发生器，依次经过文丘里管、流量孔板和给水调节站后进入蒸汽发生器，其中给水调节阀站布置在核岛，文丘里管布置在常规岛。

联箱进出口支管的布置应保证进入给水调节阀站的给水温度混合均匀，在联箱上还设有一根通向凝汽器的再循环支管，其主要作用是机组启动前的系统冲洗。

12.2.10 启动给水系统

启动给水系统设有一台电动启动给水泵。机组启动和停堆时，启动给水泵将主给水除氧器的除氧水经高压加热器输送至蒸汽发生器。启动给水泵设有最小流量保护系统，给水再循环至主给水除氧器，最小流量管线设有隔离阀和气动调节阀。

在机组启动工况，启动给水系统向蒸汽发生器二次侧提供合格的给水以维持蒸汽发生器的水位直至电动主给水泵系统运行。在机组停堆工况，启动给水系统排除反应堆的衰变热和潜热直至余热排出系统运行。

当启动给水系统运行时，凝汽器与凝结水泵处于工作状态。如果凝汽器或者凝结水泵故障，辅助给水系统需立即投入运行。

第 13 章

电 气 系 统

核电厂电气系统服务于核电厂的安全生产及电能的安全传输。它主要有两个功能，一是使核电厂发出的电能通过电气系统安全输送到电网，即主发电机发出的电能通过升压变压器升压后输送到 500kV 开关站，然后通过架空线把电能从核电厂输送到电网，同时主发电机发出的电能还通过高压厂用变压器为厂用电设备供电。二是在各种运行工况下，通过厂用电系统为厂用电设备提供安全可靠的电源，确保核电厂的安全运行。正常运行时，厂用电系统的电源来自主发电机组，当机组启动、停运、维修或故障时，厂用电系统的电源来自厂外 500kV 主电源或 220kV 辅助电源，当主发电机和厂外电源均失去时，厂用电系统由厂内的柴油发电机组或蓄电池组供电，并按设定的要求进行负荷分配，以保证不同工况下厂用负荷的用电需求。

“华龙一号”电气系统采用了成熟的设计和实践经验，与一般压水堆核电厂的供电方式和系统结构基本相同，同时吸收了福岛核电厂事故经验反馈和最新法规标准要求，考虑了针对极端事件甚至严重事故的电源供应手段，主要改进包括针对严重事故非能动安全系统的供电需求，增设了 72h 直流和交流不间断电源系统；其余直流系统的蓄电池放电时间也均由 1h 延长至 2h，提高了电厂运行的安全性；根据福岛核电厂事故经验反馈，增设了中、低压临时电源；优化了中压应急电源切换系统钥匙联锁逻辑，有效缩短了附加柴油发电机组接入中压应急母线的时间；提高了主控室等区域应急照明线路及灯具的抗震等级，为事故工况下操纵员的事故处理和主控室可居留性创造了有利条件；为满足安全停堆地震(SSE)工况下地面峰值加速度 0.3g 的要求，提高了安全级电气设备的抗震鉴定水平；为适应电厂 60 年的设计寿命，将电气贯穿件、电缆等不易更换的电气设备鉴定寿命提高为 60 年。

13.1 电气系统设计总原则

13.1.1 总体要求

核电厂的电气系统设计既要满足核安全的设计要求、也要满足电气标准的要求，设计中应考虑所有运行模式和各种可能会影响电气系统的事件。主要包括：

(1) 核电厂电气系统应充分满足其设计基准的要求。设计基准包括电气系统执行的功能、具备的特性、达到的目标、运行工况、环境条件、可靠性要求。

(2) 应系统性地定义电气系统的结构、系统和设备，以保证执行安全功能的物项由相应安全级的电源供电，并通过合理的设计、试验、运行和维护来保证电气系统的可靠性。

(3) 应考虑电压和频率的暂态和短时波动对核电厂电气系统和设备可能造成的影响，电网预期的电压和频率变化不应对安全功能造成不可接受的影响。

(4) 电气设备的额定值、能力和容量应具有足够裕度来满足预期功能要求。

(5) 应采用合理的保护配置方案，保证优先电源的扰动不应影响安全级系统及其负荷的安全运行。在应急情况下，为保证安全级系统设备优先执行安全功能，其保护配置可只保留必需的功能。

(6) 应将全厂断电作为设计扩展工况进行考虑和分析。在全厂断电状态下，应分析核电厂维持安全功能并排出乏燃料余热的能力，并在设计中应采取有效措施，防止在全厂断电时出现燃料损毁。

(7) 设计也应包含通过一些移动设备的安全投运来恢复必要的动力供应。

(8) 作为发电设施，应能支持电网的稳定运行。

(9) 应充分考虑人员及设备的安全。

13.1.2 安全相关设计原则

电气系统最重要的功能是确保核电厂的安全，其设计贯彻了纵深防御、多重性、多样性、独立性、设计裕度、可试验性等原则，以确保安全功能的可靠实现。

1. 纵深防御

核电厂依赖电气系统实现各种安全功能，供电可靠性对于核电厂的安全至关重要。核电厂电气系统对所有纵深防御层级都是必不可少的支持系统。电气系统设计是通过依次交替的电源来实现不同的防御层次，这些电源向对应的配电系统供电。对电气系统，典型的假设始发事件是丧失厂外电源(LOOP)和在 DEC 范围内丧失厂外电源和厂内电源(全厂断电 SBO)。因此，按照纵深防御的设计原则，“华龙一号”配置了优先电源、应急电源、替代电源、严重事故电源，其相互关系见图 13.1。同时为了应对电源的长期不

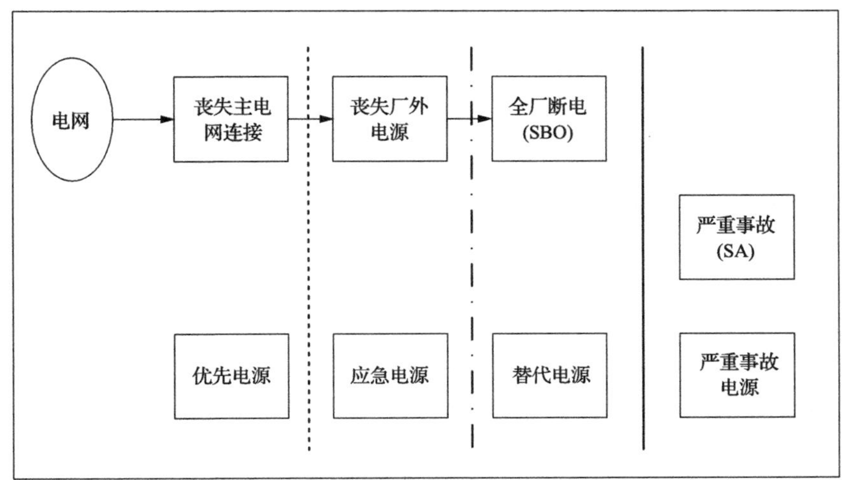

图 13.1 电气系统防御层次

Fig. 13.1 Line of defence in the electrical system

可用和极端外部事件，设置有厂区附加电源和移动电源；以及为了减轻重大放射性的放射后果，满足场外应急响应需求，在应急指挥中心设置了柴油发电机组。

2. 独立性

电气系统的独立性主要包括纵深防御各层级的独立性、安全序列之间的独立性、安全级系统与非安全级系统之间的独立性等方面。独立性通过实体隔离和电气隔离来实现。实体隔离方式包括屏障、距离或两者的组合。电气隔离方式包括分隔距离、隔离装置、屏蔽、布线技术或其组合的方式。

3. 多样性

安全级电气系统由多样化的电源供电，如作为正常电源或带厂用电负荷运行的主发电机、通过优先电源供电的厂外电力系统、在失去厂外电源时为安全级电力系统供电的安全级电源以及应对全厂断电时的替代交流电源。多样性方法还通过不同设备、不同运行原则、不同操作条件、不同设计团队及不同制造商等方式实现。

4. 设计裕度

安全级电气系统在进行功率平衡设计、电气系统分析、保护整定、控制和触发定值（切换）、设备选型等设计过程中均需考虑足够的设计裕度以确保预期功能的实现。

5. 可试验性

安全级电气系统对电源性能、电源切换、保护动作、能量转换设备的性能（特别是装有电力电子设备）特性均可进行定期试验。

13.2 发电系统

13.2.1 系统功能

发电系统将汽轮机产生的动能通过发电机转换为电能，并将电能通过主变压器升压后送至500kV电网，并且通过降压供电给厂内负荷。

13.2.2 系统构成

发电系统主要包括发电机、发电机引出线及其配套设备、发电机出口断路器、主变压器。

发电机经全连式风冷（或自冷）离相封闭母线、发电机出口断路器和主变压器成单元接线。主变压器的高压侧经 SF_6 气体绝缘输电线路（GIL）或电缆接至500kV气体绝缘金属封闭开关设备（GIS）母线。发电机出口装设有断路器。

13.2.3　主要设备参数

1. 发电机

发电机主要技术参数（典型值）见表 13.1。

表 13.1　发电机主要技术参数

Table 13.1　Main technical parameters of generators

名称	技术参数
额定出力	1200MW 级
功率因数	0.9（滞后）
额定电压	27kV 或 24kV
额定转速	1500r/min
频率	50Hz
绝缘等级	F 级（B 级温升考核）
冷却方式	水-氢-氢
励磁方式	静态励磁或无刷励磁

注：1. 为了减小短路电流值，发电机额定电压推荐选用 27kV。
2. 励磁系统的特性与参数应满足电力系统各种运行方式的要求，并宜选用制造厂的成熟型式。

2. 发电机出口断路器

发电机出口装设断路器，以满足核电厂两路独立外部电源的要求。

发电机出口断路器为 SF_6 气体绝缘，主要技术参数（典型值）见表 13.2。

表 13.2　发电机出口断路器主要技术参数

Table 13.2　Main technical parameters of generators outlet circuit breaker

名称	技术参数
额定电压	27kV 或 24kV
最大对称开断电流	210kA（有效值）
额定关合电流	575kA
短时耐受电流	210kA（有效值），3s（热稳定电流值）
瞬时耐受电流	575kA（峰值，动稳定电流值）
工频耐压（有效值）	80kV，1min
冲击耐压（峰值）	150kV
开断直流分量能力	75%

注：1. 发电机出口断路器的导体利用用封闭母线的风冷方式冷却。
2. 发电机出口断路器采用液压弹簧操作或压缩空气操作。

3. 主变压器

主变压器采用三台单相 530/$\sqrt{3}$/27kV 或 530/$\sqrt{3}$/24kV，450MVA 变压器。考虑两台机组设一台主变备用相。主变压器的主要技术参数(典型值)见表 13.3。

表 13.3　主变压器主要技术参数

Table 13.3　Main technical parameters of main transformer

名称	技术参数
额定容量	450MVA
额定电压	530/$\sqrt{3}$/27kV 或 530/$\sqrt{3}$/24kV
调压方式	高压侧无励磁调压，调压范围为 530/$\sqrt{3}$ ±2×2.5%kV
阻抗电压	18%
联结组标号	I，I_0(三相联结组标号：YN，d11)
冷却方式	强迫油循环导向风冷(ODAF)
极性	减极性
中性点运行方式	直接接地(留有经小电抗接地可能)

注：主变压器高压侧额定电压、阻抗电压由电网接入系统确定。

13.3　输配电系统

13.3.1　系统功能

输配电系统接受经主变压器升压后的核电机组发出的电能并输送给外电网，且在厂内主发电机电源不可用时为核电厂提供厂用电源，包括 500kV 系统、220kV 系统。

厂外主电源采用 500kV 电压等级。500kV 系统的主要功能是接受核电厂发电机组发出的电力，经该系统输送至电网；在机组起动、停运或发电机组故障跳开发电机出口断路器时，从电网取得电源，经主变压器和高压厂用变压器为核电厂厂用负荷提供厂外主电源。

厂外辅助电源采用 220kV 电压等级。220kV 系统的主要功能是当 500kV 厂外主电源和厂内主发电机电源均不可用时，经辅助变压器为核电厂常备、应急和厂区厂用设备提供厂外辅助电源。

13.3.2　系统构成

500kV 系统主要包括主变压器高压侧引出线及其配套设备和 500kV SF_6 绝缘的全封闭组合电器(GIS)。主变压器高压侧先经全封闭组合电器(含隔离开关和接地开关)再经 500kV 气体绝缘输电线路(GIL)(或 500kV 电缆)与主开关站全封闭组合电器连接。

220kV 系统主要包括辅助变压器引出线和配套设备、220kV SF6 绝缘的全封闭组合电器。辅助变压器先经全封闭组合电器(含隔离开关和接地开关)再经 220kV 电缆与辅助开关站全封闭组合电器连接。

13.3.3 主要设备参数

1. 500kV 配电装置

500kV 配电装置采用 3/2 断路器接线，主要技术参数(典型值)如表 13.4、表 13.5 所示。

表 13.4 500kV 配电装置通用部分技术参数
Table 13.4 General technical parameters of 500kV switchgear

名称	技术参数
标称系统电压/kV	500
额定电压/kV	550
母线额定电流/A	5000
线路额定电流/A	5000
主变额定电流/A	5000
短时耐受电流(有效值)/kA	63kA(3s，热稳定电流值)
工频耐压(有效值)/kV	740
冲击耐压(峰值)/kV	1675

表 13.5 500kV 配电装置断路器技术参数
Table 13.5 Circuit breaker technical parameters of 500kV switchgear

名称	技术参数
额定电压/kV	550
额定电流/A	5000
额定开断电流(有效值)/kA	63(额定开断时间 3 周波)
额定关合电流(峰值)/kA	160

2. 220kV 配电装置

220kV 配电装置采用双母线接线，主要技术参数(典型值)如表 13.6、表 13.7 所示。

表 13.6 220kV 配电装置通用部分技术参数
Table 13.6 General technical parameters of 220kV switchgear

名称	技术参数
标称系统电压/kV	220
额定最高电压/kV	252
母线额定电流/A	3150
线路和辅助变压器额定电流/A	3150
短时耐受电流(有效值)/kA	50(3s，热稳定电流值)
工频耐压(有效值)/kV	460
冲击耐压(峰值)/kV	1050

表 13.7　220kV 配电装置断路器技术参数
Table 13.7　Circuit breaker technical parameters of 220kV switchgear

名称	技术参数
额定最高电压/kV	252
额定电流/A	3150
额定开断电流(有效值)/kA	50(额定开断时间 3 周波)
额定关合电流(峰值)/kA	125

13.4　厂用电系统

13.4.1　概述

1. 系统功能和构成

厂用电系统用于在各种工况下为厂用电设备提供安全可靠的厂用电源，确保核电厂的安全运行。厂用电系统包括交流电源系统、直流电源系统和交流不间断电源系统。

2. 负荷分类

核电厂的用电设备，按其功能分为以下几类：

1)单元厂用设备

单元厂用设备是电厂单元机组正常运行时所需要的设备，只需厂外主电源供电。当机组停运后，这些设备均可停用。

2)常备厂用设备

常备厂用设备是电厂单元机组在正常停运过程中及停运期间需要运行的设备，其中有些设备在单元机组正常运行时也需工作。这些设备需要两个厂外电源，正常运行时由厂外主电源供电，当厂外主电源失电时，经电源自动切换后由厂外辅助电源供电。

3)应急厂用设备

应急厂用设备是保证电厂核安全和保证主设备安全所必需的设备。核安全厂用设备是用来防止、限制和减少放射性物质泄漏的设备。主设备安全厂用设备是保障电厂主要设备的安全，以维持发电设备在可运行状态的设备。应急厂用设备正常运行时由厂外主电源供电。当厂外主电源失电时，由厂外辅助电源供电。当两个厂外电源均失去时，由应急柴油发电机组供电。

4)厂区公用设备

厂区公用设备与电能生产无直接关系，其功能不影响单元机组的运行。这些设备需要两个单元机组的厂用电系统供电。正常运行时由其中一个单元机组的正常厂用电系统供电。当该电源系统故障时，由另一单元机组的正常厂用电系统供电。

3. 厂用电系统基本设计原则

为了保证单元机组对输电网有最高的利用率，厂用电系统应能够适应外部输电网上最频繁的扰动(电压和频率的变化)；在由于输电网故障而使单元机组与电网解列的情况下，一旦电网恢复正常运行条件，厂用电系统应能迅速使核电机组恢复运行；能够限制厂用设备故障造成的后果；能够在不降低机组利用率的情况下对各种厂用电设备进行维修。

为了确保高度的可靠性和核安全，在发生对电站工作人员及环境造成放射性危害的事故时，厂用电系统应能够可靠地对必要的厂用设备供电，影响供电的运行故障或内外灾害不会引起放射性事故。

基于上述要求，厂用电系统应遵守以下设计准则：所有同核安全相关的厂用电系统和设备应能够承受各种可能预想到的灾害，即应对厂址及周围地区有记载的最恶劣的自然环境条件有适当考虑及应对措施，在地震、飓风、洪水和厂外电源故障等情况下，仍能保证系统的完整性和供电可靠性；电源的多样性，其中应急电源应具有充分的独立性和冗余性，同时还应具有可试验性，以确保能够随时对应急电源的功能进行检查；通过适当的配置，使共因故障的风险减至最小。

4. 厂用电源配置

根据用电设备的类型和功能及纵深防御不同层次供电要求，厂用电源主要包括以下几种类型。

1) 优先电源

(1) 厂外主电源：主要向包括单元厂用设备、常备厂用设备和应急厂用设备在内的全厂设备供电。

(2) 厂外辅助电源：在厂外主电源断电时，向常备厂用设备和应急厂用设备供电。

2) 应急电源

(1) 应急柴油发电机组：在厂外电源丧失时，向应急厂用设备供电。应急柴油发电机组设计与冗余系列相对应。

(2) 直流和交流不间断系统的蓄电池：从其储能独立性来说，也是一种厂内电源。蓄电池按直流和交流不间断系统冗余度配置系列数量，在丧失交流电时，蓄电池放电以向其用户提供电源。

3) 替代电源

SBO 柴油发电机组，作为全厂断电(SBO)时的后备电源，向全厂断电所需的特定设备供电。其供电负荷包括以下设备的组合：一回路或重要系统的补水设备、余热排出相关设备、必要蓄电池的充电器、事故后监测系统、特定通风设备，甚至严重事故缓解措施设备等。

4) 严重事故电源

(1) 72h 直流电源系统：专设独立的 72h 直流电源系统，为非能动系统相关的阀门、仪表和控制系统供电。

(2) 380V UPS 电源，为严重事故后 72h 内需要动作的电动阀提供交流不间断电源。

5) 厂区附加电源

厂区附加电源厂区附加柴油发电机组，用于增强全厂断电的电源恢复能力。厂区附加电源也可以作为替代交流电源(AAC)，用于全厂断电情况下向安全停堆所需设备供电。该电源往往还用于在正常运行期间应急柴油发电机组不可用时作为应急柴油发电机组的替代，以延长其恢复时间。

6) 临时电源

该电源不在电厂所属固定设备范围内，在极端情况下丧失全部交流电源时(包括厂区附加柴油发电机组)，该移动式电源为实施应对和恢复措施提供临时动力，以缓解事故后果，并为恢复厂内外交流电源提供时间。

7) 应急场所柴油发电机组

应急场所柴油发电机组为应急指挥中心的重要用户提供备用电源。

5. 运行方式

厂用电系统有以下几种运行方式：

1) 起动

厂外电源(主电源及辅助电源)正常运行时，由厂外主电源经主变压器及高压厂用工作变压器向厂用设备供电，使机组起动。

2) 正常运行

当发电机达到并网前所要求的电压和频率时，闭合发电机出口断路器，使机组与电网并联运行，厂用设备由发电机经高压厂用工作变压器供电。

3) 正常停堆

由操作人员进行操作，使反应堆降功率，机组减负荷。然后断开发电机出口断路器，使机组与电网解列。停堆过程中及停堆后，由厂外主电源经主变压器及高压厂用工作变压器向厂用设备供电。

4) 500kV 电网故障

主变 500kV 侧开关分断，机组与电网解列，由发电机通过高压厂用工作变压器向厂用设备供电(带厂用电负荷运行)。

5) 反应堆或汽轮机故障

反应堆或汽轮机故障，由逆功率保护断开发电机出口断路器，同时使发电机灭磁。由 500kV 电网经主变压器及高压厂用工作变压器向厂用设备供电，使机组安全停堆。

6) 发电机故障

发电机保护装置检测出故障，使发电机出口断路器跳闸并使发电机灭磁。由 500kV

电网经主变压器及高压厂用工作变压器向厂用设备供电，使机组安全停堆。

7) 24kV 母线失电引起停堆

由于主变压器、高压厂用工作变压器或其他故障引起 24kV 母线失去电压，这时主变压器 500kV 侧开关跳闸，发电机出口断路器断开，发电机灭磁，常备厂用母线采用慢切换方式切换到厂外辅助电源供电，进行相应的停堆操作，实现停堆。

8) 500kV 和 220kV 厂外电源及汽轮发电机组同时故障而停堆

厂外电源全部丧失，再加上机组故障或中压开关柜故障，在这种情形下，应急柴油发电机组(EMP、EMQ)是唯一可用的厂用电源，经自动启动后分别连接到 EMA 和 EMB 母线上。每一台柴油发电机组的容量可承担一个机组一个安全系列所有厂用设备的用电，包括核安全设备及主设备安全厂用设备的用电。

13.4.2 交流电源系统

厂内交流电源系统包括高压厂用变压器、辅助厂用变压器、中压交流电源系统和低压交流电源系统。交流电源系统构成及接线见图 13.2。

1. 高压厂用变压器

每个机组设两台高压厂用变压器，在核电厂正常起停和运行时为厂用负荷供电。高压厂用变压器采用 24/6.9-6.9kV，68/34-34MVA 三绕组分裂变压器，主要技术参数见表 13.8。

表 13.8 高压厂用变压器主要技术参数

Table 13.8 Main technical parameters of step-down transformer

名称	技术参数
额定容量	68/34-34MVA
额定电压	24/6.9-6.9kV
调压方式	高压侧有载调压，调压范围为 24±8×1.25%kV
阻抗电压	10.5%
联结组标号	Dyn1-yn1
冷却方式	油浸自冷(ONAN)/油浸风冷(ONAF)

2. 辅助变压器

两台机组共用两台辅助变压器。当厂外主电源和主发电机失电时为所需的厂用负荷供电。辅助变压器采用 220/6.9kV，34MVA 双绕组变压器。辅助变压器的主要技术参数见表 13.9。

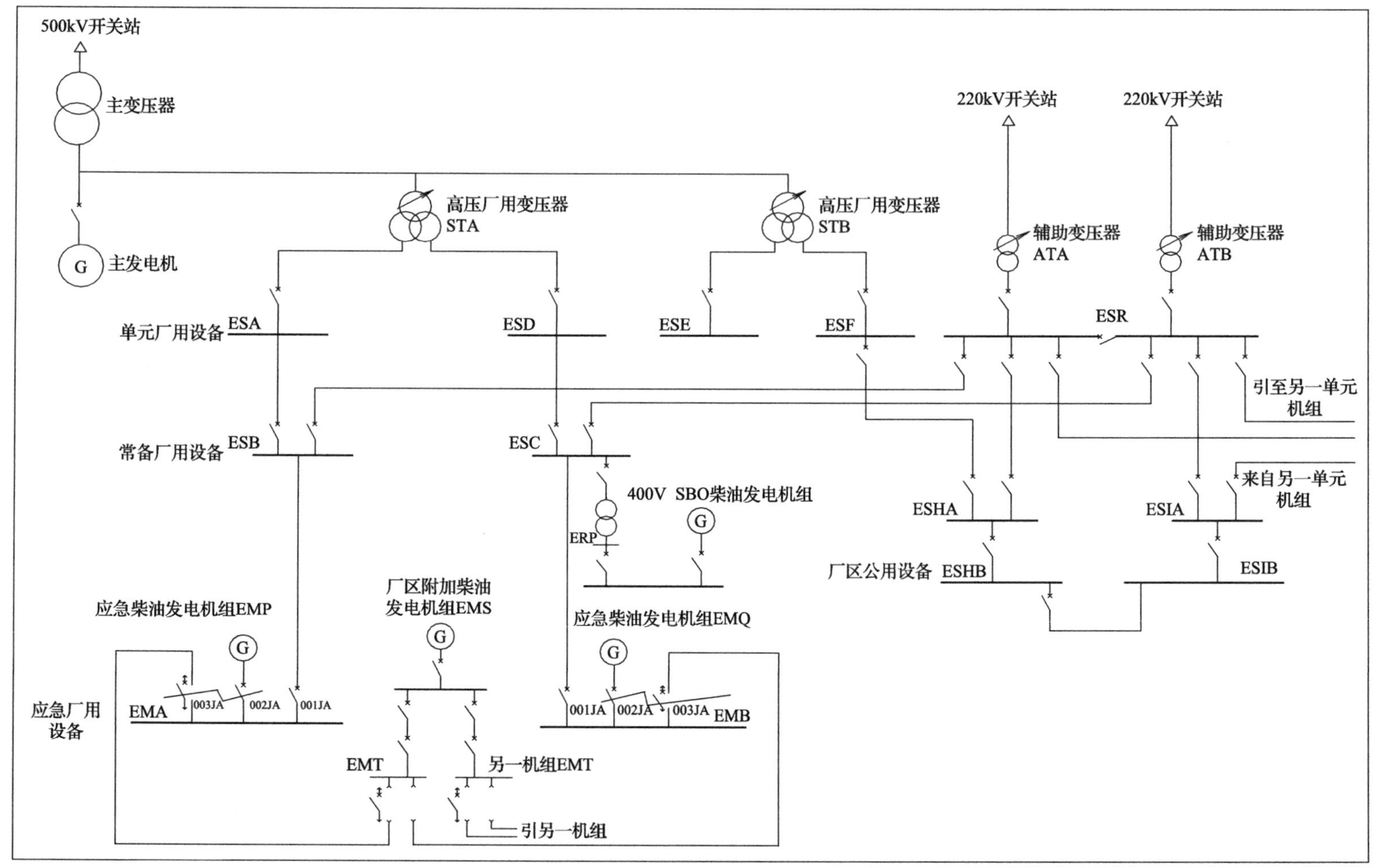

图13.2 厂用电接线图

Fig.13.2 Single line diagram of on-site power ststem

表 13.9 辅助变压器主要技术参数

Table 13.9 Main technical parameters of auxiliary transformer

名称	技术参数
额定容量	34MVA
额定电压	220/6.9kV
调压方式	高压侧有载调压，调压范围为(220±8×1.25%)kV
阻抗电压	11%
联结组标号	YNyn0+d
冷却方式	ONAN/ONAF

3. 中压交流电源系统

中压交流电源系统主要向功率不小于 200kW 的电动机及低压厂用变压器供电。中压交流电源系统电压为 6.6kV。

中压交流电源系统由中压配电装置组成，主要包括四段单元厂用母线、两段常备厂用母线、两段应急厂用母线、两段厂区公用母线、一段应急电源切换系统母线。除应急厂用母线为安全级外，其余母线均为非安全级。

单元厂用母线(ESA、ESD、ESE 和 ESF)上接有仅在单元机组正常运行时所需的厂用设备，即单元厂用设备。当机组运行时，由主发电机经 24kV/6.9kV 高压厂用工作变压器对 ESA、ESD、ESE 和 ESF 母线分别供电。当发电机组故障或停止运行时，由厂外主电源经主变压器和高压厂用工作变压器供电。在主变压器(包括厂外主电源)或高压厂用工作变压器故障时，机组必须停运，反应堆停堆。此时单元厂用母线停电。

常备厂用母线(ESB 和 ESC)上接有单元机组在正常停运过程中及停运期间需要运行的设备，其中有些设备在单元机组正常运行时也需工作，即常备厂用设备。正常运行时，常备厂用母线由单元厂用母线 ESA 和 ESD 供电。在高压厂用工作变压器失去电源的情况下，自动慢速切换到辅助变压器上，由 220kV 辅助电源系统供电，以保证机组停机和反应堆停堆。机组的应急母线(EMA 和 EMB)和厂区厂用母线(ESHA/ESHB 和 ESIA/ESIB)也均由辅助电源通过该母线供电，并可在停堆期间通过 ESB 向 ESA 或通过 ESC 向 ESD 单元厂用母线上的一台主泵供电。

应急厂用母线(EMA 和 EMB)上接有核安全厂用设备及主设备安全厂用设备等应急负荷。EMA 和 EMB 母线有三个电源，在正常运行情况下由单元厂用母线 ESA 和 ESD 分别经常备厂用母线(ESB 和 ESC)向该类母线供电。ESA 和 ESD 失电时，应急厂用母线切换到由辅助变压器经常备厂用母线 ESB 和 ESC 供电。上述两种电源都失去时，由相应的应急柴油发电机组单独向应急厂用母线 EMA 和 EMB 上的核安全厂用设备与主设备安全厂用设备供电。EMA 和 EMB 上的核安全厂用设备互为冗余，只要有一组完好就能满足核安全的要求。

厂区公用母线(ESH 和 ESI)上接有厂区公用设备。每段母线有两个电源，在正常情况下，分别由各自机组的单元厂用母线 ESF 经常备厂用母线 ESC 分别向共用母线 ESH 和 ESI

供电，当一个机组的 ESF 母线失电时，ESH 或 ESI 母线切换到由辅助变压器经常备厂用母线 ESC 供电。厂区公用母线通过断路器分成两段，正常运行时分段断路器是断开的，当其中一台机组的常备厂用母线失电时，手动闭合分段开关，以保证供电的连续性。

除上述母线外，中压系统还设置了一组应急电源切换及连接装置(EMT)，该装置可以在全厂断电工况下将一个机组的中压应急厂用母线与厂区附加柴油发电机组相连；还可以用来连接厂区附加电源柴油发电机组以代替出故障的应急柴油发电机，从而延长机组的退防时间。与传统的第二代改进型核电厂相比，“华龙一号”的应急电源切换和连接装置开创性地采用断路器手车取代隔离手车，极大简化了钥匙联锁的操作步骤，缩短了全厂断电工况下附加柴油发电机组接入中压应急供电系统的时间。

中压交流电源系统的保护配置主要包括：母线设低电压保护；电源进线及电源联络线的保护设短路保护；由断路器柜供电的电动机出线设过负荷保护、短路保护、接地保护(报警)；由熔断器+接触器供电的电动机、变压器设短路保护、过负荷保护、过电流保护和接地保护(报警)，其中过电流保护仅用于应急厂用母线在柴油发电机供电方式下，其短路电流太小不足以使熔断器熔断情况下作短路保护。

中压配电装置选用金属铠装式真空断路器柜或熔断器+真空接触器柜。熔断器+接触器柜主要用于给额定功率不大于 900kW(额定电流不大于 95A)的电动机及额定容量不大于 1250kVA 的变压器供电。断路器柜额定电流为 3150A、1600A、1250A，额定短路开断电流为 50kA，额定短路关合电流为 150kA。熔断器+接触器柜通常选用同一规格的熔断器，额定电流为 250～315A，预期开断电流(有效值)为 50kA，预期峰值电流(峰值)为 150kA。

4. 低压交流电源系统

低压交流电源系统用于向额定功率小于 200kW 的电动机、照明变压器和蓄电池充电器等设备供电。低压交流电源系统额定电压为 380/220V。核岛低压厂用变压器中性点接地但不配出，常规岛和 BOP 的低压厂用变压器中性点接地并配出。

低压交流电源系统由低压厂用变压器及其相应低压配电装置组成，低压配电装置由低压厂用变压器供电，该变压器与低压配电装置安装在一起并与中压熔断器接触器馈出线相连接。

不同电源系列之间的正常运行配电装置或应急配电装置之间都不设共连点，也没有手动或自动的同期装置。

低压电源系统的保护配置主要包括：变压器低压侧设接地故障保护，保护动作中压侧接触器脱扣；低压母线设延时过电流保护以确保选择性；熔断器(断路器)+接触器组成的馈线回路设短路保护和过负荷保护。

低压配电装置采用抽出式开关柜，母线额定电流为 1600A、2000A，短路电流分断能力为 28kA，短路电流关合能力为 50kA。

13.4.3 直流电源系统

直流电源系统向所有的控制和信号系统供电，并通过 DC/AC 逆变器产生重要的和安全级的 220V 交流不间断电源。直流电源系统为不接地运行系统，设置有绝缘监察装置识别并定位接地故障。

A 系列安全相关执行机构的控制由 A 系列直流电源供电；B 系列安全相关执行机构的控制由 B 系列直流电源供电。根据工艺系统 A、B 系列和不间断电源系统等对直流电源的需求，核岛直流电源主要包括以下子系统，其系统构成及接线见图 13.3。

(1) 220V 直流电源系统：ETU，向 EAE 系统的三台 DC/AC 逆变器供电。

(2) 220V 直流电源系统：根据非能动安全系统对直流和交流不间断电源的需求，专设有两组独立的 72h 直流电源系统 ETE(A 系列)、ETF(B 系列)，为非能动系统相关的阀门、仪表和控制系统供电以及 EAU、EAV 系统的 DC/AC 逆变器供电。

(3) 110V 直流电源系统：EDA(A 系列)、EDB(B 系列)、EDG、EDP，向接触器、断路器控制回路和 EAG、EAH、EAF 及 EAP 的 DC/AC 逆变器供电；EDJ，其蓄电池在失去全部 A 系列蓄电池组的事故中，向必须操作的各种断路器供电，以便辅助电网向 EMB 供电。

(4) 48V 直流电源系统：ECA(A 系列)、ECB(B 系列)、ECD，向自动控制回路和监测设备、信号回路、部分电磁阀及电动阀的执行机构供电。

与传统第二代改进型核电厂相比，“华龙一号”首次提出能动与非能动相结合核电厂的负荷分组技术，并研发了非能动 72h 直流系统(ETE、ETF)，可以确保核电厂设计扩展工况甚至严重事故工况下非能动系统的高可靠供电；其余直流系统的蓄电池放电时间也由传统的 1h 延长至 2h，提高了电厂运行的安全性。

核岛每组直流系统包括一组铅酸蓄电池、一台(EDP 系统)或两台蓄电池充电器、一组带进出线断路器和开关的配电装置。每组配电装置包括一组设有防护的母线、进出线断路器和开关、控制和信号继电器系统。两台充电器并列运行，当运行的一台充电器发生故障时，另一台充电器自动带全部负荷。正常运行时，低压交流系统经充电器向负荷供电，同时向蓄电池组充电。安全级直流系统的充电器电源至少有一组来自低压交流应急配电系统。当切换到应急柴油机组供电时，不切除充电器负荷。

充电器的功能和特性不受短路影响，充电器直流侧断路器与蓄电池进线熔断器在充电器直流侧短路时有选择性的动作；充电器内置限流功能，保证充电器不会非期望地从电路中切除。

每台机组在汽轮发电机厂房内单独设置一组 220V 直流系统为汽轮机直流辅助设备供电，一组 110V 直流系统为常规岛控制负荷供电。常规岛直流电源系统蓄电池组容量按照其供电的各负荷所需持续供电时间(0.5～3h)进行选择。蓄电池采用免维护铅酸蓄电池。

13.4.4 交流不间断电源系统

交流不间断电源系统(UPS)主要向反应堆保护系统、DCS 机柜、严重事故时快速泄压阀、安全壳隔离阀、三废系统及其他需要不间断供电的用电负荷提供电源。

交流不间断电源系统包括以下子系统，交流不间断电源系统构成及接线见图 13.3。

(1) 两组 380V 交流不间断电源系统(EAW、EAY)，为反应堆冷却系统快速卸压阀、主泵密封高低压泄漏电动隔离阀、氮气密封电动隔离阀、二次侧非能动凝水隔离阀供电。

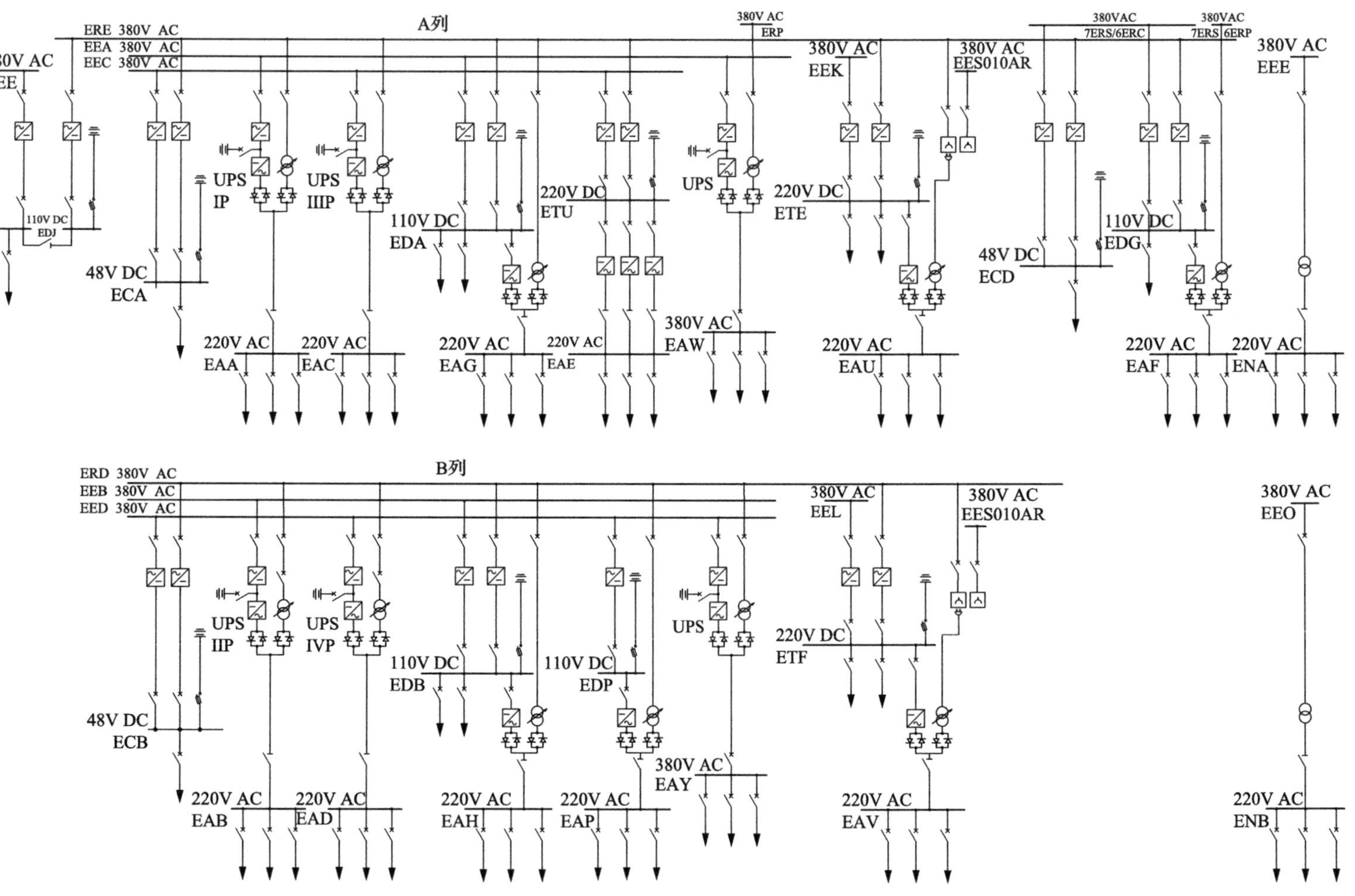

图13.3 直流及UPS电源系统接线图

Fig. 13.3 Instrumentation and control power single diagram

(2) 四组 220V 交流不间断电源系统(EAA、EAB、EAC 和 EAD)，主要向机组的四组反应堆保护系统机柜、继电器、变送器及核测仪表等负荷供电。

(3) 一组 220V 交流不间断电源系统(EAE)，主要向机组的 A 系列 DCS 机柜、棒控棒注系统、堆芯仪表系统、辐射防护监测系统、记录仪和指示器、48V 整流器等负荷供电。

(4) 一组 220V 交流不间断电源系统(EAP)，主要向机组的 B 系列 DCS 机柜、反应堆冷却系统、安全注入系统、48V 整流器等负荷供电。

(5) 一组 220V 交流不间断电源系统(EAG)，主要向机组的 A 系列安全级 DCS 机柜、FAD 机柜等负荷供电。

(6) 一组 220V 交流不间断电源系统(EAH)，主要向机组的 B 系列安全级 DCS 机柜等负荷供电。

(7) 一组 220V 交流不间断电源系统(EAF)，主要向机组的 IRA 电厂辐射监测设备、固体废物处理系统自动化学监测和控制装置(废物处理)、48V 整流器等负荷供电。

(8) 两组 220V 交流不间断电源系统(EAU、EAV)，主要向机组的二次侧非能动余热排出系统热交换器及贮水池管线隔离阀、堆腔注水冷却系统注水箱出口电动隔离阀、非能动安全壳热量导出系统安全壳电动隔离阀、非能动安全系统相关的现场仪表和数字式控制系统等负荷供电。

以上系统中，EAA、EAB、EAC、EAD、EAG、EAH、EAW 和 EAY 系统为安全级系统，EAE、EAP、EAF、EAU 和 EAV 为非安全级系统。

与传统第二代改进型核电厂相比，“华龙一号”首次提出能动与非能动相结合核电厂的负荷分组技术，并研发了非能动 72h 交流不间断电源系统(EAW、EAY、EAU、EAV)，可以确保核电厂设计扩展工况甚至严重事故工况下非能动系统的高可靠供电。

为反应堆保护系统负荷供电的四组 220V 交流不间断电源系统和两组 380V 交流不间断电源系统采用集成式交流不间断电源系统设备，集成式交流不间断电源系统每组设一台充电器、一台逆变器、一组蓄电池、一台调压变压器和一套静态开关。

其余交流不间断电源系统均由逆变器供电，逆变器由相应系统的直流电源供电。每组交流不间断电源系统设一台逆变器、一组蓄电池、一台调压变压器和一套静态开关。

正常运行时，所有交流不间断电源系统(EAE 除外)均由 380V 交流应急电源系统直接或间接供电，一旦逆变器故障，交流负荷自动切换到调压变压器供电。该调压变压器由 380V 交流正常电源系统供电，切换采用可控硅静态开关，使切换时间减少到 5ms 以下。

EAE 系统的 220V 交流负荷由三台并联安装的逆变器供电。这三台逆变器由 ETU 系统的 220V 直流电源供电，正常运行期间，全部负荷由三台逆变器供电。如果一台逆变器发生故障，其余两台可以为全部负荷供电。

13.5 柴油发电机组

13.5.1 应急柴油发电机组

应急柴油发电机组用于在厂外主电源和厂外辅助电源均失去的情况下，为确保反应堆安全停堆及保证重要设备安全的用电设备供电。应急柴油发电机组自动起动，其容量满足应急厂用设备用电要求，每个单元机组设置两台中压额定容量约为 8000kW 的应急柴油发电机组，分别为中压交流应急母线供电。柴油发电机组和柴油机辅助系统(压缩空气、燃油、润滑油、冷却水、进排气系统)都必须具有极好的启动和运转可靠性。为此在柴油机组及其辅助系统设计时满足下述要求：①柴油发电机组是单柴油机型，即发电机是由一台柴油机来驱动的；②两台应急柴油发电机组分别安装在实体隔离的单独厂房内；③每台柴油机配备两个独立的空气启动系统，每一个系统都有能力启动本系统柴油机；④每台柴油发电机组配备独立的燃油系统和冷却水系统；⑤当柴油发电机组处于备用状态时，为了防止柴油发电机在启动和带载期间的机械损坏，应采取措施确保冷却水系统的加热和润滑油系统的连续循环。

在柴油发电机组应急供电时，柴油发电机组在收到启动信号 15s 内能达到额定转速和额定电压，并按照预定的加载程序自动地接上各个负荷组。在加载期间设备的特性要求如下：①频率不得低于额定频率的 95%；②电压不得低于额定电压的 75%；③频率恢复到其额定值的 98%及电压恢复到其额定值 90%的时间应小于这一程序步骤开始和下一程序步骤开始之间的时间间隔的 60%；④切除最大的单个负载，或者在按程序加载的每一步骤之后，运行条件的瞬变均不应导致柴油发电机组转速的增加超出超速跳闸最小整定值与额定转速之差的 75%。

柴油发电机组安全运行期间一般应只投入超速保护和低电压保护(3 取 2 逻辑)。基于其他电气信号的保护如能满足以下两个条件，也可动作于停机：①防止柴油发电机组不会因急速恶化而导致功能丧失的保护；②保护应采用 3 取 2 逻辑。

柴油发电机组定期启动并在停机换料期间与电网连接以验证带额定负荷的能力。

13.5.2 附加柴油发电机组

在全厂断电的设计扩展工况下，或当单元机组任何一台应急柴油发电机组发生故障需要检修时，厂区附加电源柴油发电机组可以替代上述的故障应急柴油发电机组投入使用。厂区附加电源系统不执行安全功能。厂区附加电源柴油发电机组通过中压应急电源切换装置与其对应的中压应急厂用母线连接。

每个核电厂厂址设置一台中压额定容量约为 8000kW 的厂区附加柴油发电机组。厂区附加电源柴油发电机组和其辅助系统(压缩空气启动系统、燃油系统、润滑油系统、冷却系统和进排气系统)都具有极好的启动和运转的可靠性。它们安装在厂区的一个独立厂房内。厂区附加电源柴油发电机组也是单柴油机型，在不靠任何外部电源的情况下能可靠启动。

当电厂一台应急柴油发电机组不可用时，厂区附加电源柴油发电机组处于热备用状态，为了防止机组在启动和带载期间的机械损坏，通过采取措施确保冷却水系统的预热和润滑油系统的连续循环，以保证机组在收到启动信号15s内能达到额定频率和额定电压，并能按照预定的加载程序自动带载。

作为附加电源功能时，机组能够在冷备用状态下10min内成功启动，达到额定频率和额定电压，并能按照预定的加载程序自动带载。附加柴油发电机组加载期间的特性要求与应急柴油发电机组一致。

13.5.3 400V SBO柴油发电机组

在全厂断电的设计扩展工况下，当检测到应急母线(EMA和EMB)同时失压时，400V SBO柴油发电机组自动启动，为水压试验泵、主控室和重要机柜间通风系统、安全壳环形空间通风系统、主泵相关电动阀门及非能动专用电源系统(即72h蓄电池系统)供电，并保证控制室某些指示仪的工作及单元机组运行必需的控制器可用。在正常或设计基准事故工况下，SBO电源系统不执行安全功能。每个机组的SBO电源系统(EES)系统设有两台800kW或1000kVA的SBO柴油发电机组，两台柴油发电机组一用一备。

在失去全部电源的情况下，柴油发电机组及其辅助系统都必须具有极好的启动和运转的可靠性。为此，柴油机组及其辅助系统满足下述要求：①柴油发电机组是单柴油机型，即发电机是由一台柴油机来驱动的；②每台柴油发电机组安装在彼此分隔的房间里；③每台柴油机必须配备两套独立的蓄电池启动装置，每套蓄电池都有能力启动本系统柴油机；④当柴油发电机组处于备用状态时，为了防止柴油发电机在启动和带载期间的机械损坏，应采取措施确保冷却水系统的加热和润滑油系统的预润滑；⑤在全厂断电时，柴油发电机组在接到启动信号10s内应就能达到额定转速和额定电压。

13.5.4 临时电源

临时电源是为应对类似福岛核电厂事故而设置的，仅在全部丧失厂外和厂内电源时提供移动电源。电厂设置了中压临时电源和低压临时电源。

1. 中压临时电源

中压移动电源作为全厂断电事故(包括同时发生严重事故)的临时性电源，可以向一台低压安注泵或一台辅助给水泵供电，以缓解事故后果并为恢复厂内外交流电源提供抢修时间。

多堆厂址可共用一台中压额定容量约为1800kW的移动电源作为中压临时电源。中压移动电源接入方式见图13.4。中压应急电源与切换系统(EMT)的电源切换柜安装在安全厂房(SL)的中压配电间内。中压应急电源与切换系统专设了两台中压移动电源接口箱，两台接口箱通过预敷设的中压电缆经电源切换柜分别与两段中压应急厂用母线相连。移动电源的出线电缆连接到移动电源接口箱与电源切换柜相连。移动电源接口箱布置在 SL 厂房易于临时电源中压进线电缆接入的房间，采用挂墙安装，安装的绝对高度满足防水淹的要求。

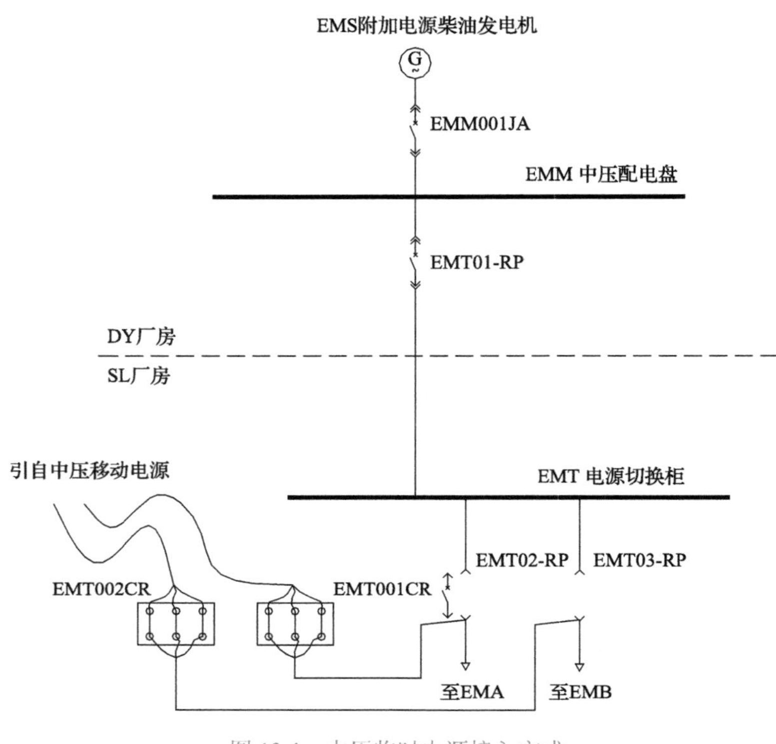

图 13.4　中压临时电源接入方式

Fig. 13.4　Connecting of MV mobile generator

2. 400V 低压临时电源

在丧失全部交流电源时(包括厂区附加柴油发电机)且 EES 系统电源同时丧失的情况下，一台 400V 额定容量为 800kW 或 1000kVA 的移动柴油发电机组为原 EES 系统的负荷提供临时电源，缓解事故后果并为恢复厂内、外交流电源提供时间窗口。其负荷主要包括：①辅助给水调节阀、下泄调节阀、主泵密封注入调节阀、上充调节阀、主喷淋调节阀等相关控制机柜和后备盘设备；②保护组机柜(包括大气排放阀)、事故后监测系统；③主控室应急照明、重要厂房应急照明；④主控室可居留和通风系统、重要控制机柜间通风系统(空气冷却)；⑤乏燃料水池补水设备；⑥一回路注水设备；⑦蓄电池特殊运行负荷；⑧非能动专用蓄电池负荷。

400V 移动柴油发电机组的接入方式见图 13.5。在 $2^{\#}$ SBO 柴油发电机组厂房内设置一端接箱，端接箱满足抗震 1 类要求，必要时接入移动式柴油发电机组及原供电给 EES 配电柜的电缆，并利用原有的供电通道给上述负荷供电。

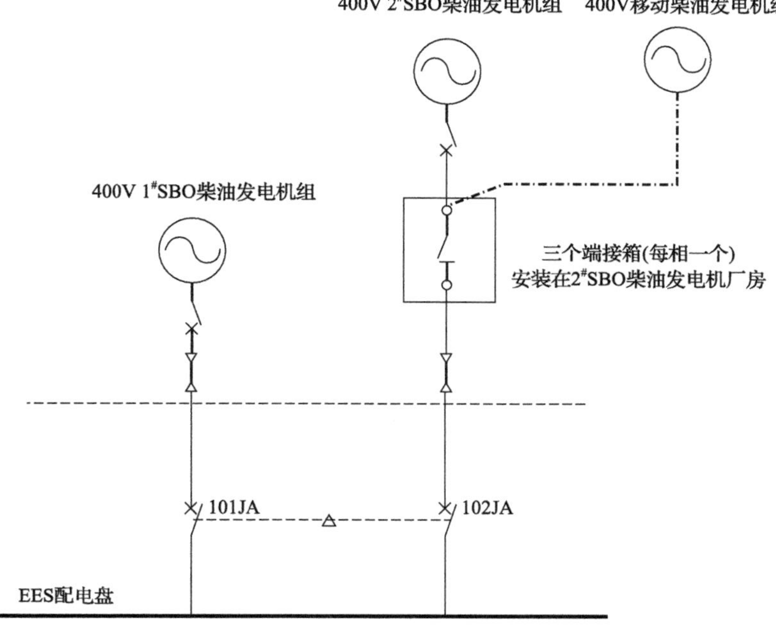

图 13.5 低压临时电源接入方式

Fig. 13.5 Connecting of LV mobile generator

13.6 照明系统

核电厂的照明系统，按其功能可分为正常照明系统和应急照明系统。其中应急照明系统又包括备用照明系统、安全照明系统及疏散照明系统。正常照明和备用照明一起，可以保证核电厂在运行和维护时有足够的照度。一旦正常照明发生故障，备用照明为完成核电厂必不可少的操作提供适当的照度。在核电厂失去正常照明和备用照明期间，安全照明及疏散照明为核电厂进行安全、秩序的操作以及人员撤离提供必需的照度。应急照明系统不是安全相关系统。

相比二代改进型压水堆核电厂，“华龙一号”主控室和远程停堆站的应急照明回路相关设备、核岛内安全照明、疏散照明灯具及其固定装置提高了抗震要求，可以在 SSE 地震工况下提供持续的照明，为人员操作及事故处理创造了良好的环境条件。安装在反应堆水池上方或燃料厂房乏燃料水池上方的照明系统灯具在 SSE 地震下可以保证其结构的完整性，无任何部件的跌落。

核岛主控室照明由正常照明和安全照明组成。正常照明由 A 和 B 两个系列的应急电源系统供电，以保证在失去一个系列时照明的连续性。安全照明包括主操作区域、维修区、走廊平时不点亮的安全照明，以及后备盘区域常亮的 72h 安全照明。主操作区域和维修区的安全照明由 220V 直流蓄电池装置和 SBO 电源供电。正常运行时，蓄电池装置由电气厂房 A 列应急照明箱供电，当 A 列失去时手动切换到电气厂房 B 列应急照明箱供电。在应急照明电源 A、B 列失去后，由蓄电池组向安全照明系统供电。在失去所有厂内和厂外电源超过 2h 的情况下，该蓄电池组由 400V SBO 柴油发电机组供电。此外，“华龙一号”主控室还在后备盘区域设置了常亮的 72h 安全照明，其供电电源分别引自 A、B 两组 72h 交流不间断电源系统，此电源是为应对全厂断电且严重事故工况下非能动安全系统设备的需求专设的。两种安全照明共同为严重事故下操纵员处理事故和主控室可居留性创造了有利条件。

核岛照明配电盘由带中性点接地的 380/380V 干式隔离变压器供电，变压器额定容量为 50kVA、100kVA 或者 125kVA。容量为 50kVA 和 100kVA 的干式变压器安装在配电盘内。容量为 125kVA 的干式变压器放置在独立的金属柜内，与相应的配电盘并列布置（除反应堆厂房），配电盘的母线与变压器二次侧通过柔性导体连接。

13.7 防雷接地

为了保护人员安全及电气设备在正常和事故工况下均能可靠工作，核电厂设置了防雷保护和接地系统。

13.7.1 防雷保护

防雷保护系统用以防止由于雷击引起的危险电位及其他危害，通过接地导体将雷击产生的雷电流引向大地，以确保人身和设备的安全。

核岛厂房属于二类防雷建筑物，防雷装置由接闪器（接闪杆和接闪带）、引下线和接地装置构成。接闪杆选用直径 20mm 的铜棒，接闪带选用 25mm×3mm 的镀锡铜带。核岛厂房共设置 8 根接闪杆，接闪杆与相应厂房屋面上的接闪带相连。引下线选用 25×3mm 的镀锡铜带。反应堆厂房由穹顶引出 8 根引下线，其余厂房屋顶设置不大于 10m×10m 或 12m×8m 的网格接闪带，每隔 10m 设置一根引下线。核岛厂房在筏基处和–1.0m 处用 185mm^2 裸铜缆构成深埋接地网和地下接地网。引下线与深埋接地网、地下接地网相连，并通过防雷接地井与全厂接地网相连。

13.7.2 接地系统

接地系统主要包括以下几种类型：

(1) 电力系统工作接地：提供电气设备的中性点，以保证电气设备的正常运行。

(2) 保护接地（接零）：防止工作人员因触摸绝缘损坏而带电的金属结构或外壳以及接触带电部件而造成的人身伤亡事故。380V 交流系统采用 TN 制；低压厂用变压器零线不配出，单相负荷由另设的二次侧零线配出的 380/380V 隔离变压器供电。从变压器中性点分别引出工作零线（或不引出工作零线）和保护接地（接零）干线。

(3) 防雷接地：通过安装于各建筑物上的避雷装置，吸引雷电放电，并将雷电流导入大地，从而保证人员、设备和建筑物免遭雷击。

(4) 电子设备接地：提供电子设备的工作基准点，以保证电子设备的正常运行，电子设备通过接地线就近与各建(构)筑物内的共用等电位联结网相连。

核岛厂房内部结构钢筋相互绑扎，形成紧密的网状结构，同时在各厂房±0.00m 混凝土楼板内均设置一圈截面不小于 100mm^2 的裸钢缆作为接地钢筋。该钢筋每隔 4m 同结构钢筋绑扎一次，使整个核岛厂房构成一个屏蔽的“法拉第笼”。接地钢筋每隔 15m 与接地母排相连接。沿主电缆托盘设置一根裸铜缆(或铜排)作为接地导体，每隔 0.5m(或1m)用紧固螺栓固定在主电缆托盘，每隔 6m 左右将同一路径的上下几层电缆托盘用裸铜缆与最上层的接地导体连通。主接地干线、电缆托盘的接地导体和所有金属部件，如电缆托盘组件、设备金属外壳、系统构件(如管道)、厂房结构(如门和窗等)连接在一起，构成核岛厂房内部的共用等电位联结网。

核岛厂房在开挖的底板下，紧贴筏基及基础底部，由截面 185mm^2 的裸铜绞线构成深埋接地网；同时，在距地面 1.0m 处用 185mm^2 裸铜缆构成地下接地网。防雷引下线及等电位联结网与之相连，再通过防雷接地井与全厂接地网相连。

第 14 章

仪表与控制系统

核电厂的仪表和控制系统为核电厂提供监视信息，以及控制和保护手段，从而保证核电厂安全、可靠和经济运行。“华龙一号”采用全数字化仪表与控制系统(简称仪控系统)和先进控制室设计，设计上符合国内和国际的最新法规、导则和标准的要求，吸收了国内多个数字化核电厂的设计经验，并充分借鉴国际先进核电厂数字化仪控系统的设计理念，满足“华龙一号”总体目标的要求，具有较高的成熟性和先进性。

与二代改进型核电厂相比，“华龙一号”仪控系统有下列主要特点：①配合工艺系统，实现能动与非能动相结合的设计理念，并具有完备的严重事故监控手段；②改进了控制方案，满足事故后 30min 操纵员不干预原则；③吸纳了福岛后一系列技术改进，提高了仪控设备鉴定要求，并结合厂房结构和布置设计改进，大大提高了系统抵御内外部灾害的能力；④采用固定式堆芯自给能探测器，实时监测堆芯中子通量，更精确计算堆芯功率分布、功率密度和偏离泡核沸腾比；⑤采用破前泄漏监测技术，可以早期探测主管道和主蒸汽管道的泄漏并定位泄漏位置；⑥基于人因工程的人机接口设计，采用国际上成熟先进的征兆导向事故处理体系，降低了人因错误和负荷强度。

14.1 核电厂仪表和控制系统主要功能

核电厂仪表和控制系统主要执行信息功能、控制和保护功能。其中信息功能实现对电厂运行状态的监测和设备诊断，对安全重要参数进行监测，以及为操纵员提供运行支持，从而保证机组正常及事故后各项操作能够正确执行。控制功能通过自动/手动、远距离/就地等控制方式，将电厂参数维持在运行工况规定的限值内，或改变电厂设备状态和电厂参数。当用于反应堆保护的电厂参数变化超出预定值，则触发安全系统动作，实现反应堆保护功能。除了上述功能外，“华龙一号”仪表和控制系统考虑了应对设计扩展工况的措施，设有多样化保护系统，以及严重事故用仪表和控制系统，更好地满足了电厂纵深防御的设计要求。

14.2 数字化仪控系统

数字化仪控系统是以分散控制系统为基础，广泛采用计算机技术、网络通信技术、数字化图形显示技术，一体化实现核电厂监测、控制和保护功能的系统总称，即通常所说的分布式控制(DCS)系统。“华龙一号”全数字化仪控系统，以分布式控制系统为基础和核心，核岛、常规岛和 BOP 的仪控系统均尽可能纳入分布式控制系统统一平台之内。全厂仪控系统总体结构从下到上分为四层：工艺系统接口层、自动控制和保护层、操作和管理信息层和全厂技术管理层(图 14.1)。

1. 工艺系统接口层

工艺系统接口层是仪控系统与工艺设备的接口。主要由传感器、执行器、供电和功率放大部件等现场设备组成，用于检测工艺设备参数、接收自动控制和保护层发来的控制指令，控制工艺过程。

2. 自动控制和保护层

自动控制和保护层主要由核电厂控制系统、保护和监测系统、多样化保护系统、严重事故监测和控制系统、专用仪控系统、三废处理控制系统及 BOP 控制系统等组成，主要完成数据采集和信号预处理、逻辑处理和控制算法运算、产生自动控制和保护指令、数据通信等功能。

3. 操作和管理信息层

操作和管理信息层主要包括主控制室(包括电厂计算机信息和控制系统、后备盘、紧急操作台等)、技术支持中心、远程停堆站等处的人机接口设备。该层执行的任务包括信息支持、诊断、工艺信息和操纵员动作的记录，以及通过操作设备对机组进行控制。该层还提供与全厂技术管理层，如全厂管理网，应急指挥中心的通信接口。

4. 全厂技术管理层

全厂技术管理层主要负责整个电厂的营运管理，通过网络接口设备接收电厂的一些必要的信息，使管理者对电厂的状况有所了解。

14.3 仪表和控制系统设计准则

1. 安全分级原则

仪控部件和设备的分级是一种功能性的分级。这种分级对冗余度、丧失厂外电源时的运行、环境条件和地震情况下的质量鉴定等方面提出了要求。总的分级原则遵照《核动力厂设计安全规定》(HAF 102—2016)[50]的要求，依据国际原子能机构于 2016 年发布的“*Safety of Nuclear Power Plants: Design*”(SSR-2/1)[51]和 IAEA“*Safety Classification of Structures, Systems and Components in Nuclear Power Plants*”(SSG-30)[52]，并参考“*Application of the Safety Classification of Structure, Systems, and Components in Nuclear Power Plant*”(IAEA-TECDOC-1787)[53]。

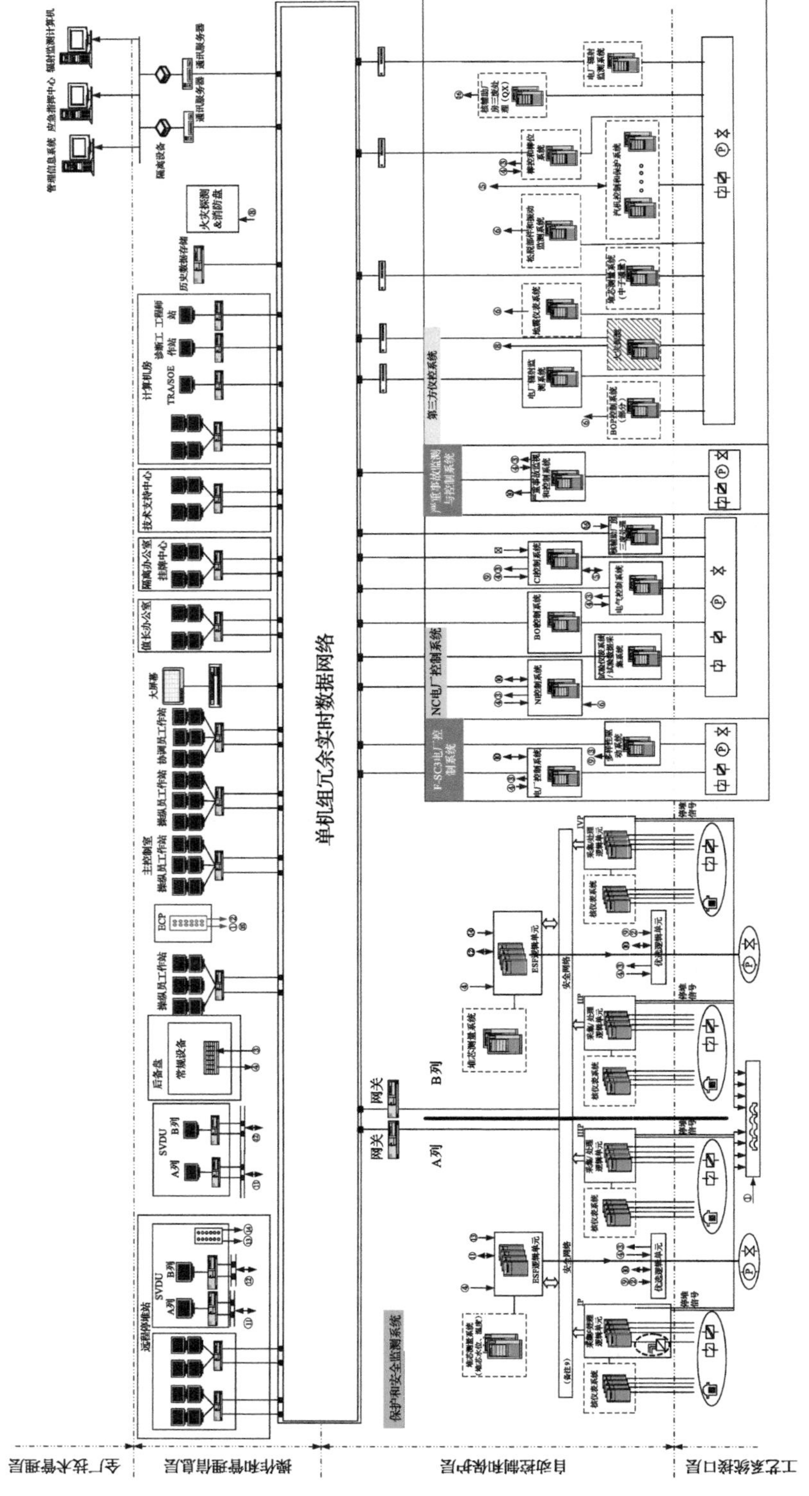

图 14.1 “华龙一号”仪控系统总体结构示意图

Fig. 14.1 HPR1000 I&C system general structure diagram

仪控系统的功能按照其安全重要性分为安全重要功能 FC1、FC2 和 FC3 以及非安全功能 NC，其中安全重要功能的具体分类方法可参照表 14.1。

表 14.1　功能分级
Table 14.1　Functional classification

安全重要功能	安全功能失效的严重程度		
	高	中	低
用于在Ⅱ类、Ⅲ类和Ⅳ类工况后达到可控状态的功能	FC1	FC2	FC3
用于在Ⅱ类、Ⅲ类和Ⅳ类工况后达到并维持安全状态的功能	FC2	FC3	FC3
缓解 DEC 后果的功能	FC3	NC	NC

执行 FC1、FC2、FC3 功能的电气和仪控设备的安全分级定义为 F-SC1、F-SC2 和 F-SC3 级。不属于 F-SC1、F-SC2 和 F-SC3 级的为 NC 级。相应的，不同安全等级的设备其鉴定要求也不同(表 14.2)。

表 14.2　不同安全等级设备的鉴定要求
Table 14.2　Qualification requirements

功能分类	物项分级	硬件鉴定	软件鉴定	抗震要求
FC1	F-SC1	GB/T 12727 GB/T 13625 RCC-E 2005(B 卷)	NB/T 20054	1
FC2	F-SC2	GB/T 12727 GB/T 13625 RCC-E 2005(B 卷)	NB/T 20055 B 类	1
FC3	F-SC3	GB/T 12727 GB/T 13625 RCC-E 2005(B 卷)	NB/T 20055 C 类	逐个分析
NC	NC	NC	NC	无

“华龙一号”仪控设备鉴定，在环境鉴定方面考虑了严重事故条件下仪表、电缆和就地箱等控制设备的可用性，采用了 RCC-E《压水堆核电站核岛电气设备设计和建造规则》(2005 版)B 卷所规定的严重事故质量鉴定程序，这与以往二代改进型核电厂有较大不同。对于安装在安全壳外的设备，也考虑了安全壳外某些区域的环境条件可能因反应堆严重事故而严重恶化的情况，进行了严重事故条件下设备可用性分析和验证试验，确保相应的设备能够在规定的条件和时间段内完成其功能。

2. 纵深防御原则[54]

国际原子能机构发布的安全标准 SSR-2/1(Rev.1)[51]，该标准总结了福岛事件的教训，在纵深防御层次的独立性等方面提出了更高的要求。同年，国际原子能机构出版技术文件“*Considerations on the Application of the IAEA Safety Requirements for the Design of Nuclear Power Plants*”(IAEA-TECDOC-1791)[55]，对 SSR-2/1 标准进行了进一步的解读，为实际应用该标准提供指导。“*Design of Instrumentation and Control System for Nuclear*

Power Plants”(SSG-39)[56]是 SSR-2/1 在仪控设计领域的下层标准，它对在仪控总体结构设计上如何满足电厂系统和仪控自身的纵深防御要求提供了指导。“华龙一号”仪控设计中充分考虑了国际最新法规、标准的相关要求，设置了较为完善的纵深防御措施，针对不同的电厂工况和始发事件，提供正常运行监控、紧急停堆、专设安全设施驱动，以及应对设计扩展工况(包括严重事故预防和缓解设施)的监控等四个纵深防御层次的功能。

(1)在正常运行工况下，通过电厂控制系统调节使电厂保持在正常运行区间内。通过计算机化操纵员工作站和控制系统，能够完成电厂主要监控任务，在计算机化操纵员工作站不可用的情况下，通过后备盘可以维持电厂一段时间的稳定运行或将电厂带入安全停堆状态。

(2)在发生预计运行事件时，由保护和安全监测系统中的紧急停堆系统来触发执行安全功能，将机组带入安全停堆状态。

(3)在发生设计基准事故时，保护和安全监测系统中的专设安全设施触发执行安全功能，防止堆芯损伤或防止需采取场外干预措施的放射性释放，并使电厂回到安全状态。

(4)在设计扩展工况下，当发生预计始发事件或事故、同时保护和安全监测系统共因故障的工况下，由多样性驱动系统提供事故后 30min 内必须的自动保护功能，将机组带入安全停堆状态，之后操纵员可以通过紧急操作台、非安全级操纵员工作站等继续处理事故。

在发生多重安全系统失效的工况下，如全厂失电、失去辅助给水、失去安全壳喷淋等，后备功能根据安全分级、供电要求等，分配在不同的仪控系统中处理。例如，应对全厂失电事故相关功能均分配到带有 SBO 电源的仪控机柜中实现，部分监测和控制回路可以通过 SBO 柴油机供电持续运行，提供必要的监测控制功能。严重事故预防和缓解功能分配到严重事故专用仪控系统，该系统可以通过 72h 蓄电池供电持续运行，为严重事故监测和控制功能提供动能，以实现降低堆芯熔化和放射性释放的后果。

3. 多样性原则

IAEA 的 SSG-39[56]中 4.29 条款要求，“为保证电厂不同纵深防御层次间的独立性，仪控系统的设计应避免系统内部或系统间的共因故障。为实现这一目标，应充分考虑不同系统及系统各部分的功能分配，系统间应保持适当水平的独立性，同时应说明防范安全系统共因故障的策略”。多样性是减少共因故障薄弱点的一种有效手段，“华龙一号”仪控系统通过不同的子系统、结构和部件的多样化设计等措施，来降低产生共因故障的风险。

(1)保护系统、电厂控制系统、多样化保护(DAS)系统均采用三种不同的多样化仪控平台，由不同的软件、硬件实现；严重事故仪控采用与多样化保护(DAS)系统相同的仪控平台，但严重事故仪控系统采用专用的 72h 独立电源供电，并采用专用的人机接口设备。

(2)数字化保护系统采用功能多样性设计，对保护变量进行合理分组，每个事故的触发事件尽量采用不同测量原理的参数来表征，并分配到不同的处理器来处理，防止应用软件共因故障造成的影响。

(3)数字化保护系统由于共因故障而导致失效，则由多样化保护(DAS)系统执行停堆及安全专设驱动等功能。此外，设置触发停堆和专设动作的系统级手动控制，该控制命令完全旁路安全级数字化保护系统，通过固态逻辑、继电器或现场可编程逻辑门阵列(FPGA)设备进行扩展，直达每个执行机构的非计算机化驱动器控制接口。

(4) 设置后备盘作为计算机化工作站的多样化人机接口设备。通常情况下，电厂的信息显示和手动控制是通过计算机化的工作站进行的；当主控室内的电厂计算机信息与控制系统失效时，操纵员可利用后备盘维持电厂正常运行一段时间，或把电厂引入安全停堆状态。

4. 独立性原则

IAEA SSR-2/1 (Rev.1)[51]要求，“必须酌情通过实体分隔、电气隔离、功能独立和通信独立等手段，防止安全系统之间或系统冗余单元之间的相互干扰”，“设计必须做到确保防止安全重要物项之间的任何相互干扰，特别是确保低安全类别的系统的故障不会蔓延到较高安全类别的系统”。“华龙一号”仪控系统设计采取了实体分隔、电气隔离、通信隔离等措施，确保符合法规标准的要求。

1) 实体分隔设计

根据 GB/T 13286 (IEEE 384) 的要求，保护系统的冗余通道之间、不同安全序列之间，以及保护系统和控制系统之间，采用实体分隔来实现隔离，分别安装于不同防火分区下的不同房间内，以应对由与特殊事件有关(火灾、水淹、温度等)因素带来的潜在共因故障风险。

2) 电气隔离设计

根据 GB/T 13286 (IEEE 384)，如果一个信号既用于保护系统又用于控制系统，该信号应由保护系统采集分配，并在传输至控制系统之前采取有效的隔离措施(如隔离或解耦装置)。分配、隔离或解耦装置应属于保护系统范围，并由保护系统提供电源。控制系统的任何故障不得影响保护系统安全功能的实现。

3) 通信隔离设计

根据 GB/T 13629 (IEEE 7-4.3.2)，保护系统只能与控制系统单向通信，不能从控制系统接受网络信号。通信中使用光缆实现电气隔离，通过专用的通信模块实现通信隔离。保护系统与控制系统之间的硬接线传输应使用电气隔离装置，电气隔离装置的安全级别与保护系统保持一致。

5. 提高抗灾害能力[57]

“华龙一号”在设计上采取了一系列措施提高电厂抗灾害能力，如改进仪控设备总体布置，保护通道和 A、B 列设备分别布置在电气厂房和安全厂房，更好地满足实体隔离的要求以应对内部及外部灾害的影响；电气厂房设置了 APC 壳，以抵御商用大飞机撞击；核岛厂房采用较高的地震动输入水平，地面加速度提高到 0.30g，仪控设备的抗震鉴定要求大大提高；严重事故用仪表、电缆、贯穿件等按照严重事故环境条件进行鉴定，以满足严重事故条件下监督和控制要求。

6. 网络安全设计原则

随着数字化仪控系统的普及应用，网络安全已经成为核电厂整体安全性能的重要组成部分。国际原子能机构在SSG-39[56]安全导则中2.34节要求，“电厂仪控系统应执行计算机安全大纲中所规定的安全措施”，同时在7.103节要求，“任何计算机安全措施的运行和故障都不应影响系统执行其安全功能”。

“华龙一号”仪控系统在设计初期通过网络安全大纲明确网络安全的总体要求，规定了运营方、设计院、供货商及安装单位的组织关系和主体责任，结合全厂仪控系统结构和全生命周期的网络安全风险，确定了网络安全防护策略。在实施阶段，依据RG5.71的网络安全要求，从技术和管理两个方面落实具体防护措施。技术措施主要包括访问控制、审计功能、通信保护、身份识别和认证，以及系统加固五个方面；管理措施主要包括物理环境安全、存储介质管理、人员安全、安全意识和培训、事件响应及配置管理六个方面。[58]通过上述措施，“华龙一号”仪控系统网络安全设计总体满足安全分区、网络专用、横向隔离、纵向认证的安全防护要求。

14.4 仪表和监测系统

14.4.1 过程仪表系统

过程仪表系统用于检测与工艺系统运行状态有关的各种热工过程参数，包括温度、压力、流量、液位及介质成分等(不包括核仪表系统)。来自工艺过程各系统的测量参数经现场安装的仪表检测后，由数据采集机柜采集处理，参与相应的逻辑保护、联锁控制或信息显示功能。过程仪表系统的设计需满足其使用的正常、事故环境条件。某些测量通道向保护系统提供必需的信息，用以在反应堆异常工况或事故工况下产生必要的安全保护动作。这些测量通道是安全保护系统的组成部分，满足保护系统的设计准则。某些测量通道向事故后监测系统提供必需的信息，用以在事故工况期间及事故后，帮助操纵员执行应急的电厂操作规程。这些测量通道与安全有关，应满足单一故障准则。

与二代改进型核电厂相比，“华龙一号”在严重事故预防和缓解方面采取了很多针对性措施。严重事故仪表和监控系统设计及鉴定服务于核电厂中应对严重事故的工艺设备和工艺系统运行。为保证严重事故管理导则(SAMG)能够有效地在实际的严重事故工况中发挥作用，严重事故需要使用的设备和仪表的设计和质量鉴定必须保证其在严重事故下的可用性。

我国的核安全法规《核动力厂设计安全规定》(HAF 102—2016)[50]5.5节“设备鉴定”中提出，“在可能的范围内，应该以合理的可信度表明在严重事故中必须运行的设备(如某些仪表)能够达到设计要求”，6.4.1.2节中要求“仪表和记录装置必须足以为严重事故期间确定核动力厂状态和为事故管理期间作出决策提供尽可能实际的信息”。

“华龙一号”的严重事故仪表设计，从总体要求、仪表和设备清单筛选、鉴定条件、仪表和设备设计、可用性的评估角度入手，进行了综合性创新性工作。[59]

1. 仪表本体

根据不同类型的仪表工作原理，以及它们在严重事故恶劣的环境条件下不同的失效特性，并调研国内外大量试验数据，在监测参数和测量原理的选择中充分考虑各测量仪表自身的特性，确定能够耐受严酷环境条件的设备。

2. 仪表安装布置方面

严重事故时安全壳内各位置的环境条件不尽相同，并且部分仪表安装位置还存在水淹的潜在风险。因此在严重事故仪表设计时，应充分考虑仪表的实际安装位置的环境条件，综合耐辐照、防水淹、防火、防爆、电磁兼容等环境要求，在设计中选择合适的仪表，并且考虑后期运行维护方便，尽量将仪表安装在易于运行维护的位置。

3. 时间窗口

严重事故不同阶段的现象和环境将直接影响在该阶段需要使用的仪表需要承受的环境条件。仪表在严重事故中需要执行功能的时间称为仪表可用的时间窗口，仪表设计及鉴定要求应结合该时间窗口及窗口内的实际事故环境条件进行。

4. 仪表质量鉴定

“华龙一号”核电厂的严重事故仪表鉴定在项目所要求的环境条件基础上，根据仪表执行的功能和时间窗口细化不同仪表的环境条件要求。参考 RCCE B7000 及具体仪表鉴定规程标准，确定“华龙一号”严重事故仪表的鉴定要求。

5. 相关支持设备

为保障仪表测量通道在严重事故下可用，确保提供真实有效的测量参数，其整个通道采用了安全级电源或严重事故专用电源供电。仪表输出信号的电缆连接件、电缆及经过的电气贯穿件，均考虑了耐受严重事故环境条件，确保事故后将仪表的信号准确地传输和处理，给操纵员提供正确的信息。

14.4.2 核仪表系统

1. 系统功能

核仪表系统(RNI)的功能是连续监测反应堆功率、功率水平的变化和功率分布。为此，核仪表系统使用了设置在反应堆压力容器外的一系列测量中子注量率的探测器。测量的信号被指示和记录，向操纵员提供在堆芯装料、停堆、启堆和功率运行期间反应堆状态的信息，该系统具有记录高达 200%FP 的能力。

核仪表系统的安全功能是在中子注量率高和中子注量率快变化时触发反应堆停堆，中子注量率高停堆之前，用信号闭锁自动和手动提棒(反应堆启动时除外)。来自核仪表系统的轴向功率偏差信号用于确定超温ΔT和超功率ΔT[①]反应堆停堆及提棒闭锁整定值。核仪表系统的中间量程通道用于事故后监测。

2. 系统描述

核仪表系统利用来自三种独立类型仪表的通道信号，提供三个独立的保护和监测区域。

(1) 源量程由四个相同而独立的通道组成，提供在停堆及初次启动期间的冗余中子注量率信号。探测器覆盖的注量率范围与所需要的量程一致，即 10^{-9}%FP～10^{-3}%FP。

(2) 中间量程由四个相同而独立的通道组成，可提供冗余的中子注量率信号。探测器覆盖的热中子注量率范围与需要的量程一致，即 10^{-6}%FP～100%FP。

(3) 功率量程由四个相同而独立的通道组成，可提供来自堆芯六段的冗余中子注量率信号和一个平均注量率信号。探测器覆盖的热中子注量率范围与要求的量程一致，即 10^{-6}%FP～200%FP。

所有仪表的量程可提供运行期间所要求的超功率反应堆的停堆保护。仪表量程互相覆盖以保证由源水平开始通过中间量程到高功率水平的连续反应堆控制和保护。

连续的启动运行或功率逐步提升，需要在较低量程水平的停堆由操纵人员手动闭锁以前，从下一个较高量程仪表通道送来一个允许信号。当降功率时停堆保护自动复位。

由核仪表系统产生的反应堆紧急停堆逻辑和禁止信号在反应堆保护系统(RRP)中进行逻辑处理。由核仪表系统中间量程产生的自动和手动提棒闭锁信号送入棒控棒位系统(RPC)中进行逻辑处理。

来自四个功率量程通道的功率信号，送到棒控棒位系统进行高选，产生出最大功率模拟信号，用于棒速控制。出于多样性的目的，这四个信号还送到多样化保护(DAS)系统执行自动停堆功能。

功率偏差(保护装置 IP、IIP 和 IIIP 的长电离室顶部三段平均值与底部三段平均值之差)分别在核仪表系统保护机柜 RNI001AR、RNI002AR 和 RNI003AR 里确定并送往反应堆保护系统。所得的信号用于超功率ΔT和超温ΔT反应堆紧急停堆整定值的计算。

3. 主要设备

该系统的主要设备包括探测器、连接电缆和仪表机柜。核仪表系统探测器安装于两种类型的支架组件之内。

(1) 四个相同组件中每一个包含一个源量程探测器(硼衬基正比计数管)和一个中间量程探测器(硼衬基γ射线补偿电离室)。探测器在支架中的安装位置为，当就位时，中间量程探测器中平面位于燃料中心平面上，源量程探测器中平面位于堆芯底部 1/4 处的中子源的中心平面上。每个支架组件都配备有四根一体化电缆、连接器和一个装卸吊环。

(2) 另外四个相同组件中每一个包含一个由六个等长段组成的功率量程探测器(硼衬基非补偿电离室)，当支架就位时，探测器的两中间段之间的隔离部分在燃料的中平面上。

---

① 超温ΔT用于保证堆芯处于偏离泡核沸腾状态；超功率ΔT用于防止堆芯线功率密度过大，导致燃料芯块熔化。

支架组件也备有七根一体化电缆、连接器和一个装卸吊环。

探测器组件布置在反应堆压力容器的一次屏蔽层中的八个仪表井内。四个功率量程探测器按堆芯的等分线排列，四个源量程和中间量程探测器安装于正对着一次启堆中子源的堆芯“平直”部分。

冗余仪表通道设置在实体分隔的四个安全级保护柜中(分别安装于四个分隔的房间中)。辅助通道利用来自冗余通道的信号，设置于一个非安全级控制柜中。

4. 运行特性

反应堆监测、控制和保护需要连续地了解整个通量范围内的中子注量率，其范围从反应堆启堆到满功率运行，大于 10 个量级。要获得这样的通量覆盖范围，核仪表系统使用了三种不同类型的探测器，每种覆盖整个通量范围的一部分，并有相当数量的重叠。

源量程通道中初步的探测器高压及甄别器设置将在启动试验程序中给出。在运行了几百个兆瓦日每吨铀(MWd/tU)后，绘出探测器的特性曲线并标定甄别器。

在启动试验程序中给出了中间量程通道初步的高压和补偿电压的设置和最终的调整方式。功率量程通道探测器的校准系数由堆芯中子通量测量系统提供。

14.4.3 堆芯测量系统

1. 系统功能

堆芯测量系统包括两个子系统：堆芯中子通量测量系统和堆芯冷却监测系统。

堆芯中子通量测量系统采集自给能中子探测器(SPND)的电流信号，实时测量堆芯中子通量，在线计算偏离泡腾比和功率密度，绘制通量图和运行图。系统不承担安全功能，不要求考虑事故后执行功能，但系统中的探测器组件作为反应堆冷却剂压力边界，需要按照 RCC-M 中安全 2 级设备的要求进行设计和制造。

堆芯冷却监测系统包括堆芯出口温度测量和反应堆压力容器水位测量，不直接承担安全功能。但是，在事故工况下，系统将连续进行温度测量、过冷裕度计算和关键点水位监测。系统能提供足够的信息以保证在事故和事故后工况下运行人员了解堆芯温度和堆芯过冷裕度的变化趋势，运行人员可以根据相关运行规程进行操作。堆芯热电偶测量范围是 0～1200℃，能在严重事故下完成堆芯温度测量。

反应堆压力容器水位测量系统不直接承担安全功能，但在事故工况下系统将对水位关键点进行持续监测，以便在事故期间和事故后，让运行人员了解反应堆冷却剂覆盖情况。

2. 系统描述

堆芯测量系统采用了从反应堆压力容器顶部插入的固定式探测器组件实现对堆芯中子通量、温度和压力容器水位的在线测量。

沿堆芯径向布置了 44 个堆芯中子通量和燃料组件出口温度测量通道，每个测量通道沿堆芯活性段高度等距布置 7 个自给能中子探测器，并在燃料组件出口位置布置一支热电偶。自给能中子探测器与热电偶集成在一个中子-温度探测器组件中，以减少堆顶的开孔。

反应堆压力容器水位的测量原理是利用水汽传热性能的显著差异，通过比较加热热电偶与未加热热电偶测得的温差判定测点是否被冷却剂淹没。反应堆压力容器水位由四支热传导式水位探测器组件进行测量，每支水位探测器组件在轴向上布置两个水位测点。四支探测器组件分为 A、B 两个系列，每个系列两支探测器组件，共测量包括压力容器上封头、热管段顶部、热管段底部和堆芯出口共四个水位。

通过堆内测量机械结构，为中子-温度探测器组件和水位探测器组件穿入压力容器时提供密封、导向和支承。堆内测量机械结构将中子-温度探测器组件导向至燃料组件内，将水位探测器组件导向至测点位置。

堆内测量机械结构主要分为密封结构和导向结构两部分。密封结构的功能是为中子-温度探测器组件和水位探测器组件穿入压力容器时提供密封，密封结构的密封性能需可靠且安装拆卸方便。导向结构的功能是为中子-温度探测器组件和水位探测器组件提供导向和支承，导向结构安装在上部堆内构件上，为每根中子-温度探测器组件设置导向管和支承架，并通过导向管等结构将每个中子-温度探测器组件从燃料组件内分组引出压力容器。导向结构在换料期间能将探测器组件整体提升至离开燃料组件，并为探测器组件提供连续的导向和保护。

3. 主要设备

堆芯中子通量测量系统采用的自给能中子探测器是铑自给能中子探测器，其主要由探头和电缆组成，探头由发射体、绝缘体、收集极组成。电缆采用铠装形式的双芯电缆，分别测量发射体产生的电流和本底芯线产生的电流。用自给能中子探测器发射体芯线信号减去本底芯线的信号，可实现本底补偿。堆芯中子通量信号处理设备包含四个处理柜和一个控制柜，每个处理柜采集和处理 10 根或 12 根中子-温度探测器组件的自给能中子探测器电流信号，将电流信号进行差分、滤波、A/D 转换、信号延迟消除等处理后，以网络通信送至控制柜。处理柜同时还进行功率密度和偏离泡腾比的快速计算。控制柜为中子通量测量系统提供人机接口。它通过网络通信的方式接收处理柜的数字信号和分布式控制系统的部分电厂工况数据，实现全堆芯三维功率分布显示、功率密度和偏离泡腾比的精细计算、运行图计算、报警和用于堆外核仪表系统功率量程的校准系数计算。报警信号同时传递给分布式控制系统。控制柜产生的重要计算结果将送至主控制室专用显示器显示，供操纵员查看。

堆芯冷却监测系统采用 K 型热电偶实现温度测量，采用热传导式水位探测器组件实现压力容器水位测量。为了冗余，温度测量分为两个系列（A 和 B），每个系列包括 22 支测量燃料组件出口温度的热电偶及一支测量反应堆压力容器上封头腔室温度的热电偶（由水位探测器组件中的对应热电偶代替）。同样，水位测量也分为两个系列（A 和 B），每系列包括两支水位探测器组件。每个系列的温度信号和水位探测器信号被送至对应的安全级堆芯冷却监测机柜进行处理。

4. 运行特性

中子通量测量的处理柜和控制柜采集来自自给能中子探测器的电流信号和来自分布

式控制系统的电厂工况信号，经运算处理后实时显示堆芯三维功率分布、各自给能中子探测器测点对应的中子通量和设备状态等信息，并将部分结果输出至分布式控制系统进行显示和记录。中子通量测量采用系统自检和手动试验相结合，完成数据传输检验、采集和处理层次的故障监测等。

堆芯冷却监测机柜将热电偶的电压值转换为物理值，接收反应堆冷却剂压力信号，并利用它们进行饱和温度计算。堆芯冷却监测机柜还为水位探测器组件中的电加热器提供加热电流，并接收水位探测器组件输出的热电偶信号，根据设置的温差阈值得出压力容器中的水位信息。

此外，安装于控制室内后备盘上的常规指示仪表显示堆芯过冷裕度、堆芯最高温度、反应堆压力容器内对应水位关键点是否被冷却剂淹没的状态信息。

14.4.4 松脱部件和振动监测系统

1. 系统功能

松脱部件和振动监测系统(ILV)由两个专用子系统组成，即松脱部件检测系统(LPMS)和振动监测系统(VMS)。

检测松脱部件主要是为了防止蒸汽发生器管道或反应堆压力容器内构件的损伤。松脱部件检测系统的功能是探测与定位反应堆运行工况下一回路系统冷却剂中的松脱部件。该系统允许同时监测三台蒸汽发生器和反应堆压力容器。每个监测区域有三个加速度计。当探测到松脱部件或系统故障时，向电厂计算机信息和控制系统(IIC)送出报警信号。

振动监测系统的功能是监测反应堆压力容器和堆内构件的实际振动响应，用以检测反应堆压力容器和堆内构件机械性能的劣化。振动监测系统监测中子噪声(来自堆外核仪表系统)和压力容器上的加速度计信号。中子波动或噪声反映了反应堆压力容器和其内构件之间水隙厚度的变化，因而成为显示内构件运动的指示量。

2. 系统描述

松脱部件和振动监测系统使用 13 个测量通道，采用加速度计作为测量敏感元件。其中，三台蒸汽发生器上各配备三个加速度计，反应堆压力容器顶部配备一个加速度计，反应堆压力容器底部配备三个加速度计。在机械上和刚度上确保加速度计紧靠被监测结构区域。松脱部件和振动监测系统的每路仪表通道是独立的，任何一路通道故障都不会使整个系统失效。仪表通道的不同部件分别处理和成形由加速度计传送的信号。

当主泵运行时，松脱部件检测子系统的灵敏度能检测出质量范围在 0.1～15kg，以超过 0.7J 的动能撞击反应堆冷却剂压力边界内表面，撞击点距离传感器小于 1m 的脱落或松动部件。操纵员可以通过一台声音放大器监听三台蒸汽发生器和压力容器底封头监测区域内的松脱部件信号。监听时可用手动转换开关选择被监听通道。

反应堆堆内构件的振动监测是基于识别、表征与结构振动模态中超过规定报警阈值相对应的谱特征峰值。中子噪声测量提供指示反应堆堆内构件振动行为的信号。安装在反应堆压力容器上的四个加速度计产生正比于压力容器振动的信号。中子噪声和加速度信号被送到计算机处理。对反应堆压力容器振动监测至少一个月一次。当系统服役时，其频度将更高。

松脱部件和振动监测系统是非安全系统。该系统的松脱部件检测设备可抗OBE地震，其他设备无抗震要求。

3. 主要设备

系统由加速度计、电荷转换器、电缆和信号处理设备组成。加速度计是通过压电晶体测量正比于表征反应堆压力容器振动加速度的力。该力作用于压电晶体上，产生正比于机械运动的电荷。电荷转换器(连接到加速度计)把电荷信号转换为电压信号送到机柜作处理。电荷转换器放置在距加速度计 10～20m 低辐射区的防水盒(密封、防溅、及防尘等)内。特别设计的耐高温硬电缆能使加速度计通道经过高温区时能抗高温，并有良好的抗噪声性能。

松脱部件和振动监测系统有两个机柜：ILV001AR(LPMS 机柜)和 ILV002AR(VMS 机柜)。

4. 运行特性

在正常工况下，松脱部件检测系统检验所有加速度计通道的信号。若未探测到松脱部件或干扰现象，松脱部件检测系统不会触发报警。当触发“松脱部件检测”报警时，为确认报警信息，操纵员可查看该系统计算机保存的数据(设置、图表显示、事件日志、每个传感器的时频图)，通过声音监测设备监听声音信号。操纵员也能收听 ILV001AR 记录的声音信号或在电厂外分析系统记录的信息。由于在 6MPa 以下的液体噪声现象，系统可能会产生错误的报警。因此，在此情况下该报警应该被禁止，操纵员须采用松脱部件和振动监测的声响系统来人工分析加速度计信号。当控制棒运动时，松脱部件检测报警也将被禁止。

压力容器和堆内构件振动监测系统每月运行一次。振动监测系统记录信号并与先前的记录信息进行比较。操纵员可以选择堆外探测器或者反应堆压力容器上的四个加速度计的信号来进行分析。振动监测系统的功能由操纵员启用数据采集需要约 20min，在此期间，松脱部件检测系统的功能不受影响。

14.4.5 棒控和棒位系统

1. 系统功能

棒控棒位系统用于提升、插入和保持控制棒束，并监视每一束控制棒束的位置。堆芯轴向功率分布随控制棒束的插入深度而变化。由于控制棒束的运动或功率水平的变化，可能会引起轴向功率的扰动。为了把堆芯中子注量率的不对称性减至最小，除特殊情况外，控制棒驱动机构(CRDM)必须按预先计划的程序运行。停堆棒棒束提供负反应性裕度，在正常运行时，这些棒束总是处于全提出位置。

系统的安全功能为，当反应堆保护系统触发停堆时，切断驱动机构的供电。由于失电，所有的停堆棒和控制棒在重力作用下，全部掉入堆芯，棒束的下插使反应堆立即引入大量的中子吸收体，抑制了核反应，从而使反应堆处于次临界状态而停堆。

2. 系统描述

堆芯总共布置了 61 束控制棒束。为了消除中子注量率的不平衡，控制棒束组成 4 束一起运动的一个子组，它们在堆芯里对称地布置。通常由两个子组组成一个组。中心的控制棒束不与任何组对称，它单独成为一个子组。

控制棒棒组包括停堆棒组、温度控制棒组和功率控制棒组，他们以单独运行或重叠运行方式工作。在反应堆正常运行期间，停堆棒组和温度控制棒组都以单独方式运行。停堆棒组按预先确定的速度手动运行，运动方向由操纵员设置。温度控制棒组可以手动或自动运行。功率控制棒组以重叠方式运行。控制棒组可以手动或自动运行。在控制室里可以控制手动运行，操纵员选择方向，而速度是预先确定的；在自动运行时，速度和方向由控制装置确定。

3. 主要设备

棒控棒位系统包括棒控系统和棒位监测系统两部分。

棒控系统设备主要由逻辑柜和电源柜组成。逻辑柜完成总的管理和协调，选择控制棒束，提供与棒束驱动设备有关的接口。逻辑柜接收由操纵员选择的运行方式、运动的方向(手动选择或自动命令)和联锁，经逻辑处理选择运动棒束和电源柜，使相应棒组运动。16 个相同的电源柜根据控制逻辑柜的运行指令，完成提升和插入步循环程序。按照棒束驱动功能，每个电源柜控制一个子组。

棒位监测系统设备主要由棒位探测器、测量柜和处理柜组成。每台控制棒驱动机构的棒位探测器安装在该机构顶部驱动杆行程套管组件外面，其长度大于驱动杆的行程，驱动杆与探测器以电磁联系。探测器包括一个原边线圈、多个付边线圈和两个辅助线圈。每个付边线圈感应电压的大小与驱动杆是否在这个付边线圈内有关，通过测量这些付边线圈的电压就得到付边线圈所对应的驱动杆顶部位置。测量柜向探测器的原边线圈供电，并把探测器的付边线圈信号编码输出。每个探测器的付边线圈通过特殊组合，用格莱码(Gray)编码，对数据进行数字化处理。处理柜接收来自测量柜的每束棒的测量位置数据和来自逻辑柜的给定位置数据。将每束棒的测量位置与相应子组的给定位置比较，并将每组中各棒束的测量位置相互比较，若超出定值则送出故障信息。

4. 运行特性

机组运行在稳态功率水平时，其功率水平在 10%FP～100%FP 功率范围内。功率控制棒能够在整个功率范围内自动运行，温度控制棒组(R 棒)只能在 10%FP 功率限值以上才可自动运行。当功率小于 10%FP 时，必须把 R 棒组运行开关置于手动。

正常启堆时，当满足临界所需的所有条件后，将棒束置于手动控制方式，并逐步提升棒组，直到反应堆临界。当达到零功率的正确压力和温度值后(热停堆)，用手动方式提升控制棒，以提升反应堆功率并保证产生足够的蒸汽，以便汽机能够开始运行。当达到 10%FP 时，控制联锁电路解除控制棒自动提升禁止信号。然后，控制装置可以切换到自动控制方式并跟踪汽机负荷。通过提升控制棒以提升功率，并控制硼浓度使 R 棒保持在运行区内。

正常停堆时，当功率低于 10%FP、停堆棒组处于全提出位置时，温度控制棒组采用手动方式插入(热停堆)。功率控制棒组采用重叠方式插入并自动停止在底部 5 步位置。自动插入 R 棒组直到自动插入限制。随后，以手动方式插入 R 棒组，并自动停在底部 5 步位置。当温度控制棒组在 5 步时，停堆棒组才能插入并自动停止在 5 步位置。通过掉棒使所有棒束处于全插入位置。

14.4.6 一回路管道和主蒸汽管道泄漏监测系统

1. 系统功能

破前泄漏技术(leak before break，LBB)的基本思想是，当管道发生早期泄漏且泄漏量达到一定程度之前，可以通过泄漏监测装置测量出来，这样在管道裂纹扩展到临界裂纹尺寸而突然断裂之前，可以有充裕时间实现安全停堆，对泄漏管道进行修补或更换等处理，以避免管道双端断裂的发生[60]。

破前泄漏技术应用于一回路主冷却剂管道(反应堆冷却剂管道、波动管)、安全壳内主蒸汽管道等高能管道。二代改进型 M310 堆型包括以下一回路管道和主蒸汽管道泄漏监测方法：安全壳地坑液位、安全壳压力、安全壳温度、安全壳湿度监测手段，通过环境参数变化可定性监测一回路管道和主蒸汽管道泄漏；主回路总装量平衡、安全壳大气辐射监测可定量监测一回路反应堆冷却剂泄漏；安全壳疏水地坑液位是通过泄漏蒸汽冷凝到地坑中的液位定量监测一回路管道和主蒸汽管道泄漏。这些测量方法过程传输时间较长，无法及时反应泄漏情况，也无法对管道的泄漏位置进行定位。

“华龙一号”对一回路管道和主蒸汽管道泄漏监测方法和能力进行了提升，当机组在正常运行工况的不同功率水平下和停堆工况下，监测一回路管道和主蒸汽管道的密封性能，以便早期发现冷却剂的泄漏，并对泄漏进行定位和定量分析，同时为主管道和波动管的“破裂前泄漏”评估提供信息。

该系统为非安全级。

2. 系统描述

一回路管道和主蒸汽管道泄漏监测系统采用声发射泄漏检测技术，基于管道材料在塑性变形或损伤破坏过程中会释放应变能或产生应力波，声发射泄漏检测方法通过布置在被测对象上的声发射传感器接收到应力-应变信号，并将信号送入到声发射机柜进行数据分析处理，以实现蒸汽泄漏的定量和定位测量[61]。声发射泄漏检测示意图如图 14.2 所示。

一回路管道和主蒸汽管道泄漏监测系统对主管道和波动管共 10 个区间的 31 个测点、安全壳内主蒸汽管道的 26 个测点进行实时的泄漏监测，并通过信号处理机柜对各监测通道的数据进行显示和记录。当系统发生故障或管道发生泄漏事件(一回路管道泄漏率大于或等于 1.9L/min，主蒸汽管道泄漏率大于或等于 0.95L/min)时，发出报警信号。

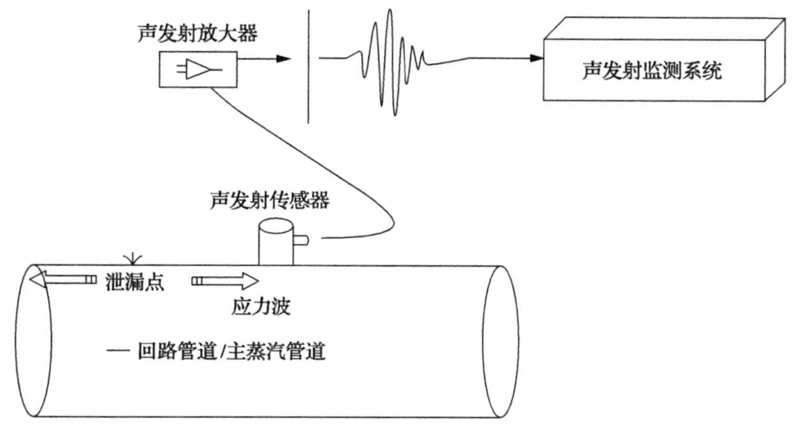

图 14.2 声发射泄漏检测示意图

Fig. 14.2 Acoustic emission leakage monitoring technology

3. 主要设备

一回路管道和主蒸汽管道泄漏监测系统主要由 57 个声发射传感器、57 个转接盒、配套电缆和 2 个信号处理机柜组成。一回路主管道 3 个环路的 9 个管段共安装了 27 个传感器，波动管上安装了 4 个传感器；主蒸汽管道一环路安装 4 个传感器，二环路安装 12 个传感器，三环路安装 10 个传感器。

每个声发射传感器的信号均首先送至对应的转接盒。转接盒内安装了前置放大器，用于放大传感器信号，并将信号传输至位于电气厂房的信号处理机柜进行后续处理。[62]

声发射传感器采用波导杆安装方式，波导杆一端垂直焊接在主蒸汽管道上，另一端伸出管道保温层安装。波导杆一方面可以将管道声波传导出保温层外进行测量，一方面可以降低管道温度避免传感器受到高温损坏，便于后期排查、检修。

声发射信号处理机柜布置在电气厂房，包括显示器、工控机、采集卡、打印机、键盘鼠标及其电气附件等硬件设备和泄漏专用监测软件，声发射信号处理机柜可以对声发射数据进行实时计算、分析、存储和显示，当发生泄漏可在机柜处进行报警，并将报警信号送到全厂分散控制系统。

一回路管道和主蒸汽管道泄漏监测系统结构类似，这里仅以主蒸汽管道泄漏监测系统为例(图 14.3)。

4. 运行特性

一回路管道和主蒸汽管道泄漏监测系统自动监测主管道和波动管可能发生的泄漏，当系统发生故障或管道发生泄漏事件时，在主控室室发出报警信号。当反应堆一回路/二回路主蒸汽管道压力低于非监测工况时，自动禁止泄漏报警信号。

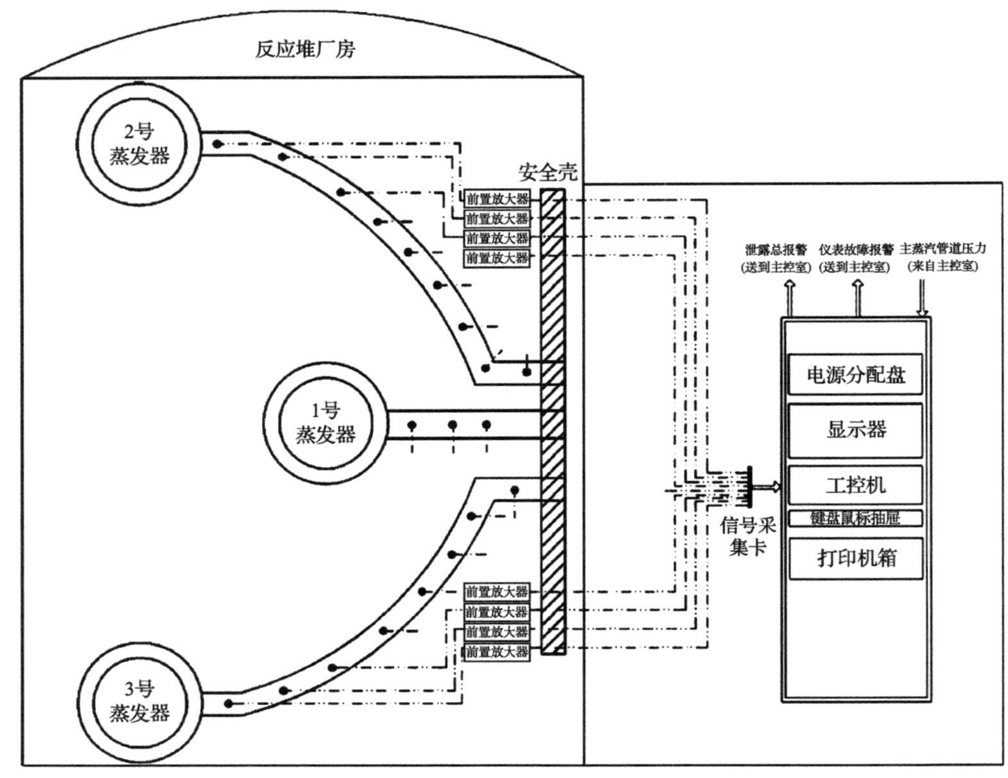

图 14.3　主蒸汽管道泄漏监测结构简图

Fig. 14.3　Main steam line local leakage measuring structure diagram

14.4.7　安全壳氢气监测系统

1. 系统功能

福岛核事故后，在国家核安全局印发的《福岛核事故后核电厂改进行动通用技术要求(试行)》[63]、《“十二五”新建核电厂安全要求》[64]中都对严重事故下氢气监测和控制提出了要求。

安全壳氢气监测系统的作用就是在严重事故后，实时连续监测安全壳内的氢气浓度，并将该信号送入主控制室、应急指挥中心显示和报警。该系统用于事故后运行管理，为确定核电厂状态和为事故管理期间决策提供实际的信息，防止氢-氧混合气体着火或发生爆炸而危及安全壳完整性。

安全壳氢气监测系统为非安全级，但可以耐受严重事故的环境条件，并在设计基准地震中及地震后可以保证执行功能，该系统所有设备均为抗震 1 类。

2. 系统描述

氢气浓度监测系统由布置于壳内的氢气探头和壳外的测量处理机柜组成(系统结构简图见图 14.4)。氢气传感器的测量结果经贯穿件送至壳外的测量处理机柜，经数据处理后，测得的氢气浓度以 4～20mA 信号送入全厂分散控制系统，并在主控室显示、记录和报警。

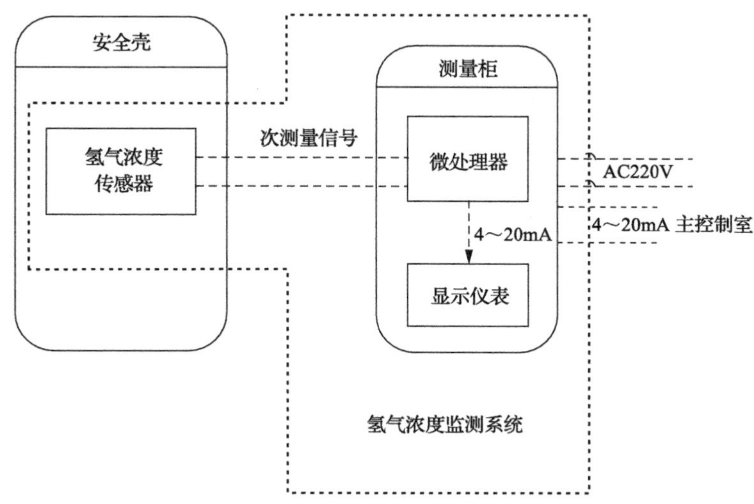

图 14.4　安全壳氢气浓度监测系统结构简图

Fig. 14.4　Containment hydrogen monitoring system structure diagram

氢气浓度监测系统设计的关键点在于测点位置的选取。按照国家核安全局《福岛核事故后核电厂改进行动通用技术要求(试行)》[63]的要求，氢气监测点的布置应考虑在整个事故工况期间具有代表性。根据对事故过程、氢气释放过程及氢气监测系统的分析、研究，综合考虑发生严重事故后安全壳内的氢气浓度分布分析结果，在确定测点位置时，一方面考虑测点位置能够在不同的事故工况下有效地反映安全壳整体或局部的氢气浓度，另一方面考虑监测位置应避免破口喷放、氢气复合器出口、流通不畅等局部现象对设备的冲击和对监测性能的影响，以及便于设备安装和维护等因素，基于上述原则确定了氢气浓度测点的布置方案。

该系统共设置了 6 个氢气监测点，分别位于安全壳大空间和氢气浓度较高的局部隔间。其中安全壳大空间布置了两个氢气测点，用以监测安全壳内总体氢气浓度；蒸汽发生器隔间每个环路布置一个氢气测点，共三个测点，主要监测蒸汽发生器隔间及主泵隔间的局部区域氢气浓度变化，该区域为严重事故下潜在的氢气释放点，为高浓度氢气释放区；稳压器隔间布置一个氢气测点，主要监测稳压器隔间及卸压箱隔间的局部区域氢气浓度变化，该区域同样为严重事故下潜在的氢气释放点，是高浓度氢气释放区。

3. 主要设备

如前所述，该系统共计包括六台氢气传感器和两台测量处理机柜，在安全壳外共设置有两台测量处理机柜，分别由 A 列和 B 列供电。为了提高严重事故下系统的可用性和可靠性，氢气浓度监测系统的六个测点分别分配至 A 列或 B 列机柜进行采集和处理，可最大程度上防止单一列供电故障对氢气浓度监测带来的影响。该系统整个通道均设计有 72h 蓄电池供电，可保证在全厂失电情况下的可用性。

4. 运行特性

安全壳氢气浓度监测系统连续运行，六个测量点氢气浓度测量结果在主控制室有连续指示。当安全壳空间的任意测点监测到的氢气浓度超过浓度阈值时，触发报警信号。氢气浓度测量信号同时还送往应急指挥中心。

14.4.8 地震仪表系统

1. 系统功能

地震仪表系统可在地震后向运行人员提供必要的信息，包括地震数据记录，以防止不应有的停堆和不安全连续运行；为运行人员提供报警信号和“快速查看”的数据，根据这些数据，运行人员能估计地震烈度，并即时决定应采取的应急操作和进一步运行的方式。当运行人员需要时，该系统可以提供详细分析所需用到的数据。此外，在“华龙一号”核电厂新增了地震停堆功能，当地震仪表系统测量到地震动超过预置阈值后，将自动触发停堆信号。

美国《核电厂地震前计划和震后的及时操作(1997 版)》(RG1.166)[65]及美国联邦法规“*Earthquake Engineering Criteria for Nuclear Power Plant*”(10 CFR 50 附录 S)[66]的Ⅳ(a)(3)要求，“如果地面运动超过运行基准地震动 OBE，或者电厂发生显著破坏，营运单位必须停堆”。国际原子能机构最新安全导则 NS-G-1.6 2003 版[67]要求核电厂在综合考虑多种因素情况下确定是否设置自动触发停堆的地震仪表系统。福岛事故发生后，世界各国都在重新评估核电厂设置地震自动停堆信号的必要性，韩国已明确要求核电厂设置地震自动停堆信号。我国《“十二五”期间新建核电厂安全要求》[64]也建议增加此功能。

因此，为了更好地达到核安全法规和安全评审要求，提高电厂的安全性，在“华龙一号”堆型的地震仪表系统设计中增加了地震自动停堆功能，在强地震情况下实现电厂的自动停堆。

2. 系统描述

系统的自动停堆功能为国内首次自主设计，确保系统设计的可靠性，避免误触发反应堆停堆而给电厂带来不必要的经济损失，是系统设计的重点。

在测点布置方面，为了防止地震仪表系统发生误触发事件导致两台机组同时停堆，每台机组分别设置一套地震仪表系统；同时为了防止因局部振动引起同时误触发多台仪表超出限值导致误停堆，设置了四台加速度仪参与地震自动停堆功能，且四台加速度仪空间上保证一定的距离，尽可能分布在不同房间内，且所在房间无大型转动、撞击设备。

在控制方案设计方面，采取了以下措施。

(1)可靠性能设计：在此设计中，用于停堆的地震信号测量和处理回路之间相互独立，避免了共模故障，其采集信号通过硬接线直接与中央处理机柜的报警箱连接，送往保护系统机柜，中间不涉及任何软件处理，避免地震监测系统工控机的可靠性能影响地震自动停堆功能的实现。

(2) 防止误触发设计：每个加速度仪对应两个 ON/OFF 信号输出，并分别在每个保护组不同多样化子组中进行逻辑运算，保证在一个硬接线信号出现故障时，另外一个信号可以正常工作，防止出现误触发地震停堆功能；保护系统的表决逻辑采用了退防逻辑，如果监测到某个信号为故障信号，则完成退防表决逻辑，保证地震自动停堆触发信号的可靠性。

(3) 故障功能报警的设计：在正常运行时，如果出现单个传感器或硬接线回路故障，通过设置任何一个硬接线带电，产生一个二层报警指示，确保及时发现并排除加速度仪及其信号通路的故障。

(4) 自动停堆的阈值设置：为了保证地震发生时能在必要的时候停堆，同时避免不必要的停堆，需要对停堆阈值的选取进行考量。目前国际及国内的相关标准中，并没有对地震自动停堆阈值的设定进行强制性的要求，仅在国际原子能机构核安全法规 NS-G-1.6 第 7 章中提到，自动停堆触发阈值可参照 SL-2 的值，在此级别下电厂的主体结构将会受到破坏，所有的应急程序及操纵员动作应与此情况下的要求相匹配。基于此原则，根据以往项目经验，结合厂址本身的地震设计参数，地震自动停堆阈值的选取，介于 SL-1 和 SL-2 之间，推荐 1/2SL-2 或 2/3SL-2，且此值可以根据后期运行情况进行调整[57]。

(5) 定期试验的设计：通过定期试验，保证地震自动停堆功能的可用性和可靠性。

3. 主要设备

本系统为 F-SC3 级，所有设备均为抗震 1 类。当地震发生时，重要的是尽快确定是否超过了设计地震工况。地震仪表系统提供了地震相关的信息。提供这些信息的仪表设备安装在反应堆厂房、核辅助厂房和自由场地上。

1) 三轴向时程加速度仪

三轴向时程加速度仪由加速度传感器、时程记录仪、地震触发器等组成，它们可以整体安装或分体安装，能够测量三个相互正交的绝对加速度(其中一个是竖直的，其两个水平方向之一按照厂房主轴定向)。在电厂正常运行期间，时程加速度仪连续和实时地采集地震加速度信号，将不同位置和方向的加速度送往中央系统进行记录。在其测量值超过阈值时，启动中央系统的记录功能和产生主控室报警信号；位于安全壳基础的四台加速度仪具有触发地震自动停堆信号的功能。

2) 中央处理设备

该系统基于计算机化的数据采集和显示设备(包括显示器和打印机)，接收来自传感器的测量信号。一旦触发功能动作，系统就进行数据采集和记录，同时在主控室产生地震报警。另外，中央记录系统处理来自自由场和安全壳基础的传感器数据，进行累积绝对速度(CAV)和反应谱检查。当位于自由场的传感器检测到地震达到运行基准地震值(水平或竖直方向 0.1g，可调)时，在中央记录系统的屏幕上指示。此系统也提供故障报警功能，在设备发生故障(包括电源故障、模件故障、处理单元故障和软件故障等)时，在主控室产生一个总的设备报警信号。报警箱将地震自动停堆触发信号送往反应堆保护系统。

4. 运行特性

地震仪表系统是长期运行的系统。九个测量点的时程加速度仪连续、实时地获得测量信号。发生地震时(通过加速度值表征)，当具有触发功能的时程加速度仪中的任一个所测的加速度值超过设定阈值时(0.01g，可调)，产生主控室报警，同时启动中央记录系统，存储这些带有时间参数记录的未处理数据。当位于自由场的传感器检测到地震达到运行基准地震值(水平或竖直方向 0.1g，可调)时，在主控室产生 OBE 报警。当位于安全壳基础的时程加速仪测定的地震动超过预置阈值(1/2 SSE，即 0.15g，可调)时，产生地震自动停堆触发信号。

地震超过地震触发器阈值期间，中央记录系统应连续工作，在最后一次地震触发信号之后，至少还要运行 30s。当地震停止后，操纵员要通过中央记录系统机柜的控制面板复位主控室的报警。

14.4.9 辐射监测系统

1. 系统功能

电厂辐射监测系统对电厂工作场所、流出物和工艺流体进行监测，具体包括：

(1)场所辐射监测：及时发现工作场所放射性辐射水平的异常变化，确保核电厂工作人员免受高辐射照射。

(2)流出物监测：连续监测废水、废气流出物中的放射性活度水平，确保核电厂排出的放射性活度低于国家标准规定的限值，以保护环境和确保公众的辐射安全。

(3)工艺辐射监测：连续监测可能被放射性污染的工艺流体或厂房空气，以检查燃料包壳、系统压力边界等屏障的完整性，防止放射性物质通过各道屏障泄漏或释放。

辐射监测系统总的任务是确保电厂放射性水平与正常运行水平相符，该系统虽不属于安全相关的系统，但是该系统中的部分监测道能帮助运行人员分析和监视事故及事故后果，从而控制放射性物质向外释放，因而这些辐射监测道属于事故后监测道(PAMS)，它们具有 1E 级仪器设备的各种特性。

2. 系统描述

辐射监测系统分为安全级监测道、安全相关级监测道与非安全级监测道。

为确保安全，安全级及安全相关级监测道分 A、B 列设置，均通过硬接线将测量数据传送至安全级仪控系统进行处理、控制、记录与显示；安全级仪控系统将这些信号通过网关再送至非安全级辐射监测信息管理系统。非安全级相关监测道通过 RS485 总线形式将数据传至辐射监测信息管理系统，数据在该系统中进行存贮记录，并通过图形界面进行数据显示与报警，再上传至全厂非安全级仪控系统进行逻辑处理、控制、记录与显示。

辐射监测系统监测点的选取应尽量保证测点的代表性，除工艺要求的测点位置外，气态流出物选择合理的具有代表性的取样点位置尤为重要。以前烟囱取样采用的是多嘴取样，该取样方式存在两个重大缺陷：一是传统的选择取样点所遵循的“二八原则”实际上并不是取样点有代表性的必要或充分条件；二是多嘴等速取样的方法存在很多问题，其中一个重要的问题就是多嘴取样器会造成气溶胶的大量损失，极大降低了系统的采样效率，从而增加了测量结果的误差。在美国标准 ANSI N13.1 2011 基础上，我国编制了最新取样标准，“华龙一号”根据该标准在烟囱取样监测时采用了最新的单嘴取样方式，并根据标准要求对取样点的代表性进行模拟计算及试验验证，试验验证结果与计算相符，满足设计要求。

3. 主要设备

“华龙一号”设置的电厂辐射监测系统是由多个位于核电厂主要厂房内的监测通道组成，主要包括探测装置、就地处理及显示装置、工作站等硬件和相应的软件系统。

电厂辐射监测系统的设备类型主要包括：工艺辐射监测设备、流出物辐射监测设备、场所辐射监测设备、辐射监测信息管理系统，以及携带式辐射监测仪表。

这些设备实时监测电厂的放射性水平，超过阈值时在就地及主控室发出报警，提醒工作人员采取相应行动，或者自动联锁控制相关工艺阀门等。辐射监测设备配有安全级及非安全级配电箱，分别对安全级及非安全级监测道设备供电。

4. 运行特性

正常情况下，辐射监测系统正常运行状态定义为连续运行。但是，有些监测道由于具有不同特性，因而这些监测道的正常运行状态定义为间断运行。

在遇到安全壳内发生事故时，安全壳隔离信号使有关阀门、系统关闭，相关监测道停止运行。遇到主蒸汽管道阀门关闭时，主蒸汽管道监测道的测量结果不再有代表性。通过烟囱排放的气体活度高时，计算气体释放活度只需要考虑高量程测量结果。在堆热功率输出低于 20%时，^{16}N 活度监测道的 ^{16}N 活度测量结果不再有代表性。蒸汽发生器泄漏率就使用测量惰性气体的装置测量。

14.5 保护和安全监测系统

14.5.1 系统功能

保护和安全监测系统是核电厂重要的安全系统，对于限制核电厂事故的发展、减轻事故后果、保证反应堆及核电厂设备和人员的安全、防止放射性物质向周围环境的释放具有十分重要的作用。保护和安全监测系统连续监测反应堆的运行，并根据接收到的异常工况信号，自动触发紧急停堆、停机或专设安全设施及支持系统动作，防止事故的发生、发展或减轻事故后果，并为操纵员事故后操作提供可靠的电厂状态信息。

保护和安全监测系统的设计基准源于整个核电厂安全设计基准的要求，它根据核电厂纵深防御的思想并针对假设始发事件，规定系统安全功能，实现安全目标。根据所执行的功能，具体可划分为紧急停堆系统、专设安全设施驱动系统和事故后监测系统。

当反应堆参数接近安全运行范围限值时，紧急停堆系统通过停闭反应堆自动地阻止反应堆在不安全范围内运行。安全运行范围是通过对设备的力学、水力学方面的限制及热传输现象等多种因素的考虑来确定的。因此，紧急停堆系统持续监测与设备力学限制直接相关的过程变量(如压力和稳压器水位)，还监测直接影响反应堆传热能力的变量(如流量和反应堆冷却剂温度)。紧急停堆系统中用到的其他参数是由多个过程变量计算得到的。在任何情况下，只要有一个直接过程变量或计算得到的变量超过整定值时，就会停闭反应堆，以避免燃料包壳的损坏或由于反应堆冷却剂系统完整性的丧失而导致放射性裂变产物释放到安全壳。

紧急停堆系统在下述情况下自动触发反应堆停堆：

(1) 核功率超功率停堆，其触发信号包括：源量程高中子注量率停堆、中间量程高中子注量率停堆、功率量程高中子注量率停堆、功率量程高中子注量率正变化率停堆、以及功率量程高中子注量率负变化率停堆。

(2) 堆芯热功率超功率停堆，包括超温 ΔT 停堆和超功率 ΔT 停堆。

(3) 反应堆冷却剂系统稳压器压力和水位停堆，其触发信号包括：稳压器低压力停堆、稳压器高压力停堆及稳压器高水位停堆。

(4) 反应堆冷却剂系统低流量停堆，其触发信号包括：反应堆冷却剂低流量停堆、反应堆冷却剂泵低-低转速停堆、以及反应堆冷却剂泵断路器断开停堆。

(5) 蒸汽发生器停堆，其触发信号包括：低给水流量停堆、蒸汽发生器低-低水位停堆、蒸汽发生器高-高水位停堆、以及蒸汽发生器高-高水位与稳压器低-低水位符合停堆。

(6) 汽轮机跳闸引起的反应堆停堆。

(7) 安全注射信号触发停堆。

(8) 安全壳喷淋和安全壳 B 阶段隔离信号触发停堆。

(9) 手动停堆。

一旦触发反应堆停堆，反应堆紧急停堆系统就发出汽轮机跳闸信号。这可避免由于反应堆过度冷却而引入反应性，从而避免专设安全设施驱动系统的不必要动作。

在机组发生预期的异常瞬态时，除了要求反应堆紧急停堆之外，仪控系统还需探测事故状态并驱动必需的专设安全设施投入运行以限制Ⅲ类工况的后果，减轻Ⅳ类工况的影响。例如发生 LOCA 事故或 MSLB 事故时，需要反应堆紧急停堆，另外还需要驱动一个或多个专设安全设施，以避免或减轻堆芯和反应堆冷却剂系统设备的损坏，并确保安全壳的完整性。专设安全设施驱动系统执行的主要保护功能包括：

(1) 反应堆冷却剂泵停泵。

(2) 安全注入。

(3) 安全壳 A 阶段隔离，隔离所有保护反应堆并不必需的管道，以防止裂变产物释放到安全壳外。

(4) 蒸汽管道隔离，以防止一台以上蒸汽发生器的连续失控排放，从而防止反应堆冷却剂系统失控冷却。

(5) 主给水管道隔离，用于防止或缓解反应堆冷却剂被过度地冷却。

(6) 安全壳喷淋和安全壳 B 阶段隔离：在发生 LOCA 事故或 MSLB 事故之后，触发安全壳喷淋，以降低安全壳内部的压力和温度，启动重要厂用水泵，此泵是最终热阱和安全壳冷却热阱的一部分；在发生 LOCA 事故、安全壳内蒸汽管道破裂或给水管道破裂事故之后，触发安全壳 B 阶段隔离，隔离除专设安全设施管道以外的所有贯穿安全壳的管道，从而限制放射性的对外释放。

(7)启动辅助给水系统，以排出堆芯热量。

此外，系统中还设置了用于协调反应堆保护系统在不同反应堆状态下与运行不相容的保护功能或对保护功能进行联锁的允许信号。

“华龙一号”保护系统控制方案较传统的第二代压水堆核电厂进行了许多改进，提高了保护功能的自动化程度，如安注信号符合主泵差压信号低时自动停运主泵，辅助给水流量控制采用两位式自动控制以防止在辅助给水投入后蒸汽发生器满溢，大气排放阀自动调节以实现一回路的定速冷却等。这些自动保护功能的改进和完善显著延长了事故后操纵员不干预时间，降低了在事故处理过程中出现人误的风险。

14.5.2 系统组成

保护和安全监测系统采用四个保护组、两个专设驱动序列的结构。冗余的保护参数(过程变量和中子注量率等)由四个保护组进行采集和运算后与整定值进行比较。对于停堆功能，在保护组进行 4 取 2 逻辑符合，每个保护组触发停堆信号各驱动一对停堆断路器。八个停堆断路器的接点组成 4 取 2 逻辑，串联在控制棒驱动机构的供电回路中，将用于控制棒驱动的电动发电机组的三相交流电源连接到控制棒驱动电源机柜。当四个保护通道中的至少两个发出停堆命令时，八个停堆断路器组成的回路断开，控制棒驱动电源被切断，控制棒靠重力落入堆芯，反应堆停堆。对于专设驱动功能，保护组产生的通道级驱动信号送往两个序列，经 4 取 2 表决逻辑以产生系统级专设驱动指令并分配至部件级驱动逻辑，最终输出至优选模件。优选模件与被控的执行器通常是一对一的，它接受来自不同控制系统的指令并进行排序，确保来自安全级系统的指令始终具有最高的优先级来驱动设备。优选模件采用非计算机化设备，以避免在这个控制指令的交汇点发生软件共因故障。

保护和安全监测系统设计考虑了充分的多样性手段以降低共因故障的风险。首先，在系统内部设置了两个独立的多样性子组，有各自独立的处理器和点对点通信网络，针对同一事故的不同保护参数被分配到两个子组分别进行信号处理、运算和逻辑表决，各自产生停堆或专设信号，在经过硬接线的“或”逻辑后。驱动停堆断路器或专设执行器动作。另外，来自紧急操作盘(ECP)的系统级手动停堆和专设手动控制采用固态逻辑、继电器或 FPGA，完全旁通安全级数字化保护系统。

保护和安全监测系统通过实体隔离、电气隔离、通信隔离等手段保证安全级系统具有充分的独立性。系统内部各通道和驱动序列之间停堆和专设触发信号均通过点对点的光纤网络进行信号传输。安全级系统与非安全级系统之间的通信只允许安全级向非安全级的单向传输，以避免非安全级系统的故障影响安全功能的执行。非安全级与安全级系统之间的硬接线信号均需经过电气隔离。

数字化的保护和安全监测系统本身具有比较完备的自诊断和测试能力，能够连续在线监测系统的硬件和软件状态，一旦探测到故障，能够通过模件面板灯、工程师站、操纵员站等人机接口向运行和维护人员发出故障提示信息，并将故障定位到模件级。在此基础上，设计中还考虑了对测量通道、逻辑处理通道和驱动通道的定期试验。通过连续自检和定期试验相结合的手段，能够全面监测整个系统和设备的状态，及时发现系统中存在的随机故障并予以排除，保证了系统的高可靠性。

图 14.5 为保护和安全监测系统结构简图。

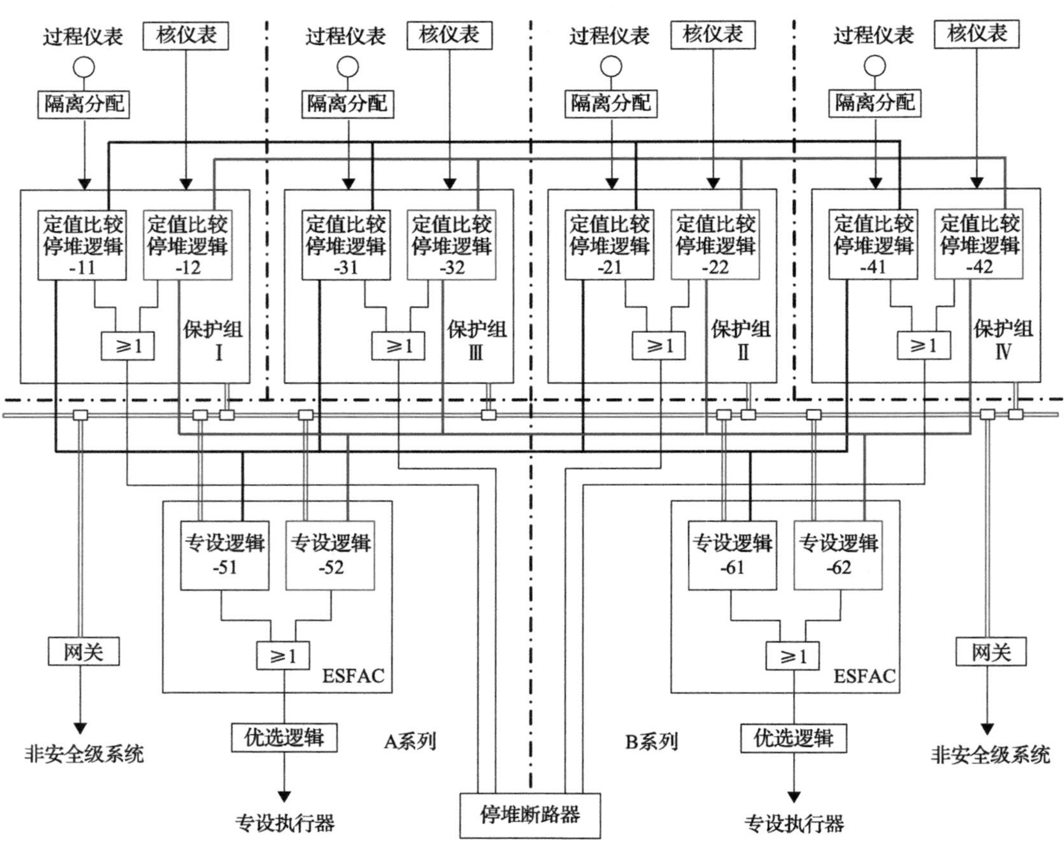

图 14.5 保护和安全监测系统结构简图

Fig. 14.5 Protection and safety monitoring system structure

14.5.3 主要设备

保护和安全监测系统的设备包括隔离分配柜、停堆保护柜、专设逻辑与驱动柜、优选输出柜、中间继电器柜、信号传输单元、网关、工程师站等设备。保护和安全监测系统采用具有严格确定性的计算机信息处理和网络通信，在任何工况下，处理器和通信网络的负荷均保持稳定，以保证处理保护功能所需的最大响应时间不超过规定限值。保护和安全监测系统采用经过鉴定的安全级数字化仪控平台，在实施过程中按相关标准的要求实施严格的验证和确认活动，以保证系统的高质量。

14.6 核电厂控制系统

14.6.1 核电厂控制功能

核电厂控制系统包括核岛控制系统，常规岛控制系统，以及 BOP 控制系统。控制系统主要实现：

(1) 在可能的氙限制条件下，在 15%FP～100%FP 的范围内，±10%FP 的阶跃负荷变化(变化后的功率范围不超过 15%FP～100%FP) 以及 5%FP/min 的线性负荷变化都不会引起反应堆紧急停堆、蒸汽排放和稳压器安全阀开启。

(2) 甩掉 100%的外电网负荷而不会引起反应堆紧急停堆，也不会引起稳压器或蒸汽管路的释放阀或安全阀开启。

(3) 只要冷凝系统和冷凝器蒸汽排放阀可用，汽机跳闸不会引起反应堆紧急停堆。

14.6.2 核岛主要控制系统

核岛主要控制系统包括了如图 14.6 所示核蒸汽供应系统相关控制系统，即反应堆功率控制系统、稳压器压力控制系统、稳压器水位控制系统、蒸汽发生器水位控制系统，以及蒸汽排放控制系统。

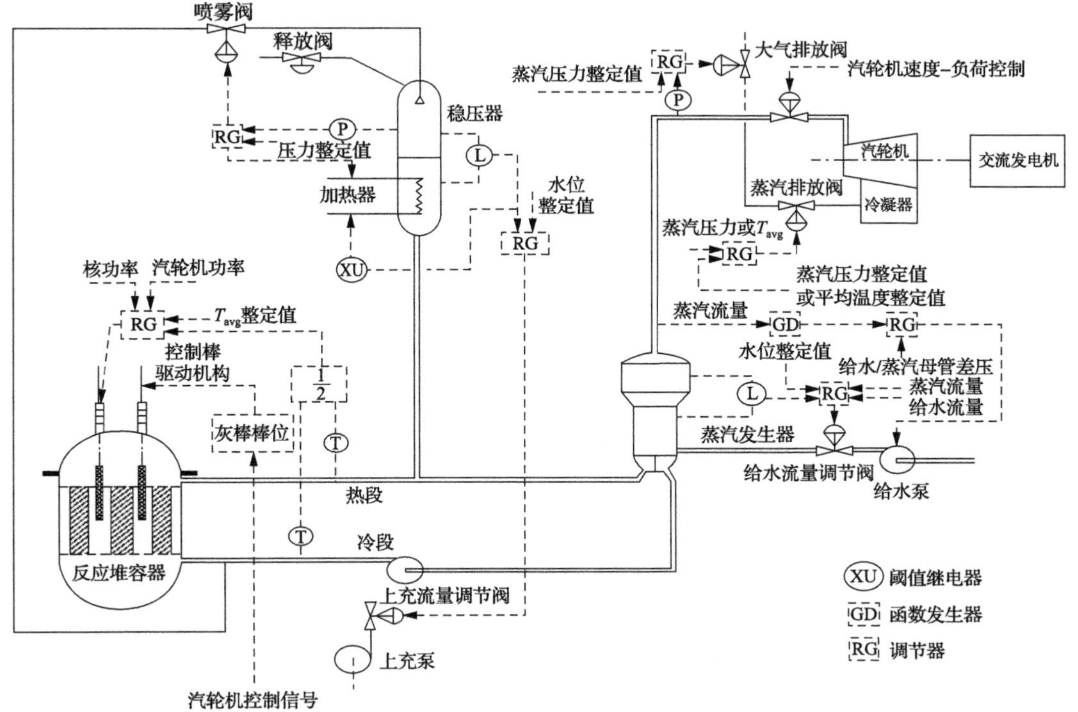

图 14.6 核蒸汽供应系统控制系统示意图

Fig. 14.6 Nuclear steam supply system control system

1. 反应堆功率控制系统

(1) 通过功率控制棒组（灰棒 G_1、G_2 和黑棒 N_1、N_2）的手动或自动控制，使反应堆功率补偿棒按与功率信号成函数关系的灰棒刻度曲线变化，从而实现反应堆功率调节。

(2) 通过温度控制棒组（R 棒）的手动或自动控制，保持反应堆冷却剂平均温度在温度程序规定的范围内，从而实现堆芯反应性的精调。

2. 稳压器压力控制系统

在引起压力变化的正常瞬态后，通过控制（自动或手动）稳压器内的电加热器或喷雾阀，保持或恢复稳压器压力为其整定值（它低于稳压器压力高停堆定值、高于稳压器压力低停堆定值及低于安全阀动作整定值）。

3. 稳压器水位控制系统

稳压器水位控制系统建立、保持和恢复稳压器水位在其规定的限值之内，其限值是冷却剂平均温度的函数。

4. 蒸汽发生器水位控制系统

(1) 在正常运行瞬态期间，建立和保持蒸汽发生器水位在预先规定的范围内。

(2) 在机组紧急停堆工况，恢复蒸汽发生器水位在预先规定的范围内。

(3) 调节给水流量，使得在运行瞬态下不会使反应堆冷却剂系统的热阱减少到最低值以下。利用给水调节阀，手动或自动控制蒸汽发生器水的总装量。

5. 蒸汽排放控制系统

该系统分为向冷凝器蒸汽排放和向大气蒸汽排放两个部分。

1) 向冷凝器蒸汽排放

(1) 允许电厂承受突然负荷减少（可达到 100%外电网负荷）而不会引起反应堆紧急停堆，也不会引起稳压器或蒸汽发生器释放阀或安全阀开启。手动切换到厂用电负荷运行时，也能防止稳压器安全阀开启。

(2) 在一定条件下，允许汽机跳闸而不会发生反应堆紧急停堆。

(3) 允许反应堆承受超过 10%FP 的负荷阶跃下降和超过每分钟 5%FP 的负荷线性下降。

(4) 当反应堆紧急停堆时，防止过度的反应堆冷却剂升温及蒸汽发生器释放阀和安全阀的开启，使反应堆冷却剂系统导出储能和余热，并将 T_{avg} 带至零负荷温度。

(5) 允许手动控制将电厂从热停堆工况冷却到余热排出系统投入的工作点。

(6) 允许在汽轮机启动之前将二回路系统加热及在控制棒手动控制功率范围内（0%FP～15%FP），使汽机加载。

2) 向大气蒸汽排放

(1) 允许将反应堆冷却剂系统冷却至余热排出系统可以投入运行的工作点。

(2) 控制蒸汽发生器压力在零负荷压力并保持 T_{avg} 接近于热停堆值。

(3) 允许避免开启蒸汽发生器安全阀，以及在瞬态中已被要求打开的安全阀易于关闭。

14.6.3 常规岛主要控制系统

常规岛仪控系统以全厂分散控制系统作为常规岛监视和控制的核心，由全厂分散控制系统完成常规岛的数据采集和处理、模拟量控制和顺序控制等功能，配以汽轮机电液控制系统、汽轮机紧急跳闸系统、汽轮机本体监视仪表等自动化设备和仪表等构成一套完整的自动化控制系统，完成对常规岛汽轮机、各辅机系统、发电机-变压器组及厂用电系统的控制与监视。

常规岛仪表系统主要由常规岛全厂分散控制系统、专用仪控系统、辅助控制系统和常规仪表设备组成。这里仅就常规岛全厂分散控制系统实现的部分控制功能进行介绍，常规岛专用仪控系统详见 12.1.3 节。

常规岛全厂分散控制系统实现数据采集与处理、模拟量控制、顺序控制、保护与联锁等功能。

1. 数据采集与处理

功能的实现与核岛完全相同，即对过程仪表在线检测的过程参数进行采集和预处理，然后送入操作和管理层，对电厂所有信息进行统一的处理，为运行人员监视生产过程提供画面显示、越限报警、制表打印、性能计算、事件顺序记录、历史数据存储和操作指导等功能。

2. 模拟量控制

模拟量控制系统的调节范围可从汽轮机冲转并网带初负荷直至带满负荷全过程，均能投入自动控制。系统能在额定负荷和最小负荷之间的任一负荷工况下使机组稳定运行。

模拟量控制系统包括下列主要调节回路：凝汽器水位调节、凝结水再循环流量调节、常规岛闭式冷却水温度调节、常规岛闭式冷却水流量调节、除氧器水位调节、除氧器压力调节、给水泵再循环流量调节、高压加热器水位调节、低加疏水箱水位调节、汽轮机润滑油温度自动调节、发电机密封油温度自动调节，以及汽机旁路蒸汽排放控制系统等。

1)凝汽器水位调节

在正常工况时，凝汽器水位与调节器内给定值进行比较，调节器根据此偏差进行比例积分(PI)调节补水调节阀。当水位降低时，开大补水调节阀；水位升高时，关小该调节阀。

2)除氧器水位调节

在启动和低负荷运行期间，由除氧器水位单冲量信号控制除氧器水位，正常负荷时，为三冲量控制，通过除氧器水位的调节来保持凝结水流量与总量平衡。单冲量控制和三冲量控制的相互切换无扰动。

除氧器水位控制由调整除氧器水位调节阀和凝结水再循环调节阀来实现，为更好地调节除氧器水位，这两个阀门之间的控制信号应成比例。水位达到高高值时，除氧器水位控制阀关闭，凝结水再循环阀打开，直至除氧器水位低于高值。汽轮机跳闸时要求瞬时关闭除氧器水位调节阀，同时打开凝结水再循环阀，经一段可调整时间延滞后，恢复调节系统，按要求打开水位调节阀。

3）除氧器压力调节

在启动期间，打开辅助蒸汽调节阀，维持除氧器压力在预先设定值，汽轮机跳闸时，产生一个随机时间函数衰减的较高设定值，以防止启动给水泵由于除氧器闪蒸引起的汽蚀。在正常运行工况，设定值应跟踪除氧器压力。

4）汽机旁路蒸汽排放控制

主蒸汽通过 12 个旁路调节阀流入凝汽器，这些阀门响应来自核岛控制的负荷需求指令信号。旁路调节阀和旁路隔离阀（于动阀）可向核岛控制系统提供阀位反馈信号。

3. 顺序控制

顺序控制系统是按一定的顺序、条件和时间要求，对工艺系统中各相关对象进行自动控制，常规岛主要采用设备级顺序控制。顺序控制项目主要包括：凝结水泵控制、电动给水泵组控制、闭式冷却水泵控制、凝汽器阀组控制、凝汽器真空泵控制、高/低压加热器控制、除氧器控制，以及汽轮机蒸汽管道疏水阀控制等。

4. 保护与联锁

当机组或辅机设备出现故障时，能采取正确的处理措施，达到保护人身或设备安全的效果。此外，由全厂分散控制系统完成的辅机、阀门一系列联锁。常规岛的保护与联锁主要包括：机组甩负荷时的防超速保护、低压缸排汽防超温保护、抽汽防逆流保护、加热器水位高保护、汽轮机事故停机保护、汽轮机防进水保护、除氧给水系统保护。辅机、阀门的联锁包括：工作辅机与备用辅机之间的联锁、辅机与阀门之间的联锁，辅机和阀门根据运行工况的切换，辅机运行许可条件不满足时联锁停运。

14.6.4 功能分区和分组

为了优化核电厂过程控制，“华龙一号”压水堆核电机组仪控系统全厂分散控制系统中自动控制和保护层（LEVEL 1）的 F-SC3 级和 NC 级运行控制和监视功能采用了功能分区（FA）和功能分组（FG）的方式，依据核电厂的工艺流程、运行原则和工艺系统特性，考虑仪控功能相互之间的相关性、电厂进度对于分批供货的要求、机柜容量和处理单元的处理能力，将控制和监视功能分配到不同的功能区和功能组，然后被分配到不同的机柜乃至 I/O 模件。功能分组可以优化全厂分散控制系统设计和结构，简化全厂分散控制系统设备供货、安装和调试过程，提高电厂可用性。

1. 功能分区

根据核电厂电力生产工艺流程功能分析和分解，全厂分散控制系统被划分为八个功能分区，如图 14.7 所示。

2. 功能分组

将每个功能分区进一步划分为若干功能分组，功能分组定义了功能分区中的主要过程控制任务如图 14.7 所示。

图 14.7 核电厂功能分区和分组

Fig. 14.7 Function groups under the function areas

在工程实施中，可根据需要将功能分组做进一步的划分，即功能子组(FGC)。一般可根据组成功能分组的子系统(如不同工艺系统、不同环路等)或子类(如供电、安全分级、公共机组等)进行划分。

3. 机柜的功能分配

根据每个功能分组(或功能子组)的特点及全厂分散控制系统平台的处理器负荷等硬件容量要求，将信号分配到不同的机柜，目的是减少单一故障对整个系统和电厂运行所产生的影响。在考虑具体分配原则时，除了根据功能相关性、安全分级和安全列、供电要求等的不同进行信号分配外，还应关注多个设备实现同一功能的情况，如果此功能对系统和电厂可用性有影响，则应将这些设备的监控功能分配在不同机柜。例如，三个环路的设备同时失去监测或控制功能，会对电厂可用性产生较大影响，此时不能将其分配至同一机柜。

14.7　多样化保护系统

14.7.1　系统功能

为应对数字化的保护和安全监视系统共因故障问题,“华龙一号”仪控设计考虑了完善的纵深防御手段,通过多样化保护系统、紧急操作台上的停堆和专设系统级手动控制,以及操纵员工作站或后备盘上的部件级控制能够处理事故并将电厂带入安全停堆状态。其中,多样化保护系统主要用于执行事故发生后30min内所需的自动保护功能,这些自动保护功能和相关保护参数是根据基于现实模型的事故分析结果得出的。

多样化保护系统对选取的保护参数进行连续监测、阈值比较和表决。事故发生后,若保护参数超过整定值,则自动触发停堆信号切断棒控系统电源,或触发专设信号驱动相应的执行器动作。主要的多样化保护功能包括:功率量程高定值中子注量率高则紧急停堆;2/3环路反应堆冷却剂流量低则紧急停堆;稳压器压力低3定值则紧急停堆;稳压器压力高3定值则紧急停堆;稳压器压力低4定值触发安注与紧急停堆;蒸汽管道压力低与流量高符合触发主蒸汽管道隔离等。

多样化保护系统同时包括了ATWT缓解系统功能,用于减轻紧急停堆系统故障所产生的后果。它主要监测蒸汽发生器的给水流量和核功率水平,实现以下功能:当蒸汽发生器给水流量低于设定值且反应堆运行在设定功率水平以上(中间量程中子注量率高于设定值)时,启动辅助给水系统、应急硼注入系统,触发汽机跳闸,同时发出停堆信号;ATWT触发信号发出15s后,若中子注量率仍高于该信号发出时的10%,停运全部反应堆冷却剂泵;当反应堆紧急停堆信号发出15s后中子注量率仍高于停堆信号发出时的10%,也将启动应急硼注入系统。

14.7.2　设计原则

多样化保护系统的主要设计原则如下:

1. 安全分级

多样化保护系统设备安全分级为F-SC3,其系统、硬件和软件设计、质保、研发、验证与确认、鉴定等要求与F-SC3级设备要求一致。

多样化保护系统与保护和安全监测系统共用设备安全分级为:F-SC1或F-SC2;其系统、硬件设计、质保、研发、验证与确认、鉴定等要求与相应的F-SC1或F-SC2级设备要求一致。

2. 独立性

多样化保护系统采用不同于保护与安全监测系统的平台,满足设备和软件多样化的要求。同时,通过实体隔离和电气隔离手段保证与保护与安全监测系统的独立性,确保其在保护系统故障后仍能可靠地执行功能。

3. 定期试验要求

为了保证设计功能满足要求，需要定期对多样化保护系统的设备和接口进行试验。

14.7.3 系统组成及特点

相比于保护和安全监测系统，多样化保护系统保护定值的选取偏向“非保守”的方向，以确保在保护和安全监测系统正常时其保护功能能够首先触发来处理事故。多样化保护系统的停堆和专设指令均采取带电动作，输出指令采取 3 取 2 表决，以降低误动概率。

不同于紧急停堆系统打开停堆断路器的停堆方式，多样化保护系统发出的停堆信号送到棒控和棒位系统的棒电源柜，触发棒控和棒位系统发出控制信号切断控制棒驱动机构的电源来实现紧急停堆。多样化保护系统产生的安注及主给水隔离等专设功能信号先送到优先级逻辑处理模块，然后再送到相关的专设安全驱动器。多样化保护系统紧急停堆信号还将触发汽机跳闸。图 14.8 为多样化保护系统结构示意图。

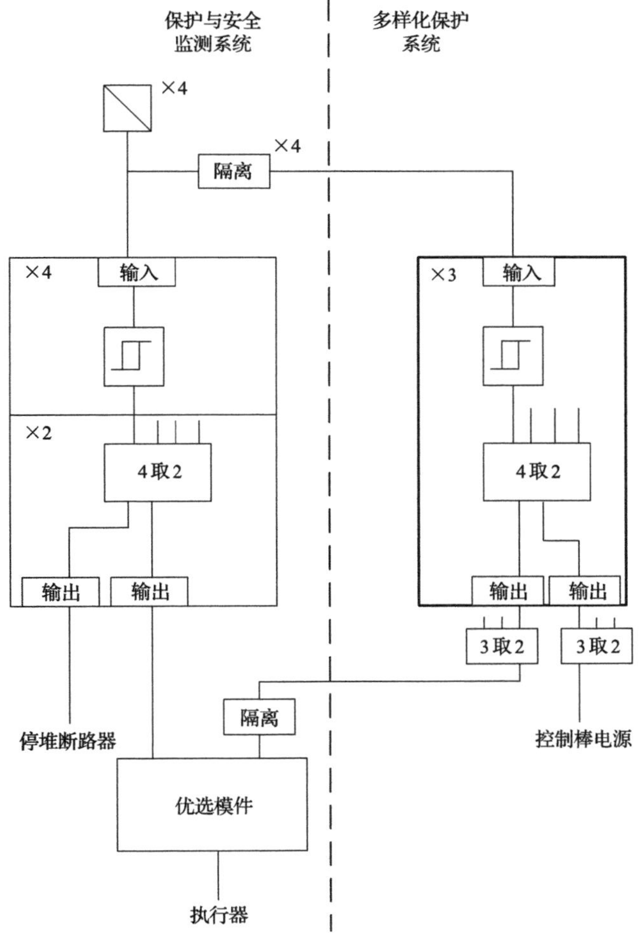

图 14.8 多样化保护系统结构示意图

Fig. 14.8 Diversity protection system diagram

14.8 严重事故监测和控制系统

14.8.1 系统功能

严重事故监测和控制系统用于监测严重事故管理所需的电厂状态参数，并为执行严重事故预防和缓解的工艺系统、设备提供必要的监督和控制，属于仪控系统纵深防御的第四层次。

严重事故监测和控制系统监测的关键电厂状态参数主要包括：堆芯出口温度、堆腔水位、反应堆一回路压力、热段水位、蒸汽发生器宽量程水位、安全壳内温度和压力、氢气浓度、乏燃料水池水位、堆腔注水流量，以及厂房辐射剂量等。

严重事故监测和控制系统所控制的主要系统包括：非能动安全壳热量导出系统、堆腔注水冷却系统、二次侧非能动余热排出系统，以及反应堆冷却剂系统的快速泄压系统等。

14.8.2 设计原则

严重事故监测和控制系统的主要设计原则如下：

1) 安全分级

严重事故监测和控制系统专有设备安全分级为 F-SC3，其系统、硬件和软件设计、质保、研发、验证与确认、鉴定等要求与 F-SC3 级设备要求一致。

严重事故监测和控制系统与保护和安全监测系统共用设备安全分级为：F-SC1 或 F-SC2；其系统、硬件设计、质保、研发、验证与确认、鉴定等要求与相应的 F-SC1 或 F-SC2 级设备要求一致。

2) 独立性

严重事故监测和控制系统范围内不同安全级设备和系统之间要满足实体、电气和通信隔离的要求。

3) 定期试验要求

为了保证设计功能满足要求，需要定期对严重事故监测和控制系统的设备和接口进行试验。

14.8.3 系统组成和特点

严重事故监测和控制系统设置专用的控制机柜，完成信号采集、逻辑处理和设备驱动功能，并通过位于主控制室的常规显示操作设备为操纵员提供严重事故的监测和控制手段。严重事故监测和控制系统需满足抗震 1 类要求，同时满足严重事故环境下的鉴定要求，接受 72h 蓄电池供电，可在发生严重事故且全厂断电工况下、厂外临时电源接入之前，保持 72h 正常运行。

图 14.9 为严重事故监测和控制系统结构示意图。

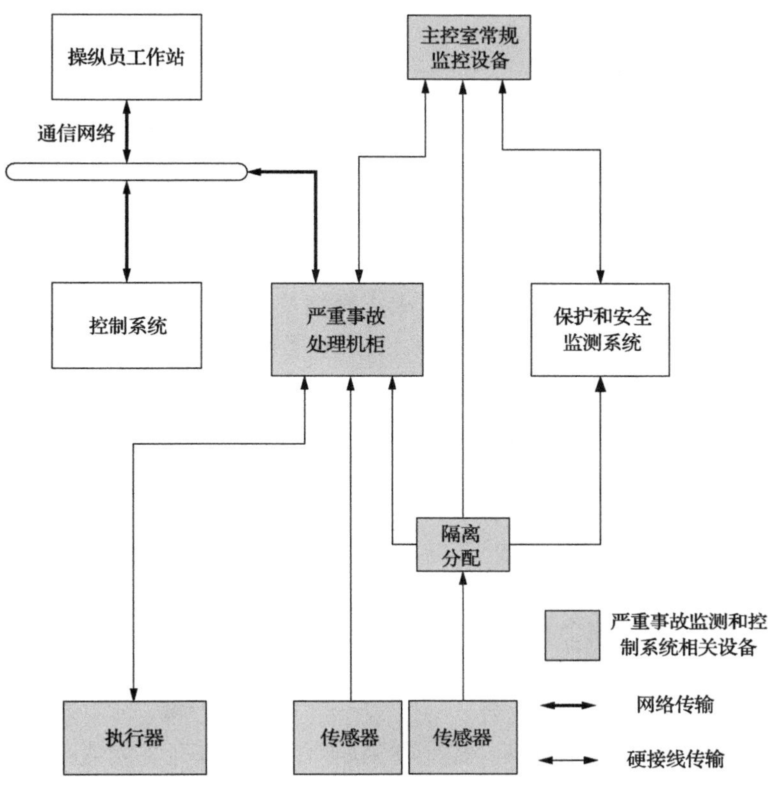

图 14.9　严重事故监测和控制系统结构简图

Fig. 14.9　Severe accident monitoring and control system structure diagram

14.9　控制室系统

控制室是全厂仪控系统的集中点，是人-机接口最集中的地方，是操纵员借助安装在控制室内的全厂仪控系统设备监测和控制整个电厂过程变量的中心。控制室为操纵员提供了达到电厂运行目标所必需的人-机接口及有关的信息和设备，在核电厂正常运行、预计运行事件、设计基准事故、设计扩展工况下，支持操纵员掌握核电厂的运行状态，正确地作出决策，及时采取必要措施，减少人为失误，确保核电厂的安全。控制室系统包括主控制室、远程停堆站、技术支持中心等。

控制室的主要目标是实现电厂在任何工况下的安全有效地运行，首先满足防辐射性能、防火性能、抗震性能、人因工程原则以及可靠性等设计准则。在此基础上，华龙控制室系统进行了一系列设计优化和创新：功能设计、环境设计、相关支持系统设计等都考虑了设计扩展工况，包括严重事故工况下运行需要和控制室区域的可居留性要求；采用先进的运行文件体系、优化的运行值配置和优化的大屏幕配置设计，更好地匹配运行要求；将人因工程原则纳入整个设计过程，并进行了完整的验证和确认活动，确保控制室设计满足法规标准的同时，具有友好的人机接口特性。

14.9.1 主控制室

1. 功能

主控制室在正常运行、预计运行事件、设计基准事故下为操纵员提供运行所需的全部信息和控制手段。停堆换料和设计扩展工况（包括严重事故）期间，在现场操作的配合下，操纵员可以在主控室完成对电厂的监测和控制。具体来说，主控制室要完成的功能包括：工艺过程的运行监控、安全监督、火灾探测及消防控制、放射性监测、获取电厂维修信息、定期试验的管理、厂内外通信、文件和数据记录等。

根据《核动力厂设计安全规定》（HAF 102—2016）[50]的要求，“华龙一号”主控制室设计中特别考虑了应对设计扩展工况（包括严重事故工况）的措施，在后备盘上设有严重事故专用控制区域，该区域显示和控制设备由 72h 蓄电池供电，保证严重事故情况下能够给操纵员提供必要的监视信息和控制手段。

2. 设施和布置

主控制室内设置四套完全相同的计算机化工作站，基于“华龙一号”先进运行策略的执行要求和运行值的优化配置设计，并在满足主控室布置要求和人员可达性要求的基础上，提出了主控制室操纵员工作台 “前三后一”的设计方案，即三套操纵员工作站布置在前方，根据副值长的要求管理、控制并完成所有运行任务。副值长工作站位于三套操纵员工作站的后方，作为机组正常运行的指挥者和事故状态下的协调员。同时，副值长根据任务量对规程进行任务分配，并对规程的执行负责。这种布置方式更好地满足了副职长对班组任务执行的整体把控需求。另外，根据国内二代改进型 M310 电厂的四个大屏幕设计应用的运行经验反馈，为解决其界面拥挤、信息过密、不利于运行人员获取信息的问题，“华龙一号”大屏幕的数量由四屏增为八屏。通过大屏幕为主控制室运行人员提供电厂主要参数、主要驱动器状态和安全保护系统状态信息，便于运行人员相互之间的配合、协调，以及在交接班或事故情况下迅速掌握电厂状态。

在主控制室内的操纵员工作站不可用的情况下，运行人员可根据当前电厂工况，通过后备盘维持电厂正常运行一段时间或使电厂达到并维持在安全停堆状态。后备盘以一种不同于工作站的多样化的手段支持电厂运行，作为计算机化工作站失效后的后备监控手段。除了作为多样化手段支持电厂运行，后备盘设置有严重事故监控区域，以在严重事故乃至叠加全厂失电的工况下，向运行人员提供必要的监视和控制手段。通过控制权转换的管理功能来实现计算机化工作站与后备盘之间的控制切换。紧急操作台（ECP）用于手动停堆或触发系统级专设安全设施驱动指令。

“华龙一号”主控制室布置图见图 14.10。

3. 主控室可居留性设计

主控制室设计除了满足运行人员对电厂的监控功能要求，还必须考虑各种运行工况下的人员安全，满足人员可居留性要求。

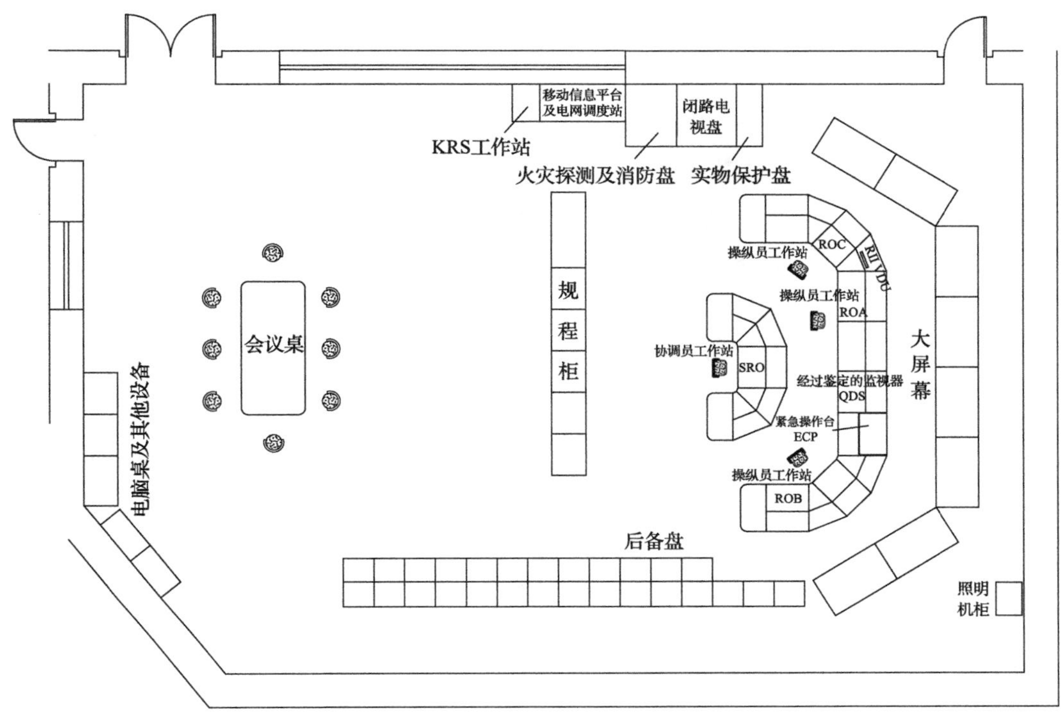

图 14.10 主控制室布置图

Fig. 14.10 Arrangement sketch of main control room

(1)“华龙一号”主控制室位于电气厂房，厂房外部有 APC 壳防护，可以抗商用大飞机撞击。

(2)控制室可居留区域为微正压设计，防止污染空气进入控制室。主控制室四周墙壁厚度按严重事故下的屏蔽要求进行设计，确保事故期间人员所受全身照射不超过有效剂量当量 50mSv。

(3)通风系统为主控制室设备和人员提供合适的环境。此外，“华龙一号”主控制室通风系统还考虑了设计扩展工况的可居留性要求，通风系统主要设备配置了 SBO 电源，在全厂失电工况下仍能够保证主控室的可居留性。为了保证主控室在严重事故条件下的可居留性，在电气厂房及核辅助厂房房顶部分别设置了事故取风口，当正常进风口被放射性烟羽覆盖不可用时，由正常进风口切换到事故取风口，两个事故取风口互为备用。

(4)控制室区域防护边界采用耐火材料，保证主控室之外的火灾在 2h 之内不会蔓延到主控制室区域。当主控制发生火灾，提供了两个分属于不同防火分区的撤离路径，保障人员安全撤离到远程停堆站。

(5)主控制室厂房、内部设备、盘台结构均为抗震设计，设备抗震鉴定基于“华龙一号”相应楼层反应谱进行。

(6)主控室照明设计考虑了正常照明和应急照明的不同方式，即使丧失全部交流电源时(包括厂区附加电源柴油发电机)，叠加 SBO 柴油发电机系统电源同时丧失的情况，通过 400V 车载式移动柴油发电机组提供临时动力，可为主控室提供应急照明。

福清 5 号机组主控室设计见图 14.11。

图 14.11　福清核电厂 5 号机组主控制室
Fig. 14.11　Fuqing unit 5’s main control room

14.9.2　远程停堆站

根据《核电厂辅助控制点设计准则》(GB/T 13631—2015)，只有当主控制室不可用时，操纵员才利用远程停堆站系统完成适当的操作，使反应堆迅速热停堆，并配合少量的就地控制，把反应堆安全地带入并维持在冷停堆状态。远程停堆站系统的设计不考虑主控制室不可用的同时还伴有其他独立事件，特别是认为一回路是完整的。

远程停堆站与主控制室位于不同的防火分区。在远程停堆站设置了 1E 级的切换开关，用于切换主控制室与远程停堆站之间的控制权限，利用该切换开关可以把控制权限从主控制室切换到远程停堆站，此时来自主控制室的命令(ECP 上的紧急停堆命令除外)被闭锁，转而由远程停堆站控制电厂。远程停堆站还设置了两套互相冗余的 NC 级、抗震 1 类的简化操纵员工作站，计算机化人机界面与主控制室完全相同，界面的设计原则是一致的。

14.9.3　应急响应设施

国际电工委员会(IEC)在 2019 年发布的“*Nuclear power plant – Control rooms – Requirements for emergency response facilities*”(IEC 62954)[68]明确了核电厂的其他应急响应设施(除了主控制室和辅助控制点)的范围，主要包括技术支持中心、应急控制中心、运行支持中心，并对这些应急响应设施提出了要求，这些要求与我国的核安全导则《核动力厂营运单位的应急准备和应急响应》(HAD 002/01—2019)以及《核电厂应急响应计划与准备准则 场内应急设施功能与特性》(GB/T 17680.7—2003)是一致的。

技术支持中心在核电厂发生事故或事件时为技术支持团队提供评价和诊断电厂状况

所需的场所和人机接口资源。技术支持中心的位置必须与主控制室邻近，使得技术支持团队可以方便地与控制室运行人员进行面对面的交流。“华龙一号”设计中，技术支持中心设置在主控层区域，位于主控室对面，充分利用了电气厂房的结构抗震，并且便于通风系统的设计以保证技术支持中心具有与主控室同样的温度、湿度、辐射防护等可居留条件。技术支持中心配置了的计算机化工作站，可以访问与主控室内一样的电厂生产过程信息及电厂剂量参数和气象参数，但不具备控制功能。技术支持中心还提供了多种与厂内、厂外的通信手段。

“华龙一号”的应急控制中心和运行支持中心作为核电厂专设应急响应设施，在核电厂场内核事故应急期间可执行应急指挥、技术支持、事故后果评价等功能，同时为后勤保障及抢修人员提供集合和待命的场所。结合群堆管理原则，与已运行机组共用建筑构筑物，不仅能够可靠地保障可居留性，还节约了投资成本提高了经济性。在应急控制中心内，应急辅助决策系统、堆芯损伤评价和事故后果评价系统、环境和气象监测系统分别提供了机组状态参数、堆芯损伤评价结果、事故后果评价结果、环境和气象监测数据等信息，是应急决策支持和应急响应的重要技术依据。

14.9.4 人因工程原则

核电厂人员对于核电厂的安全、可靠、有效运行起着重要作用。鉴于“人”的重要性和不可替代性，必须充分研究核电厂设计及运行中与“人”相关的因素，充分发挥人的主观能动性，优化人机工效，以满足和提升核电厂的安全性和经济性指标。《核动力厂设计安全规定》(HAF 102—2016)[50]在“总体设计”一章中就明确要求“必须在核动力厂设计过程初期就系统地考虑人因(包括人机接口)，并贯彻于设计全过程。”随着核电领域对人因工程的深入研究，国际原子能机构在 2019 年发布了安全导则“*Human Factors Engineering in the Design of Nuclear Power Plant*”(SSG-51)[69]为人因工程设计提供了指导。SSG-51 给出了人因工程过程模型(图 14.12)。“华龙一号”的人因工程设计遵循了这些导则要求，在工程项目的不同阶段开展了大量的活动。

“华龙一号”人因工程设计首先制定了人因工程管理大纲，统筹考虑人、技术、组织及它们之间的相互作用，建立了工程项目的人因工程体系，规划出所有的人因工程设计活动，明确每一项活动的输入、输出、分析/设计内容、工作程序。

运行经验评审活动为“华龙一号”的设计提供了许多借鉴经验，特别是总结了之前的运行事件或事故教训，以优化新的设计方案。功能分析保证了核电厂为实现安全运行设置了必需的功能，明确了控制电厂生产过程中人的职责，识别出人员为完成运行目标所需的信息和控制，提出时间要求、性能要求及限制条件。利用功能分析结果开展功能分配，把功能在人、机、人/机之间合理分配，最大限度地发挥各自的优势。对于那些分配给人的功能，则进行任务分析，分析人在完成这些功能时所需的人员特性以及为支持人员完成任务所需的人机接口特性。人员配备与资质的分析可以保证控制室人员数量配备及资质能够满足电厂安全有效运行。重要人员动作分析识别出了安全重要的人员动作，在系统设计过程中予以重点关注，确保充分考虑影响电厂安全的潜在人员失误、人误机理，实施有效的防人误措施。

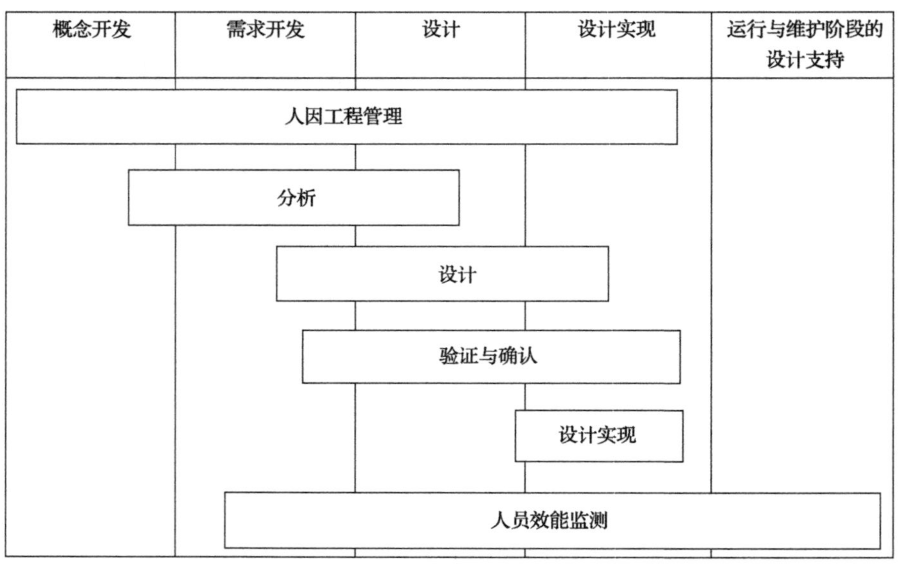

图 14.12　工程项目各阶段开展人因工程活动的样例

Fig. 14.12　HFE activities in the whole life circle of NPP

人机接口设计过程反映了功能和任务要求向人机接口特征和人机接口功能的转化过程。人机接口设计就是将功能和任务要求恰当地转化为报警、显示、控制的设计细节，并将人因工程的原则和标准系统地应用于人机接口设计的各个方面。“华龙一号”充分利用计算机系统的优势，开发了计算机化规程，帮助操纵员更有效地监控电厂运行。

“华龙一号”工程中由独立的人因工程专业人员开展了深入的验证和确认活动，包括任务支持验证、人因设计验证、基于设计验证平台的部分确认和集成系统确认。验证和确认活动中针对电厂在典型和事故工况下操纵员需要完成的关键人员动作和风险重要任务及相关情境是重点要核查的内容。对于期间发现的人因工程偏差项，通过与设计团队的讨论，找到解决方案并进行设计修改。

在设计实现阶段，通过验证最终产品保证了工程实施阶段遵循了人因工程设计过程中已经验证和确认过了的设计。

14.10　电厂计算机信息和控制系统

电厂计算机信息和控制系统(IIC)主要承担电厂的数字化操作任务，在电厂仪表和控制系统总体结构中，电厂计算机信息和控制系统构成了电厂的操作和管理信息层(2 层)，其终端是实现电厂监控的主要人机接口。

电厂计算机信息和控制系统通过电厂机组网络获得电厂的输入/输出数据，并对所获得的数据进行处理，最后把处理结果送到计算机化显示单元，为电厂运行人员提供电厂状态的信息及操作指导。同时作为电厂重要的操作手段之一，它接收操纵员的命令，并把命令传递到过程控制网络，从而实现对电厂的操作。

14.10.1 系统组成

该系统是一个采用分布式网络结构的计算机系统，系统设备包括信息显示设备（大屏幕和操作终端显示器）、过程信息处理和存储设备（高性能工业计算机和服务器）和通信设备（网络设备和电缆）。

14.10.2 主要功能

电厂计算机信息和控制系统主要完成计算机化的信息显示和软控制、优化的报警处理、计算机化规程、安全参数显示、性能计算，以及日志、趋势显示和记录等功能。

1. 信息显示和操作控制

通过统一的图形用户界面和先进的窗口显示方式将电厂运行过程显示出来以满足运行人员的要求。具体包括：

(1) 工艺流程画面：该类画面主要以工艺系统的流程图为基础，用于显示系统的工艺流程并协助操纵员对系统进行操作和监视。

(2) 命令画面：该类画面一般是以弹出窗口的方式显示出来。操纵员主要是通过此类画面来对目标设备发出命令，完成相应的控制功能。

(3) 规程画面：该类画面用于某段规程操作时，执行所需的监测，并能协助调出相应的命令画面完成规程中所需的某些综合操作。

(4) 大屏幕画面：该类画面用于显示电厂的总体概貌，以及电厂重要系统与设备的状态和参数。

(5) 综合监控画面：该类画面是基于电厂某些重要功能而设计的综合信息画面，此类画面提供了对应电厂重要功能所需监视和控制的信息和设备，并在需要的时候可以投放到大屏幕进行显示。

(6) 定期试验画面：此类画面专门用于执行定期试验所进行的操作或收集定期试验所需的信息。

(7) 导航画面：此类画面是用于帮助操纵员能快速进入到目标画面而设计的入口画面，所有画面都可以通过此类画面直接或间接进入。

(8) 质量位画面：核电厂保护系统中，质量位信号被用于大量的逻辑退防。“华龙一号”中质量位画面可以让操纵员便捷地了解到重要保护动作触发的动态逻辑条件及触发信号的有效性。

“华龙一号”基于新的规程体系及以往二代改进型主控室大屏幕画面的不足，采用八个大屏幕，重新规划并设计了大屏幕画面。正常运行情况下大屏幕功能分配见图 14.13。在事故情况下，其功能分配在此基础上进行适当调整，使其更好满足事故处理的需要。

2. 报警

报警功能是当工艺系统出现异常或仪控系统出现异常时，通过特殊的方式（颜色变化、灯光闪烁或声音告警）通知操纵员，并为操纵员提供有关故障分析的信息。在操纵员的请求下，可以进一步调用报警规程进行相应的处理。

① 首出报警 NI报警	② CI 综合报警	③ 棒位	④ NI(压力容器、稳压器)NI(蒸发器、主泵)	⑤ CI(主蒸汽、给水、高压缸)	⑥ CI(DEH)	⑦ F0	⑧ 冷源，电源

图 14.13　大屏幕功能分配

Fig. 14.13　Function allocation for the large display panels

按照需要采取措施的紧急程度将报警分为 5 级：

(1) 红色报警：不能自动处理而需要操纵员立即采取措施的故障。

(2) 黄色报警：不能自动处理但操纵员可以稍迟采取措施的故障。

(3) 白色报警：能自动处理而不需要操纵员采取措施的故障，报警只起到传递信息的作用。

(4) 绿色报警：能自动处理但导致停堆或停机的故障，操纵员必须监督所发生的各种自动动作。

(5) 紫色报警：计算机化控制方式下的重要的报警，需操纵员对其快速做出反应。

基于数字化人机界面的报警系统由于不受物理空间的限制，可以提供数量更多、更为全面具体的报警信息。但过多的报警，使得操纵员负荷加重，注意力分散，不利于对事件的处理。“华龙一号”采用了“报警抑制”和“报警禁止”等技术来优化报警信息显示和处理。通过“报警抑制”处理，使得那些对于当前状态次要的、不相关或不必要的报警不直接显示给操纵员。对 “报警示抑制”的测点，只进行监视，不以报警形式来显示，但操纵员仍可通过调用被抑制报警列表获得需要的信息。通过“报警禁止”去掉那些次要的、不相关或不必要的报警，使得报警不产生，即对“报警禁止”的点不作报警监视。

此外，“华龙一号”报警实现了组合报警和报警列表的一体化显示功能。操纵员通过点击报警界面中的功能组合报警，可以自动将该组合报警对应的报警列表显示出来，同时功能组合报警也可以隐藏起来，只显示报警列表。

3. 计算机化规程

计算机化规程，使得运行人员能够快速、便捷调用电厂运行规程，满足电厂不同运行条件下的功能需求。数字化规程人机界面主要包括结构导航界面和规程操作界面。结构导航图可以显示整本规程的操作流程和策略，帮助操纵员对于规程的执行进程有一个整体的了解。规程操作界面是规程操作步骤的具体执行界面。

操纵员工作站具备数字化规程的操作权限，这一权限保证了操纵员可以实现规程操作步骤的勾选、设备的控制等动作；副值长工作站只具有监视权限，副值长可以监督操纵员的操作结果和机组状态变化，但不能直接干预。不同操纵员之间通过分工管理和副值长的指挥来保证几名操纵员之间不会出现重复操作的情况。

“华龙一号”的事故规程采用更先进的基于征兆导向法的事故规程，征兆导向事故规程通过六类关键安全功能参数来表征电厂的安全状态，当这些参数出现异常征兆时，表示电厂安全状态受到威胁，通过关键安全功能状态监视程序引导操纵员执行相应的处理策略，恢复处于异常状态的关键安全功能，进而使核电厂恢复到安全可控的状态。

除了数字化规程，还设计有纸质规程作为计算机化规程系统失效后的后备。

4. 安全参数显示

安全参数显示功能以简明方式提供电厂安全状态。它汇集并显示电厂机组的重要参数，用于帮助操纵员迅速评估电厂的安全状态。此功能提供给操纵员在事件或事故工况下所需的重要数据，用以改进操纵员在此工况下的操作能力，减少人因错误的潜在风险。

安全参数显示功能包括关键安全参数监视功能、识别第一故障、安全执行机构监督、以及电厂主设备监督等功能。关键安全参数监视主要针对次临界度、堆芯冷却、二次热阱、主系统完整性、安全壳状态，以及主系统水装量六个安全功能进行监视。除了较常采用的参数列表和趋势显示方式，“华龙一号”设计了关键安全功能状态树功能，由关键安全功能状态树可引导进入相应的功能恢复规程，使得相应的关键安全功能恢复正常，进而确保电厂在事故后处于安全可控的状态。

5. 在线性能计算

电厂计算机信息和控制系统完成反应堆功率计算、汽轮机热效率计算和氙预测计算等在线性能计算任务。

6. 日志

日志记录和存储系统发生的所有历史事件，并按照事件发生的时序进行存储。日志主要包括全日志和专项日志两大类。全日志是由系统处理过的所有事件的数据记录。专项日志是全日志中的一部分，与其相关的事件由专项准则确定，如指定的某些电厂发生的事件、指定的开关量或模拟量阈值触发状态变化的事件，及指定的报警级等。

7. 事故顺序记录和事故追忆

事故顺序记录是当发生指定事故时，将按时间顺序自动记录下与该事故有关开关量的状态变化，以备事故分析之用。事故追忆用于事故后，记录与该事故相关的模拟量和开关量在事故前和事故后一段之间内的变化情况，用于后期查询和事故分析。

8. 趋势和历史

该功能可以通过趋势曲线或数据列表的方式，提供给操纵员模拟量或开关量趋势变化和历史记录信息。

9. 数据记录与存档

历史数据可以帮助运行维护人员分析数据在一个长时间段内的变化趋势，同时还可以帮助运行维护人员查找已经发生的事故的原因。

第 15 章

厂 房 布 置

“华龙一号”核电厂厂房是根据核电厂的基础功能进行规划。厂房的划分既要满足系统安全功能的实现，同时要保证厂房布置的合理紧凑。“华龙一号”核电厂包括核岛厂房、常规岛厂房和 BOP 厂房。

核岛厂房是整个核电厂的核心厂房，总平面中的布置位置要便于全厂的安全物项功能的实现，保证厂房的所有安全通道的可达性，以便事故后的应急措施的实施。核岛厂房包括反应堆厂房、安全厂房、燃料厂房、电气厂房、核辅助厂房、核废物厂房、人员通行厂房、应急柴油发电机厂房、应急空压机房、核岛龙门架、核岛消防泵房和全厂断电(SBO)柴油发电机厂房。

常规岛厂房紧邻核岛厂房，是发电机组的核心厂房，承接着输出上网发电的功能。常规岛厂房主要包括汽轮发电机厂房、网控楼、500kV 和 220kV 开关站。

BOP 厂房是核电厂的服务厂房，内设若干子项，分为核安全相关物项、非核安全相关物项。他们为核岛、常规岛的正常运行提供多方面的服务功能。“华龙一号”核岛厂房、常规岛厂房示意图如图 15.1 所示。“华龙一号”核岛三维示意图如图 15.2 所示。

15.1　布置设计总体要求

“华龙一号”第三代核电厂设计严格遵循和贯彻了“纵深防御”的设计要求，加强严重事故的应对措施，满足“能动与非能动相结合”的安全设计理念，安全系列之间相互隔离，满足系统与设备的多重性、多样性与独立性。

“华龙一号”核电厂核岛厂房、常规岛厂房和 BOP 厂房的总体布置设计是在满足系统及设备功能的基础上，遵照相关法规标准要求，以国标及行业标准作为自主设计选用或参考的基本标准体系，为保证核电厂的安全，对辐射防护设计，防火分区设计，防水淹设计，设备安装运输及人员通行路径，设备的施工、维护、调试，在役检查等进行综合研究，以满足安全系统功能的实现，在保证安全性的前提下兼顾核电厂的合理性和经济性。

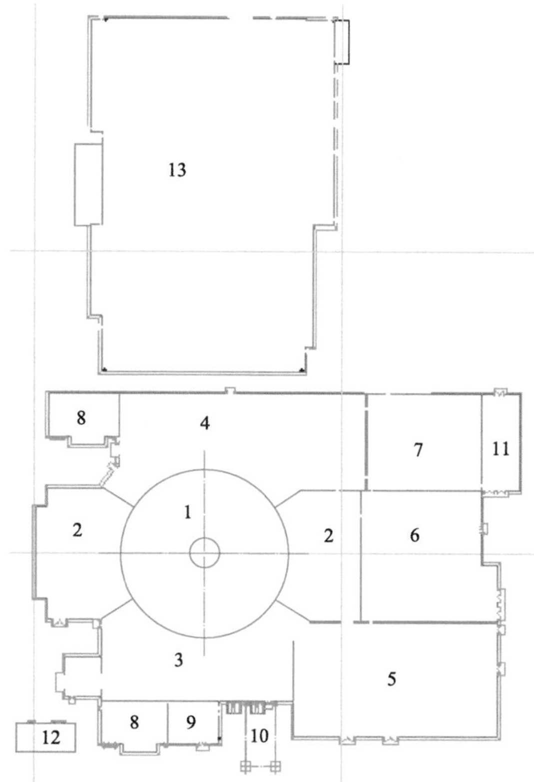

图 15.1 “华龙一号”核岛、常规岛厂房示意图

Fig. 15.1 Nuclear island and conventional island in HPR1000

1-反应堆厂房；2-安全厂房；3-燃料厂房；4-电气厂房；5-核辅助厂房；6-核废物厂房；7-人员通行厂房；8-应急柴油发电机厂房；9-应急空压机房；10-核岛龙门架；11-核岛消防泵房；12-SBO 柴油发电机厂房；13-常规岛厂房

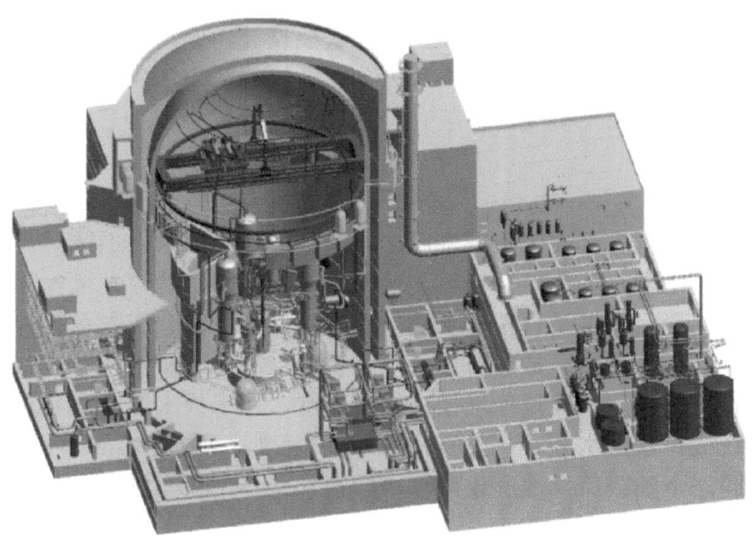

图 15.2 “华龙一号”核岛三维示意图

Fig. 15.2 Nuclear island and conventional island in HPR1000

15.1.1 布置总则

核岛厂房是核电厂最核心的构筑物，其总体布置的合理性是核电厂高效完整设计的基础。核岛厂房应能抵御自然灾害，在热带气旋、洪水、龙卷风、海啸和地震工况下不能丧失安全功能。核岛厂房应能抵御任何假定内部事故的影响，如遭受火灾和水淹时，不丧失设计的安全功能。

汽轮发电机厂房是常规岛的核心厂房，每台核电机组包含一座汽轮发电机厂房，采用横向双列布置，汽轮发电机中心线与核反应堆厂房中心线对齐，汽轮发电机厂房的布置与全厂总平面布置保持一致，设置必要的通道，便于电厂运行期间的巡视及设备检修、维护。汽轮发电机厂房布置符合防火、防爆、防潮、防尘、防腐等相关要求。

BOP 厂房内设核安全相关物项子项，如联合泵房 PX、核岛/常规岛液态流出物排放厂房 QA/QB、重要厂用水进水廊道 GA、废液排放管廊 GC、电缆沟道 GF 等。这些子项建筑、结构、电气、通信、暖通空调、给排水等设计应遵循相应的国标要求。

15.1.2 布置设计特点

1. 单堆布置及双层安全壳

核岛厂房采用单堆布置，可以减少同场址不同机组的相互影响，增加厂址的适应性、经济性。其中反应堆厂房采用双层安全壳，增大了安全壳内自由容积，双壳之间环形空间保持负压，加强了第三道屏障的安全性。内层安全壳内径为 46.80m，壁厚为 1.30m，外层安全壳内径为 53.00m，壁厚为 1.50m。双层安全壳之间为 1.8m 的环形空间。

2. 核岛厂房抗震和抗大型商用飞机撞击

核岛厂房采用较高的地震输入标准，地面加速度为 0.30g。核岛主要厂房反应堆厂房、电气厂房、燃料厂房和左右安全厂房采用整体底板设计，提高了核岛厂房的抗震能力。为了提高核岛厂房抗大型商用飞机撞击和外部飞射物的能力，反应堆厂房、燃料厂房和电气厂房采用防大型商用飞机撞击屏蔽壳(APC 壳)进行安全保护。

3. 换料水箱内置

内置换料水箱位于安全壳内反应堆厂房的底部，是一个内衬不锈钢衬里的钢筋混凝土结构，与安全壳地坑合二为一。换料水箱最基本的功能是贮存大量含硼水，不但提高了水源的可靠性，而且取消了直接安全注入系统到再循环安全注入系统的切换，降低堆芯损坏概率。同时，在严重事故时对堆芯熔融物进行冷却，防止容器外蒸汽爆炸和安全壳底板熔穿。在换料期间，为反应堆换料水池充水，在事故工况下，为安全注入系统和安全壳喷淋系统提供安全水源。内置换料水箱内设置过滤系统。在结构设计、载荷设计(正常载荷、各种瞬态下的载荷、地震载荷等)方面的设计基准及要求与安全壳设计一致。

4. 能动专设安全系统布置

核电厂能动专设安全系统包括安全注入系统、安全壳喷淋系统、辅助给水系统。安全注入系统和安全壳喷淋系统的不同系列分别布置于位于与反应堆厂房中心线对称的左右两个安全厂房内，从而实现完全的实体隔离，彻底避免了外部危险对安全系统可能造成的影响。满足安全设施的多样性、冗余性、独立性要求，提高系统运行的可靠性。辅助给水系统分为两个系列，分别布置于电气厂房内完全隔离的房间内，实现完全的实体隔离，彻底避免了内外部危险对安全系统可能造成的影响。

5. 非能动安全系统布置

"华龙一号"核电厂采用能动与非能动相结合的设计理念，增设了应对设计扩展工况的非能动安全系统：堆腔注水冷却系统、非能动安全壳热量导出系统、非能动二次侧余热排出系统。

堆腔注水冷却系统采用能动与非能动相结合的设计方式。能动部分的两个系列分别位于左右两个安全厂房内，非能动部分布置在反应堆厂房内。在反应堆厂房高位设置堆腔注水水池，实现非能动堆腔注水。在安全壳外壳设置高位外挂水箱，分三个系列，每个系列对应一个蒸发生器及主蒸汽管道布置，为非能动安全壳冷却系统和二次侧非能动余热排出系统提供充足的水源。

6. 主控室布置

主控室是全厂操作和管理信息层的主要操作中心。对主控室及其相关设施采用集中布置，并设置独立的通风系统，保证在事故条件下主控室的可居留性。

7. 主给水调节阀及隔离阀布置

将主给水调节阀及其上下游的电动隔离阀、给水旁路调节阀及其上下游的电动隔离阀组布置到电气厂房的主给水管道隔间，提高了阀组的安全性，确保主蒸汽管道断裂叠加安全停堆时主给水的有效隔离。

8. 应急供水管线及接口布置

根据福岛后事故的经验反馈，设置了一回路、二回路、乏燃料水池、堆腔注水水池、安全壳外挂水箱应急供水管线及接口。应急接口散布于核岛厂房外墙且方便到达的部位，确保在应急情况下，可以通过外部注水冷却堆芯，确保核电厂的安全。

9. 布置设计满足辐射防护设计要求

辐射防护的目标是使"华龙一号"核电厂满足三代核动力厂的辐射防护水平。设计中对放射性控制区厂房进行辐射分区，对人行通道和人员操作区设置必要的屏蔽或设置远传操作，防止放射性污染的扩散，降低工作人员遭受照射的剂量；合理组织人流和气流，使工作人员受照达到合理可行尽量低(ALARA)水平。通过降低源项、增加工作人员和源之间的距离、改善厂房的通风等来降低源项剂量率。通过简化运行规程、提高剂量高的设备标准、空间设计使得设备容易维修和拆除、提供良好的照明等减少辐射场内的停留时间。

10. 布置设计满足防火设计要求

“华龙一号”核电厂的防火设计依据《核电厂防火设计规范》（GB/T 22158—2008）的相关要求，对核岛厂房划分防火分区和防火小区，并进行火灾薄弱环节分析。对厂房布置进行合理布局，通过实体隔离和防火封堵等措施保证布置设计满足核电厂防火设计规范的要求。

11. 布置设计满足防水淹设计要求

核电厂水淹防范包括外部水淹和内部水淹。

外部水淹可经由核岛外墙上的孔洞及门造成内部水淹。根据需要进行防水封堵，避免核岛厂房内设备遭受外部水淹。

核岛厂房内部水淹需划分水淹分区并采取相应措施，保证核岛安全相关系统的设备及相关的设施不会因为内部水淹而影响安全停堆功能，降低内部水淹事件的危害。对于内部水淹的防护，确定需要防护的设施和防护区域，分析该区域内的水淹源及水淹状况，根据具体的分析进行水淹防护。布置设计满足内部水淹防护的措施一般包括：①将不同安全系列的安全物项设置在不同的水淹区域实施隔离；②设置挡水堰，防水封堵；③适当抬高设备安装基础；④设置地坑和地坑泵、或地面孔洞进行排水；⑤利用孔洞、楼梯等设施将水引至其他楼层。

12. 布置设计满足飞射物防护设计要求

核电厂内安全相关和无关的物项都可能成为潜在的飞射物源，内部飞射物主要包括转动部件损坏、承压部件损坏、爆炸、构筑物倒塌和物体跌落、二次效应。在核电厂设计和评价中，应考虑由假设始发事件引起的内部飞射物，也应评价二次效应产生内部飞射物的可能性。

内部飞射物防护设计准则包括：

(1) 飞射物对构筑物、系统和部件的破坏程度不应导致实现或维持安全停堆功能的失效或不可接受的放射性释放。

(2) 反应堆冷却剂系统一个环路产生的飞射物不应导致其他环路、安全壳(包括衬里、贯穿件、空气闸门、进出通道)、主蒸汽系统或者主给水系统完整性的丧失。

(3) 反应堆冷却剂系统以外的其他系统产生的飞射物不应导致反应堆冷却系统压力边界、安全壳完整性的丧失。

(4) 主蒸汽压力边界或主给水泵出口管压力边界产生的飞射物不应导致另一环路可隔离的主蒸汽管道或主给水管道完整性的丧失。

(5) 飞射物不与其他设计基准事件叠加考虑，但在事故中产生的飞射物不应导致缓解该事故后果的系统丧失功能。

(6) 产生的飞射物不应使乏燃料贮存池丧失完整性，不应穿透主控室，也不应导致在主控室内实现安全停堆所需的任何系统丧失功能。

布置设计中采用了以下防护措施来防止飞射物带来的危害：①用隔室把需要防范的飞射物源包容起来，隔室墙壁能防止飞射物穿透；②设置墙体作为屏障；③实体隔离各冗余系统；④设备设计距离尽量布置在潜在飞射物的射程之外，布置方位要避开飞射物射程方向；⑤在有潜在危险的部件上加约束件。

13. 布置设计满足防氢气爆炸要求

对生产氢气或使用氢气的危险源，在布置设计中采取了如下预防措施：①限制封闭空间中的泄漏量：缩短高压管道在厂房内的长度；穿墙的一端采用不密封的管套；禁止氢气管紧邻电缆布置；预防管道受冲击和热作用。②限制氢气积累：限制可能发生氢气积累的死区，在正常运行时，氢气在空气中的浓度不应超过 1%。③设置氢复合器，在氢气易聚集的地方设置移动或固定式氢复合器，消除氢气，减少氢气的聚集。

14. 布置设计满足管道破裂效应防护要求

管道破裂效应包括流体流出的影响(蒸汽或水、水淹、辐射)、局部环境条件(压力、温度、湿度)的变化、破裂管道甩击的动力效应。

对于管道破裂效应，在布置设计中采取了如下预防措施：

(1) 地理分隔(距离或方位)：流体管路和关键系统之间保持足够的距离，使得在这些管道发生破裂导致的所有效应(甩击、射流效应、环境影响)不影响关键系统的完整性和正常运行。

(2) 实体隔离(利用土建构件)：需验证所设计的土建构件可以抵御管道破裂引起的喷放力。

(3) 设置防管道甩击的保护装置：防甩击装置、固定支架、自动闭锁装置、阻尼器、减震器等。

15. 布置设计满足噪声防护要求

核电厂内装有不同分贝的噪声源，主要包括对人员和环境的影响。在总体布置设计阶段，合理考虑了厂房规划，利用地理分隔措施保证主控室、办公室及其他工作人员经常出入区域的噪声控制限值满足标准要求。在设计中采取隔音屏、隔墙、设备罩、挡板、消音器、抗震设备等隔音设备。

16. 设备安装路径

核岛内预装设备随土建施工阶段就位。核岛反应堆厂房内主设备通过龙门架、主设备运输通道、设备闸门引入。其他设备可通过设备闸门或人员闸门引入。核岛其他厂房内的设备一般通过±0.00m 进入厂房主通道，再通过吊装孔及吊车安装就位。

15.2　核岛厂房布置

核岛厂房是核电厂最重要、最复杂的厂房。该厂房的布置设计关系到整个核电厂的安全运行。“华龙一号”核岛厂房以反应堆厂房为核心进行布局，主要包括反应堆厂房、燃料厂房、电气厂房、安全厂房、核辅助厂房、核废物厂房、人员通行厂房、应急空压机房、应急柴油发电机厂房、SBO 柴油发电机厂房和核岛消防泵房(图 15.3、图 15.4)。

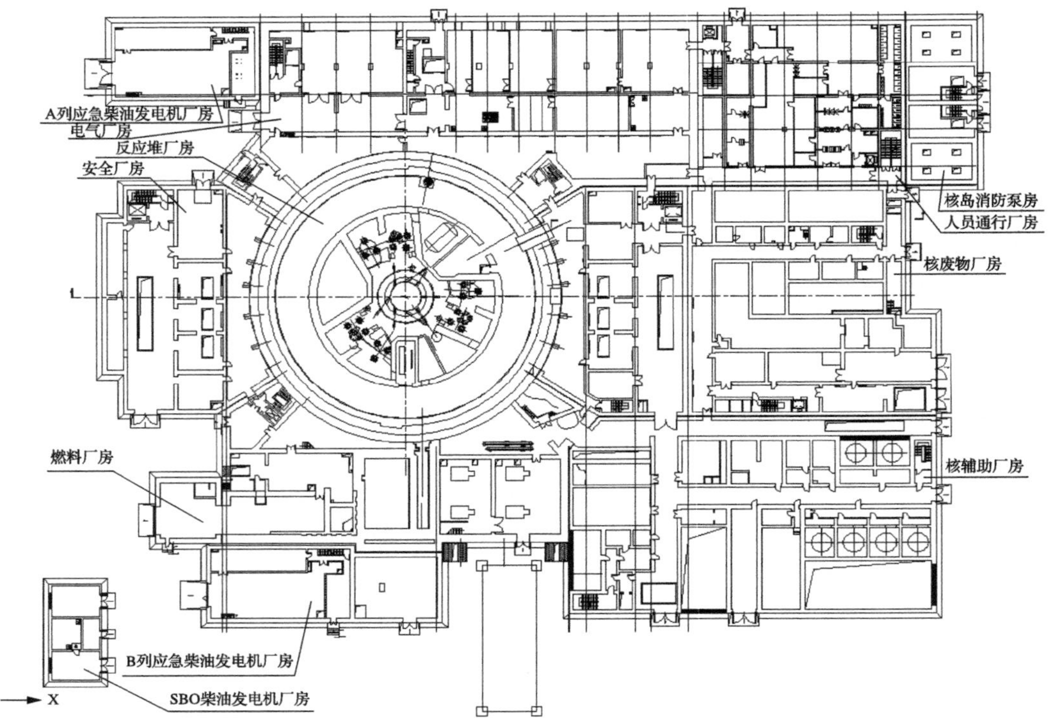

图 15.3　核岛厂房平面布置图

Fig. 15.3　Nuclear island overall plan layout drawing

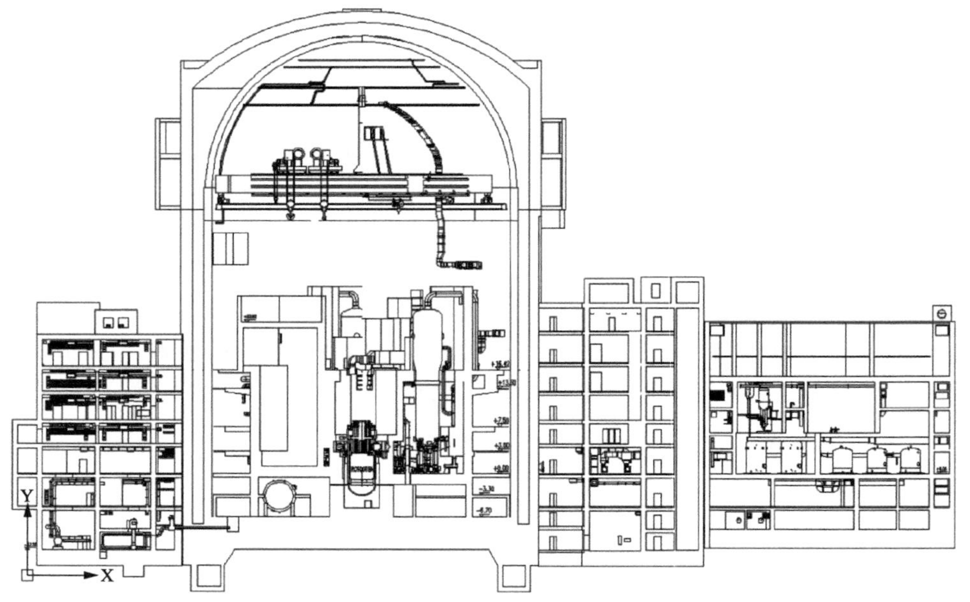

图 15.4　核岛厂房剖面布置图

Fig. 15.4　Nuclear island sectional layout drawing

15.2.1 反应堆厂房

反应堆厂房是核电厂的核心厂房，由双层安全壳和内部结构组成。内部结构墙体由一次屏蔽墙(堆坑)，二次屏蔽墙及主设备隔间隔墙共同组成。内层安全壳内侧设有钢衬里，作为第三道安全屏障，可以阻止主回路管道泄漏所逸出的放射性物质对环境产生污染；外层安全壳下部壁厚为 1.50m，上部壁厚为 1.80m，可抵御大飞机撞击。

反应堆厂房主要用于布置反应堆、主泵、蒸汽发生器、稳压器等；同时布置有安全注入系统、安全壳喷淋系统和辅助给水系统等专设安全系统，化学和容积控制系统、余热排出系统、设备冷却水系统、核岛通风空调系统等辅助系统，应对设计扩展工况或严重事故的应急硼注入系统、非能动安全壳热量导出系统、二次侧非能动余热排出系统、堆腔注水系统等。在正常工况和事故工况下，对现场人员提供辐射防护，噪声防护，同时保护反应堆厂房内部各系统免受内外部危险的影响。图 15.5 为反应堆厂房三维图。

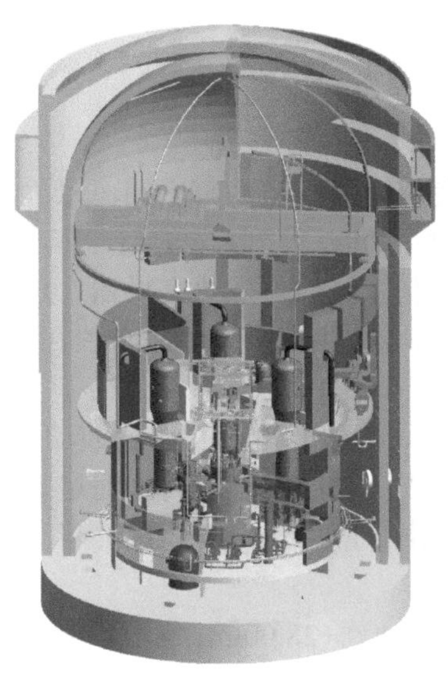

图 15.5 反应堆厂房三维图

Fig. 15.5 Reactor building three dimension drawing

1. 厂房布置

反应堆厂房内部结构按其标高分为 7 个布置层。

最底层由内置换料水箱、三个安注箱隔间及堆坑外小环形区组成。三个安注箱隔间内布置有安注箱及安全壳连续通风系统的风机。同时反应堆冷却剂泵废液回收水箱、工艺疏水箱和地坑泵等布置在此层，并设有堆坑通风小室，此小室还作为人员通往堆坑的通道。

管道夹层，用以布置工艺管道、风管以及电缆托盘。该层内布置有反应堆厂房疏排系统的反应堆冷却剂疏水箱、疏水泵及堆腔注水系统的净化泵和过滤器等。图 15.6 为反应堆厂房–6.70m 三维示意图。

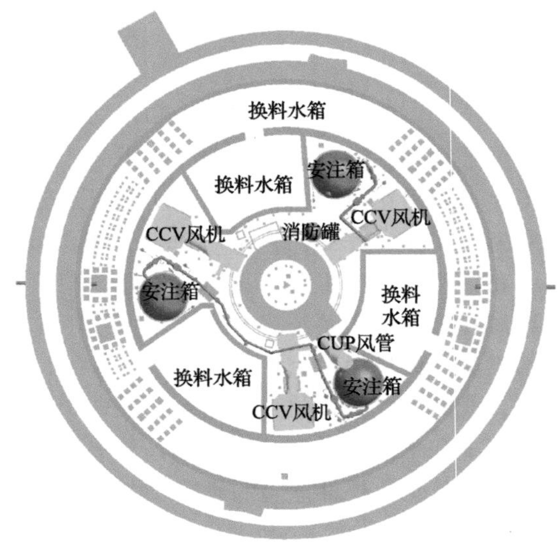

图 15.6　反应堆厂房–6.70m 三维图

Fig. 15.6　Reactor building –6.70m three dimension drawing

零米层布置有三个蒸汽发生器隔间及主泵房间，以堆坑为中心沿圆周均布。蒸汽发生器隔间延伸到+30.35m，主泵房间延伸到+16.50m。蒸汽发生器和主泵房间之间为主回路过渡段管道。化学和容积控制系统的再生热交换器、过剩下泄热交换器与阀门操作间位于 90°方向的隔间内。非能动堆腔注水系统水池布置在 180°方向并延伸至+23.00m，为事故后堆腔提供水源。

+3.60m 层布置有热段管道、冷段管道及稳压器波动管。平面 90°轴线位置为堆内构件存放池，反应堆厂房与燃料厂房之间的燃料转运通道设在该层。停堆换料期间，新燃料和乏燃料经燃料转运通道进出反应堆厂房。该层环形区布置有堆坑通风系统及安全壳空气净化系统的风机。

稳压器位于+10.50m 层，延伸到+28.00m。堆坑上部自为堆坑水池，堆坑水池与堆内构件存放池中间设有水闸门隔开。堆坑水池和堆内构件存放池共同构成反应堆换料水池。主给水管道在该层由电气厂房进入反应堆厂房。图 15.7 为反应堆厂房+7.50m 三维示意图。

主泵消防水箱布置在+13.50m 层，主蒸汽管道在该层从反应堆厂房进入电气厂房。

反应堆厂房设备操作大厅和转运平台设在+16.50m 层。大型设备可经设在该层的设备闸门和运输轨道进入反应堆厂房。堆坑水池及堆内构件贮存池上部安装有装卸料机。该层环形区设置有四台控制棒驱动机构通风换气系统的风机。在堆腔注水高位水箱顶部设有压力容器顶盖间，其上部设有墙体用于屏蔽辐射。

安全壳穹顶布置安全壳喷淋系统管道、安全壳大气监测系统管道。反应堆厂房内部结构的不同的楼层共设置了 33 台氢气复合器，穹顶设置有严重事故下氢气监测设施。

双层安全壳之间的环形空间主要布置有机械贯穿件和电气贯穿件、通风系统管道、消防系统及疏排系统管道等。通风系统用于保持环形空间的负压，收集内壳的泄漏并在向外部环境排放之前进行过滤。并且根据环形空间的布置情况以及安装和检修的需要，设置有不同标高的钢平台和钢爬梯。

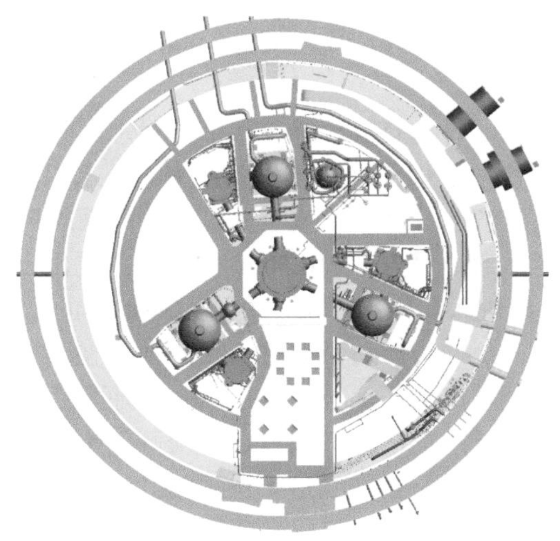

图 15.7 反应堆厂房+7.50m 三维图

Fig. 15.7 Reactor building +7.50m three dimension drawing

内层安全壳布置有非能动安全壳热量导出系统热交换器及二次侧非能动余热排出系统管道和贯穿件。外层安全壳外侧设有二次侧非能动余热排出系统的冷凝器隔间，非能动安全壳热量导出系统和二次侧非能动余热排出系统的阀门操作间及检修平台，并设有贮水箱，为非能动安全壳热量导出系统、二次侧非能动余热排出系统提供冷源，并把热量导入最终热阱(大气)。图 15.8 为反应堆厂房剖面三维图。

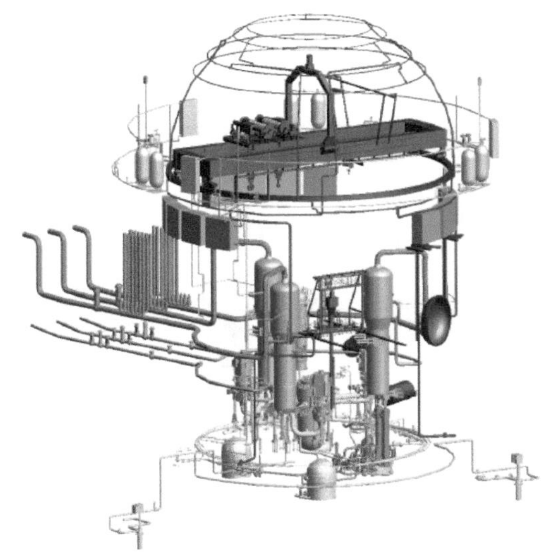

图 15.8 反应堆厂房剖面三维图

Fig. 15.8 Reactor building sectional three dimension drawing

2. 设备运输及人员通行

反应堆厂房内层安全壳±0.00m 及+7.50m 处设有ϕ2.9m 的人员闸门和应急闸门，在

+16.50m 设有ϕ8m 的设备闸门。在外层安全壳±0.00m 和+7.50m 环形区设置了外层安全壳密封门。

反应堆厂房需一次引入的设备有反应堆冷却剂密封水回收箱、反应堆冷却剂疏水箱、安注箱、稳压器卸压箱、二次侧非能动余热排出系统应急补水箱和应急余热排出冷却器、非能动安全壳热量导出系统汽水分离器、安全壳连续通风系统风机及空调机组。

核岛内大型设备吊运是通过设置在+16.50m 设备闸门进出反应堆厂房。小体积设备可通过±0.00m 的人员闸门进入反应堆厂房，并通过环形区的吊装洞进入各层。

在反应堆正常运行时，反应堆厂房不允许人员进入。在停堆检修期间，检修人员自人员通行厂房进入核岛，经核废物厂房与安全厂房人员通行廊道至±0.00m 层的人员闸门进入反应堆厂房，再通过此层的电梯，或设在环形区的钢扶梯到达各层。最低–6.70m 层是通过设置在小环形区的三个钢扶梯到达。出现紧急情况时，人员闸门及应急闸门均可用于人员应急疏散。应急闸门通往电气厂房的楼梯间。

15.2.2 安全厂房

“华龙一号”采用第三代核电技术，设计满足单一故障准则。按照强化系统、设备、构筑物冗余性、多样性和独立性的设计原则，需要安全系统满足实体隔离布置要求，故设计左、右安全厂房，安全系统分为 A、B 两列，分别布置在两个安全厂房内，系统设计完全独立，对称布置。两个安全厂房通过左右连接区与反应堆厂房相连。安全厂房与反应堆厂房、燃料厂房和电气厂房共用一块底板。

安全厂房内布置有安全注入系统、安全壳喷淋系统、应急硼注入系统、堆腔注水冷却系统、冷冻水系统和消防系统等系统的设备和管道、电气和仪控设施、蓄电池和通风设施等。图 15.9 为安全厂房示意图。

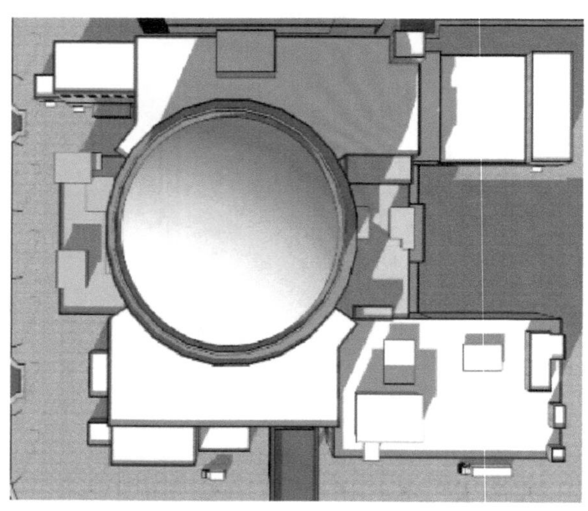

图 15.9　安全厂房示意图

Fig. 15.9　Safeguard building drawing

1. 厂房布置

左侧安全厂房按其标高分为 9 个布置层，右侧安全厂房按其标高分为 10 个布置层。

最底层。左侧安全厂房布置了专设安全设施 A 列的设备和管道：安全壳喷淋系统热交换器、安全壳喷淋泵、低压安注泵、中压安注泵、堆腔注水泵及应急硼注入泵；安全壳喷淋系统化学添加箱和添加泵。右侧安全厂房布置了专设安全设施 B 列的设备和管道，与左侧安全厂房布置情况基本相同。

–8.80m 层。左侧安全厂房布置了专设安全设施 A 列的设备和管道：安全壳喷淋泵电机、低压安注泵电机、堆腔注水泵电机以及应急硼注箱。右侧安全厂房布置了专设安全设施 B 列的设备和管道，与左侧安全厂房布置情况基本相同，安注和安喷系统的电机层和泵体层之间相互密封隔离。

–5.25m 层。两侧安全厂房设置了设备吊装区和通风机房。该层的管道通过安全壳贯穿件进入反应堆厂房。

±0.00m 层。两侧安全厂房分别设置了设备运输通道、设备吊装区和通风机房；右侧安全厂房还设置了进入控制区的人员通道。

+4.80m～+17.00m 层。左侧安全厂房分别布置 A 列中低压电缆、中低压盘柜及通风设施；右侧安全厂房布置 B 列中低压电缆、中低压盘柜、蓄电池盘柜及通风设施。

+22.00m 层。左侧安全厂房屋面主要布置送排风小室及排烟机房；右侧安全厂房主要布置 B 列保护组、仪控及通风设施。+27.00m 层：右侧安全厂房屋面主要布置送排风小室及排烟机房。

2. 设备运输及人员通行

除应急硼注箱和化学添加箱采用一次引入外，各层的设备均通过±0.00m 楼板的吊装孔吊入，再利用吊车或土建吊点经由各层设置的吊装孔进行吊运，再运至各房间就位。

安全厂房人员通道位于±0.00m 层。±0.00m 层及以下为控制区，人员可通过人员通行厂房进入右侧安全厂房的人员通道，通过楼梯可以到达右侧安全厂房各层控制区，同时可通过右侧安全厂房内的楼梯到达下一层，再经由燃料厂房到达左侧安全厂房，由左侧安全厂房的楼梯到达各层控制区。安全厂房+4.80m 层及以上为监督区，人员经电气厂房进入，通过设置在安全厂房内的楼梯和电梯可到达各层监督区。

两侧安全厂房均设置了两条逃生通道。左侧安全厂房通过厂房内的楼梯或与燃料厂房连接部分的楼梯逃生；右侧安全厂房通过厂房内的两个楼梯间逃生。

15.2.3 燃料厂房

燃料厂房是核岛重要的厂房之一，主要用于核燃料操作与贮存系统的设备布置及操作，是反应堆主设备运输通道，同时用于反应堆换料水池和乏燃料水池冷却和处理系统、余热排出系统、设备冷却水系统、压缩空气生产系统，以及核燃料厂房通风系统设备和管道的布置。此外，安全壳大气监测系统的部分设备和管道也布置在本厂房。

燃料厂房与反应堆厂房的连接区内，布置了蒸汽发生器排污系统、核取样系统、核岛冷冻水系统、核岛消防水分配系统以及安全壳环形空间通风系统的部分设备和管道。图 15.10 为燃料厂房示意图。

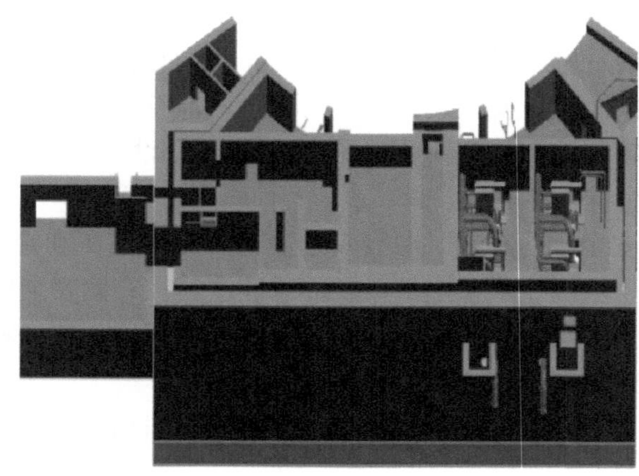

图 15.10　燃料厂房示意图
Fig. 15.10　Fuel building drawing

1. 厂房布置

燃料厂房长约 62m、距反应堆中心为 48m，厂房采用防飞机撞击外壳(APC 壳)进行保护，顶标高为+40.70m，按厂房标高分为 10 层。

各层主要布置反应堆换料水池和乏燃料水池的冷却处理系统、设备冷却水系统、乏燃料水池冷却循环泵、水压试验泵及其相连管道、安全壳大气监测系统、通风系统风机、蒸汽发生器排污系统的非再生热交换器和再生热交换器，以及重要厂用水系统的主管道及过滤器。

±0.00m 层左侧设置有燃料转运通道和乏燃料贮存池、厂房应急和正常照明系统控制柜、配电盘及通风系统的电加热器。

+5.50m 层左侧主要布置燃料转运仓和乏燃料贮存水池，右侧主要为人员通道。

+10.80m 层左侧主要为新燃料贮存间、新燃料检查间、容器清洗井等，右侧主要为人员通道和设备冷却水管道。

+16.50m 层为燃料操作大厅，是反应堆厂房主设备转运通道，压力容器、蒸发器等主设备在此处通过设备闸门进入反应堆厂房。

+28.00m 层以上主要布置环形空间通风系统。

2. 设备运输及人员通行

厂房左侧为燃料转运通道，用于燃料装卸、运输、贮存系统的设备布置及操作。其中±0.00m 以下设备由厂外吊入厂房内，再利用楼板吊装洞吊至各层就位。厂房右侧为设备冷却水泵及换热器间，其设备经核辅助厂房±0.00m 运输通道进入燃料厂房就位。

在核电厂运行及检修期间，人员须通过人员通行厂房经安全厂房进出燃料厂房，通过厂房内的楼梯和电梯抵达各层。

换料通道左侧应急疏散路径是通过楼梯间到达±0.00m 层后经逃生门到达厂外。换料通道右侧应急疏散路径是通过连接区的楼梯到达右侧安全厂房至±0.00m 层，再经人员通行厂房到达厂外。

15.2.4 电气厂房

电气厂房位于反应堆厂房的北侧，介于反应堆厂房和汽轮机厂房之间，与安全厂房、人员通行厂房和 A 系列柴油机厂房相邻。该厂房包围在 APC 壳内，用于抗击大飞机撞击，被 APC 壳分割为左、右两部分。

左侧称为廊道区，主要布置连接反应堆厂房蒸汽发生器与汽轮机厂房主蒸汽及主给水系统。右侧称为电气区，主要布置电气仪控设备及主控室。此外，作为专设安全设施之一的辅助给水系统的主要设备和管道也布置在该厂房。电气厂房还布置了电气厂房消防系统、核岛消防水分配系统、电气厂房冷冻水系统、安全厂房冷冻水系统、设备冷却水系统、仪表用压空分配系统、安全壳过滤排气系统、公用压缩空气分配系统和压缩空气生产系统等工艺设备及管道。

1. 厂房布置

电气厂房按标高层共设有九层，其中地下三层、地上六层。图 15.11 为电气厂房示意图。

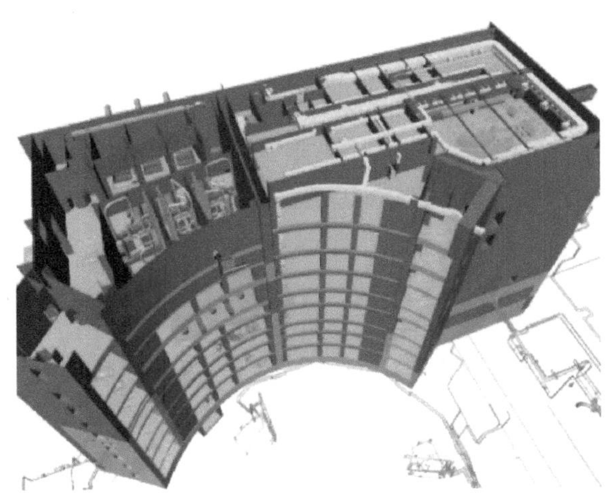

图 15.11 电气厂房示意图

Fig. 15.11 Electrical building drawing

–12.50m 布置有辅助给水系统的电动给水泵和汽动给水泵及管道、电站污水系统管道、地坑。

辅助给水密闭水池布置在–7.70m 层。辅助给水系统管道、电气厂房冷冻水系统冷冻水储罐、电气厂房主通风系统的机房和核岛消防水分配系统管道布置在该层。

–3.50m 布置有安全厂房冷冻水系统的水泵及膨胀水箱、电气厂房冷冻水系统的水泵及膨胀水箱。辅助给水系统电动泵和汽动泵的四根出水管道在与安全壳相连接的三角区混合后，分为三路进入安全壳。

±0.00m 布置有安全厂房冷冻水机组、压缩空气生产系统缓冲罐、仪用压缩空气分配系统的缓冲罐，以及电气厂房冷冻水机组、控制棒驱动机构供电系统的直流发电机组、电气机柜和辅助给水泵房通风系统的机房。

+4.80m 以上布置有 A 系列蓄电池、电气设备和电缆桥架、配套的通风机房。

在+8.00m/+13.00m 层，布置有主给水/主蒸汽管廊，连接反应堆厂房三台蒸汽发生器与汽轮机厂房，三个环路的管道分别布置在三个隔间内。主蒸汽系统主蒸汽隔离阀、超级管道、大气排放阀、安全阀、限制件，主给水系统止回阀、流量阀、限制件布置在管廊。

主控室及技术支持中心布置在+20.50m。

2. 设备运输及人员通行

电气厂房的大部分设备均通过±0.00m 的大门进入。±0.00m 以下的设备经过设在房间楼板上的安装洞吊到相应楼层，再经过预设好的通道运入房间就位。

主给水调节阀及隔离阀等阀门运入±0.00m 的大门后，通过设置在房间的吊装孔到达+8.00m，经过侧墙上的门进入主给水管廊。主蒸汽隔离阀等部件是用厂外吊车运到外墙的平台上，经过外墙开洞运入厂房内部，再用吊车安装就位。电气厂房东西两侧各设有一部电梯，主要用于电气和仪控设备的运输。

电厂正常运行条件下，人员可通过±0.00m 层的两个人员通道进入电气厂房。电气厂房各层有楼梯和电梯相连，到达电气厂房各层。左右两侧电气厂房在+4.80m 层及以下设置了通道，可相互通行；+8.00m 以上，左右两侧电气厂房实体隔离，不能相互通行。电气厂房和安全厂房除+13.00m、+17.00m 层外，设计是相通的。

此外，电气厂房在±0.00m 设有两个疏散通道，一个通往人员通行厂房，另一个通往厂房外。图 15.12 为电气厂房±0.00m 示意图。

15.2.5 核辅助厂房

核电厂辅助系统主要布置在核辅助厂房。厂房内布置有核辅助工艺系统和设备，包括化学和容积控制系统、核岛疏水排气系统、硼水补给系统、辅助蒸汽分配系统、硼回收系统、核取样系统上充泵房应急通风系统等，厂房内还布置废液处理系统、废气处理系统、公共放射性废物贮存、处理及装卸系统设备和管道等。图 15.13 为核辅助厂房三维示意图。

1. 厂房布置

核辅助厂房与安全厂房、燃料厂房及核废物厂房连接。厂房最大长度约 66m，最大宽度约 38m，底标高为–12.00m，屋面标高+24.05m，地下 2 层、地上 6 层。

最底层至–5.25m 布置有化容系统的热交换器和上充泵、容积控制箱，应急通风系统的风机也布置在该层。另外该层还布置有硼水补给系统的泵及过滤器、废液处理系统的暂存槽及泵、核岛疏水排气系统、消防水罐及压缩空气罐、补给水箱、辅助蒸汽分配系统的设备、硼回收系统部分泵、核取样系统、重要厂用水系统管廊。

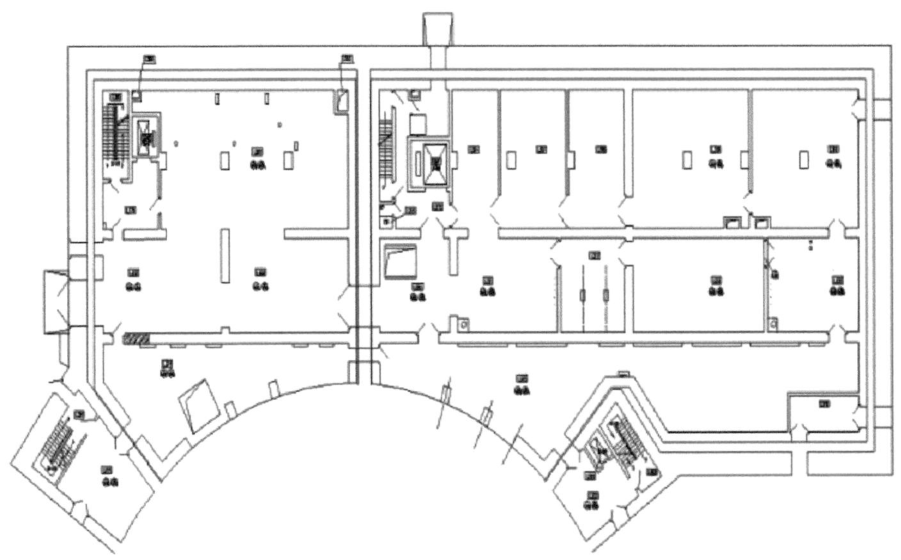

图 15.12　电气厂房±0.00m 示意图

Fig. 15.12　Electrical building ±0.00m drawing

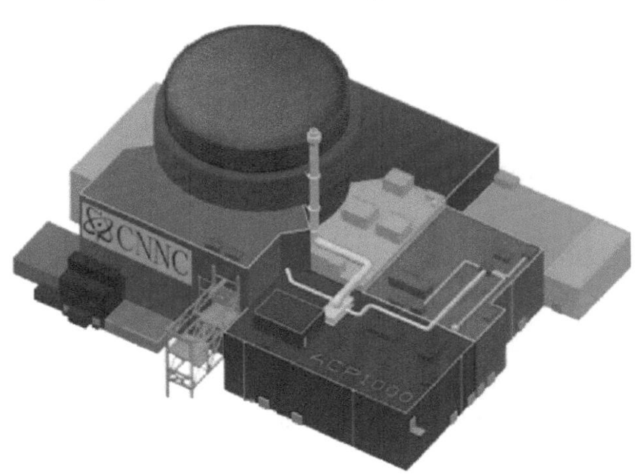

图 15.13　核辅助厂房三维示意图

Fig. 15.13　Nuclear auxiliary building three dimension drawing

±0.00m 层布置有电气设备间，并设有专门的房间用于核废物转运车的装卸及停放。主要设备通道还作为其他厂房设备的运输路径。

+4.00m 为专设放射性管廊。

+6.50m 层布置有仪控设备间。

+10.50m 层布置有废气处理系统的压缩机及换热器房间、硼酸配置箱、核辅助系统的除盐器及过滤器隔间。

+15.50m 层以上布置有核辅助厂房通风系统的送风、排风机房、碘排风机房及核岛冷冻水系统的冷冻机组和泵。

厂房屋面布置有安全壳过滤排放系统的设备间、核岛冷冻水系统的波动箱房间及通风系统的小室。

2. 设备运输及人员通行

核辅助厂房的各层和各区间均有通道相连，楼梯和电梯可以通向各层。在核电厂运行及检修期间，人员须通过人员通行厂房经由安全厂房或核废物厂房进出核辅助厂房。

除一次引入设备外，核辅助厂房的设备通道主要进出口在±0.00m 层。有一条贯穿到安全厂房的运输通道，大设备维修、吊装经过此通道。厂房设有两个楼梯间和一个电梯间，由此可到达核辅助厂房各层。

厂房设置的大型箱、罐设备通过预留的孔洞进行现场拼装。

15.2.6 核废物厂房

核电厂中的核废物厂房可以根据不同厂址、在役核电机组的运行规划和需求，进行整体运维的设置考虑。可以单独设置一个核废物厂房，也可考虑设置全厂的废物处理中心。目前“华龙一号”机组的核废物厂房分别与安全厂房、核辅助厂房和人员通行厂房相邻。主要布置有热洗衣房系统、可降解废物处理系统、固体废物处理系统、废液处理系统以及厂房专用的通风系统及核废物厂房冷冻水系统。

1. 厂房布置

核废物厂房最大长度约为 45m，最大宽度约为 44m，底标高为–8.70m。按其标高分为八层，地下两层，地上六层。

地下两层布置有废液接收槽、疏水地坑及泵、核废物厂房、热洗衣房系统、可降解废物处理系统及热洗衣房通风系统、冷冻水机组相关设备。

±0.00m 层以上布置有废液处理系统的蒸发单元。固体废物处理系统的固化线布置于该层，并设有屏蔽车运输通道和控制室。+3.95m 层为专设放射性管廊。+15.50m 层为核废物厂房操作平台，布置有核废物厂房通风系统的送、排风机房及碘排风机房，废液处理系统的冷凝器也布置于该层。+24.00m 层为厂房屋顶，布置有开式冷却塔。

2. 设备运输及人员通行

在核电厂运行及检修期间，人员通过人员通行厂房进入核废物厂房。

核废物厂房的各层和各区间均有通道相连，两个楼梯可到达厂房各层以及楼顶；一部电梯可从–5.25m 到达其他各层。

±0.00m 设有两处与厂外相通的设备运输通道，为该层的设备运输提供条件，通道同时也作为应急疏散通道。核废物厂房其余各层的设备运输可利用厂房内设置的吊车经过吊装孔运至各层，再就位于相应的房间。

15.2.7 人员通行厂房

人员通行厂房分别与电气厂房和核废物厂房相邻。在正常运行和停堆检修期间控制和管理人员进出核岛放射性控制区。包括为人员进入控制区作业前的准备场所和物品、监测离开控制区人员和随身携带物件的放射性污染状况、对受污染的人员和物件进行去污处理等。人员通行厂房还设置有办公区域。

1. 厂房布置

人员通行厂房长约 38m，宽约 32m，按其标高分为 7 个布置层。底标高为–8.80m。其中，–4.30m 层主要为正常运行人员控制区出入口，±0.00m 层主要为停堆检修人员控制区出入口，+4.80m 层主要为办公区域。

2. 设备运输及人员通行

人员通行厂房内分别有两部电梯、两个楼梯，两个正常出入口和一个应急出口。厂房中各层和各房间均有通道连接，保证了人员可达性及疏散要求。

人员通行厂房主要设备运输通道位于+8.60m 层，由厂区吊车将设备吊至+8.60m 层的外延平台上，再通过该层的设备运输通道将设备运入相应房间就位。

±0.00m 层和–4.30m 层均布置有辐射监测设备，该设备由±0.00m 层的应急出口引入厂房，±0.00m 层设置有吊装孔使该设备能吊运至–4.30m 层。

正常运行期间，人员由±0.00m 层入口进入，经楼梯进入–4.30m 层，经过冷、热更衣室，再由另一楼梯回到±0.00m 层，最后由该层厂房出口进入核岛控制区。人员离开核岛控制区时与上述流程相反。

停堆检修期间，人员由±0.00m 层入口进入，通过该层冷、热更衣室，再由该层厂房出口进入核岛控制区。人员离开核岛控制区时与上述流程相反。

15.2.8 应急柴油发电机厂房

应急柴油发电机厂房是核电厂用于应急柴油发电机组及其辅助系统和相关电气系统设备的布置及操作，防止外部因素(如龙卷风、飞射物等)造成柴油发电机组及其辅助系统设备和相关的电气系统设备功能的丧失，以确保核电厂应急供电，保证反应堆安全停堆，防止由于正常外部电源系统失电而导致核电厂重要安全设备丧失功能。

每个核电机组的两台应急柴油发电机组，分别布置于两个完全独立的应急柴油发电机厂房内，每个厂房内的柴油发电机组和辅助系统设备的布置基本相似并完全分隔。厂房设置的主要系统包括：柴油机辅助系统(包括燃油系统、润滑油系统、压缩空气启动系统、高温水系统和低温水系统、进气排气系统)以及控制监测系统、消防系统和通风系统等。图 15.14 为应急柴油发电机示意图。

1. 厂房布置

应急柴油发电机厂房 A 列和 B 列分别布置在电气厂房的左侧和燃料厂房的南侧，总长约 27m，宽约 15m。每个柴油发电机组厂房按其标高可以分为六个布置层。图 15.15 为应急柴油发电机厂房三维示意图。

图 15.14　柴油发电机示意图

Fig. 15.14　Emergency diesel generator drawing

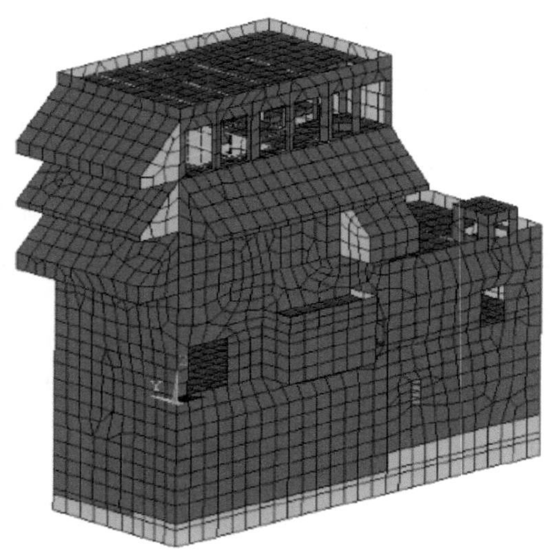

图 15.15　应急柴油发电机厂房三维示意图

Fig. 15.15　Emergency diesel generator building three dimension drawing

–10.00m 标高层主要为燃料贮存层，设置有主贮油罐和燃油输送泵等工艺系统设备管道，以及通风和消防设施。–4.80m、–2.30m 标高层为电缆层和柴油发电机辅助设备层，布置有泵、热交换器及电缆。+0.50m 标高层为柴油发电机组和控制设备层，柴油发电机组及其辅助工艺系统管道、电气系统设备和逃生通道布置于此。+9.20m 标高层布置有日用油罐及其管道、进气设备模块等。顶层布置有膨胀水箱和风冷散热器，厂房的废气从此排向厂外。

2. 设备运输及人员通行

柴油发电机厂房在零米层柴油发电机组间设置一个直接通向室外的设备出入防龙卷风大门，大门上设置一小门作为人员出入门。电气设备间也设置人员出入门和设备出入门，值班人员从室外经柴油发电机房间进入电气设备间，还设有一个通过逃生通道到室外的应急人员出入门。人员经人员出入门进入柴油发电机厂房后可以通过楼梯到达各层房间。

厂房内主贮油罐为一次引入。燃油输送泵和润滑油板式热交换器等是通过设备出入大门进入厂房，经设备安装孔洞进入所在的房间。空气冷却器及通风用排风机是通过房顶设置的安装孔洞进入厂房。

15.2.9 SBO 柴油发电机厂房

SBO 柴油发电机厂房布置有 400V SBO 柴油发电机组及其辅助系统和相关电气系统设备。每个核电机组设有两台 1000kW 的 400V SBO 柴油发电机组，互为备用。

在应急母线失去电压的情况下，一台 SBO 柴油发电机组自动启动，通过其配电柜向安注系统水压试验泵控制柜供电，安全注入系统水压试验泵启动以及反应堆冷却剂系统密封水注入恢复的机械系统的配置都是自动进行；若启动失败，则由另一台 SBO 柴油发电机组给配电柜供电，从而保证应急供电需求。

在失去全部电源的情况下，400V SBO 柴油发电机组还为主控室和重要机柜间通风系统、安全壳环形空间通风系统、主泵相关电动阀门及非能动专用电源系统(即 72h 蓄电池系统)供电，并保证控制室某些指示仪的工作，使得单元机组运行必需的控制器可用。

1. 厂房布置

SBO 柴油发电机厂房长约 19m，宽约 10m。整个厂房包含四个房间，两台柴油发电机组及其辅助系统和电气控制机柜、通风设施等布置在实体隔离的两个房间内。油罐间布置一个燃油罐，满足柴油发电机组满功率运行三天的储量。消防设备间布置有消防罐及雨淋阀组。

2. 设备运输及人员通行

SBO 柴油发电机厂房设置有一个直接通向室外的人员出入门。人员出入门在安装、运行、检修等阶段供人员出入。

燃油罐为一次引入设备。油罐间设置有防火门，人员可通过柴油发电机大厅到达室外。

15.2.10 核岛消防泵房

核岛消防泵房内设核岛消防水生产系统，其功能是向核岛厂房各灭火系统及保护安全厂用水泵的消火栓提供满足灭火所需流量、压力的消防水，包括消防水池、消防水泵、稳压泵、循环水泵、阀门等。

核岛消防泵房内设两座钢筋混凝土消防水池，每座消防水池有效容积为 $1200m^3$，满足在火灾延续时间内室内外最大消防用水总量的要求，并具备 8h 内将水池充满的淡水补给能力。另外，消防水池兼做辅助给水系统补水水源，并在超设计基准事故情况下，向重要系统提供应急补水。正常情况下消防水池由饮用水系统供水，饮用水系统水源丧失时由生水系统供水。

每个机组设两台消防水泵，一用一备。消防水泵由管网压力控制。火灾发生时，管网压力下降，消防水泵启动。两台电动泵中的一台由 A 系列供电，另一台由 B 系列供电，这两个系列均有应急柴油发电机作为后备电源。每台消防水泵的进水管由装有隔离阀的连接管相互连通，保证一个消防水池检修时消防水泵可由另一个消防水池供水；出水管由装有隔离阀的连接管相互连通，保证一根消防供水干管检修时消防水泵可由另一根干管供水。

消防系统为稳高压消防系统，非火灾状态下消防水泵不运行，管网压力由设在核岛消防泵房内的稳压泵维持。设两台稳压泵，一用一备。

为防止消防水池中的水因长期静止导致水质恶化，影响消防设备的正常使用，设置两台循环水泵，通过循环水泵过滤器进行过滤，然后通过回流管道流回消防水池。

1. 厂房布置

核岛消防泵房按其标高分为五个布置层。

±0.00m 层以下布置有两台电动消防水泵、两台排污泵、两台消防循环泵、两台稳压泵、两个消防水池。

±0.00m 层以上布置了配电间及通风机房。厂房屋顶设置了水池检修人孔及水池的排气孔。

2. 设备运输及人员通行

核岛消防泵房可通过楼梯到达各层。设备可通过各层设置的设备安装洞及吊车安装就位。±0.00m 层设置了设备，人员通道，本层有通向室外的大门。

15.3　常规岛厂房布置

常规岛厂房是全厂发电机组的核心厂房。主要包括汽轮发电机厂房、网控楼、500kV 和 220kV 开关站。该厂房承接着输出上网发电的功能。

15.3.1　汽轮发电机厂房

1. 布置原则

汽轮发电机厂房的布置应满足核岛的功能和安全要求，与全厂总平面布置保持一致，每台核电机组建造一座汽轮发电机厂房，主要布置设计原则如下：

(1) 根据工程厂址条件，为提高运行经济性，汽轮发电机厂房可采用半地下式的布置方案，汽轮发电机厂房横向采用双列布置，依次为汽机房、除氧间，在除氧间外侧设置了辅助间用于布置化学水设备及电仪设备。

(2) 为防止飞射物危及核安全设备，汽轮发电机组采用纵向布置，汽轮机机头朝向核岛，汽轮发电机中心线与核反应堆厂房中心线对齐。

(3) 汽轮发电机厂房布置应满足工艺设计要求，满足安装、运行、检修的需要，合理规划设备布局和管道布置，合理利用厂房容积，做到工艺流程顺畅、布置合理，在降低工程造价的同时保证厂房的整洁美观。

(4)汽轮发电机厂房布置为运行检修人员创造良好的工作环境，布置符合防火、防爆、防潮、防尘、防腐等有关要求，解决好厂房内检修通道、通风、采光、照明、消防、排水以及设备露天措施等问题，为电厂安全运行、操作和维护检修提供良好的工作环境。

2. 总体布置

汽轮发电机厂房为现浇钢筋混凝土结构，采用双列布置。该厂房由汽机房、除氧间和辅助间三部分构成，汽轮机厂房中间层和运转层采用大平台布置，汽轮机高压缸两侧分别布置两台汽水分离/再热器，汽机房进口处设置检修场地。在汽机房和除氧间两侧布置通风设备、化水设备以及电气设备。

考虑机组运行及检修条件，厂房采用不等柱距，定为 8m、10m、12m、13m 四种，共 10 档，其中第一档及最后一档为 8m，高压缸所在的一档为 12m、凝汽器所在两档为 13m，其余各档均为 10m。汽机房总长 115.5m，跨距为 49m；除氧间跨距为 15m，长度与汽机房相同；辅助间跨距根据化水设备及电气设备的布置需要定为 10m。汽轮发电机厂房分四层布置，底层、中间层、运转层和除氧层。

1)底层布置

汽机房中，靠近汽轮机机头侧主要布置主蒸汽联箱、主蒸汽管道和旁路管道等。在高压缸两侧分别布置 MSR 疏水泵。在汽轮机头侧布置有疏水扩容器。两台凝汽器位于低压缸的底部，抽管朝向 A 排。凝汽器基础底板上布置有胶球清洗装置。循环水管坑中布置循环水管道及排污水泵。在汽轮机尾部布置有三台立式凝结水泵。汽机房靠近发电机端主要布置发电机密封油系统设备、三台水环式真空泵、两台开式水电动滤水器、两台热交换器及两台闭式冷却水泵。凝汽器靠近除氧间一侧布置有两台低加疏水泵及两台低加疏水箱。除氧间底层主要布置一台启动给水泵、三台主给水泵组。辅助间底层布置有化水设备及通风机组。底层局部示意图见图 15.16。

图 15.16　底层局部示意图

Fig. 15.16　Bottom local diagram

2）中间层布置

汽机房中间层机头侧布置汽轮发电机润滑油系统的设备，如冷油器、主油箱、油净化装置等；发电机端主要布置发电机定子冷却水装置、发电机封母出线、凝结水泵检修孔、轴封冷却器；在汽轮发电机基座两侧主要布置两台疏水箱及低压加热器。辅助间中间层布置有化水设备、润滑油储存间及暖通通风机组。中间层局部示意图见图 15.17。

图 15.17　中间层局部示意图

Fig. 15.17　Intermediate local diagram

3）运转层布置

汽机房运转层主要布置汽轮发电机组和两台卧式 MSR，在汽机头部靠近核岛的一跨布置有主蒸汽管道和主给水管道。除氧间运转层布置有电缆夹层，电缆夹层上方布置电气设备及热控电子设备等。运转层局部示意图见图 15.18。

图 15.18　运转层局部示意图

Fig. 15.18　Operating layer local diagram

4) 除氧层布置

除氧间除氧层布置一台内置式除氧器、闭式水高位膨胀水箱、水室真空泵等设备。除氧层局部示意图见图 15.19。

图 15.19　除氧层局部示意图

Fig. 15.19　Deaeration layer local diagram

3. 检修起吊设施

1) 汽机房检修起吊设施

(1) 行车容量选择。汽机房行车作为主厂房内主要的起吊设施，应满足设备安装、检修要求。行车主要在安装和检修期间抬吊汽水分离/再热器 MSR、发电机转子、高压缸模块、低压转子、低压缸外缸上下半等部件，行车容量依据起吊设备重量确定。汽机房设置两台容量不同电动双钩桥式起重机，即一台主行车、一台辅助行车，分层布置，主行车轨顶标高根据低压缸上缸起吊高度要求确定。

(2) 行车检修区域布置。9 柱～11 柱、4/A 排柱～B 排柱间为大件吊装区域，主要设备将通过此区域吊装至汽机房上下各层。为利用汽机房行车起吊底层或中间层的设备，在中间层和运转层楼板相应的位置设有吊装孔，以便凝结水泵、冷油器、主油箱上各油泵和控制油单元设备的检修起吊。

(3) 其他检修起吊设施。除行车作为汽机房主要的安装和检修起吊设施外，在汽机房内下列各设备处，设置必要的检修起吊设施和维护平台：闭式冷却水泵、电动滤水器、水环式真空泵、轴封冷却器及风机、凝汽器进出口循环水管道电动蝶阀、MSR 疏水泵、启动给水泵等处设有电动起吊设施；凝结水泵坑、循环水坑设有固定式检修维护平台；汽机房内设有电动液压升降移动平台，以便检修布置在高位而未专设固定式平台的阀门、管件等。

2）除氧间检修起吊设施

（1）除氧间运转层楼板梁下设有前置泵、主给水泵、液力耦合器、给水泵电动机的电动起吊设施。

（2）除氧层和运转层在 1～2 号柱、B～C 排柱间设有一个吊物孔，除氧层顶设有起吊梁，供管道安装时起吊有关阀门或管件用。

（3）除氧器安装时由安装单位通过履带吊或塔吊等起吊设置将设备吊至除氧层。

4. 运行维护通道

汽轮发电机厂房布置主要考虑设备和管道等布置的合理紧凑，又要确保必要的维护通道。

底层：沿汽轮发电机厂房底层地面上有环形通道。各个系统的主要设备或阀门等处均有 1m 宽的通道，便于对设备或阀门的运行操作和检修维护。除氧间电动给水泵一侧也有检修维护通道。

中间层：采用大平台布置，便管道与设备的安装，同时确保有足够的检修场地及检修维护通道。

运转层：采用大平台布置，机组检修时，汽轮发电机组的部件可以就近放在汽机周围平台上，检修维护通道畅通。

厂房内设有五个独立楼梯间，能够到达汽轮发电机厂房的所有楼层。除氧间两端分别设置一个封闭的楼梯间，可以通往厂房任意一层。厂房内另设置几部非封闭式钢梯供人员使用。厂房内设有一部电梯供人员通行和运输货物，电梯可到达厂房的各个主要楼层。

汽轮发电机厂房在零米层每侧设置出入口，出入口的宽度适于人员疏散和搬运设备。厂房内最远工作地点到出口或楼梯的距离不超过 75m。在设备周围有足够的空间，允许人员走动和执行检查、日常维修、重要大修，以及重要大修时能放下最大部件。

5. 建筑特性

汽轮发电机厂房采用现浇钢筋混凝土结构。厂房横向为汽机房与除氧间组成框、排架结构体系，纵向为钢筋混凝土框架结构体系，以抵抗风荷载、地震作用及其他水平荷载。屋面设置防水层及保温层。运转层以上的垂直围护为双层保带温墙压型钢板外围护结构。中间层采用砖墙外维护结构，刷碳氟化合物外墙涂料。

汽轮发电机厂房的屋面结构采用双坡钢屋架，屋架之间设置水平支撑和垂直支撑。屋面板采用在檩条上铺设压型钢板为底模的钢筋混凝土屋面。汽轮发电机厂房零米以上的各层楼面和除氧间的屋面均采用以压型钢板为底模的钢筋混凝土板。零米及以下部分采用现浇钢筋混凝土楼面。部分楼面和楼梯采用钢结构。汽轮发电机基础采用弹簧隔振基础，由钢筋混凝土台板、柱、中间层平台、底板以及台板底和柱顶之间的弹簧隔振系统组成。基础上设置水准点以观测电厂寿命期内的基础沉降。汽轮发电机厂房基础（包括汽轮发电机基础）采用筏板基础。

为满足汽机房的光照要求，厂房的采光设计采用自然采光与人工采光相结合的方式。所有厂房的屋面为带防水层及保温层的现浇钢筋混凝土板。屋面找坡为结构找坡。外墙所有窗户为铝合金窗户，且均具有足够的气密性及水密性。通往卸料区的出入口设有电动和手动金属门。厂房内防火分隔墙上设置均为防火门，耐火极限不低于 1.5h。运转层地面使用环氧耐磨涂料。内部装饰面包括地面、墙面、顶棚。化学车间及蓄电池储存室等内部装修将考虑防腐。

15.3.2 网控楼

网控楼靠近开关站布置，用于布置 500kV 和 220kV 电气控制系统、保护系统及其他辅助系统的设备。网控楼的不同楼层布置有控制和保护装置、系统通信设备、直流蓄电池、充电器、直流配电盘、UPS，以及为网控楼和开关站提供交流电源的低压配电盘等。

网控楼为现浇钢筋混凝土框架结构。设两部楼梯，其中一个为室外钢梯。网控楼采用蒸压加气混凝土砌块和轻质防火隔墙进行封闭，外墙刷防水型外墙涂料。屋面为保温防水屋面，防水等级为 II 级，采用有组织外排水，找坡方式为结构找坡。外窗采用铝合金窗，外门为平开钢大门，内门有防火门、钢质门、木质夹板门。

15.3.3 500kV 和 220kV 开关站

500kV 和 220kV 高压配电装置采用户内型气体绝缘金属封闭开关设备(GIS)，分别布置在 500kV 主开关站和 220kV 辅助开关站内。500kV 开关站是一个长方形的单层结构，500kV GIS 设备按分期设计、安装实施，500kV GIS 楼一次设计，一次建成。220kV 开关站是一个长方形的单层结构，220kV GIS 设备按分期设计、安装实施，220kV GIS 楼一次设计，一次建成。

500kV 主开关站和 220kV 辅助开关站均采用现浇钢筋混凝土框架结构，采用蒸压加气混凝土砌块进行封闭，外墙刷防水型外墙涂料。屋面为保温防水屋面，防水等级为 II 级，采用有组织外排水，找坡方式为结构找坡。外窗采用铝合金窗，外门为平开钢大门。

第 16 章

厂 房 结 构

"华龙一号"核岛厂房包括多个核安全相关建构筑物，这些核安全相关建构筑物执行安全功能，即在核电厂的设计、建造、运行和退役期间，能保护人员、社会和环境免受可能的放射性危害的结构，包括包容和支撑任何安全级系统、设备的结构，在事故或出现外部事件时，参与包容放射性产物的结构。与民用建构筑物相比，核安全相关建构筑物采用了更高的设计标准，"华龙一号"核岛厂房采用了双层安全壳、高标准抗震及抗大型商用飞机撞击的设计方案。

16.1 双层安全壳

安全壳是核安全的第三道也是最后一道实体屏障，是实现核电厂纵深防御体系的重要组成部分。"华龙一号"采用了第三代核电厂主流的双层安全壳设计方案，安全壳体型为国内最大。其中，内层安全壳是包容核蒸汽供应系统(NSSS)的主要物项，在所有可以想象的情况下提供对环境有效的辐射防护，这些情况中包括导致安全壳内压力和温度急剧升高及气态裂变产物释放的一回路冷却剂管道完全断裂的事故(LOCA 事故)。外层安全壳能有效保护内部厂房免受外部事件(如飞机撞击、龙卷风飞射物、外部爆炸等)的影响。此外，外层安全壳与内层安全壳之间的环形空间设计成负压，这将进一步防止辐射物质向外泄漏。

16.1.1 结构概述

内层安全壳在结构上由三部分组成，即基础底板、筒体和穹顶(图 16.1 和图 16.2)。基础底板为钢筋混凝土结构，混凝土强度等级为 C40，板底标高为–12.000m，标准区域的厚度为 4.2m(中部区域为 2.6m，安全壳筒体下部区域厚度为 6.7m)，与周围厂房底板连为一体，形成核岛厂房整体筏基。基础底板上部中间位置设置深度为 1.6m 的六边形凹槽，用于放置内部结构底板下部的抗剪键。为了给倒 U 形预应力钢束的编束、穿束和张拉提供操作空间，基础底板下部设置有宽度为 3.6m、高度为 3.3m 的预应力张拉廊道，廊道与基础底板在结构上是分开的。内层安全壳筒体与穹顶均为预应力钢筋混凝土结构，混凝土强度等级为 C60。筒体部分的内直径为 46.8m，标准区域壁厚为 1.3m，考虑到设备闸门洞口对结构的影响，增加了设备闸门附近区域的混凝土截面厚度。基础底板与筒体通过加腋区连接，加腋区采用筒体内侧加厚，高度为 3.9m，厚度为 1.9m。为了避免穹顶与筒体连接处形成非连续区，保证受力合理，国内首次采用了半球壳穹顶设计，穹顶与筒壁直接相连，穹顶的内直径为 46.8m，厚度为 1.05m。安全壳外部设有两个扶壁柱，间隔 180°，扶壁柱在穹顶顶部相连；扶壁柱宽度约为 4m，厚度约为 0.65m。安全壳与外层安全壳之间设有宽度为 1.8m 的环形空间。安全壳内侧设置了 6mm 厚的钢衬里，用于保证安全壳的密封性。钢衬里在与混凝土接触一侧设置了锚固钉和加劲肋。钢衬里上设置有支撑环形吊车的牛腿，牛腿顶标高为+41.630m。在施工阶段，钢衬里还作为混凝土的内模板使用。

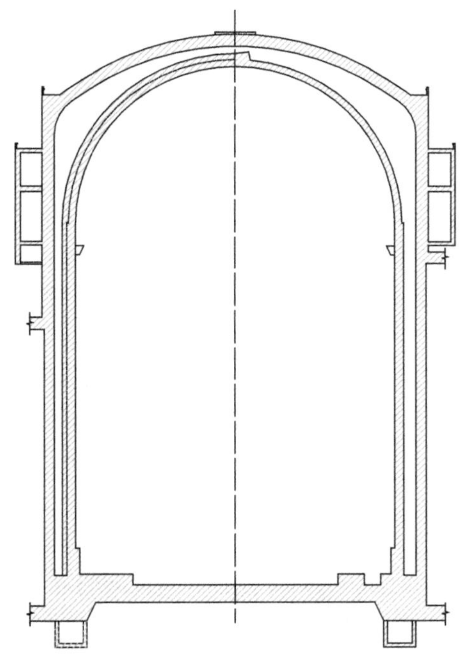

图 16.1 安全壳竖向剖面

Fig. 16.1 Vertical section of containment

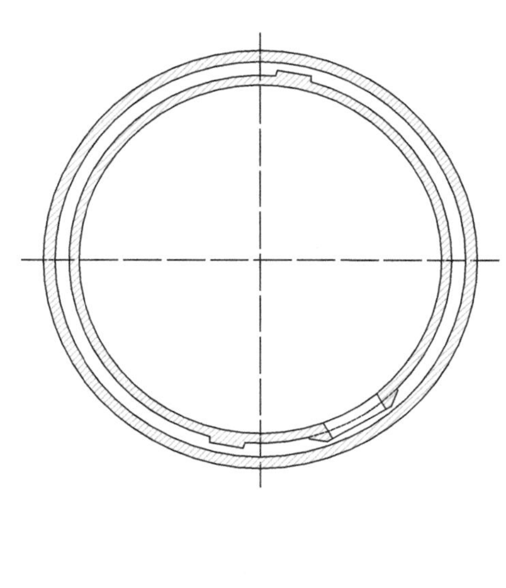

图 16.2 安全壳水平剖面

Fig. 16.2 Horizontal section of containment

外层安全壳同内层安全壳一样，在结构上也是由基础底板、筒体和穹顶组成(图 16.1 和图 16.2)。外层安全壳基础与周围厂房基础共同组成核岛厂房整体筏基。外层安全壳的筒体和穹顶采用钢筋混凝土结构，筒体部分从标高–12.5m 至 64.2m，内直径为 53m，其非外露区域的厚度为 1.5m 左右，外露区域为 1.8m 左右。外层安全壳穹顶为准球形，穹顶最高处标高为 73.38m，厚度为 1.8m 左右。外层安全壳筒体标高 42.30m 至 56.20m，绕安全壳一周，布置了悬挑 3.9m 的外挂水箱，用于布置二次侧非能动余热排出系统(PRS 系统)和非能动安全壳热量导出系统(PCS 系统)的水箱及其附属构件。PRS 系统用于在全厂断电事故下导出堆芯余热，PCS 系统用于超设计基准事故工况下内层安全壳的长期排热及严重事故工况的事故缓解。

内层安全壳和外层安全壳筒体上布置了一定数量的贯穿件。其中有三个较大的贯穿件，分别为标高+19.700m 处的设备闸门贯穿件、标高+1.20m 和+8.20m 的人员闸门及应急闸门贯穿件。此外，标高+14.700m 处的三个主蒸汽贯穿件、标高+8.700m 处的三个主给水贯穿件也是较为重要的贯穿件。

16.1.2 预应力系统

“华龙一号”内层安全壳抵抗事故压力的功能是由其预应力系统实现的，“华龙一号”采用的倒 U 形钢束加水平钢束的方案为国内首次自主设计。内层安全壳采用有黏结后张拉预应力系统，设计时考虑了五种预应力的损失，包括：预应力钢束与孔道壁之间的摩擦、锚具变形和钢束内缩、混凝土的弹性压缩、混凝土的收缩和徐变、预应力钢束的应力松弛。在整体性试验工况和设计基准事故工况下，安全壳预应力系统能使壳体标准区域混凝土薄膜应力不出现拉应力。

预应力系统采用了由七根钢丝捻制的低松弛钢绞线，其强度等级为 1860MPa，公称直径为 15.7mm。在 20℃和 40℃温度时，0.7 倍钢绞线最大力作用下 1000h 对应的最大松弛值分别为 2.5%和 3%。每根钢束由 55 股钢绞线组成，钢束的张拉控制应力为 0.8 倍极限抗拉力。锚具采用多台阶锚垫板、55 孔锚板，锚具满足静载锚固性能试验、疲劳性能试验、周期荷载试验、锚固区传力性能试验等要求。张拉控制应力下，锚具内缩值为 6mm±2mm。为了在施工中更好的保证锚具的安装公差，采用了预应力廊道预制盖板和水平钢束锚固块的设计方案。

预应力系统主要应用于筒壁和穹顶两个部位，共 106 根筒体水平钢束、21 根穹顶水平钢束和 94 根倒 U 形钢束(其中包括 2 根筒体水平监测钢束和 2 根倒 U 形监测钢束)，预应力钢束见图 16.3。水平钢束锚固于扶壁柱上，倒 U 形钢束锚固于基础底板的下部(张拉廊道顶部)。

预应力孔道内直径约为 160mm，倒 U 形钢束、穹顶环向钢束、大曲率区域的筒体环向钢束、穿过施工缝的筒体钢束的孔道采用刚性导管，其余区域采用半刚性导管。所有钢束均采用两端张拉的预应力施加方式。水平钢束采用单根穿束，等张拉千斤顶张拉；倒 U 形钢束采用整体编束后穿束。在穿束和张拉后，钢束孔道内采用灌浆防护。施工中采用有效的保护措施，保证灌浆前钢束腐蚀等级不低于 B 级。

16.1.3 设计要求

内层安全壳按照 NB/T 20303—2014《压水堆核电厂预应力混凝土安全壳设计规范》进行设计，外层安全壳按照 NB/T 20012—2010《压水堆核电厂核安全有关的混凝土结构设计要求》进行设计。考虑荷载作用包括核电厂在正常运行或停堆期间所遇到的荷载作用，施工建造期间的荷载作用，严重环境和极端环境下的荷载(地震)作用，安全壳压力试验荷载，设计基准事故工况下的压力、温度、管道荷载和局部荷载等。按照设计规范的相关要求，进行荷载效应的组合。在安全壳配筋设计过程中，采用了弹性设计方法，内层安全壳不考虑钢衬里的强度贡献。在严重事故作用下，考虑了结构材料的弹塑性，以最大限度的保证安全壳的完整性。

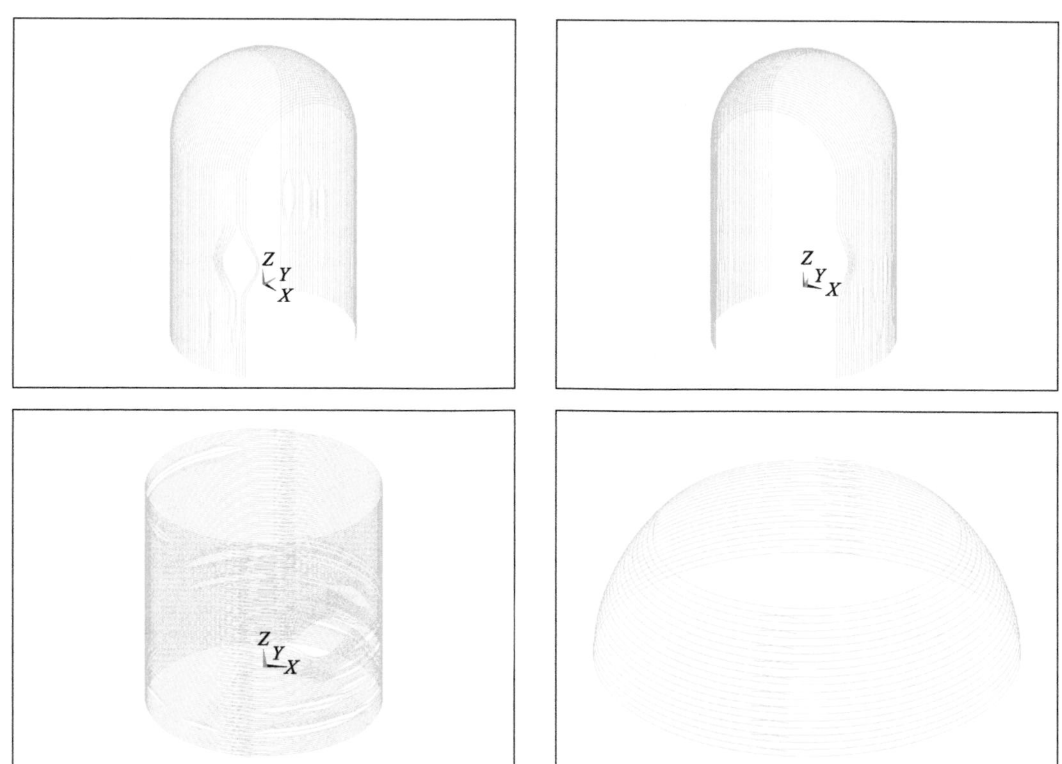

图 16.3　预应力钢束

Fig. 16.3　Prestressing tendons

安全壳设计采用有限元方法，设计时首先建立安全壳的三维有限元模型，采用的计算软件为通用有限元软件 ANSYS。图 16.4～图 16.6 为内层安全壳的有限元模型，模型中包括了混凝土、钢衬里、预应力钢束三种材料，分别采用实体单元、壳单元和杆单元模拟。除了筒体和穹顶的标准区域外，有限元模型中也模拟了扶壁柱、设备闸门加厚区、设备闸门洞口、人员闸门洞口、应急闸门洞口、三个主蒸汽洞口、三个主给水洞口以及相应的贯穿件和封头。为了较为准确地模拟安全壳边界条件，模型中包括了核岛厂房整体筏基，同时考虑了地基刚度的影响。外层安全壳的建模方法与内层安全壳基本相同。

安全壳荷载较多，不同荷载的分析方法有较大差别。几种典型荷载的分析方法如下：内层安全壳预应力荷载通过在每个钢束单元节点上施加相应的温度应力来模拟(图 16.7)。设计基准事故的温度和压力时程曲线见图 16.8 和图 16.9，设计时进行温度效应瞬态分析，得到各个时刻的温度场。地震计算中，采用了振型分解反应谱法，地震输入采用美国改进型 NRC R.G.1.60 标准谱，SL-2 级地震的水平和垂直方向的地面峰值加速度均为 0.3g。

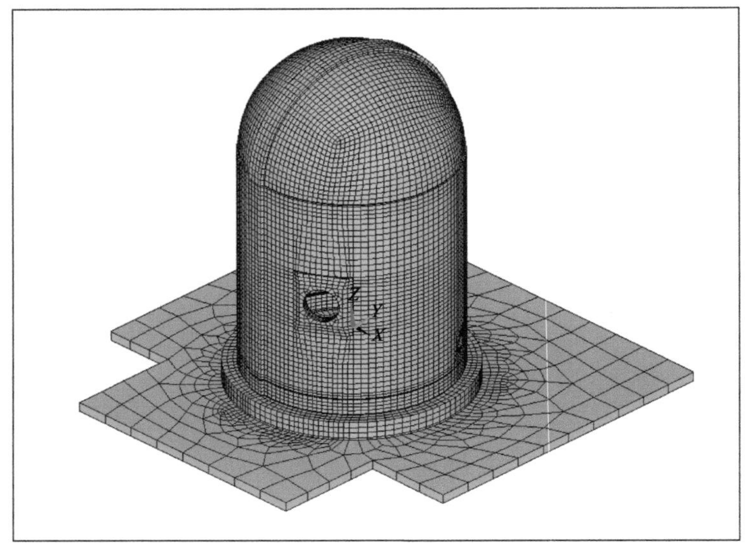

图 16.4 混凝土计算模型
Fig. 16.4 Concrete model

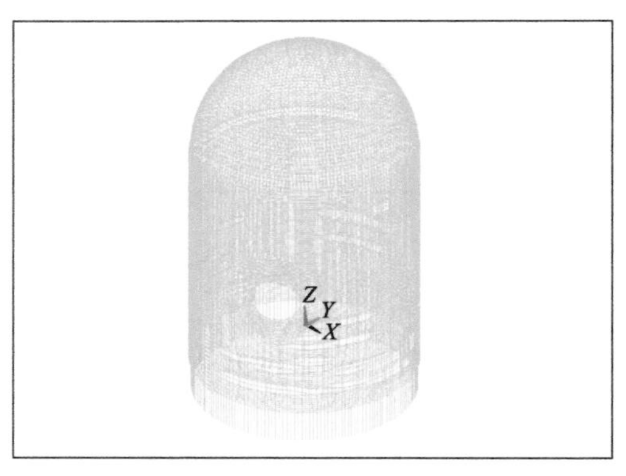

图 16.5 预应力钢束模型
Fig. 16.5 Prestressing tendons model

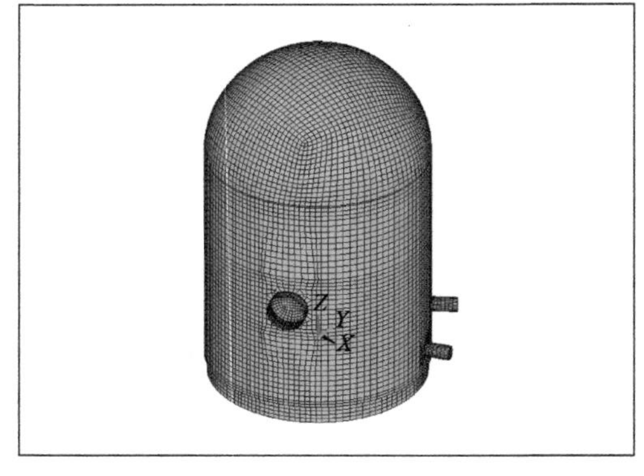

图 16.6 钢衬里模型
Fig. 16.6 Steel liner model

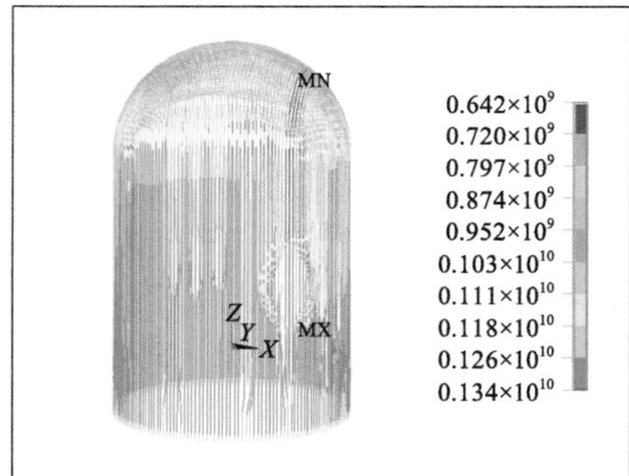

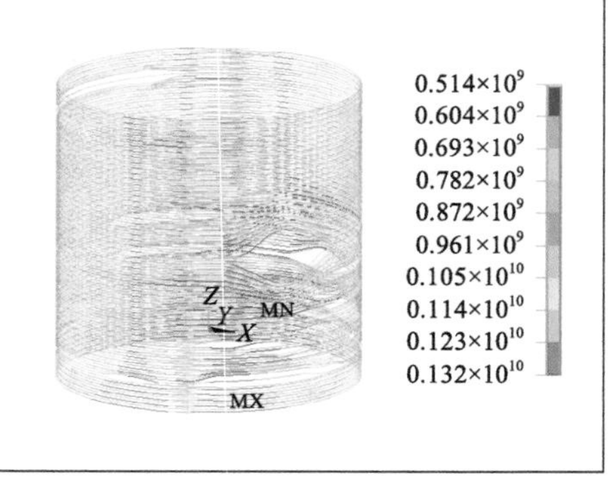

图 16.7 长期预应力荷载作用下钢束应力(单位：Pa)
Fig. 16.7 Tendon stress generated by long term prestressing force

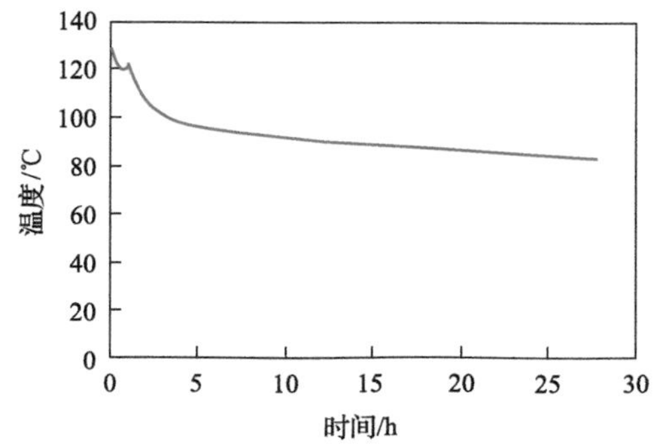

图 16.8 设计基准事故下安全壳内温度

Fig. 16.8 Temperature in the containment under the design basis accident

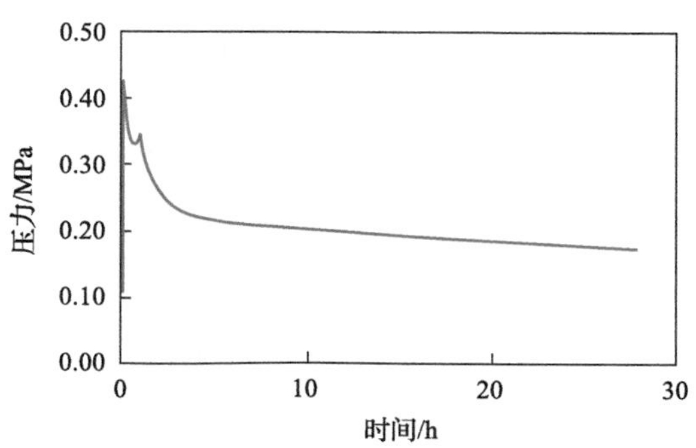

图 16.9 设计基准事故下安全壳内压力

Fig. 16.9 Inner pressure in the containment under the design basis accident

16.1.4 设计验证

1. 极限承载力

在完成内层安全壳结构设计后，为了对安全壳结构的极限承载能力进行评价、确定安全储备，进行了安全壳结构极限承载力计算，给出了定量的分析结果。

计算中采用有限元软件 ABAQUS 建立完整的安全壳结构模型(图 16.10)。模型中模拟了所有的材料，即混凝土、钢衬里、预应力钢束、普通钢筋，并且考虑了材料的非线性。有限元模型中模拟了扶壁柱、设备闸门加厚区、设备闸门洞口、人员闸门洞口、应急闸门洞口、主蒸汽管道洞口和主给水管道洞口，并模拟了这些洞口的贯穿件及设备闸门封头。

安全壳结构极限承载力分析考虑的荷载作用包括结构自重、预应力效应、内压荷载和温度作用，内压和温度荷载见图 16.11。计算得到的筒体标准区域和设备闸门附近区域的应力变化曲线见图 16.12。

“华龙一号”安全壳结构极限承载力的判定准则为钢衬里等效塑性应变达到 0.15%。按照此判断准则，“华龙一号”堆型安全壳的结构极限承载力为 1.23MPa，即 2.9 倍相对设计压力。达到极限承载力时，设备闸门附近钢衬里等效塑性应变达到 0.15%，远离设备闸门的普通区域的钢衬里单元的等效塑性应变较小；预应力钢束未出现屈服；普通区域混凝土内壁已开裂；设备闸门附近外层钢筋出现小面积的屈服，但是其他区域的外层钢筋均未屈服，中间层和内层普通钢筋也没有屈服。

2. 压力试验

“华龙一号”设计中考虑了内层安全壳的压力试验，以证明其安全壳具有抵抗设计基准事故的能力。压力试验在安全壳施工结束后、装料之前进行。综合考虑温度对安全壳的作用效应，最大试验压力采用 1.15 倍的设计压力。压力试验包括内层安全壳强度试验和内层安全壳密封试验。内层安全壳强度试验用于检测安全壳在设计基准事故下的结构性能。为此，安全壳布置了永久性仪表系统，用于监测安全壳基础底板变形、整体变

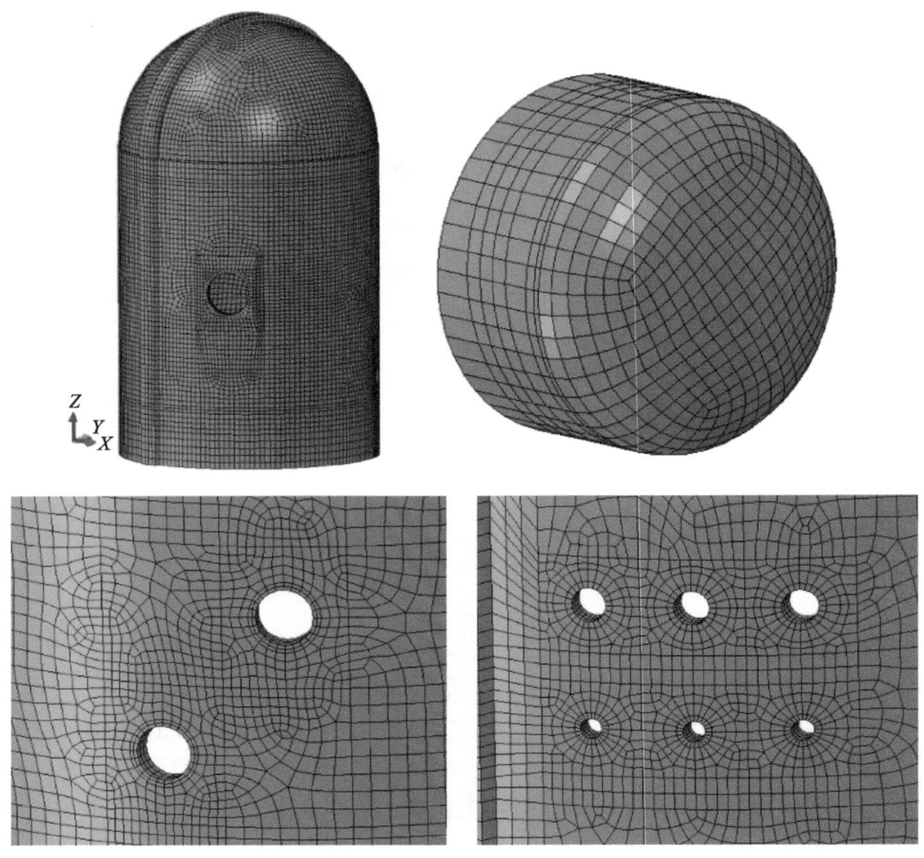

图 16.10　有限元模型

Fig. 16.10　Finite element model

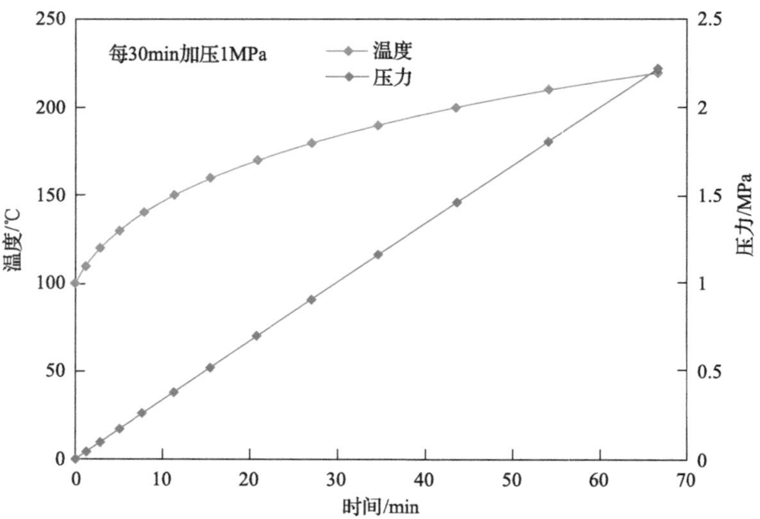

图 16.11　内压荷载和温度作用变化曲线

Fig. 16.11　The variation curve of the inner pressure load and thermal action

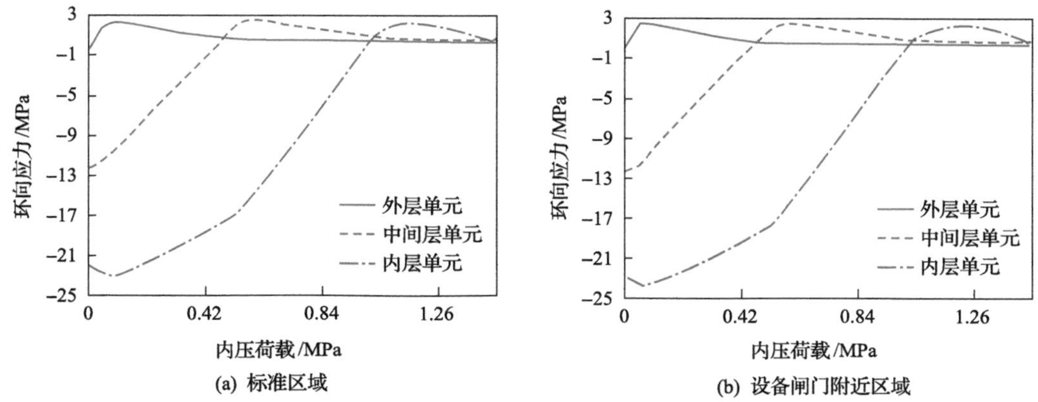

图 16.12 混凝土环向应力-内压荷载曲线

Fig. 16.12 The curve of the concrete circumferential stress versus inner pressure load

形、局部变形、局部区域应变、局部区域温度、表面裂缝情况、外观质量等内容。内层安全壳密封性试验用于验证安全壳结构及贯穿安全壳的系统和部件的泄漏率不超过规定限值(试验工况泄漏率限值 0.16% Wt/24h，Wt 为内层安全壳内某时刻的干空气质量)。2020 年 5～6 月，“华龙一号”全球首堆福清 5 号机组进行了内层安全壳压力试验。内层安全壳强度试验结果表明，内层安全壳中非预应力钢筋未出现屈服；钢衬里无永久性损伤的可见痕迹；最大压力下安全壳径向和竖向最大变形实测值未超过预计值的 130%；卸压 24h 后，安全壳径向和竖向最大变形处的残余变形均不超过其在最大试验压力下测量值的 20%，满足验收准则要求。内层安全壳密封性试验的泄漏率测量结果为 0.0245% Wt/24h，符合验收准则要求。

除上述试验外，还应开展外层安全壳整体泄漏率试验，用于最终确定设计负压下的外壳泄漏率值不超过限值(25% Wi/24h，Wi 为环形空间内某时刻的干空气质量)。2020 年 7 月份，福清 5 号机组开展了外层安全壳整体泄漏率试验，试验测量结果为 13.69% Wi/24h，符合验收准则要求。

16.2 厂房抗震设计

16.2.1 概述

“华龙一号”堆型的厂房抗震设计主要包括两个方面的内容，即楼层反应谱计算和构筑物抗震设计。

16.2.2 楼层反应谱计算

1. 计算模型

“华龙一号”堆型的楼层反应谱计算中采用的是全三维有限元模型，能够在楼层反应谱计算中同时考虑土壤-结构相互作用(SSI)和厂房之间的相互作用(SSSI)。“华龙一号”核岛厂房楼层反应谱计算模型见图 16.13。

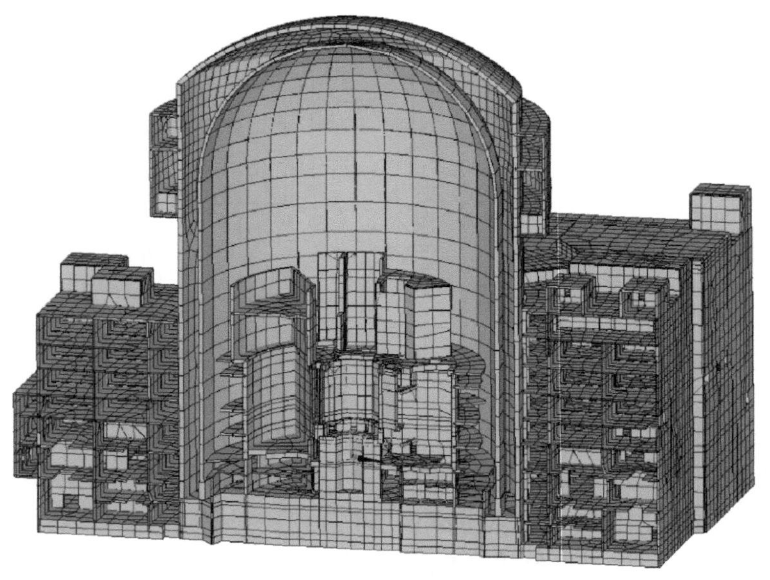

图 16.13　楼层反应谱计算模型

Fig. 16.13　Finite element model adopted in floor response spectra calculation

2. 地震输入

楼层反应谱计算采用的厂址地面峰值加速度的取值如下：

对于 SL-1 地震水平，地面峰值加速度为：水平方向 0.1g，竖直方向 0.1g。对于 SL-2 地震水平，地面峰值加速度为：水平方向 0.3g，竖直方向 0.3g。

采用的地震输入目标谱是改进型美国 NRC R.G.1.60 标准谱，谱放大系数如表 16.1 所示，按 SL-2 地面峰值加速度标定的改进型美国 NRC R.G.1.60 谱分别如图 16.14 和 16.15 所示。

表 16.1　改进型 NRC R.G.1.60 标准谱(水平方向和竖直方向)

Table 16.1　Improved NRC RG1.60 spectra(horizontal and vertical direction)

临界阻尼/%	加速度				位移
	A(33Hz)	B′(25Hz)	B(9Hz)	C(2.5Hz)	D(0.25Hz)
水平向					
2.0	1.0	1.70	3.54	4.25	2.50
3.0	1.0	1.66	3.13	3.76	2.34
4.0	1.0	1.63	2.84	3.41	2.19
5.0	1.0	1.60	2.61	3.13	2.05
7.0	1.0	1.55	2.27	2.72	1.88
10.0	1.0	1.49	1.9	2.28	1.70

续表

临界阻尼/%	加速度				位移 D(0.25Hz)
	A(33Hz)	B′(25Hz)	B(9Hz)	C(3.5Hz)	
竖向					
2.0	1.0	1.70	3.54	4.05	1.67
3.0	1.0	1.66	3.13	3.58	1.56
4.0	1.0	1.63	2.84	3.25	1.46
5.0	1.0	1.60	2.61	2.98	1.37
7.0	1.0	1.55	2.27	2.59	1.25
10.0	1.0	1.49	1.9	2.17	1.13

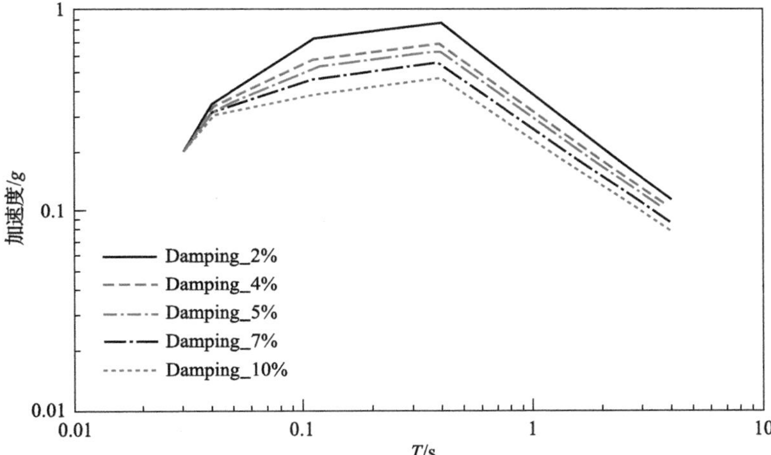

图 16.14 “华龙一号”堆型抗震设计目标谱(水平方向)

Fig. 16.14 Design target spectra for HPR1000 seismic analysis(horizontal direction)

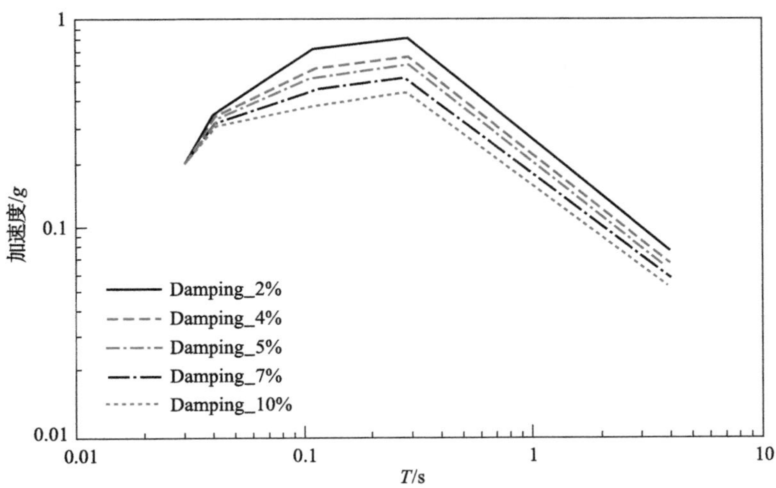

图 16.15 “华龙一号”堆型抗震设计目标谱(竖直方向)

Fig. 16.15 Design target spectra for HPR1000 seismic analysis(vertical direction)

“华龙一号”堆型楼层反应谱计算的设计时程采用了单组人工加速度时程(图 16.16)，包含三条相互正交方向的人工时程(水平分量一、水平分量二和竖向分量)，种子时程为从强震观测数据库中挑选的天然地震动记录。人工时程的总持时为25s,时间步长为0.01s，地震动平稳段持时大于 6s，同组三条人工时程之间的标准化相互关系系数均小于 0.16，满足统计独立的要求,人工时程计算得到的平均功率谱包络目标谱对应的功率谱的 80%。

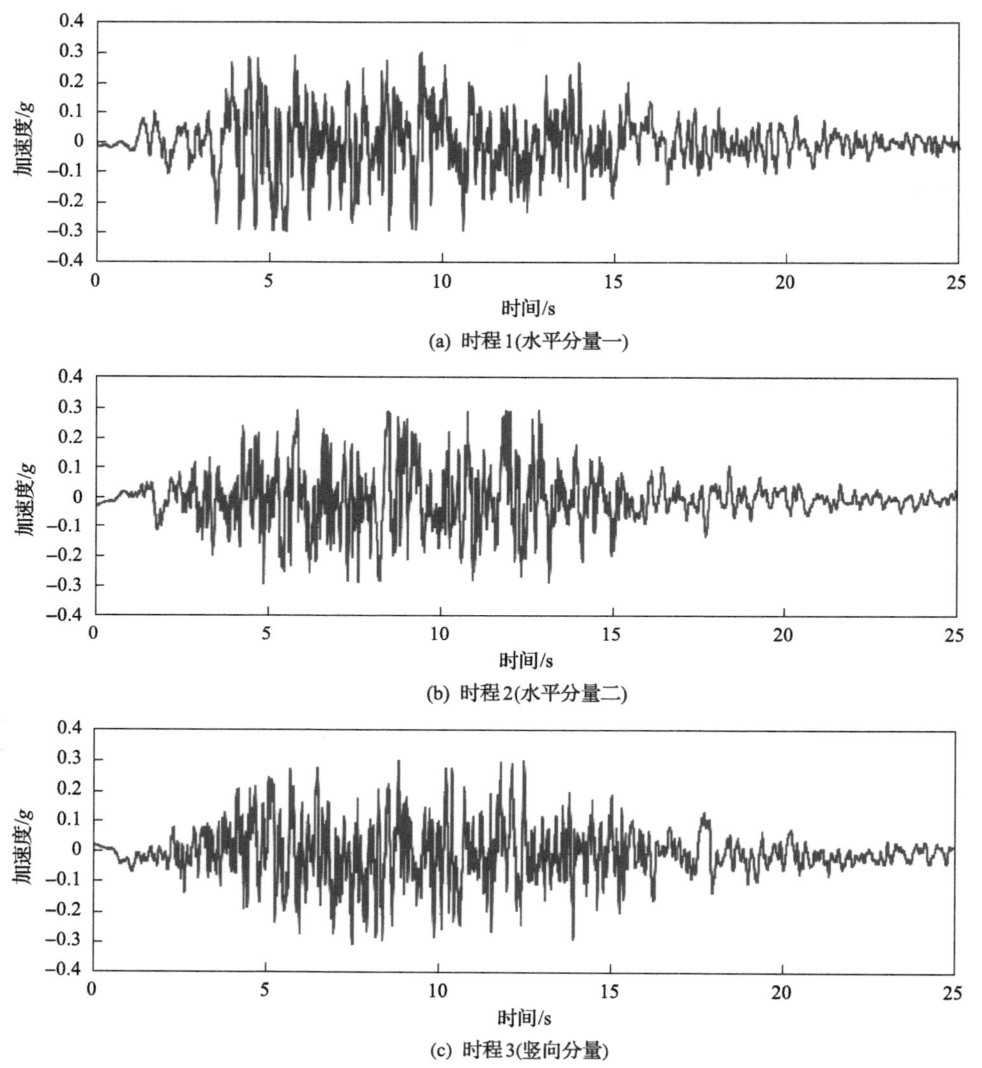

图 16.16　SL-2“华龙一号”堆型抗震设计采用的加速度时程

Fig. 16.16　Time histories adopted in seismic design of HPR1000 (SL-2 level)

3. 地基参数

“华龙一号”堆型楼层反应谱计算采用标准化设计，适用于剪切波速大于 600m/s 的各种场地情况。计算时采用的八种地基断面参数见表 16.2。

表 16.2 "华龙一号"堆型楼层反应谱计算地基参数
Table 16.2 Site conditions adopted in floor response spectra calculation of HPR1000

剪切波速/(m/s)	压缩波速/(m/s)	密度/(g/cm^3)	动弹性模量/GPa	动剪切模量/GPa	动泊松比	阻尼比
600	1400	2.15	2.15	0.77	0.39	0.05
700	1600	2.20	2.98	1.08	0.38	0.04
900	2000	2.30	5.12	1.86	0.37	
1100	2350	2.35	7.73	2.84	0.36	
1500	3100	2.45	14.85	5.51	0.35	0.03
2000	3800	2.60	27.22	10.40	0.31	
2400	4400	2.70	40.07	15.55	0.29	
3000	5516	2.70	62.69	24.30	0.29	

4. 计算方法

楼层反应谱计算中考虑土-结构相互作用(SSI)，采用的方法为空间子结构法，即将SSI 系统中的结构和地基描述为独立的子结构，它们之间联系通过子结构交界面上幅值相等但方向相反的相互作用力实现。

16.2.3 构筑物抗震设计

"华龙一号"堆型核岛厂房的抗震计算采用了振型分解反应谱法。地震输入与楼层反应谱计算的输入保持一致。抗震计算模型采用全三维有限元模型，模型中同时考虑了地基支撑刚度的影响。

16.3 安全相关厂房抗商用大飞机撞击设计

16.3.1 问题的提出

在早期的核电厂设计中，核岛厂房只需要考虑两种型号的小飞机坠毁所引起的撞击效应，这两种型号的小飞机分别是 Lear Jet 23 和 Cessna 210。这两种飞机质量较小，飞行速度较慢，并且只需对这两种飞机的撞击过程进行等效静力分析。

在某些国家和地区，核电厂的设计还需要考虑军用飞机的撞击。在"911"事件以后，大型商用飞机的对建筑物恶意撞击成为了可能，这些建筑物也包括核电厂。为此，核电行业进行了大量的研究，来评估和提高核电厂抗商用大飞机恶意撞击的能力。

目前美国 NRC 已通过联邦法规 10 CFR Part 50.150 明确要求新核电厂反应堆设计申请者需对大型商业飞机撞击核设施的影响进行评估。日本福岛核电厂事故以后，中国在对核电厂的安全问题方面提出了更高的标准和要求，2016 年 10 月颁布的 HAF102 中，明确了核动力厂设计时应考虑商用大飞机撞击的影响。第三代核电厂设计的一个重要标志是安全性和经济性的进一步提升，核电厂抗商用大飞机恶意撞击的影响无疑是一个提高安全性的要求。目前，国际上第三代核电厂的核岛厂房设计过程中均考虑了商用大飞机的撞击影响，为使我国自主研发的第三代核电“华龙一号”达到并优于国际先进水平，“华龙一号”的设计中考虑了抗商用大飞机的撞击。

16.3.2 总体评估准则

根据《与核电厂设计有关的外部人为事件》(HAD102/05)的要求，并参考NEI07-13第8版“*Methodology for Performing Aircraft Impact Assessments for New Plant Designs*”的部分要求，“华龙一号”的设计中将大型商用飞机的撞击作为超设计基准事件考虑，不要求应用单一故障准则。

在使用现实性分析的前提下，设计中需要采取必要的防护大型商用飞机撞击的措施，以在尽量有限的操纵员动作下保证：①反应堆保持冷却，或安全壳保持完整性；②乏燃料保持冷却，或乏燃料池保持完整性。

大型商用飞机撞击的防护设计，可以通过采用防护壳或充分隔离冗余系统来实现。通过设计实现以下安全功能：

(1)安全壳完整性，即安全壳在撞击作用下未发生穿透，且在给定的堆芯损伤事件下，确保有效的缓解措施投运之前，不会造成安全壳超压。

(2)乏燃料池完整性，即大型商用飞机撞击乏燃料池墙体或支撑结构不会导致乏燃料池安全运行最低水位线以下的位置发生泄漏，且撞击乏池以下位置时不会发生支撑结构倒塌。

(3)反应堆堆芯冷却和乏燃料冷却，即反应堆堆芯和乏燃料池保持被冷却，即通过相关系统设备的评估表明，商用大飞机撞击后依然能够保证足够的热量导出能力，符合概率风险评估的验收准则。

16.3.3 安全相关厂房抗商用大飞机撞击设计

1. 设计流程概述

“华龙一号”在设计过程中考虑了商用大飞机撞击核电厂的情况。“华龙一号”抵抗上述商用大飞机的撞击是通过专门的APC壳来实现的。APC壳是钢筋混凝土结构，由外层安全壳、燃料厂房外层防护壳体和电气厂房外层防护壳体组成。APC壳同样可以保护内部厂房，使其能够抵御如龙卷风飞射物、外部爆炸、设计基准飞机的撞击等外部事件。

“华龙一号”抗大飞机撞击设计是一个复杂的过程，其设计流程总结概括如下：

(1)确定华龙一号抗大飞机撞击的设计准则，包括飞机质量、撞击速度、撞击位置等。

(2)通过RIERA方法推导大飞机的撞击力时程曲线，并建立与RIERA时程曲线相匹配的商用大飞机的三维有限元模型。

(3)通过能量法等方法，确定APC壳的厚度以及初步配筋量，并建立厂房的三维有限元模型。

(4)进行商用大飞机撞击APC壳的整体效应和局部效应分析。

(5)进行商用大飞机撞击APC壳的振动分析。

(6) 进行商用大飞机撞击 APC 壳的火灾分析。

1) 设计准则

(1) RIERA 撞击力时程曲线。

实际的飞机撞击结构的撞击力函数是一个复杂的非线性方程，与飞机的质量分布、机身材料的压碎抗力及飞机的瞬时速度有关。该撞击力函数同样与被撞击结构的刚度、强度以及非线性响应有关。由于墙体的变形相对于飞机的变形来说要小很多，上述这些因素的影响很小。

Riera 于 1968 年在美国的《核工程与设计》上发表文章，给出可以较为方便地建立大飞机撞击的撞击力时程曲线的方法，RIERA 方法是一种基于动量原理的近似方法，其基本假定如为：①靶体完全刚性；②撞击垂直于靶体平面；③材料的压碎现象只出现在与靶体直接接触的飞射物部分。

“华龙一号”在设计过程中调研了在役各种不同型号商用飞机的参数，通过大量的计算分析给出了适用于“华龙一号”的 RIERA 撞击力时程曲线。

(2) 撞击位置。

撞击位置的筛选需要考虑飞机的最大飞行角度、邻近厂房的遮挡等因素的影响，继而挑选出具有代表性的墙体的最不利撞击位置。反应堆厂房 APC 壳的典型撞击位置示意图如图 16.17 所示。

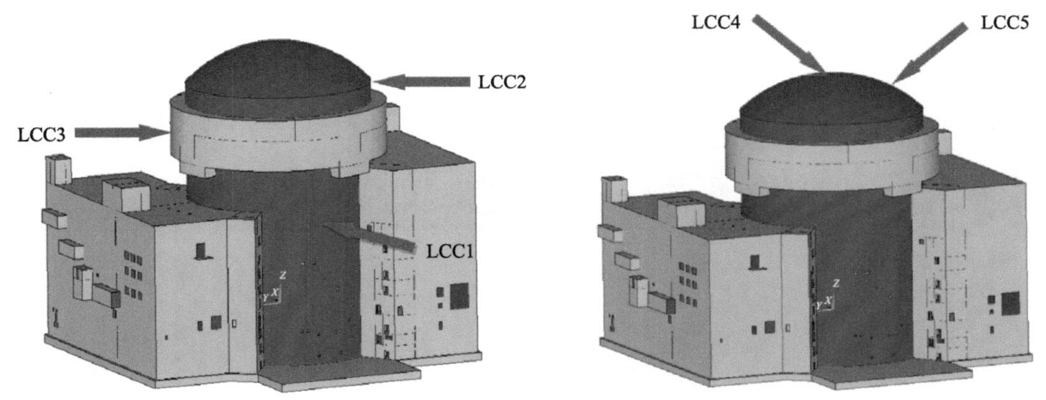

图 16.17　商用大飞机典型的撞击位置示意图

Fig. 16.17　Typical impact locations of large commercial aircraft

2) 商用大飞机三维有限元模型

通过“华龙一号”的 RIERA 撞击力时程曲线，来构建“华龙一号”抗商用飞机设计所采用的飞机三维有限元模型。“华龙一号”飞机的三维有限元模型使用 SPH 单元建立，SPH 方法是一种无网格化的数值模拟方法。SPH 方法作为一种适用的、稳定的、无网格的动力分析方法，在进行飞机撞击分析时有独特的优势。商用大飞机的有限元模型如图 16.18 所示。

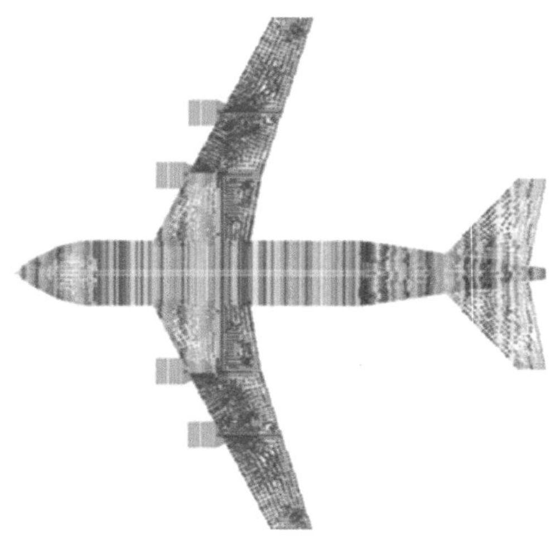

图 16.18　商用大飞机的三维有限元模型

Fig. 16.18　3D finite element model of large commercial aircraft

商用大飞机的有限元模型的构建过程需要进行反复调整，通过商用大飞机撞击刚性墙的过程，如图 16.19 所示，选取并调整合适的飞机质量分布和机身材料特性，来获得与 RIERA 时程曲线相符合的撞击力时程曲线，从而得到合理的商用大飞机的有限元模型。

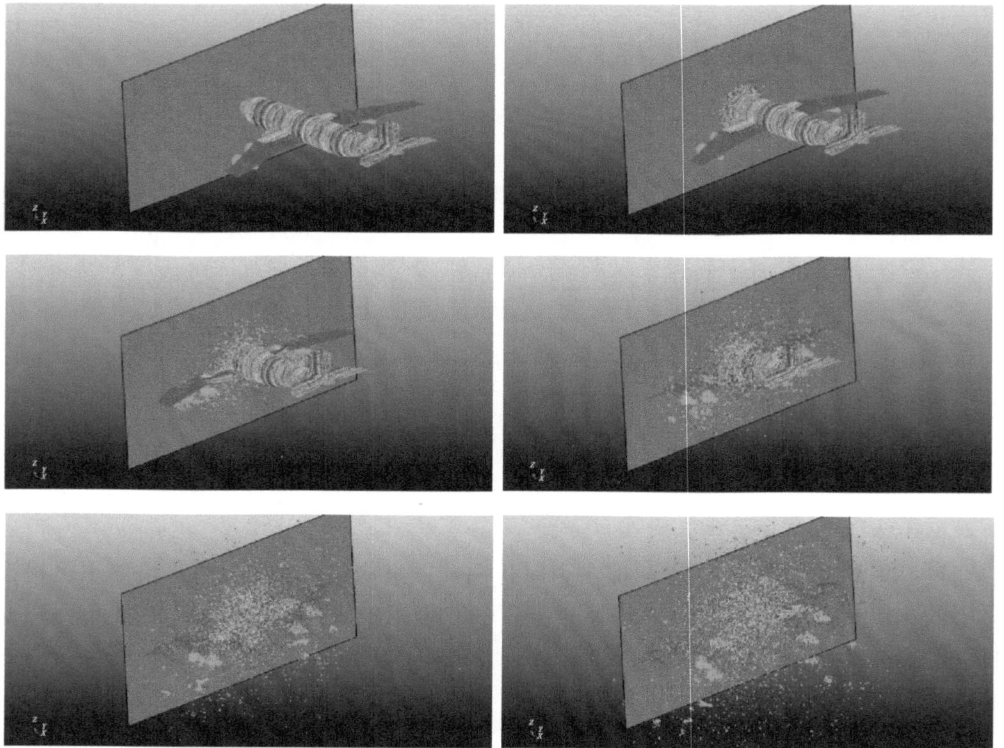

图 16.19　商用大飞机撞击刚性板的全过程示意图

Fig. 16.19　The whole process of a large commercial aircraft impacting to a perfectly rigid wall

3) APC 壳三维有限元模型

通过能量法等方法能够初步确定 APC 壳的基本参数，并以此为基础建立 APC 壳的三维有限元模型。

在“华龙一号”APC 壳的建模过程中，对于直接撞击的区域，混凝土结构通过实体单元来模拟，钢筋通过梁单元来模拟，对于远离撞击位置的区域，钢筋混凝土结构通过壳单元来模拟。APC 壳三维有限元模型局部和整体的示意图如图 16.20 所示。

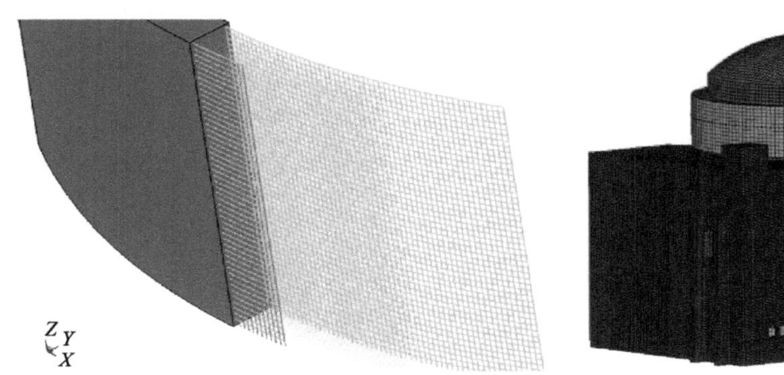

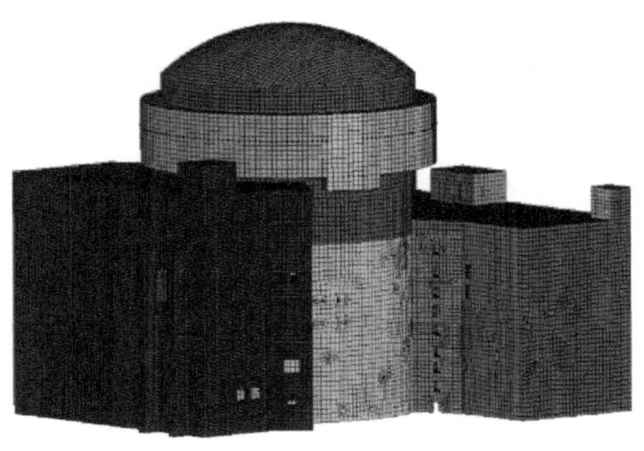

图 16.20 APC 壳三维有限元模型的局部和整体示意图

Fig. 16.20 The global and detailed finite element model of APC shell

4) 撞击整体效应评估

“华龙一号”抗大飞机撞击整体效应计算采用非线性动力学分析方法，典型撞击分析的示意图如图 16.21 所示。

对于图 16.21 中的第一个撞击位置，撞击引起的最大位移及外侧纵向钢筋的最大轴力云图如图 16.22 和图 16.23 所示。

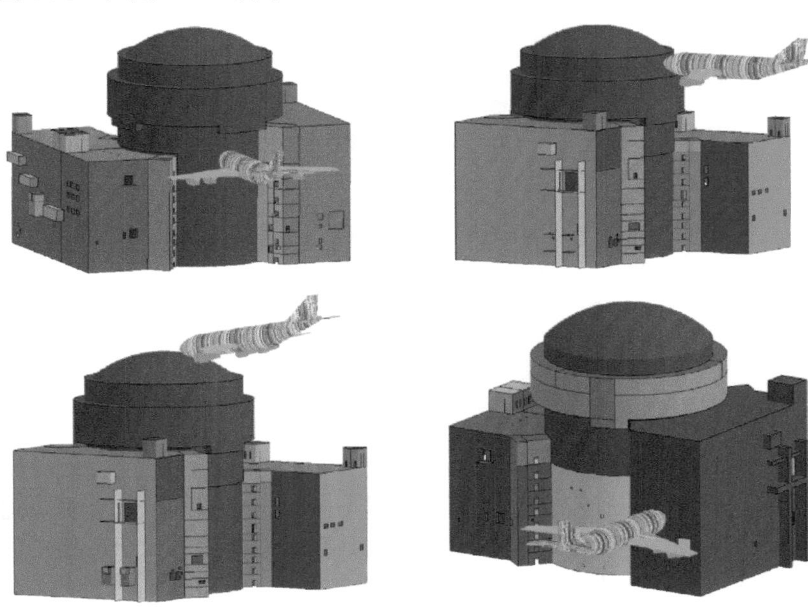

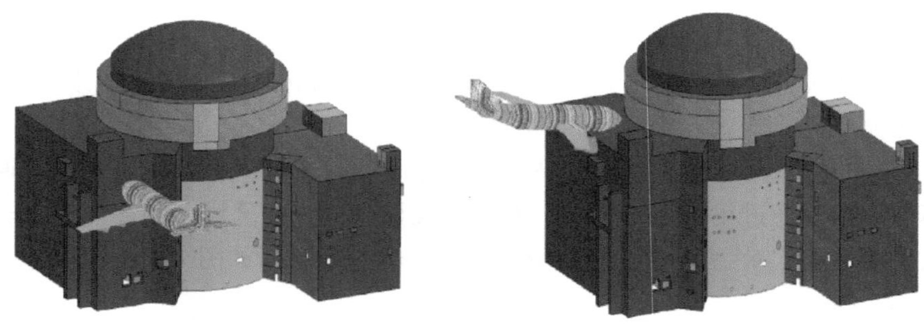

图 16.21　商用大飞机撞击 APC 壳的示意图

Fig. 16.21　Different impact locations of large commercial aircraft

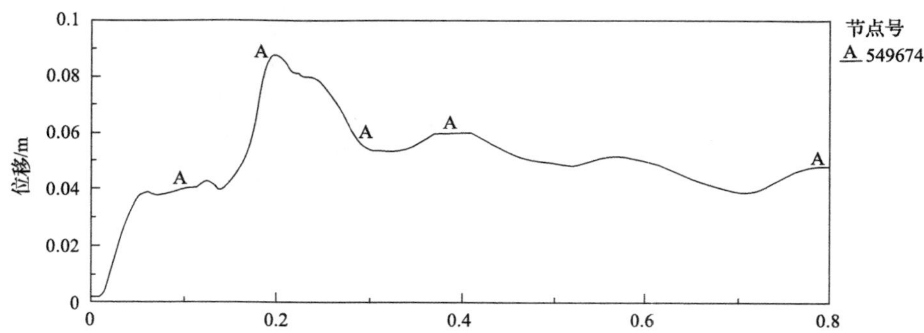

图 16.22　最大位移发生节点的位移时间曲线

Fig. 16.22　Displacement-time history of the maximum displacement node

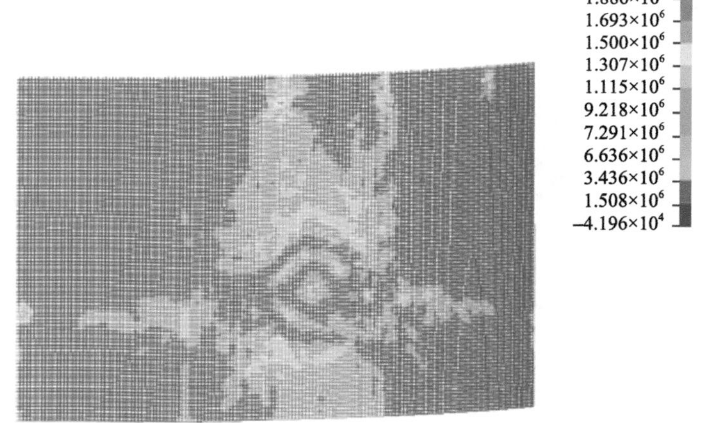

图 16.23　外侧纵向钢筋最大轴力云图(单位：N)

Fig. 16.23　Maximum axial force of outer side longitudinal rebar

“华龙一号”抗大飞机撞击分析包含了大量不同撞击位置的分析计算，通过多次、反复的计算与调整，确保“华龙一号”在结构上具有抵御商用大飞机的撞击的能力。不同撞击部位的最大位移均小于 APC 壳与内部厂房的间距，并且留有一定的安全裕度。撞击区域 APC 壳局部有少数拉筋断裂，内外侧纵向钢筋基本处于弹性阶段。对于 APC 壳上存在洞口的情况增加了适当的保护措施，对于 APC 壳上的主设备运输通道专门设计了能够抵御商用大飞机撞击的主设备运输通道防护门，主设备运输通道防护门的设计与产品研发如图 16.24 所示。

图 16.24 主设备运输通道防护门的设计与产品研发

Fig. 16.24 Design and development of protective door of main equipment transportation passage

5) 撞击局部效应评估

飞机发动机等刚性部件应进行撞击局部效应评估，撞击局部效应分析可采用经验公式法或有限元分析法。图 16.25 为有限元分析法进行局部效应分析的示意图。

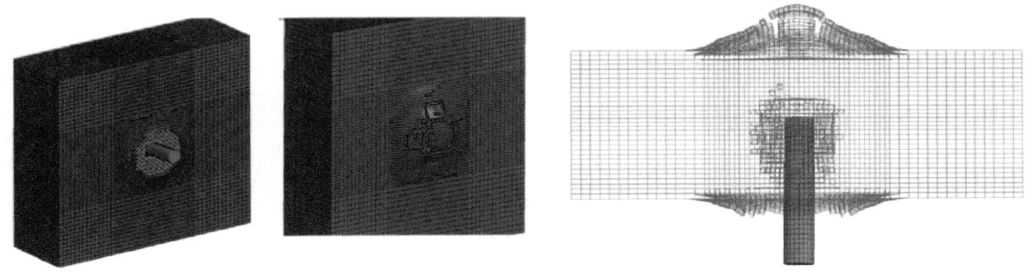

图 16.25 局部效应分析中的有限元分析法示意图

Fig. 16.25 Finite element method in local effect analysis

当撞击位置背面设有核安全相关结构、系统或设备时，应评估局部效应碎甲或穿透的飞射物对核安全相关的结构、系统和设备的影响。

6) 撞击振动效应评估

“华龙一号”在方案设计阶段就考虑了振动的影响，APC 壳与厂房分开设置仅底板相连，最大限度地避免了撞击振动对厂房内设备的影响。撞击振动分析中，APC 壳采用多层非线性壳单元模拟，共同筏基上的厂房(内部结构、电气厂房、燃料厂房、安全厂房Ⅰ、安全厂房Ⅱ)采用梁单元和质量单元模拟(图 16.26)。

依据设备的安全分级，由大型商用飞机撞击引发的振动应参照设备失效形式进行评价。大型商用飞机撞击产生的楼层反应谱与 SSE 地震楼层反应谱进行比较。如能被地震楼层反应谱包络，则不需进行设备评价；如不能被包络，则需进行设备评价。

7) 撞击火灾效应评估

对于撞击引起的 APC 壳外部火灾，可以采用混凝土火灾抵抗能力进行评估。对于撞

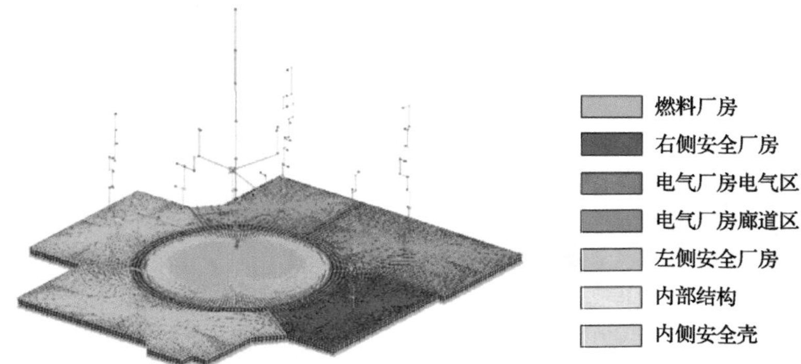

图 16.26　杆模型与共同筏基的固结

Fig. 16.26　The rigidly link between stick model and common raft in shock effect analysis

击引起的 APC 壳内部火灾，开展了飞机撞击作用下混凝土裂缝的评估、通过混凝土裂缝流入 APC 壳内部的燃油量计算等分析工作。火灾分析中，飞机撞击引起的开裂单元如图 16.27 所示。

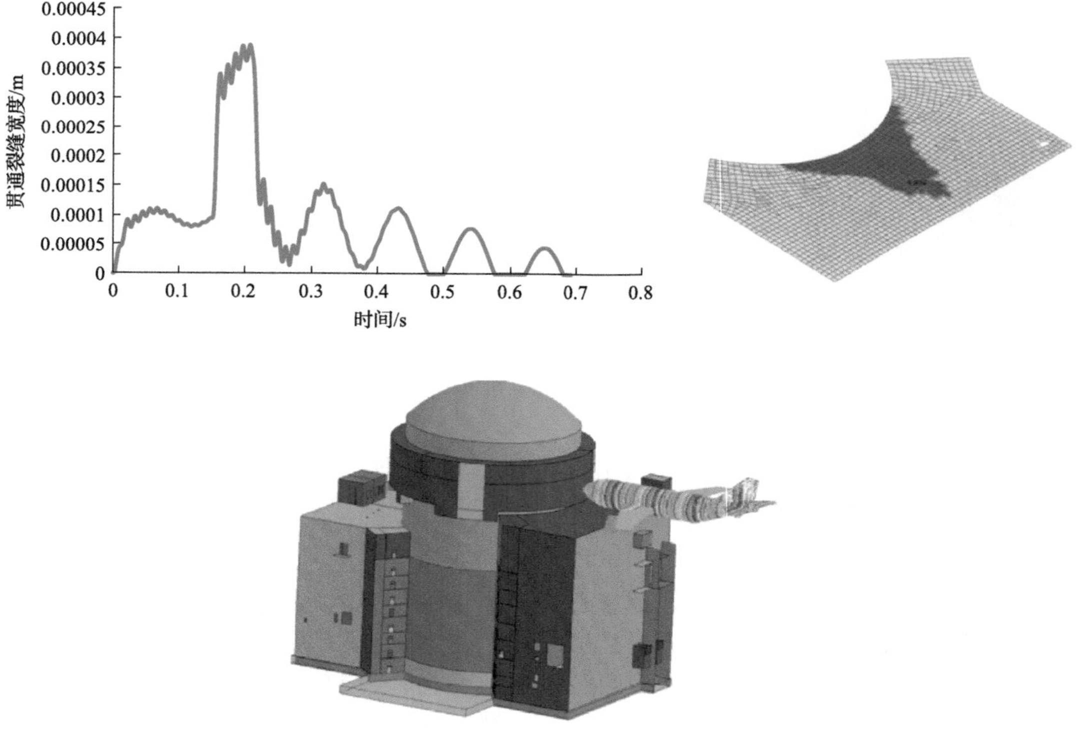

图 16.27　火灾分析中开裂单元示意图

Fig. 16.27　The crack elements due to aircraft impact in fire effect analysis

“华龙一号”APC 壳具有抵抗外部标准火灾的能力，并且撞击过程中通过裂缝渗入到 APC 壳内部的燃油总质量非常小，可以排除在 APC 壳内部发生火灾的情况。

第 17 章

运 行 技 术

核电厂运行是在充分保证安全的前提下，通过利用反应堆内核燃料链式裂变反应产生的热能，按照电网负荷需求调节输出电功率，生产出合格电力的过程。安全为核电厂运行首要关注点，在此基础上还应考虑运行的经济性。“华龙一号”开发完成的运行文件体系，用于保障“华龙一号”在不同状态下的运行安全性及经济性。体系从运行工况上对应分为正常运行工况运行策略体系、异常运行工况运行策略体系，以及事故运行工况运行策略体系。其中正常运行工况运行策略体系主要包括总体运行规程、系统规程、运行技术规范等；异常运行工况运行策略体系主要包括报警规程、异常运行规程；事故运行工况运行策略体系主要包括事故规程及严重事故管理导则等。

17.1 运行文件体系

17.1.1 运行特点

核电厂是一个复杂而庞大的综合性系统工程，“华龙一号”包括超过 350 个系统，数万台阀门，可能发生的运行工况种类繁杂，运行瞬态变化相对化石燃料电厂而言更快。因此，核电厂运行研究具有相对其他工业领域不同的复杂性。

17.1.2 体系概述

按照预计事件发生频率和潜在的放射性后果对公众的影响，将运行工况分成下述四类：第一类是正常运行和正常运行瞬态，包括核电厂正常运行、换料和维修过程中可能会经常发生或定期发生的事件；第二类是中等频率事件，该类工况中定义的是每年都可能发生事件；第三类是稀有事故，该类工况为在核电厂整个寿期内可能发生的事故；第四类是极限事故，即该类工况被认为是极不可能出现的。

具体而言，正常运行指在核电厂功率运行、燃料更换、维修过程中，可能会频繁发生的事件，包括稳态和停堆运行(如功率运行、启动、热停堆或中间停堆、换料停堆等)、带允许偏差运行(包括某些系统或设备不可用、燃料元件包壳有缺陷、一定的反应堆冷却剂中放射性剂量活度、不影响核安全的蒸汽发生器泄漏、一些运行过程中进行的试验)。中等频率事件是指在最坏的情况会导致反应堆紧急停堆，但机组能恢复恢复运行，不会恶化到更严重的工况。稀有事件一旦发生可能会造成部分燃料损坏，使得核电厂在相当长的时间内不能恢复运行。极限事故一旦发生，其会产生严重的后果，但不会使裂变产物向环境释放进而导致危害公众健康和安全。单一的极限事故不会相续引起应对事故所需要系统功能的丧失。为在不同运行工况下，核电厂的安全性都能得到保证，要求在设计，施工，运行等不同方面均应体现纵深防御准则。

核电厂在不同工况下的运行安全，历来都是设计方、业主与运营方、安全监管当局，以及公众所关注的焦点。在 HAF103《核动力厂运行安全规定》中明确规定“必须制定正常运行规程，以保证核动力厂运行在运行限值和条件之内。对预计运行事件和设计基准事故必须制定事件导向规程或征兆导向规程”。因此，建立完备合理的运行文件体系是保障核电厂安全运行的基本要求。

为了满足上述要求，针对在机组运行过程中可能出现不同工况，“华龙一号”开发了一整套基于纵深防御原则的运行文件体系。其中包括：针对第一层纵深防御的总体规程、系统规程，以及《运行技术规格书》等运行文件；针对第二层纵深防御的报警规程，以及异常运行规程等；针对第三、四层纵深防御的事故规程；针对第四、五层纵深防御的严重事故管理导则等。以保证在不同工况下，操纵员能根据正确且明确的指示完成对机组的有效控制。

本章主要介绍运行技术规范，异常运行规程以及事故运行规程。

17.2 正 常 运 行

针对正常运行工况，“华龙一号”运行文件中包括系统运行规程、总体规程体系以及《运行技术规格书》。其中，总体规程明确规定了在机组不同标准运行模式转换时所需要完成的操作及监视，一回路系统处于某一标准运行模式时操纵员所需检查的与核安全相关系统设备的运行状态，以及从一个标准运行模式转变为另一个标准运行模式时操纵员所需要检查的与核安全相关系统设备可用性。系统运行规程则描述了单个系统的启动、停止、跟踪和监视的相关操作。《运行技术规格书》规定了机组在正常运行期间为保证三道屏障完整性及公众辐照安全必须满足的最低技术要求，该文件限定了机组安全运行的边界，明确了与异常、事故规程的接口。

17.2.1 《运行技术规格书》概述

核电厂《运行技术规格书》是保证核电厂运行符合设计要求及核电厂运行安全的执照申请文件，在核电厂运行期间需要始终严格遵守，如果发生了违反《运行技术规格书》的事件，需要按照 HAF001/02/01 第 4.1.1 节相关规定以运行事件的形式上报国家核安全局。我国 M310 机组《运行技术规格书》自法国引进，并为同类机组采用，属法系《运行技术规格书》，而引进的三门、海阳等核电机组则采用了西屋公司的运行技术规格书体系。

法系《运行技术规格书》分为四本文件（均为执照申请文件），分别为运行技术规范（简称 OTS）、安全相关系统和设备定期试验监督要求（简称 SR）、化学和放射化学技术规范

(简称 CT)，以及物理试验监督要求，除此之外还有 OTS 解释以及 CT 的解释文件(备案文件)。其中运行技术规范规定了相关的可用性要求及不可用时对应的措施，可用性范围按照相应的准则进行确定，后三本是为保证上述功能可用的配套监督文件。随着核电机组数量的增多以及运行经验积累，法系《运行技术规格书》逐渐暴露了一些问题，包括文件内容范围过大，条款较为苛刻，过于保守，包络性较差导致经常超出技术规格的范围而需要上报运行事件等，法系技术规格书体系一个突出特点是上报的运行事件数量较多，图 17.1 为采用法系技术规格书的某机组每年上报的事件数量统计情况。

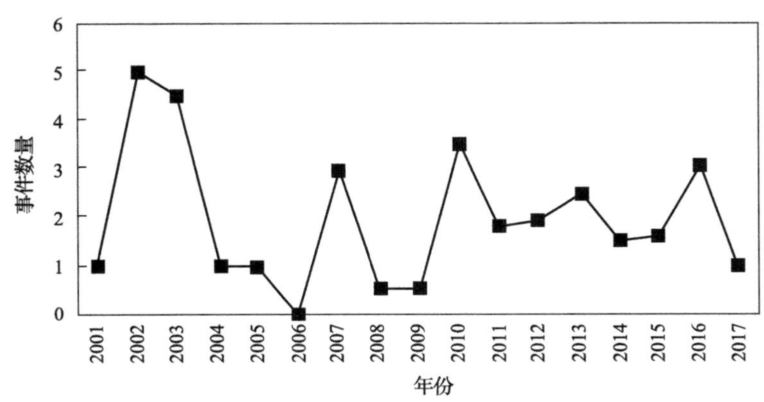

图 17.1 采用法系技术规格书体系机组的事件数量统计

Fig. 17.1 The event number for M310 units

西屋技术规格书体系包含安全分析报告 16 章《运行技术规格书》(一般为 16.1 节，是执照申请文件)及其他配套文件(非执照申请文件，配套使用)，通过引入筛选准则精简运行技术规格书技术条款的范围，保留与安全分析等相关的必要的条款，并根据 NUREG-1431 等提供的总体执行原则提供运行指导，较大地简化了技术规格书的范围，并优化了包络性、可用性要求与监督要求的匹配性等问题，减少了人员执行时可能发生的人因失误等。然而，此类技术规格书在执行过程中也存在与国内法规标准要求不一致、配套文件体系不完善等问题。

“华龙一号”技术规格书基于多年国内核电运行的经验反馈、法规实践及核电出口需要，并结合概率安全分析等最新的技术发展，根据“华龙一号”设计特点研究建立了更为科学合理的标准技术规格书及配套文件体系。

17.2.2 总体技术方案

“华龙一号”标准技术规格书的总体技术方案见图 17.2。为满足国内运行技术规格书相关法规、导则和标准要求，将文件分为运行技术规格书及其他技术要求，其中《运行技术规格书》根据筛选准则确定，并采用国内标准《压水堆核电厂技术规格书编制准则》(NB/T 20319—2014)中规定的筛选准则。

(1)准则 1：遵守事故分析中规定的初始假设。

(2)准则 2：遵守事故分析中作为重要成功路径的构筑物、系统或部件。

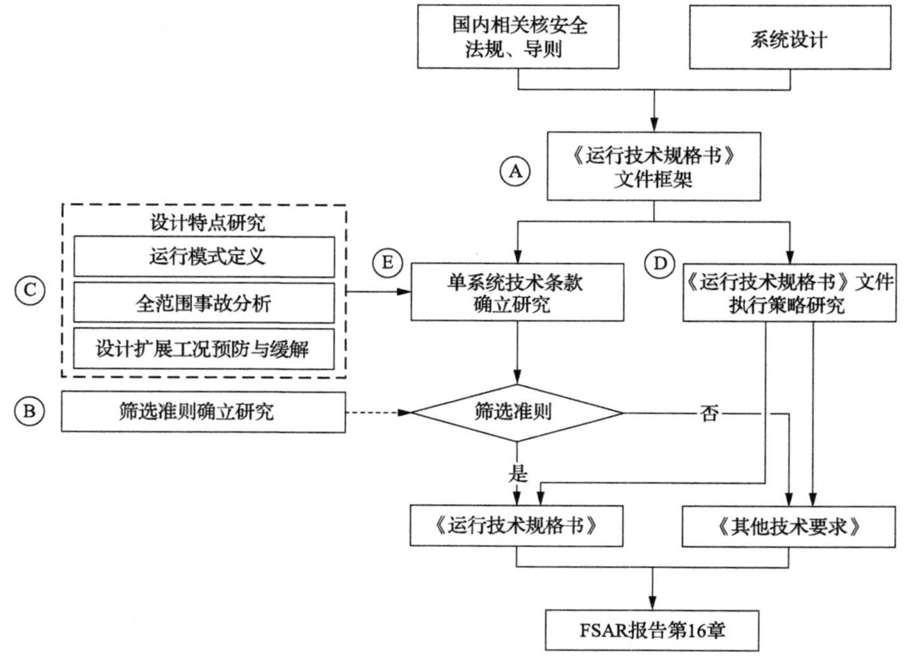

图 17.2 “华龙一号”标准技术规格书总体技术方案

Fig. 17.2 The overall technical scheme for HPR1000 standard technical specification

(3)准则 3：遵守保证屏障完整性及控制室屏蔽的构筑物、系统或部件。

(4)准则 4：运行经验或概率安全分析表明对公众健康和安全重要的构筑物、系统或部件。

除此之外，为了兼顾法规导则要求，满足如下内容的条款放入《其他技术要求》中：

(1)用于预防与缓解设计扩展工况的系统、设备和部件相关运行技术要求。

(2)我国核安全导则 HAD103/01 附录Ⅰ建议的、不满足运行限制条件筛选准则的系统、设备和部件相关运行技术要求。

按照上述要求，“华龙一号”《运行技术规格书》分为两卷，第 1 卷为规范性文件，主要内容如下：

(1)术语、定义和应用：包括定义、逻辑连接符、完成时间和频度相关规定。

(2)安全限值：包括安全限值和违反安全限值相关规定。

(3)运行限制条件、监督要求的适用范围。

(4)运行限制条件：给出了主要的运行限制条件相关要求，主要包括反应性控制系统、功率分布限值、仪表、反应堆冷却剂系统、应急堆芯冷却系统、安全壳系统、电厂系统、电力系统、换料操作。

(5)设计特点：包括厂址、反应堆堆芯和燃料贮存相关规定。

(6)行政管理：包括责任、机构、机组人员的资格、规程、大纲和手册、报告的要求以及高放射性区域相关规定。

第 2 卷为解释文件，即“依据”，该卷主要针对第 1 卷中的“安全限值”和“运行限制条件适用范围”进行解释说明，具体包括：

(1) 安全限值：包括反应堆堆芯安全限值和反应堆冷却剂系统压力安全限值两部分内容。

(2) 运行限制条件、监督要求的适用范围：针对第 1 卷中所给出的运行限制条件 3.0.1～3.0.9、监督要求 3.0.1～3.0.4 进行说明。

(3) 运行限制条件：针对第1卷中所给出的反应性控制系统等9方面的运行限制条件，分别从背景、适用的安全分析、运行限制条件、适用范围、措施和监督要求等方面对运行限制条件的选取、制定依据进行说明。

《其他技术要求》的格式采用与《运行技术规格书》相似的章节和编号。

17.2.3 筛选准则

以筛选准则 1 为例，其包含“遵守事故分析中规定的初始假设”。根据核安全导则 HAD103/01 中对核电厂“运行限值和条件”概念的定义，运行限值和条件首要作用是防止可能导致事故工况的状态，同时需确保安全相关系统在所有运行状态及设计技术事故下执行必要的功能以缓解事故工况的后果。

准则 1 的目的是确保核电厂在现有的设计基准事故和瞬态分析假设的初始工况的范围内运行，并防止运行在那些未曾分析的瞬态和事故工况下。

该准则中用到的工艺参数针对那些选择作为设计基准事故和瞬态分析中参考界限的特定值或者范围值的参数，或那些在设计基准事故和瞬态分析中假设的特征或特性的参数。只要这些参数保持在规定的范围内，就可以保证公众安全风险处于可接受的范围。相关参数主要包括：反应堆控制相关参数、反应堆功率分布限值、反应堆热工水力参数、安全壳温度及压力、放射性水平(如一回路、二回路比活度)。

通过对安全分析报告的分析与研究，可以获得与之相关的技术条款，筛选准则 2、3、4 类似，通过上述工作，可以逐步建立起机组安全运行的边界。

17.2.4 机组后撤状态

1. 通用退防状态选取原则

当出现核安全相关设备不可用的情况下，退防状态定义为：在这种状态下，考虑到涉及设备的不可用、发现不可用时机组的初始状态及过渡到该状态的瞬态，机组都能在保持最佳的安全裕度条件下运行，针对退防状态的制定原则没有本质性差异，遵守如下原则：

(1) 最终退防状态应是不再需要相关不可用系统或设备的机组状态。

(2) 在向最终退防状态过渡的过程中，在充分考虑系统或设备不可用对机组安全影响的前提下，允许将后撤至最终退防状态前、不可用系统或设备安全重要程度较低的中间机组状态作为中间退防状态，并允许机组在该中间退防状态停留一段时间，以对不可用系统或设备进行恢复。

2. 全范围事故分析

为了增强核电机组在停堆工况下的安全性，加强反应堆保护系统在停堆工况下的保护功能，“华龙一号”机组新增了热段过冷裕度低和热段环路水位低两个信号，用于在低工况下触发安注信号，将安注信号触发的有效性延伸至一回路未充分打开的模式 5(模式定义见表 17.1)。

表 17.1　模式定义

Table 17.1　The MODEs definition

运行模式	反应性 K_{eff}	热功率	反应堆冷却剂平均温度/℃
模式 1	≥0.99	≥2%FP	不适用
模式 2	≥0.99	<2%FP	不适用
模式 3	<0.99	不适用	$T_{RHR} \leqslant T \leqslant 294.7$
模式 4	<0.99	不适用	$90 < T < T_{RHR}$
模式 5	<0.99	不适用	≤90
模式 6	不适用	不适用	≤60

注：T_{RHR} 为余热排出系统温度。

该系统设计导致系统可运行性要求相对国内百万千瓦级二代改进型核电机组有了较大的变化：在二代改进型核电机组设计中，在余热排出系统接入后，不再考虑安注信号触发，安注系统可用性主要考虑一回路正常补水，不考虑堆芯应急冷却功能，因此不需考虑单一故障准则，只要求一列安注系列可运行即可。

当增加低工况安注信号后，需要安注系统投入实施堆芯应急冷却功能的事故分析范围扩展到一回路未充分打开的模式 5。此时在模式 4 及以下安注信号有效的工况下，一列安注系列可运行不能满足单一故障准则，因此需要两列安注系列同时可运行。同时，安注信号触发的其他系统，包括安注系列启动相关的重要辅助支持系统的可运行性要求均受到影响。通过梳理分析，相关收影响的系统主要包括：能动安注子系统、辅助给水系统、安全壳隔离阀、大气排放阀、交流电源、配电系统、直流电源等。

此外，由于从模式 1 至一回路未充分打开的模式 5 均要求两列安注系列可运行，导致安注系列出现不可运行时的机组后撤状态发生较大变化。通常情况下，当需要运行的系统或设备出现不可运行情况，而需要执行机组后撤操作时，选取不再需要该系统或设备运行的机组状态作为后撤状态。由此，当安注系列出现不可运行时，后撤状态应选取为不再要求两列安注可运行的一回路充分打开的模式 5。然而，在从一回路未充分打开的模式 5 向一回路充分打开的模式 5 后撤的规程中，需要降低一回路水位。此时，在安注系列不可运行，缺少堆芯应急冷却手段的情况下，减少一回路水装量，反而增加了机组运行风险，该后撤状态不适用。最终，结合事故处理需求，考虑堆芯冷却裕量，将安注系列不可运行的措施定为维持当前机组状态，同时确保一回路温度≤60℃且稳压器水位≥–0.52m。

17.2.5　完成时间

1. 完成时间通用要求

完成时间即完成相关规定行动允许的时间，如从发现偏离运行限值和条件的时间起点到开始进行后撤共需要的时间，或从发现偏离运行限值和条件的时间起点到完成措施共需要的时间等。完成时间主要应基于工程判断，结合违反技术规格书相关要求对安全的影响以及预期的恢复时间制定；完成时间选取过程中需要考虑运行经验反馈及必要的风险分析。此外完成时间选取还应遵循一些通用原则，如当安全功能完全丧失时，完成时间应选取为 1h；当安全功能冗余丧失，不能满足单一故障准则时，完成时间通常选取为 3 天。

2. 结合 PSA 技术的完成时间优化

在实际制定技术规格书各条款的过程中，结合 PSA 技术的最新进展，尤其是针对新增系统进行了 PSA 优化分析，实施的改进包括一列柴油机不可用完成时间从 3 天延长到 14 天等，借助 PSA 工具提高了机组运行灵活性。此外针对堆腔注水等新增系统，计算了相应的 CDF 和 LERF 增量，表 17.2 为计算结果示例，为完成时间的制定提供了充足的依据。

表 17.2　堆腔注水子系统 PSA 计算样例

Table 17.2　The PSA calculation results for cavity injection and cooling system

事故序列	30 天 CDF 增量	30 天 LERF 增量	完成时间
一列堆腔注水能动子系统不可用	—	E-12	30 天
两列堆腔注水能动子系统不可用	—	E-12	14 天
堆腔注水非能动子系统不可运行	—	E-09	14 天

17.2.6　《运行技术规格书》执行策略

《运行技术规格书》涵盖了满足运行限制条件筛选准则的运行限值和条件，即“运行限制条件”。根据核安全法规要求，每一条运行限制条件均由以下 4 个部分组成：正常运行限值和条件、适用范围、偏离运行限值和条件时采取的行动以及监督要求，运行技术规格书执行策略主要介绍针对运行限制条件的措施。

根据《运行技术规格书》的规定，当系统和设备的可运行性要求不能得到满足时，需执行相应的措施。然而，《运行技术规格书》仅是根据事故分析、系统设计制定了核电机组正常运行期间所应遵守的最基本的技术要求，在核电机组正常运行过程中，将可能出现各类不能满足《运行技术规格书》的情况。为避免出现运行限制条件“措施”无法得以正常执行或出现运行限制条件“措施”未能考虑的运行情况，运行限制条件“措施”执行策略主要包含以下三个方面：

(1) 通用性要求，主要包括：在适用范围内的各种模式或其他规定的状态期间，发现不能满足运行限制条件时，必须满足相关状态下的需采取的措施；当不满足运行限制条件并且相关的措施也不满足或未提出相应的措施时，应执行机组后撤(适用于模式 1～4)或监测关键安全功能(适用于模式 5 和 6)。

(2) 特殊性要求，例如，当完全是由于一个支持系统的运行限制条件不满足而使得被支持系统的运行限制条件不能得到满足时，不要求进入被支持系统相关的状态和执行需采取的措施，仅要求执行支持系统运行限制条件中需采取的措施。

(3)豁免性要求，例如，允许改变运行技术规格书的要求以完成特定的试验和运行，即在“试验例外”情况下，可以不执行某些特定运行限制条件的措施。

针对《其他技术要求》，执行策略方面的主要差异是，考虑所涉及系统和设备的差异当不满足运行技术要求并且相关的措施也不满足或未提出相应的措施时，措施中不强制要求执行机组后撤操作，而是要求根据设备或系统不可运行的起因及对机组运行安全性的影响，确定电厂继续操作的限制条件。

17.2.7 《运行技术规格书》配套文件体系

《运行技术规格书》实施过程中需要依赖配套的技术规格书文件体系，这是正确实施技术规格书的保障。由于堆型以及技术体系不同，目前国内各核电厂《运行技术规格书》文件体系范围各不相同，且相关运行规程、应急规程、监督大纲、辐射防护大纲以及放射性废物管理大纲的规定比较分散，未整合进技术规格书的文件体系中。为此，结合国内实际，建立了一整套“华龙一号”标准技术规格书配套文件体系，包括安全功能鉴定大纲、蒸汽发生器管理大纲、反应堆冷却剂系统瞬态统计、定期试验组织管理、厂外剂量计算规程、许可证文件变更管理、安全壳泄漏率试验大纲等重要的配套大纲文件，上述文件要么为技术规格书所直接引用，要么是与技术规格书执行过程中的组织、管理密切相关。

《运行技术规格书》文件框架如图 17.3 所示。

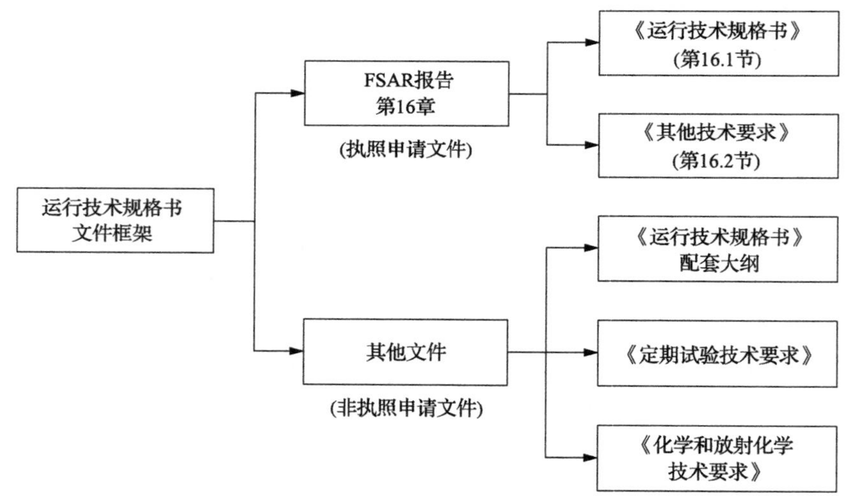

图 17.3 《运行技术规格书》文件框架

Fig. 17.3 The document system framework of technical specification

17.2.8 小结

“华龙一号”运行研究在满足我国核安全法规导则以及核安全监管要求的基础上，结合国内多年核电运行的经验反馈，经过深入研究国内外现有《运行技术规格书》文件的特点，并结合我国相关核安全法规导则的要求及行业标准的建议，创造性地提出了具有自主知识产权的核电厂运行技术规格书新文件体系。

当前“华龙一号”《运行技术规格书》中有93个运行限值条件，《其他技术要求》中有31个其他技术要求，相比M310机组已大大精简，同时由于执行策略中包含执行机组后撤(适用于模式1～4)或监测关键安全功能(适用于模式5和6)，以及根据机组状态评估采取合适的措施等，大大提高了技术规格书的包络性与可执行性，可有效减少由于技术规格书相关的运行事件数量。根据对近年来的运行事件进行分析，采用“华龙一号”《运行技术规格书》后，约可减少78%运行技术规格书相关的运行事件。

由于执照文件的精简，大量的技术内容下放到电厂执行文件，也为“华龙一号”《运行技术规格书》的标准化创造了有利的条件，同时结合配套文件体系，可实现对机组有效的管理与控制，实现了应管尽管、合理高效的运行设计目标。

17.3 异常/事故运行

17.3.1 异常运行

1. 异常运行规程概述

核电厂由于系统、设备、部件复杂繁多，运行中很可能会出现各种故障或异常工况，这些故障或异常工况在应对不及时等及最坏的情况下，可能会导致停堆、停机，影响机组的运行安全性和经济性。因此，需要开发相应的规程，以便当操纵员遇到异常情况时，可遵照异常规程进行处理，使电厂尽快返回到正常的运行工况。

异常运行规程对应于HAF 102—2016“核动力厂设计安全规定”中对第二层次纵深防御的要求，即要求“在设计中设置特定的系统和设施，通过安全分析确认其有效性，并制定运行规程以防止这些始发事件的发生，或尽量减小其造成的后果，使核动力厂回到安全状态”。按照此要求，应基于异常工况分析，通过机组状态参数来监督和控制核电厂状态，避免机组状态恶化，当这些状态参数相对于正常运行整定值发生偏离，即出现核电厂的异常工况时，通过实施相应的异常运行规程，以实现对此类工况的正确应对和处置。

对比目前国内在役核电厂，“华龙一号”在异常运行规程开发策略体系架构、诊断策略、缓解和控制策略研究方面展开了体系性研究。

在“华龙一号”的异常运行规程体系架构上，异常运行规程以异常工况分析为基础，通过设置并监控机组若干状态参数来监督和控制核电厂状态，避免机组运行状态的恶化。以往核电厂虽然也有异常运行规程体系，但其设计依据原则较为模糊，覆盖范围不够完整。“华龙一号”为解决上述问题，在充分考虑法规要求和运行经验反馈的基础上，通过确定论及概率论分析确定异常运行规程体系，以保证其合理完备。

在异常处理诊断规程开发上，核电厂可能出现的异常工况数量庞杂、类型繁多，如果在异常工况下大量的信息中不能为操纵员快速明确的指明需优先关注的信息及正确的操作方式，可能会由于干预不及时或失误而导致运行状态恶化，甚至造成机组安全运行的第二层纵深防御被突破。针对此问题，目前在业界未得到足够重视，且无有效的解决方案。“华龙一号”通过覆盖工况梳理、异常及事故规程配合执行过程分析，异常工况严重性及可诊断性分析等，首次提出并开发完成了异常运行规程体系下的诊断规程，较好地解决了前述问题。

对于异常处理策略，包括执行策略的入口条件和相关故障处理及缓解策略两部分。结合“华龙一号”系统和设备设计特点，首先确定了缓解策略构架，然后针对特定工况进行定量分析计算，确定故障后果缓解的优先顺序，以及有效的缓解和控制途径，最终完成异常处理策略的分析工作。

综上所述，在“华龙一号”研发设计过程中，开发了一套完备的异常运行规程体系，在满足法规中对纵深防御第二层次运行安全要求的同时，进一步提高了机组在故障或异常工况下的响应能力，可有效提升机组运行安全水平。

2. “华龙一号”异常运行规程体系

异常运行规程的主要作用是当电厂出现预期运行瞬态时，防止机组状态进一步恶化而触发紧急停堆或专设动作。因此，从运行安全的角度出发，异常运行规程的覆盖范围应包括处理不及时会触发停堆，或要求触发专设的故障及异常工况。另外，从运行经济性和保障公众安全的角度出发，对于会导致放射性释放进而威胁公众健康的故障或异常工况，以及影响核电机组可用性的重要设备故障，虽然其后果不会直接威胁机组核安全，但由于影响电厂运行经济性，均应开发对应的异常运行规程，当相关工况发生时为操纵员提供指导，避免造成社会影响和经济损失。

“华龙一号”机组异常运行规程导则AOP(abnormal operating procedure guidelines)的开发基于上述考量，结合能动与非能动机组安全设计特征，充分汲取国内外在役与在建电厂经验反馈，完成了对发生概率较高且后果影响较大的异常工况分析，并在此基础上开发完成异常运行规程。规程内容涵盖稳定机组状态、查找故障、排除故障并恢复机组正常运行等内容。

“华龙一号”异常运行规程主要包括的工况类型有：

(1)事件处理不及时将触发停堆或要求专设动作的初始事件(直接影响安全功能)包括：不触发安注的SGTR、不触发安注的主系统泄漏(包括RCS泄漏及RCV泄漏)、一回路放射性异常、丧失仪用压缩空气、丧失安全相关设备冷却水、失电相关故障、主泵故障、棒控系统故障、不可控硼稀释、重要安全阀故障。

(2)有放射性释放后果的初始事件，包括燃料操作故障、丧失乏池冷却。

(3)事件处理不正确会要求触发停堆或要求专设动作的初始事件(可能直接影响安全功能)，包括快速降功率、停机不停堆。

(4)专设及重要系统故障初始事件(影响安全功能缓解和控制手段)，包括辅助给水系统故障、余热排出系统故障、安全壳完整性丧失故障、化学和容积系统故障、设备冷却水系统故障、应急硼注入系统故障、蒸汽旁排大气系统故障、DCS系统故障、硼补水系统故障等。

(5)影响核电厂运行的设备故障初始事件(间接影响安全功能)，包括冷凝系统故障、丧失冷凝器真空、通风系统故障、核测系统故障、厂用水系统故障、主给水系统故障、循环水系统故障等。

3. 典型异常运行规程

在此简单介绍几个具有代表性的“华龙一号”异常运行规程策略内容。

1) 一回路放射性异常

燃料包壳破损，会导致裂变产物泄漏进入一回路中，造成一回路放射性活度异常升高。为保障放射性包容功能可用，需要采取必要手段确保冷却剂及连接系统以及安全壳系统的完整。

一回路放射性异常故障处理目标是在一回路放射性活度异常升高的事故工况(燃料包壳破损)下，隔离贯穿安全壳的一回路流体的管线，避免并限制放射性物质释放到安全壳外，以达到减少人员的辐射剂量和保护人员安全的目的。

故障征兆是通过在反应堆冷却剂放射性监测结果异常增加，当诊断确认进入一回路放射性异常处理规程后，需隔离上充下泄管线等一系列设备。首先通过隔离上充管线，停止一切稀释，减少轴封流量，并将上充泵切换至内置换料水箱等措施来减少引入一回路的水量。之后通过降低功率，以及降温降压措施将反应堆最终过渡至后备状态。

2) 丧失仪表用压缩空气

在机组运行过程中许多阀门采用压缩空气作为动力源，因此，压缩空气对于机组正常运行是必需的。当仪表用压缩空气故障出现在安全壳内或安全壳外，对核安全的影响程度不同，同时故障位置的不同对不同设备的可用性影响也不同。另外，不同的机组初始状态(如 RHR 是否连接，反应堆冷却剂系统是否为双相等)下异常处理和退防可用手段也存在差异。

因此，通常针对丧失仪用压空异常工况的处理策略为按照安全壳内外进行故障点排查，根据机组初始状态及设备可用性评价(如应急管网是否可用)确定不同的缓解策略。

(1) 故障发生在安全壳内，机组初始状态为 RHR 隔离状态。

故障发生在应急管网时，其用户不可用，如 RCV 下泄管线隔离和稳压器辅助喷淋丧失。需要将机组退防至 RHR 连接的中间停堆工况。

非应急管网上故障会导致相关失气阀门回到故障安全位置，仅应急管网上的用户设备可用，空气缓冲罐可为应急管网上阀门供气。如果预期维修时间远低于供气的时间限值，机组将保持热停堆状态。否则，由于失去稳压器喷淋系统，机组将退防至 RHR 的中间停堆状态，而且压缩空气将被隔离以避免持续的压空泄漏可能导致的安全壳升压。

(2) 故障发生在安全壳内，机组初始状态为 RHR 连接状态。

若反应堆冷却剂系统处于单相状态，可通过 RHR 将反应堆冷却剂热量带走，稳定机组状态。若反应堆冷却剂系统处于双相状态，通过辅助给水给蒸发器供水，对反应堆冷却剂系统进行降温降压，将核蒸汽供应系统稳定在 RHR 接入的中间停堆工况。

(3) 故障发生在安全壳外，机组初始状态为 RHR 隔离状态。

当故障出现在汽轮机厂房内时，如果机组带功率运行，从安全角度出发，需向热停堆状态过渡。若故障出现在核岛但不在安全壳内时，除了有应急供气的用户以外，其他所有 WAI 用户全部丧失。失去仪用压缩空气会导致失去 RCV 下泄回路，持续运行的主泵轴封注入将最终导致稳压器溢出，因此反应堆须向退防状态过渡。

(4) 故障发生在安全壳外，机组初始状态为 RHR 连接状态。

当故障出现在核岛但不是在安全壳内时，若反应堆冷却剂系统处于单相状态，由于化容系统相关阀门失气使得单相条件下一回路压力不能调节控制，同时上充管线的最大流量和下泄管线的零流量将导致压力上升，直到顶开安全阀。因此需通过隔离上充管线及停运主泵等手段降压，通过余排持续带热稳定机组状态。若反应堆冷却剂系统处于双相状态，可实现主系统压力控制，维持机组为当前状态即可。

3) 燃料操作期间换料水池或乏燃料水池水位下降

该规则规定了燃料操作期间换料水池或乏燃料水池水位下降时的人员应急操作步骤。由换料主管任务行动单、反应堆操纵员任务行动单和换料副主管任务行动单组成。

当故障发生后，本规程由值长或换料主管启动，并应立即通知主控室反应堆操纵员和燃料厂房燃料操作管理员；通知安全技术顾问，并由其确定应急状态，在此情况下还应执行应急计划。

(1) 换料主管相关操作：①紧急行动任务，负责换料操作人员的撤离行动；②将燃料组件放入安全位置的行动任务，这项行动任务与正在进行换料的组件有关。在事故情况下，困难的是确定将组件放入安全位置(装入堆芯或运回乏燃料水池)的最短顺序。无论何时，操作应按如下步骤进行：在反应堆厂房，若装卸料机正处于堆芯上方并正在进行一组组件的提升或下放操作，应将此组件放入堆芯安全位置；若这是最后一根需放入安全位置的组件，就无必要释放装卸料机抓爪；若装卸料机正处于运输小车上方正进行一组组件的提升操作，应撤销此次操作，将组件运回燃料厂房；若装卸料机正移向某一位置，应继续完成此项操作；正在转运通道内的组件应运回燃料厂房。在燃料厂房，确认由换料副主管执行的相关操作。

(2) 反应堆操纵员相关操作包括：①紧急行动任务，通过对讲机或电话立即向换料主管通报情况；向值长和安全技术顾问通报情况；应换料主管的要求，实施隔离 RCV 系统的下泄管线、进行水池补给和要求现场操作人员确定渗漏点的行动；连续检测环境安全条件；确定安全壳换气通风系统已隔离；开启带有碘吸附器的安全壳大气监测系统；将相关通风系统切换到带有碘过滤器的回路；将燃料组件放入安全位置。②换料主管下令全体撤出反应堆厂房后，反应堆操纵员执行下列操作，帮助换料主管进行人员撤离反应堆厂房工作并关闭闸门；关闭闸门并帮助警卫清点反应堆厂房撤离的人数；确认带有碘吸附器的核辅助厂房通风系统启动；在征得换料主管同意后，开启反应堆厂房通风净化系统安全壳空气净化系统，并关闭、隔离安全壳大气监测系统；监测释放到核辅助厂房通风系统的剂量。

(3) 换料副主管相关操作包括：①将燃料组件放入安全位置的行动任务；②紧急行动任务，反应堆厂房或燃料厂房最后一根燃料组件放入安全位置后，由换料主管和换料副主管共同决定撤离全体燃料操作人员；③当决定全体人员撤离后，通过电话或对讲机通知主控室操纵员；停运所有正在用于换料的设备；要求换料操作人员佩带呼吸器面具；下令所有人员撤离燃料厂房；检查人员闸门已封闭；向值长报告情况。

4) 汽机跳闸、反应堆不停堆

当汽轮发电机组带负荷时，由于汽轮机保护系统或发电机变压器组保护系统保护动作或误动，会导致汽机跳闸且反应堆不停堆故障。此时，需要保证汽轮发电机组安全停运，并保证反应堆安全运行。通过检查确认汽机已跳闸和检查反应堆未跳堆，即发生了跳机不跳堆的故障。应首先执行必要的确认操作，再执行稳定一回路工况的操作。根据停机前热功率的不同，采取不同的稳定操作方式。继而稳定二回路的工况，包括主给水除氧器系统的水位和压力，蒸汽发生器水位。在一回路和二回路工况稳定后，再执行相关操作以保证汽机安全停运，然后应查明跳机原因，并采取纠正措施。

5) 化学和容积系统故障

化学和容积系统故障中对机组核安全影响较大的主要包括下泄管道破裂、上充管道破裂、密封水返回管线破裂、密封水注入管线破裂。

下泄管道破裂：若破裂位于下泄孔板上游，泄漏流量可能较大导致下泄管线自动隔离。如果破裂在下泄孔板下游，则泄漏流量受孔板限制，须手动隔离下泄管线以隔离泄漏，手动隔离上充管线并投过剩下泄以控制稳压器水位。

如果上充管线破裂，会造成上充流量异常，上充泵出口压力低从而引发下泄孔板隔离，容控箱液位低从而引发连续自动补给。上充泵吸入口自动切换至内置换料水箱。隔离损坏的管线部分。将另一台泵能够投入运行(如果破裂位置是在运行上充泵出口管)的上充泵吸入口恢复到容积控制箱。隔离上充管线，投入过剩下泄运行并重新建立主泵密封水注入。然后停堆以便维修。

密封水返回管线破裂：容积控制箱水位会下降，使上充泵吸入口切换到内置换料水箱。隔离密封水返回管线和上充泵小流量管线，以防止放射性释放到安全壳外。

密封水注入管线破裂：会导致密封水注入流量不足，需隔离安全壳隔离阀防止放射性物质释放到安全壳外。

如果泄漏导致上充泵不可用或轴封注入不可用，反应堆必须首先退防至中间停堆，必要时退防至冷停堆。除此之外，如果泄漏在安全壳外部，反应堆过渡到热停堆状态或中间停堆状态；如泄漏发生在安全壳内，则反应堆退防至冷停堆状态。

6) 重要厂用水系统故障

重要厂用水系统故障给出了重要厂用水系统完全丧失工况所采用的处理策略。重要厂用水系统故障类型主要有：①运行中的两台 WES/WCC 热交换器(重要厂用水/设备冷却水热交换器)阻塞；②泵站阻塞；③泵完全丧失。

重要常用水完全丧失会进一步导致设备冷却水丧失，将失去以下设备和功能：反应堆冷却剂泵(电动机)、化学和容积控制系统、安全壳冷却、核取样、反应堆堆腔和乏燃料水池冷却、余热排出、辅助功能，可通过重要厂用水完全丧失报警和分析泵站信号，确认热阱丧失。

若在余热排出系统未连接的工况下，发生重要厂用水全部丧失故障，设备冷却水回路中的热惯性使得辅助设备及其功能不会立即丧失。启动安喷热交换器以利用内置换料水箱中的热惯性，并且同时采取在设备冷却水回路减少负荷的方式，将机组退防至中间停堆状态。在这样的温度压力下，即使冷却完全丧失，反应堆冷却剂泵轴封的泄漏流量几乎为零。这种状态只要求向反应堆冷却剂回路提供非常少的补水。余热由蒸汽发生器导出，由于余热排出系统不能投入，需采取各种可行的办法向辅助给水箱重新供水。

若在余热排出系统连接的工况下发生重要厂用水全部丧失故障，需要更换堆芯余热排出方式，将机组稳定到合适的退防状态。根据一回路初始状态，可以分为一回路封闭、一回路小开口、一回路完全开启三种情况处理。最大限度地利用设备冷却水系统的热惯性，当设备冷却水系统温度超过运行限值，由丧失设备冷却水的规则处理。

17.3.2 事故运行

1. 事故运行规程概述

对于事故工况下电厂的运行，需要根据具体的电厂事故和机组状态来采用相应的事故运行规程。事故运行规程作为核电厂纵深防御策略中第三层次的防御，目的是使核动力厂在事故后达到稳定的、可接受的安全停堆状态。机组事故状态下，通过执行相应的事故运行规程，可以防止单一事故发展为叠加事故、简单事故发展为严重事故，因此事故运行规程也可以认为是一种严重事故的预防措施。

目前，主流的事故运行规程体系主要包括基于事件导向及基于征兆\状态导向(图 17.4)。国内在役的二代改进型压水堆核电厂较多使用基于事件导向法事故规程，其特点为各规程为针对特定预期事故工况分析开发，故基于事件导向法的事故规程针对预期事故工况的处理准确高效，但当发生非预期事故工况，尤其是叠加事故时，其不能为操纵员提供有效可靠的处理指导。因此，欧美等核电强国在三哩岛事故后，普遍开始了基于征兆或状态的事故规程体系研究和开发，以提高核电厂应对叠加事故等复杂事故工况的能力。

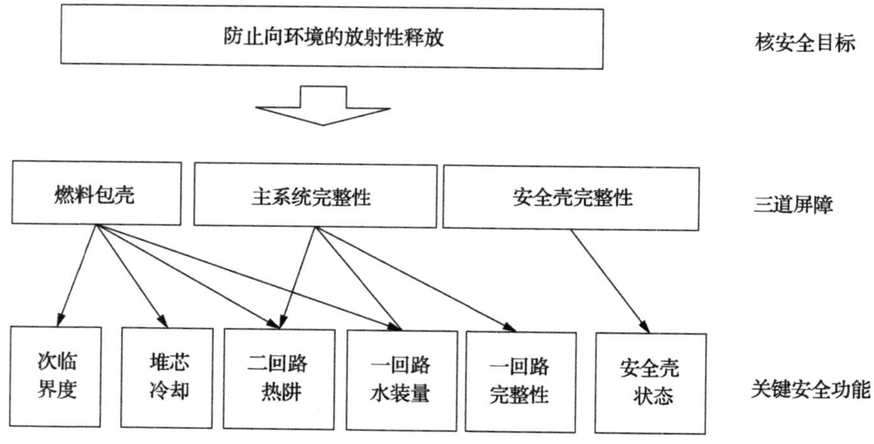

图 17.4 征兆导向法事故处理策略关键安全功能原理示意图

Fig. 17.4 Symptom-based EOP critical safety functions

征兆导向事故规程主要包含两类：最佳恢复规程和功能恢复规程。事故后，如果能够诊断出事故原因，则采用最佳恢复规程。对于部分特定的事故，操纵员根据最佳恢复规程，由诊断规程识别事故原因，引导进入指定的事故恢复规程，从而迅速高效的缓解特定事故的后果。

事故后，如果无法辨识事故原因，或者电厂发生多种叠加事故，或出现人因事件等不确定因素，即电厂处于复杂的事故状态，则采用功能恢复规程。功能恢复规程设置了六类关键安全功能参数，用以监视电厂的六类关键安全功能，即①次临界度；②堆芯冷却；③二次热阱；④主系统完整性；⑤安全壳状态；⑥主系统水装量。操纵员由关键安全功能状态树引导进入相应的功能恢复规程，使得相应的关键安全功能的恢复正常进而确保电厂在事故后处于安全可控的状态。

此外，在核电厂的事故中，由于各种复杂等因素可能会导致事故状态继续恶化，可能会导致堆芯冷却恶化，甚至会导致堆芯融化的严重后果，此时需要进入严重事故管理导则(SAMG)。因此，事故状态下，当达到进入严重事故工况的条件时，从征兆导向事故规程转向严重事故管理导则。对于极不可能发生的工况，在转入严重事故管理导则之前，应通过功能恢复规程进行事故的缓解。

2. “华龙一号”事故运行规程体系

“华龙一号”采用基于征兆导向法的事故规程。征兆导向法是指通过六类关键安全功能参数来表征电厂的安全状态，当这些参数出现异常征兆时，表示电厂安全状态受到威胁，通过关键安全功能状态监视程序引导操纵员执行相应的处理策略，恢复这些处于异常状态的关键安全功能，进而使核电厂恢复到安全可控的状态。此外，为了提高事故处理的效率，对于部分特定的事故，征兆导向事故规程还结合了事件导向的处理策略，以便迅速缓解事故后果。

近年来随着对停堆等机组低运行模式下的事故后果分析深入，以及对核电运行安全要求的进一步提高，监管方及业界对冷停堆等机组低运行模式事故工况风险和危害的关注提高。以往无论何技术路线的事故规程体系中对低运行模式事故工况处理及运行安全均关注较少,“华龙一号”在针对功率运行等机组高运行模式下事故工况分析事故规程外，专门开发了停堆工况下的功能恢复规程体系，使得“华龙一号”事故规程体系实现第三层纵深防御运行安全全运行模式覆盖。

压水堆核电厂系统设计复杂，可能发生的事故种类繁多，理论上，若考虑所有相关系统及设备均存在发生故障的叠加事故数量将相当庞大。因此，在现有技术条件下，针对每个事故序列都进行分析尚不具备可操作性。另外，不同事故所引起后果及发生频率不同，从平衡分析代价及分析收益的角度看，也不适宜针对所有事故序列均开展分析。因此，在开发事故规程时，应在确保机组具有足够的运行安全的前提下，尽可能合理的确定有限的事故规程覆盖范围。

“华龙一号”在开发其适用征兆导向法事故规程体系时，在结合确定论始发事故分析的基础上，结合概率角度分析的叠加事故发生频率及事故后果分析，最终确定了“华龙一号”事故规程覆盖范围。

事故规程的功能可以通俗地理解为在事故后正确的时间要求操纵员完成正确的操作。其中正确的时间可由机组特定的状态来表征，而正确的操作则由与事故缓解对症的系统或设备动作及状态来实现。这两点在事故规程中的实现都与规程定值相关，比如特定的机组状态表现为特定的一回路温度、压力、稳压器水位、蒸发器水位等定值；又比如特定系统或设备动作及状态与系统出口流量、设备响应压力或电流等定值。可见，定值直接关系到事故规程功能的实现。另外，定值都需要通过对应仪表通过通讯传输至主控室供操纵员监控，操纵员需要根据要求通过主控室或就地操作完成相关事故规程，同时事故规程必然是在事故工况下才会使用。因此，事故规程定值的影响因素复杂且可能相互干扰耦合。“华龙一号”征兆导向法事故规程在开发过程中，考虑了不同事故工况下仪表环境导致的可用性及精度误差，操纵员实际干预中人因影响，系统设备响应等对定值的影响，保证了“华龙一号”事故规程定值设计的合理性及完备性。在此基础上，“华龙一号”事故规程开发团队基于现实假设计算模型，开展了事故策略的定值及策略框架的符合性计算，通过最佳估算的事故分析评估策略事故处理的效果。

在完成“华龙一号”事故处理策略开发后，开发团队还利用“华龙一号”设计验证平台上开展全范围多序列的模拟验证及确认工作，以进一步确保“华龙一号”事故规程处理事故准确快速，以及体系的合理性。

3. 典型事故运行规程

在此简单介绍几份典型“华龙一号”征兆导向法事故运行规程内容。

1）事故诊断规程

最佳恢复规程的前提是能够诊断出事故原因，因此在进行机组恢复操作前需要进行事故的诊断。事故诊断的主要由“停堆或安注”规程执行，主要甄别以下常见事故工况：失水事故、蒸汽发生器传热管破裂事故、主蒸汽管道破裂事故、给水丧失事故、全厂失电事故等。对于确认不需要安注的工况瞬态，由停堆相应规程进行处理。

2）失水事故后的处理规程

失水事故后系列规程的主要内容为：通过安注补偿主系统水装量，并将机组过渡至余热排出系统连接工况；启用完好的蒸汽发生器，利用辅助给水和蒸汽旁排系统实现一次侧的冷却；控制设备以最佳运行方式运行后，确定最佳的电厂长期恢复方法。

3）蒸汽发生器隔离规程

故障蒸汽发生器隔离规程主要内容为：确认主蒸汽管道隔离，确认至少有一台蒸汽发生器二次侧无故障，识别并隔离故障蒸汽发生器，检查蒸汽发生器有无破管。

4）蒸汽发生器传热管破裂的处理规程

蒸汽发生器传热管破裂系列规程主要内容为：识别并隔离破损蒸汽发生器，冷却一回路系统以建立过冷度，一回路系统降压以恢复一回路系统水装量，停止安注以终止一次侧向二次侧的泄漏，准备冷却一回路系统至冷停堆工况并确定最佳的事故后冷却方法。

5）丧失全部交流电源的恢复规程

丧失全部交流电源系列规程的主要内容为：设法恢复应急柴油发电机组的运行，设法恢复至少一路外电源，设法维持一回路水装量。

6)关键安全功能恢复诊断规程

关键安全功能恢复诊断规程在事故规程生效时为关键安全功能状态提供了一个明确的判断方法。同时，关键安全功能状态树作为征兆导向事故规程体系中功能恢复规程的入口和诊断规程，为六大关键安全功能提供诊断，用以判断电厂六大关键安全功能的恶化情况，并确定合适的功能恢复规程。关键安全功能包括：次临界度——中子通量和倍增周期；堆芯冷却——堆芯出口温度和过冷度；二次热阱——SG 水位、压力和给水流量；主系统完整性——降温速率和一回路温度、压力；安全壳状态——安全壳压力、放射性、地坑水位；主系统水装量——稳压器水位。

关键安全功能状态树通过对六大关键安全功能参数的测量，引导操纵员进入不同的功能恢复规程：通过对中子通量和倍增周期的测量，转向不同的次临界度恢复规程(如裂变功率产生/ATWS 响应等)；通过对堆芯出口温度和过冷度的测量，转向不同的堆芯冷却恢复规程(如堆芯冷却不足响应规程等)；通过对 SG 水位、压力和给水流量的测量，转向不同的二次热阱恢复规程；通过对降温速率和一回路温度、压力的测量，转向不同的一回路系统完整性恢复规程；通过对安全壳压力、放射性、地坑水位的测量和安喷动作情况，转向不同的安全壳恢复规程(如安全壳高放射性响应等)；通过对稳压器水位的测量，转向不同的一回路水装量恢复规程。

参 考 文 献

[1] 叶奇蓁. 坚持自主创新, 开创核电发展新时代[J]. 中国核电, 2018, (1): 5-10.

[2] 张锐平, 张雪, 张禄庆. 世界核电主要堆型技术沿革[J]. 中国核电, 2009, 2(1): 85-89, 2(2): 184-189, 2(3): 276-281, 2(4): 371-379.

[3] Xing J, et al. HPR1000: Advanced pressurized water reactor with active and passive safety[J]. Engineering, 2016, (2): 79-87.

[4] IAEA. Advanced reactors information system. Status report 81-Advanced passive PWR (AP1000) [R]. Vienna, 2011.

[5] 孙汉虹, 等. 第三代核电技术 AP1000[M]. 北京: 中国电力出版社, 2010.

[6] Westinghouse Electric Company LLC. AP1000 brochure[R]. Pitssburg: Westinghouse, 2007.

[7] IAEA. Advanced reactors information system. Status report 93-VVER-1000 (V-466B) [R]. Vienna, 2011.

[8] IAEA. Advanced reactors information system. Status report 107-VVER-1200 (V-392M) [R]. Vienna, 2011.

[9] IAEA. Advanced reactors information system. Status report 108-VVER-1200 (V-491) [R]. Vienna, 2011.

[10] 陈泓, 刘志铭. 俄罗斯的先进 VVER 反应堆设计[J]. 核电厂, 2003, (1): 19-25.

[11] IAEA. Advanced reactors information system. Status report 78-The evolutionary power reactor (EPR) [R]. Vienna, 2011.

[12] Areva/Famatone ANP. EPR Brochure[R]. Paris, 2005.

[13] 叶奇蓁, 李晓明, 等. 中国电气工程大典 第 6 卷 核能发电工程[M]. 北京: 中国电力出版社, 2009.

[14] IAEA. Advanced reactors information system. Status report-APWR (Mitsubushi, Japan) [R]. Vienna, 2012.

[15] IAEA. Advanced reactors information system. Status report 83-Advanced power reactor 1400 MWe (APR1400) [R]. Vienna, 2011.

[16] Korea Electric Power Corporation. APR1400 brochure[R]. Seoul: KEPCO, 2010.

[17] IAEA. Fundamental safety principles, IAEA safety standards series No. SF-1[S]. Vienna, 2006.

[18] IAEA. Radiation protection and safety of radiation sources: International basic safety standards, IAEA General Safety Requirements Parts 3 No. GSR Part 3[S]. Vienna, 2014.

[19] IAEA. Safety of nuclear power plants: Design, IAEA specific safety requirements No, SSr-2/1 (Rev.1) [S]. Vienna, 2016.

[20] IAEA. Radiation protection aspects of design for nuclear power plants. IAEA safety guide No. NS-G-1.13[S]. Vienna, 2005.

[21] World Association of Nuclear Operators. Performance Indicators 2015[R]. London, 2015.

[22] 中华人民共和国国家质量监督检验检疫总局. 电离辐射防护与辐射源安全基本标准: GB 18871—2002[S]. 北京: 中国标准出版社, 2002.

[23] US NRC. Standards for protection against radiation: 10CFR Part20[S]. Washington, D.C., 1991.

[24] 国家核安全局. 核动力厂辐射防护设计: HAD 102/12[S]. 北京, 2019.

[25] EUR Organisation. European utility requirements for LWR nuclear power plants[S]. Vienna: EUR Organisation, 2012.

[26] Electric Power Research Institute, Inc. (EPRI). Advanced light water reactor utility requirements document: Rev.8[S]. Palo Alto: EPRI, 2014.

[27] Nuclear Energy Agency Organisation for Economic Co-operation and Development. Work management to optimise occupational radiological protection at nuclear power plants: OECD 2009 NEA No.6399[S]. Helcinki, 2009.

[28] 环境保护部. 核动力厂环境辐射防护规定: GB 6249—2011[S]. 北京: 原子能出版社, 2011.

[29] 国家核安全局. 核动力厂营运单位的应急准备和应急响应: HAD 002/01—2019[S]. 北京, 2019.

[30] 中国核工业集团有限公司. 核电厂辅助系统及二回路辐射源项确定: Q/CNNC HLBZ AC 1—2018[S]. 北京: 核工业标准化研究所, 2018.

[31] 王晓亮, 等. ACP1000 排放源项计算与运行经验反馈的对比分析研究[J]. 核工程研究与设计, 2014, (6): 268-281.

[32] 刘新华, 方岚, 祝兆文. 压水堆核电厂正常运行裂变产物源项框架研究[J]. 辐射防护, 2015, 35(3): 129-135.

[33] 中国核工业集团有限公司. 事故工况辐射防护源项确定: Q/CNNC HLBZ AC 7—2018[S]. 北京: 核工业标准化研究所, 2018.

[34] 核工业标准化研究所. 压水堆核电厂工况分类: NB/T 20035—2011 (2014RK) [S]. 北京: 原子能出版社, 2014.

[35] 核工业标准化研究所. 压水堆核电厂设计基准事故源项分析准则: NB/T 20444—2017RK[S]. 北京: 原子能出版社, 2017.

[36] Soffer L, Buison S B, Ferrell C M. Accident source terms for light-water nuclear power plants, NUREG-1465[R]. Washington, D C.: NRC, 1995.

[37] 核工业标准化研究所. 压水堆核动力厂厂内辐射分区设计准则: NB/T 20185—2012 [S]. 北京: 原子能出版社, 2012.

[38] 核工业标准化研究所. 压水堆核电厂辐射屏蔽设计准则: NB/T 20194—2012[S]. 北京: 原子能出版社, 2012.

[39] 中国核工业集团有限公司. 事故工况下核岛厂房辐射防护设计准则: Q/CNNC HLBZ AC 5—2018[S]. 北京: 核工业标准化研究所, 2018.

[40] OECD/NEA, ISOE. Occupational Exposures at Nuclear Power Plants[M]. Twenty-Sixth Annual Report of the ISOE Programme, Paris, 2016.

[41] 赵博, 王晓亮, 毛亚蔚, 等. 新建核电厂(华龙一号)运行的环境影响评估[J]. 辐射防护, 2015, 35(增刊): 5-11.

[42] 全国核能标准化技术委员会. 核电厂应急计划与准备准则 第一部分: 应急计划区的划分: GB/T 17680.1—2008[S]. 北京: 中国标准出版社, 2008.

[43] 张丽莹, 李晓静, 曾进忠, 等. 华龙一号活化腐蚀产物沉积源项评估[J]. 辐射防护, 2019, 39, 192-197.

[44] 董希林, 李剑乾. 核电厂火灾与核安全相关性的研究[J]. 火灾科学, 1999, 8(1): 58-66.

[45] U.S. Nuclear Regulatory Commission. Risk methods insights gained from fire incidents[R]. Washington, D.C., 2001.

[46] 张弛. 核电厂与常规火电厂的防火安全之比较[J]. 火灾科学, 2016: (4): 47-51.

[47] Nuclear Energy Institute. Guidance for post fire safe shutdown circuit analysis: NEI 00-01[S]. Washington, D.C., 2016.

[48] AFCEN. PWR technical code for fire protection. PCC-F[S]. Paris, 2017.

[49] 中国核电工程有限公司. 核电厂火灾薄弱环节处理方法: ZL 2008 1 0180991.0[P]. 北京, 2014.

[50] 国家核安全局. 核动力厂设计安全规定: HAF 102—2016[S]. 北京: 2016.

[51] IAEA. Safety of nuclear power plants: Design: SSR-2/1[S]. Vienna, 2016.

[52] IAEA. Safety classification of structures, systems and components in nuclear power plants: SSG-30[S]. Vienna, 2014.

[53] IAEA. Application of the safety classification of structure, systems, and components in nuclear power plant: IAEA-TECDOC-1787[S]. Vienna, 2016.

[54] 陈日罡, 李超. 华龙一号数字化仪控系统纵深防御设计[J]. 中国核电, 2018, (2): 141-146.

[55] IAEA. Considerations on the application of the IAEA safety requirements for the design of nuclear power plants: IAEA-TECDOC-1791[S]. Vienna, 2016.

[56] IAEA. Design of instrumentation and control systems for nuclear power plants: SSG-39 [S]. Vienna, 2016.

[57] 杜德君, 何庆镭. 核电厂地震自动停堆功能设计研究[J]. 自动化博览, 2016, 000(3): 76, 77.

[58] 张冬, 李超, 杜德君. 华龙一号 DCS 系统信息安全研究[J]. 中国核电, 2019, (3): 271-274.

[59] 刘莉, 李昌磊. 核电厂严重事故仪表可用性分析方法研究[J]. 产业与科技论坛, 2017, 16(13): 58-59.

[60] 何风, 吕勇波, 艾红雷, 等. LBB 技术在核电厂管道系统中的应用[J]. 管道技术与设备, 2016, 3(2): 1-4.

[61] 李孟源, 尚振东, 蔡海潮, 等. 声发射检测及信号处理[M]. 北京: 科学出版社, 2010.

[62] 张雷, 闫桂银, 魏华彤, 等. 管道泄漏声发射探测技术特性试验研究[J]. 核电子学与探测技术, 2018, (3): 426-431.

[63] 国家核安全局. 福岛核事故后核电厂改进行动通用技术要求(试行)[S]. 北京, 2012.

[64] 国家核安全局. "十二五" 新建核电厂安全要求(报批稿)[S]. 北京, 2013.

[65] U.S. Nuclear Regulatory Commission. Pre-earthquake planning and immediate nuclear power operator post earthquake actions: RG1.166[S]. Washington, D.C., 1997.

[66] U.S. Nuclear Regulatory Commission. 10 CFR 50 Appendix S- Earthquake engineering criteria for nuclear power plant: 10 CFR 50 Appendix S[S]. Washington, D.C., 1996.

[67] IAEA. Seismic design and qualification for nuclear power plant. IAEA safety guide NO. Ns-G-1.6[S]. Vienna, 2003.

[68] International Electrotechnical Commission. Nuclear power plant-Control rooms-Requirements for emergency response facilities: IEC 62954[S]. Geneva, 2019.

[69] International Atomic Energy Agency. Human factors engineering in the design of nuclear power plant: SSG-51[S]. Vienna, 2019.

附表 “华龙一号”系统代码

序号	系统代码	系统中文名称	系统英文名称
1	AVC	自动电压控制系统	Automatic Voltage Control System
2	CAM	安全壳大气监测系统	Containment Atmosphere Monitoring System
3	CAV	环形空间通风系统	Annulus Ventilation System
4	CCV	安全壳连续通风系统	Containment Continuous Ventilation System
5	CFE	安全壳过滤排放系统	Containment Filtration and Exhaust System
6	CHC	安全壳消氢系统	Containment Hydrogen Combination System
7	CHM	安全壳氢气监测系统	Containment Hydrogen Monitoring System
8	CIL	安全壳隔离系统	Containment Isolation System
9	CIM	安全壳仪表系统	Containment Instrument Measurement System
10	CIS	堆腔注水冷却系统	Cavity Injection and Cooling System
11	CLM	安全壳泄漏监测系统	Containment Leakage Monitoring System
12	CMF	流体化学监测	Chemical Monitoring of Fluids
13	CPV	反应堆堆坑通风系统	Reactor Pit Ventilation System
14	CSP	安全壳喷淋系统	Containment Spray System
15	CSV	安全壳换气通风系统	Containment Sweeping Ventilation System
16	CUP	安全壳空气净化系统	Containment Cleanup System
17	DAS	多样化保护系统	Diverse Actuation System
18	EAA	220V 交流重要负荷电源系统(第一保护组)	Vital 220V AC Power System (Protection Group Ⅰ)
19	EAB	220V 交流重要负荷电源系统(第二保护组)	Vital 220V AC Power System (Protection Group Ⅱ)
20	EAC	220V 交流重要负荷电源系统(第三保护组)	Vital 220V AC Power System (Protection Group Ⅲ)
21	EAD	220V 交流重要负荷电源系统(第四保护组)	Vital 220V AC Power System (Protection Group Ⅳ)
22	EAE	220V 交流不间断电源系统(系统 A2)	Uninterrupted 220V AC Power System (System A2)
23	EAF	220V 交流不间断电源系统(核辅助厂房)	Uninterrupted 220V AC Power System (NX Building)
24	EAG	220V 交流不间断电源系统(系统 A1)	Uninterrupted 220V AC Power System (System A1)
25	EAH	220V 交流不间断电源系统(系统 B1)	Uninterrupted 220V AC Power System (System B1)
26	EAK	220V 交流不间断电源系统(除盐水车间)	Uninterrupted 220V AC Power System (YA Demineralization)
27	EAL	220V 交流不间断电源系统(保卫控制中心)	Uninterrupted 220V AC Power System (UG Building)
28	EAP	220V 交流不间断电源系统(系列 B2)	Uninterrupted 220V AC Power System (System B2)
29	EAT	220V 交流不间断电源系统(汽机厂房)	Uninterrupted 220V AC Power System (MX)
30	EAU	72h 交流不间断电源系统(系列 A)	Uninterrupted 72h AC Power System (Train A)

续表

序号	系统代码	系统中文名称	系统英文名称
31	EAV	72h 交流不间断电源系统(系列 B)	Uninterrupted 72h AC Power System(Train B)
32	EAW	380V 交流不间断电源系统(系列 A)	Uninterrupted 380V AC Power Supply System(Train A)
33	EAY	380V 交流不间断电源系统(系列 B)	Uninterrupted 380V AC Power Supply System(Train B)
34	ECA	机组 48V 直流电源系统系列 A	Unit 48V DC Power Supply System Train A
35	ECB	机组 48V 直流电源系统系列 B	Unit 48V DC Power Supply System Train B
36	ECD	48V 直流电源系统(核辅助厂房)	48V DC Power Supply System (NX Building)
37	ECT	48V 直流电源系统(厂区附加电源柴油机发电机厂房)	48V DC Power Supply System (DY Building)
38	EDA	110V 直流电源系统系列 A	110V DC Power Supply System Train A
39	EDB	110V 直流电源系统系列 B	110V DC Power Supply System Train B
40	EDG	110 直流电源系统(核辅助厂房)	110V DC Power Supply System (NX Building)
41	EDJ	110V 直流电源系统(6.6kV 断路器)	110V DC Power Supply System (6.6kV Breakers)
42	EDK	110V 直流电源系统(除盐水车间)	110V DC Power Supply System (Demineralization Plant)
43	EDL	110V 直流电源系统(保卫控制中心)	110V DC Power Supply System (UG Building)
44	EDM	110V 直流电源系统	110V DC Power Supply System
45	EDP	110V 直流电源系统(EAP)	110V DC Power Supply System (for EAP)
46	EDT	110V 直流电源系统(厂区附加电源柴油机发电机厂房)	110V DC Power Supply System (DY Building)
47	EEA	低压交流应急电源 380V 系统系列 A	LV AC Emergency Network 380V System Train A
48	EEB	低压交流应急电源 380V 系统系列 B	LV AC Emergency Network 380V System Train B
49	EEC	低压交流应急电源 380V 系统系列 A	LV AC Emergency Network 380V System Train A
50	EED	低压交流应急电源 380V 系统系列 B	LV AC Emergency Network 380V System Train B
51	EEE	低压交流应急电源 380V 系统系列 A	LV AC Emergency Network 380V System Train A
52	EEF	低压交流应急电源 380V 系统[左侧安全厂房+安全壳环形空间左+电气厂房+柴油发电机(DA)厂房应急照明系列 A]	LV AC Emergency Network 380V System (SL+Containment Annulus left+LX+DA Building Emergency Lighting Train A)
53	EEG	低压交流应急电源 380V 系统(柴油机辅助设备系列 A)	LV AC Emergency Network 380V system (Diesel Auxiliaries-Train A)
54	EEH	低压交流应急电源 380V 系统[右侧安全厂房+安全壳环形空间右+反应堆厂房+核辅助厂房+主控室应急照明系列 B]	LV AC Emergency Network 380V System (SR+Containment Annulus right+RX+NX+MCR Emergency Lightening Train B)
55	EEI	低压交流应急电源 380V 系统系列 A	LV AC Emergency Network 380V System Train A
56	EEJ	低压交流应急电源 380V 系统系列 B	LV AC Emergency Network 380V System Train B
57	EEK	低压交流应急电源 380V 系统系列 A	LV AC Emergency Network 380V System Train A
58	EEL	低压交流应急电源 380V 系统系列 B	LV AC Emergency Network 380V System Train B
59	EEM	低压交流应急电源 380V 系统[燃料厂房+柴油发电机厂房(DB)+应急空压机房+运行服务厂房+核岛消防泵房应急照明]	LV AC Emergency Network 380V System (KX+DB+KY+AR+FR Building Emergency Lighting)

续表

序号	系统代码	系统中文名称	系统英文名称
60	EEN	低压交流应急电源 380V 系统系列 A	LV AC Emergency Network 380V System Train A
61	EEO	低压交流应急电源 380V 系统系列 B	LV AC Emergency Network 380V System Train B
62	EEP	380V 厂用应急电源系统(汽轮机应急设备)	LV AC Emergency Network 380V System (Turbo Generator Emergency Auxiliaries)
63	EER	380V 厂用应急电源系统(常规岛照明)	LV AC Emergency Network 380V System(CI Lighting)
64	EES	400V SBO 电源系统	400V Station Black Out Power Supply System
65	EET	低压交流应急电源 380V 系统 (厂区附加柴油机辅助设备)	LV AC Emergency Network 380V System (Site Supplementary Diesel Auxiliaries)
66	EEW	低压交流应急电源 380V 系统 (柴油机辅助设备-系列 B)	LV AC Emergency Network 380V system (Diesel Auxiliaries-Train B)
67	EEZ	低压交流应急配电屏 380V 系统(保卫控制中心)	LV 380V AC Distribution Emergency Panel System (UG Building)
68	ELA	BOP 380V 交流电源系统(放射性机修及去污车间)	BOP 380V AC Power Supply System (AC)
69	ELD	BOP 380V 交流电源系统(生产检修办公楼)	BOP 380V AC Power Supply System (BX)
70	ELE	BOP 380V 交流电源系统(生产检修办公楼)	BOP 380V AC Power Supply System (BX)
71	ELH	BOP 380V 交流电源系统(泵房)	BOP 380V AC Power Supply System (PX)
72	ELL	BOP 380V 交流电源系统(保卫控制中心)	BOP 380V AC Power Supply System (UG)
73	ELM	BOP 380V 交流电源系统(放射性机修及去污车间)	BOP 380V AC Power Supply System (AC)
74	ELN	BOP 380V 交流电源系统(厂区实验楼)	BOP 380V AC Power Supply System (AL)
75	ELO	BOP 380V 交流电源系统(空气压缩机房)	BOP 380V AC Power Supply System (ZC)
76	ELU	BOP 380V 交流电源系统(除盐水生产厂房)	BOP 380V AC Power Supply System (YA)
77	ELV	BOP 380V 交流电源系统(除盐水生产厂房)	BOP 380V AC Power Supply System (YA)
78	ELW	BOP 380V 交流电源系统(空气压缩机房)	BOP 380V AC Power Supply System (ZC)
79	ELX	BOP 380V 交流电源系统(放射性机修及去污车间)	BOP 380V AC Power Supply System (AC)
80	ELY	BOP 380V 交流电源系统(机修车间)	BOP 380V AC Power Supply System (AA1)
81	ELZ	BOP 380V 交流电源系统(机修车间)	BOP 380V AC Power Supply System (AA1)
82	EMA	6.6kV 交流应急配电系统系列 A	6.6kV AC Emergency Power Distribution System Train A
83	EMB	6.6kV 交流应急配电系统系列 B	6.6kV AC Emergency Power Distribution System Train B
84	EMM	6.6kV 交流厂区附加电源配电系统	6.6kV AC Site Supplementary Power Distribution System
85	EMP	6.6kV 交流应急电源系统-系列 A	6.6kV AC Emergency Power Supply System-Train A
86	EMQ	6.6kV 交流应急电源系统-系列 B	6.6kV AC Emergency Power Supply System-Train B
87	EMS	6.6kV 交流厂区附加电源系统	6.6kV AC Site Supplementary Power Supply System
88	EMT	6.6kV 交流应急电源切换及连接系统	6.6kV AC Emergency Power Changeover Interconnection System
89	EMZ	低压 380V AC 发电机组系统(保卫控制中心)	LV AC Network 380V System(UG)
90	ENA	220V 交流正常电源和配电系统	220V AC Normal Power Source and Distribution System
91	ENB	220V 交流正常电源和配电系统	220V AC Normal Power Source and Distribution System

续表

序号	系统代码	系统中文名称	系统英文名称
92	ENC	220V 交流电源系统(常规岛)	220V AC Power Supply System (CI)
93	END	220V 交流电源系统(常规岛)	220V AC Power Supply System (CI)
94	ENE	220V 交流应急电源系统(常规岛)	220V AC Emergency Power Supply System (CI)
95	EPF	低压交流电源 380V 系统(常规岛主厂房厂用)	LV AC Network 380V System (CI Auxiliaries)
96	EPG	低压交流电源 380V 系统(常规岛主厂房厂用)	LV AC Network 380V System (CI Auxiliaries)
97	EPJ	380V/220V 工作段系统(辅助变压器区域及公用 6.6kV 配电间)	380V/220V Operation Auxiliary Bus System (JX)
98	EPP	低压交流电源 380V 系统(汽机厂房通风装置)	LV AC Network 380V System (Turbine Building Ventilation)
99	EPQ	低压交流电源 380V 系统(常规岛主厂房厂用)	LV AC 380V System (CI Unit Auxiliaries)
100	EPR	低压交流电源 380V 系统(常规岛主厂房厂用)	LV AC Network 380V System (CI Unit Auxiliaries)
101	EPS	低压交流电源 380V 系统(汽机厂房通风装置)	LV AC Network 380V System (Turbine Building Ventilation)
102	EPT	低压交流电源 380V 系统(常规岛主厂房厂用)	LV AC Network 380V System (CI Unit Auxiliaries)
103	EPX	低压交流电源 380V 系统(常规岛精处理)	LV AC Network 380V System (CI Condensate Polishing)
104	EPY	低压交流电源 380V 系统(常规岛精处理)	380V System BOP Auxiliaries System (CI Condensate Polishing)
105	ERA	低压交流电源 380V 系统(核岛辅助设备)	LV AC Network 380V System (NI Auxiliaries)
106	ERB	低压交流电源 380V 系统(核岛辅助设备)	LV AC Network 380V System (NI Auxiliaries)
107	ERC	低压交流电源 380V 系统(核岛辅助设备)	LV AC Network 380V System (NI Auxiliaries)
108	ERD	低压交流电源 380V 系统(核岛辅助设备)	LV AC Network 380V System (NI Auxiliaries)
109	ERE	低压交流电源 380V 系统(核岛辅助设备)	LV AC Network 380V System (NI Auxiliaries)
110	ERF	低压交流电源 380V 系统(核岛辅助设备)	LV AC Network 380V System (NI Auxiliaries)
111	ERI	低压交流电源 380V 系统(核辅助厂房)	LV AC Network 380V System (NX Building)
112	ERJ	低压交流电源 380V 系统(核辅助厂房)	LV AC Network 380V System (NX Building)
113	ERL	低压交流电源 380V(燃料厂房)	LV AC Network 380V System (Fuel Auxiliary Building)
114	ERP	380V 交流正常配电系统(核辅助厂房)	LV AC Network 380V System (NX Building)
115	ERS	低压交流电源 380V 系统(核废物厂房)	LV AC Network 380V System (Nuclear Waste Building)
116	ERU	400V 移动电源供电系统	400V Mobile Power Supply System
117	ESA	6.6kV 交流正常配电系统 A	6.6kV AC Normal Power Distribution System A
118	ESB	6.6kV 交流正常配电系统 B	6.6kV AC Normal Power Distribution System B
119	ESC	6.6kV 交流正常配电系统 C	6.6kV AC Normal Power Distribution System C
120	ESD	6.6kV 交流正常配电系统 D	6.6kV AC Normal Power Distribution System D
121	ESE	6.6kV 交流正常配电系统 E	6.6kV AC Normal Power Distribution System E
122	ESF	6.6kV 交流正常配电系统 F	6.6kV AC Normal Power Distribution System F
123	ESH	6.6kV 公用配电系统	6.6kV Common Distribution System
124	ESI	6.6kV 公用配电系统	6.6kV Common Distribution System

续表

序号	系统代码	系统中文名称	系统英文名称
125	ESR	辅助电源系统	Auxiliary Power Supply System
126	ESS	10kV 交流正常配电系统 S	10kV AC Normal Power Distribution System S
127	EST	10kV 交流正常配电系统 T	10kV AC Normal Power Distribution System T
128	ETA	蓄电池试验回路系统(核岛)	Batteries Test Loops System (NI)
129	ETB	蓄电池试验回路系统(BOP)	Batteries Test Loops System (BOP)
130	ETC	常规岛 220V 直流电源系统	220V DC Power Supply System for CI
131	ETE	72h 直流电源系统(系列 A)	72h DC Power Supply System (Train A)
132	ETF	72h 直流电源系统(系列 B)	72h DC Power Supply System (Train B)
133	ETG	电源转换试验	Power Conversion Tests
134	ETI	常规岛检修供电系统	CI Maintenance Power Supply System
135	ETL	试验回路系统	Test Loops System
136	ETM	主变压器和高压厂用变压器系统	Main transformer and Step-down transformer System
137	ETO	I&C 电源失电试验	I&C Power Outage Tests
138	ETP	防雷接地系统	Grounding and Lightning Protection System
139	ETR	大修期间再供电系统	Electrical Power Resupply in Outage System
140	ETU	220V 直流电源系统	220V DC Power Supply System (for EAE)
141	FAD	火灾自动报警系统	Automatic Fire Alarm System
142	FAS	常规岛自动喷水灭火系统	Automation Spray Water and FireFighting System (CI and BOP)
143	FBD	子项消防水分配系统	BOP Fire Fighting Water Distribution System
144	FCG	常规岛固定式气体灭火系统	CI Gas Fire Extinguishing System
145	FDP	柴油发电机厂房消防系统	Diesel Generator Building Fire Protection System
146	FEP	电气厂房消防系统	Electrical Building Fire Protection System
147	FGP	核岛电缆沟消防系统	Nuclear Cable Channel Fire Protection System
148	FMP	移动式和便携式消防设备	Mobile & Portable Fire Fighting Equipment
149	FNP	核岛消防系统	Nuclear Island Fire Protection System
150	FSD	厂区消防水分配系统	Site Fire Fighting Water Distribution System
151	FSP	安全厂房消防系统	Safeguard Building Fire Protection System
152	FSW	厂区消防水生产系统	Site Fire Fighting Water Production System
153	FWD	核岛、常规岛消防水分配系统	Nuclear and CI Island Fire Fighting Water Distribution System
154	FWP	核岛消防水生产系统	Nuclear Island Fire Fighting Water Production System
155	FXX	核岛部分消防系统	Balance of Fire Protection Systems of Nuclear Island
156	HBP	BOP 厂房起重设备	Miscellaneous Hoists and Lifting Equipment in BOP Buildings and Areas
157	HCI	常规岛主厂房起重系统	Turbine Hall Mechanical Handling Equipment System
158	HEB	BOP 电梯系统	BOP Elevator System

续表

序号	系统代码	系统中文名称	系统英文名称
159	HEC	常规岛主厂房电梯系统	Turbine Hall Elevator System
160	HEN	核岛厂房电梯	Nuclear Island Building Elevators
161	HFL	燃料厂房起重设备	Fuel Building Handling Equipment
162	HMI	反应堆外围厂房起重设备	Miscellaneous Building Handling Equipment
163	HNA	核辅助厂房起重设备	Nuclear Auxiliary Building Handling Equipment
164	HPX	联合泵房起重设备	Circulating Water Pumping Station Handling Equipment
165	HQX	核废物厂房起重设备	Nuclear Waste Building Handling Equipment
166	HRT	反应堆厂房起重设备	Reactor Building Handling Equipment
167	HSC	安全厂房起重设备	Safeguard Building Handling Equipment
168	HWS	放射性机修及去污车间起重设备	Hot Workshop and Decontamination Shop Handling Equipment
169	IAM	控制区出入监测系统	Controlled Area Access Monitoring System
170	IAW	核辅助厂房三废处理控制系统	Nuclear Auxiliary Building Waste Treatment Control System
171	IDA	试验数据采集系统	Test Data Acquisition System
172	KRS	环境辐射和气象监测系统	Environmental Radiation and Meteorological Monitoring System
173	IGR	电网电表和故障录波系统	Grid Energy Metering and Fault Record System
174	IIC	电厂计算机信息和控制系统	Plant Computer Information & Control System
175	ILV	松脱部件和振动监测系统	Loose Parts and Vibration Monitoring System
176	IMC	主控制室系统	Main Control Room System
177	INL	核岛热实验室测量设备	Nuclear Island Hot Laboratory Measuring Equipment
178	IPC	电站过程控制机柜系统	Plant Process Control Cabinet System
179	IPI	过程仪表系统	Process Instrumentation
180	IPP	非安全级电站过程控制机柜	Non Safety Plant Process Control Cabinet System
181	IPS	安全级电站过程控制机柜	Safety Plant Process Control Cabinet System
182	IRM	电厂辐射监测系统	Plant Radiation Monitoring System
183	IRS	远程停堆站系统	Remote Shutdown Station System
184	ISA	厂区出入口控制系统	Site Access Control System
185	ISI	地震仪表系统	Seismic Instrumentation System
186	ISM	安保集成管理系统	Security Integrated Management System
187	ITI	试验仪表系统	Test Instrument System
188	IUR	机组电表和故障录波系统	Unit Energy Metering and Fault Record System
189	JSX	非能动防火保护系统	Passive Fire Protection System (in the code, the third letter X represents code of relevant building)
190	LEA	人员通行厂房应急照明系统（包括核岛消防泵房）	Access Building Emergency Lighting System (Including FR)

续表

序号	系统代码	系统中文名称	系统英文名称
191	LEB	BOP 厂房和 BOP 区域应急照明系统	BOP Buildings and Areas Emergency Lighting System
192	LEK	核燃料厂房应急照明系统[包括应急空压机房、柴油发电机厂房(DB)]	Fuel Building Emergency Lighting System (Including KY, DB)
193	LEL	电气厂房应急照明系统[包括柴油发电机厂房(DA)]	Electrical Building Emergency Lighting System (Including DA)
194	LEM	常规岛主厂房应急照明系统	Turbine Hall Emergency Lighting System
195	LEN	核辅助厂房应急照明系统	Nuclear Auxiliary Building Emergency Lighting System
196	LEP	循环水泵站应急照明系统	Circulating Water Pumping Station Emergency Lighting System
197	LEQ	废物辅助厂房应急照明系统	Waste Auxiliary Building Emergency Lighting System
198	LER	反应堆厂房应急照明系统	Reactor Building Emergency Lighting System
199	LES	安全厂房应急照明系统(包括安全壳环形空间)	Safeguard Building Emergency Lighting System (Including Containment Annulus)
200	LEY	厂区附加电源柴油机发电机厂房应急照明系统	DY Building Emergency Lighting System
201	LNA	人员通行厂房正常照明系统(包括核岛消防泵房)	Access Building Normal Lighting System (Including FR)
202	LNB	BOP 厂房和 BOP 区域正常照明系统	BOP Buildings & Areas Normal Lighting System
203	LNK	核燃料厂房正常照明系统[包括应急空压机房、柴油发电机厂房(DB)]	Fuel Buildings Normal Lighting System (Including KY, DB)
204	LNL	电气厂房正常照明系统[包括柴油发电机厂房(DA)]	Electrical Building Normal Lighting System (Including DA)
205	LNM	常规岛主厂房正常照明系统	CI Main Building Normal Lighting System
206	LNN	核辅助厂房正常照明系统	Nuclear Auxiliary Building Normal Lighting System
207	LNP	循环水泵房正常照明系统	Circulating Water Pumping Station Normal Lighting System
208	LNQ	废物辅助厂房正常照明系统	Waste Auxiliary Building Normal Lighting System
209	LNR	反应堆厂房正常照明系统	Reactor Building Normal Lighting System
210	LNS	安全厂房正常照明系统(安全壳环形空间)	Safeguard Building Normal Lighting System (Including Containment Annulus)
211	LNY	厂区附加电源柴油机发电机厂房正常照明系统	DY Building Normal Lighting System
212	LSC	厂区通信系统	Site Communication System
213	LSL	厂区照明系统	Site Lighting System
214	LSM	厂区报警与监视系统	Site Detection and Monitoring System
215	LTV	闭路电视系统	Closed Circuit Television System
216	LUA	6.6kV 移动电源供电系统	6.6kV Mobile Power Supply System
217	MFS	冲洗	Flushing
218	MPS	管道移位和支架检查	Piping Displacements and Support Checking
219	MTA	核岛系统综合试验(到装料准备阶段)	Multi-system Test Phases (up to preparation for Fuel Loading)
220	MTB	核岛系统综合试验(从装料到满功率)	Multi-system Test Phases (from Fuel Loading to Full Power)

续表

序号	系统代码	系统中文名称	系统英文名称
221	NCS	开关站仪表和控制设备系统	Switchyard Network Controlling and Monitoring System
222	OOS	总体运行系统	Overall Operation System
223	PCS	非能动安全壳热量导出系统	Passive Containment Heat Removal System
224	PRS	二次侧非能动余热排出系统	Passive Residual Heat Removal System (Secondary Side)
225	RBM	反应堆硼和水补给系统	Reactor Boron and Water Makeup System
226	RCS	反应堆冷却剂系统	Reactor Coolant System
227	RCT	堆芯合格试验	Core Conformity Tests
228	RCV	化学和容积控制系统	Chemical and Volume Control System
229	REB	应急硼注入系统	Emergency Boron Injection System
230	RFH	燃料操作与贮存系统	Fuel Handling and Storage System
231	RFT	反应堆换料水池和乏燃料水池冷却和处理系统	Reactor Cavity and Spent Fuel Pit Cooling and Treatment System
232	RHR	余热排出系统	Residual Heat Removal System
233	RHT	特殊工艺管线电伴热系统	Special Process Electrical Heat Tracing System
234	RII	堆芯测量系统	In-core Instrumentation System
235	RND	核岛氮气分配系统	Nuclear Island Nitrogen Distribution System
236	RNI	核仪表系统	Nuclear Instrumentation System
237	RNS	核取样系统	Nuclear Sampling System
238	RPC	棒控和棒位系统	Full Length Rod Control System
239	RRC	反应堆控制系统	Reactor Control System
240	RRP	反应堆保护系统	Reactor Protection System
241	RRS	控制棒驱动机构电源系统	CRDM Power Supply System
242	RRV	控制棒驱动机构通风系统	CRDM Ventilation System
243	RSI	安全注入系统	Safety Injection System
244	RVD	核岛疏水排气系统	Nuclear Island Drain and Vent System
245	SFZ	安全防火分区系统	Safety Fire Zoning System
246	SGL	清单类调试导则	Standard Guideline List
247	SGG	总体类调试导则	General Standard Guideline
248	SGC	堆芯类调试导则	Core Standard Guideline
249	SGM	机械类调试导则	Mechanical Standard Guideline
250	SGI	仪控类调试导则	Instrumental Standard Guideline
251	SGE	电气类调试导则	Electrical Standard Guideline
252	SGV	通风类调试导则	Ventilated Standard Guideline
253	TFA	辅助给水系统	Auxiliary Feedwater System
254	TFC	凝结水精处理系统	Condensate Polishing System

续表

序号	系统代码	系统中文名称	系统英文名称
255	TFD	主给水除氧器系统	Main Feedwater Deaerating System
256	TFE	凝结水抽取系统	Condensate Extraction System
257	TFH	高压给水加热器系统	High Pressure Feedwater Heater System
258	TFL	低压给水加热器系统	Low pressure Feedwater Heater System
259	TFM	主给水流量控制系统	Main Feedwater Flow Control System
260	TFO	电动主给水泵油系统	Motor Driven Feedwater Pump Lubrication Oil System
261	TFP	电动主给水泵系统	Motor Driven Feedwater Pump System
262	TFR	给水加热器疏水回收系统	Feedwater Heaters Drain Recovery System
263	TFS	启动给水系统	Start up Feedwater System
264	TFV	低压交流电源(380V)系统(运行服务厂房)	LV AC Network 380V System (AR Building)
265	TGC	发电机定子冷却水系统	Stator Cooling Water System
266	TGH	发电机氢气控制系统	Generator Hydrogen Control System
267	TGM	发电机氢气/励磁机空气冷却和温度测量系统	Generator Hydrogen and Exciter Air Cooling and Temperature Measuring System
268	TGO	发电机密封油系统	Generator Seal Oil System
269	TGP	发电机变压器组保护系统	Main Generator and Transformer Unit Protection System
270	TGR	发电机励磁和电压调节系统	Generator Excitation and Voltage Regulation System
271	TGS	发电机并网系统	Grid Synchronization System
272	TGG	发电机本体及其监测系统	Generator Unit and Generator's Monitoring System
273	TSA	汽机旁路系统-A	Turbine Bypass System-A
274	TSC	汽机旁路系统-C	Turbine Bypass System-C
275	TSD	汽机蒸汽和疏水系统	Turbine Steam and Drain System
276	TSM	主蒸汽系统	Main Steam System
277	TSR	汽水分离再热器系统	Moisture Separator Reheater System
278	TSS	汽轮机轴封系统	Turbine Gland Seal System
279	TTB	蒸汽发生器排污系统	Steam Generator Blowdown System
280	TTC	汽机调节油系统	Turbine Control Fluid System
281	TTG	汽轮机调节系统	Turbine Governing System
282	TTL	汽机润滑、顶轴和盘车系统	Turbine Lube Oil, Jacking Oil and Turning-gear System
283	TTO	汽轮机润滑油处理系统	Turbine Lube Oil Treatment System
284	TTP	汽轮机保护系统	Turbine Protection System
285	TTR	汽机和给水加热装置停运期间的保养系统	Turbine and Feedheating Plant Preservation During Outage System
286	TTU	汽轮机监视系统	Turbine Supervisory System
287	TTV	凝汽器真空系统	Condenser Vacuum System
288	VAC	热机修车间和仓库通风系统	Hot Workshop and Warehouse Ventilation System

续表

序号	系统代码	系统中文名称	系统英文名称
289	VAG	环境实验室通风系统	Environmental Laboratory Ventilation System
290	VAL	厂区实验室通风系统	Site Laboratory Ventilation System
291	VCA	凝结水精处理厂房通风系统	Condensate Polishing Building (MP) HVAC System
292	VCF	电缆层通风系统	Cable Floor Ventilation System
293	VCI	常规岛主厂房通风系统	Turbine Building HVAC System
294	VCL	主控制室空调系统	Control Room Air Conditioning System
295	VCP	上充泵房应急通风系统	Charging Pump Room Emergency Ventilation System
296	VCR	设备冷却水房间通风系统	Component Cooling Room Ventilation System
297	VCT	电缆沟通风系统	Cable Trench Ventilation System
298	VCV	循环水泵站通风系统	Circulating Water Pumping Station Ventilation System
299	VDS	柴油机房通风系统	Diesel Room Air Conditioning System
300	VDY	厂区附加电源柴油机发电机厂房通风空调系统	Onsite Additional Diesel Generator Building Ventilation and Air Conditioning System
301	VEB	电气柜间通风系统	Electrical Cabinet Room Ventilation System
302	VEC	控制柜间通风系统	Control Cabinet Room Ventilation System
303	VEE	电气厂房机械设备区通风系统	Electrical Building Mechanical Equipment Area Ventilation System
304	VES	电气厂房及安全厂房防排烟系统	Electrical Building & Safeguard Building Smoke Prevention and Extraction System
305	VFL	核燃料厂房通风系统	Fuel Building Ventilation System
306	VFR	消防泵房通风系统	Fire Fighting Pump Room Ventilation System
307	VHL	热洗衣房通风系统	Hot Laundry Ventilation System
308	VHX	制氯站通风系统	Electrochlorination Plant Ventilation System (HX Building)
309	VLO	润滑油转运站通风系统	Lubricating Oil Transfer Build HVAC System
310	VMO	安全厂房机械设备区通风系统	Safeguard Building Mechanical Equipment Area Ventilation System
311	VNA	核辅助厂房通风系统	Nuclear Auxiliary Building Ventilation System
312	VPF	厂区消防泵房通风空调系统	Site Fire Fighting Pump Station Ventilation and Air Conditioning System
313	VPX	重要厂用水泵站通风系统	Essential Service Water Pumping Station Ventilation System
314	VRW	核废物厂房通风系统	Radioactive Waste Building Ventilation System
315	VTD	辅助变压器区域及公用 6.6kV 配电间通风空调系统	Auxiliary Power Distribution Building (JX) HVAC System
316	VUA	控制区和保护区大门通风系统	Main Access of Control & Protection Area Ventilation System
317	VUG	保卫控制中心通风系统	Security Building Ventilation System
318	VUV	核岛要害区出入口通风系统	Main Access of the NI Vital Area Ventilation System
319	VYA	除盐水车间通风系统	Demineralization Plant Ventilation System

续表

序号	系统代码	系统中文名称	系统英文名称
320	VZA	公共气体贮存区通风系统	General Gas Storage Area Ventilation System
321	VZC	空压机房通风系统	Compressors Building Ventilation System
322	WAC	人员通行厂房冷冻水系统	Access Building Chilled Water System
323	WAI	仪用压缩空气分配系统	Instrument Compressed Air Distribution System
324	WAP	压缩空气生产系统	Compressed Air Production System
325	WAS	公用压缩空气分配系统	Service Compressed Air Distribution System
326	WCC	设备冷却水系统	Component Cooling System
327	WCD	常规岛除盐水分配系统	Conventional Island Demineralized Water Distribution System
328	WCF	循环水过滤系统	Circulating Water Filtration System
329	WCI	常规岛闭式冷却水系统	Conventional Island Closed Cooling Water System
330	WCL	循环水泵润滑系统	Circulating Water Pump Lubrication System
331	WCP	阴极保护系统	Cathodic Protection System
332	WCR	二回路化学加药系统	CI Chemical Dosing System
333	WCS	二回路水汽取样监测系统	CI Water and Steam Sampling System
334	WCT	循环水处理系统	Circulating Water Treatment System
335	WCV	人员通行厂房通风系统	Access Building Ventilation System
336	WCW	循环水系统	Circulating Water System
337	WDC	清洗去污系统	Decontamination System
338	WDP	除盐水生产系统	Demineralized Water Production System
339	WEC	电气厂房冷冻水系统	Electrical Building Chilled Water System
340	WES	重要厂用水系统	Essential Service Water System
341	WGD	厂用气体贮存和分配系统	General Gas Storage and Distribution System
342	WHD	热水生产和分配系统	Hot Water Production and Distribution System
343	WHS	氢气贮存与分配系统	Hydrogen Storage and Distribution System
344	WLC	常规岛废液收集系统	Conventional Island Liquid Waste Collection System
345	WNC	核岛冷冻水系统	Nuclear Island Chilled Water System
346	WND	核岛除盐水分配系统	Nuclear Island Demineralized Water Distribution System
347	WOD	废油和非放射性水排放系统	Waste Oil and Inactive Water Drain System
348	WOS	汽轮机润滑油存储和输送系统	Turbine Lube Oil Storage and Transfer System
349	WPW	饮用水系统	Potable Water System
350	WQB	常规岛液态流出物排放系统	Conventional Island Liquid Effluents Discharge System
351	WQX	热洗衣房系统(核废物厂房)	Hot Laundry System (QX)
352	WRW	生产水系统	Industrial Water System
353	WSC	安全厂房冷冻水系统	Safeguard Building Chilled Water System

续表

序号	系统代码	系统中文名称	系统英文名称
354	WSD	辅助蒸汽分配系统	Auxiliary Steam Distribution System
355	WSR	放射性废水回收系统 (核岛—机修车间—厂区实验室)	Sewage Recovery System (NI-Workshop-Site Laboratory)
356	WSS	电站污水系统	Station Sewer System
357	WUC	辅助冷却水系统	Auxiliary Cooling Water System
358	WWC	核废物厂房冷冻水系统	Nuclear Waste Building Chilled Water System
359	ZBR	硼回收系统	Boron Recycle System
360	ZDT	可降解废物处理系统	Degradable Waste Treatment System
361	ZGT	废气处理系统	Gaseous Waste Treatment System
362	ZLD	核岛液态流出物排放系统	Nuclear Island Liquid Effluents Discharge System
363	ZLT	废液处理系统	Liquid Waste Treatment System
364	ZST	固体废物处理系统	Solid Waste Treatment System